国家出版基金项目
NATIONAL PUBLICATION FOUNDATION

中国药用植物种质资源研究

药用植物顽拗性种子超低温保存技术研究

魏建和 曾 琳 主编

北京科学技术出版社

图书在版编目（CIP）数据

中国药用植物种质资源研究. 药用植物顽拗性种子超低温保存技术研究 / 魏建和，曾琳主编. -- 北京：北京科学技术出版社，2024.5
ISBN 978-7-5714-3985-9

Ⅰ. ①中… Ⅱ. ①魏… ②曾… Ⅲ. ①药用植物 - 种质资源 - 种质保存 - 研究 - 中国 Ⅳ. ①S567.024

中国国家版本馆 CIP 数据核字（2024）第 111573 号

责任编辑： 庞璐璐　李兆弟　侍　伟
责任校对： 贾　荣
责任印制： 李　茗
出 版 人： 曾庆宇
出版发行： 北京科学技术出版社
社　　址： 北京西直门南大街 16 号
邮政编码： 100035
电　　话： 0086-10-66135495（总编室）　0086-10-66113227（发行部）
网　　址： www.bkydw.cn
印　　刷： 北京博海升彩色印刷有限公司
开　　本： 889 mm×1 194 mm　1/16
字　　数： 927 千字
印　　张： 46
版　　次： 2024 年 5 月第 1 版
印　　次： 2024 年 5 月第 1 次印刷
ISBN 978-7-5714-3985-9

定　　价： 490.00 元

《中国药用植物种质资源研究》
编写委员会

总指导

肖培根

总主编

魏建和

编　委（按姓氏笔画排序）

于　婧	于　晶	马云桐	马满驰	王　冰	王　艳	王　乾
王龙强	王苗苗	王玲玲	王秋玲	王宪昌	王艳芳	王继永
王惠珍	王婷婷	王新文	韦坤华	邓国兴	田　婷	由会玲
由金文	邝婷婷	毕红艳	朱　平	朱田田	朱吉彬	朱彦威
任子珏	任明波	刘洋洋	江维克	许　亮	孙　鹏	孙文松
苏宁宁	杜　弢	杜有新	李　标	李艾莲	李先恩	李国川
李明军	李学兰	李晓琳	李榕涛	杨　云	杨　光	杨　鑫
杨湘云	连天赐	连中学	肖培根	吴中秋	邱黛玉	何小勇
何国振	何明军	何新友	辛海量	沈春林	宋军娜	张　艺
张　昭	张　婕	张士拗	张久磊	张占江	张红瑞	张丽萍
张顺捷	张晓丽	张教洪	陈　垣	陈　彬	陈　敏	陈红刚
陈科力	陈菁瑛	陈彩霞	青　梅	林　亮	林榜成	金　钺
金江群	周　涛	郑开颜	郑玉光	郑希龙	单成钢	项世军
赵立子	赵国锋	赵喜亭	胡枭剑	柳福智	钟方颖	段立胜
侯方洁	秦民坚	秦新月	袁素梅	晋小军	顾雅坤	徐　雷
徐安顺	高志晖	郭凤霞	郭汉玖	郭晔红	郭盛磊	符　丽
隋　春	彭　成	蒋桂华	韩　旭	韩金龙	曾　琳	谢赛萍
靳怡静	蔺海明	裴　瑾	樊锐锋	魏建和	濮社班	

《中国药用植物种质资源研究·药用植物顽拗性种子超低温保存技术研究》

编写委员会

主 编

魏建和　曾　琳

副主编

李榕涛　王秋玲　杨　鑫　金　钺

编　委（按姓氏笔画排序）

王秋玲　任子珏　刘洋洋　李榕涛　杨　云　杨　鑫

杨湘云　何明军　林　亮　金　钺　郑希龙　胡枭剑

钟方颖　袁素梅　顾雅坤　符　丽　曾　琳　魏建和

主编简介

魏建和，长聘教授，二级研究员，博士研究生导师，第十一届、十二届国家药典委员会委员，现任中国医学科学院药用植物研究所副所长兼海南分所所长。入选第一批国家"万人计划"科技创新领军人才、"新世纪百千万人才工程"国家级人选，带领"沉香等珍稀南药诱导形成机制及产业化技术创新团队"入选国家创新人才推进计划首批重点领域创新团队。获"有突出贡献中青年专家"、全国优秀科技工作者、海南省优秀人才团队负责人等荣誉称号。获国家科学技术进步奖二等奖2项，省部级特等奖、一等奖共4项。30余年致力于珍稀濒危药用植物资源保护、再生及优质药材生产关键技术突破和技术平台创建研究。发明了世界领先的沉香形成"通体结香技术"，创新性提出伤害诱导濒危药材形成理论和技术，并将之应用于降香、龙血竭等其他珍稀南药中，提出诱导型药用植物说；突破中药材杂种优势育种技术难题，选育出柴胡、桔梗、荆芥、人参、沉香等大宗药材优良新品种20余个；建成我国第一座低温低湿国家药用植物专业种质库和全球第一个采用超低温方式保存顽拗性药用植物种子的国家南药基因资源库，目前这两个库已成为全国规模最大、保存物种最多的药用植物种质专类库；领导建设国家药用植物园体系。技术负责新版中药材生产质量管理规范（GAP）的起草，极大推动了现阶段中药材规范化生产技术的落地。

曾琳，副研究员，硕士研究生导师，海南省南海创新人才、海南省拔尖人才。长期致力于药用植物种质资源保护及顽拗性种子超低温保存研究；建立了药用植物种子超低温保存技术体系；作为国家南药基因资源库运行执行人，负责收集保存南药植物顽拗性种子。

前　言

　　药用植物资源是我国开发利用种类最多、产业链最长、涉及领域最广的一类植物资源，是支撑我国中医药事业可持续发展的物质基础、新药创制的重要物质来源和实施健康中国战略的重要物质保障。种子具有高遗传多样性，是药用植物种质资源的主要形式，同时也是保护物种多样性最常用的材料。根据种子的储藏行为，可以将药用植物种子分为正常性种子、顽拗性种子和中间性种子。正常性种子可以采用超干保存法和低温低湿保存法实现长期有效保存。但对于对脱水、低温敏感的顽拗性种子和中间性种子，常规方法（低温低湿保存法）不仅不能有效保存，相反还会导致种子活力丧失而加速死亡。

　　超低温保存法被认为是长期保存顽拗性种子的主要方法，大部分重要经济作物种质的超低温保存均已成功，一些重要经济作物已建有超低温种质保存库。药用植物种子的超低温保存技术研究稍滞后于其他植物。傅家瑞教授和宋松泉教授编著的《顽拗性种子生物学》一书详细阐述了顽拗性种子的脱水敏感特征及传统保存方法。Barbara M. Reed 教授在其主编的 *Plant Cryopreservation: A Practical Guide* 一书中介绍了超低温冷冻方法及各类植物资源的超低温保存研究。中国医学科学院药用植物研究所海南分所是国内最早开展药用植物顽拗性种子超低温保存研究的单位，在财政部、国家发展改革委、国家卫生健康委及中国医学科学院医学与健康科技创新工程、海南省卫生健康委及海南省科技厅的支持下，同步建设了国家南药基因资源库，利用多年来在药用植物顽拗性种子超低温保存方面的研究成果，结合国内外文献资料，编写成《中国药用植物种质资源研究·药用植物顽拗性种子超低温保存技术研究》一书。

　　本书从植物种质战略保存角度出发，简述了植物种子储藏特性类型及长期保存方法等，重点介绍了药用植物顽拗性种子超低温保存技术研究进展的相关内容。本书包括 4 章和 3 个附录，第一章概述了植物种子储藏特性类型及长期保存方法；第二、三章简述了植物与药用植物顽拗性种子的超低温保存方法；第四章介绍了 105 种药用植物顽拗性（中间性）种子超低温保存方法要点。由于这 105 种药用植物中有 48 种药用植物的顽拗性（中间性）种子超低温保存技术已被中华中医药学会列为团体标准并正式发布，但尚未出版纸质标准，故本书附录Ⅰ收录了 48 种药用植物顽拗性（中间性）种子超低温保存技术通则及规程；为更全面地介绍药用植物种子的顽拗特性，附录Ⅱ整理了药用植物顽拗性（中间性）种子参考名录；附录Ⅲ为参考文献内容。

本书紧密联系药用植物顽拗性种子保存现状和发展趋势，将理论与实验结果相结合，是国内外第一部药用植物顽拗性种子保存专著，可作为植物种质资源保护工作者，特别是药用植物种质资源保护工作者的参考用书，也可供高等院校种子生物学师生参考。

本书得到了国家和海南省相关部门的项目资助，在众多研究者的共同参与下，在中华中医药学会标准化办公室老师的精心指导下，在北京科学技术出版社各位编辑老师的辛苦付出下，得以顺利出版，在此对上述单位和人员致以深深的谢意！

因超低温保存技术仍在不断发展，药用植物种子特性复杂多样，书中内容可能存在不足之处，敬请批评指正，以备后续改进。

编　者

2023 年 12 月

国家南药基因资源库简介

国家南药基因资源库位于海南省海口市药谷中国医学科学院药用植物研究所海南分所海口南药研发中心院内，系由财政部、国家中医药局、国家发展改革委投资建设，也得到了国家卫生健康委、中国医学科学院医学与健康科技创新工程及海南省卫生健康委、海南省科技厅的资助。该库由魏建和研究员带领团队在国家药用植物种质资源库的基础上，专门针对脱水敏感的药用植物顽拗性种子保存而建，2015年开始运行使用，是国家中药标准化种质基因库的重要组成部分，是第四次全国中药资源普查所建的国家基本药物所需中药材种质资源库。魏建和研究员带领团队建立了药用植物顽拗性种子超低温保存技术体系，截至2024年10月，该库已采用超低温保存方法保存了12 000份药用植物顽拗性种子，研发了105种药用植物顽拗性（中间性）种子超低温保存技术。

国家南药基因资源库包括液氮超低温库、种子处理实验室、中药材种子检测实验室和种质交换使用服务中心、种质繁育荫棚温室等，拥有保存20万份药用植物种子、植物离体材料、DNA材料的库容，整合成了集种子收集、鉴定、检测、保存与利用于一体的功能单元和科研平台。与国家南药基因资源库配套建设的有保存腊叶和药材标本的海南省中药标本馆、迁地保存活体种质的国家药用植物园体系兴隆南药园等。

国家南药基因资源库所在地

国家南药基因资源库

资源库主库区

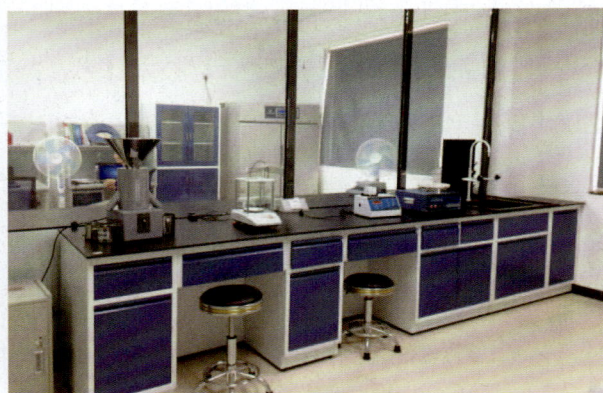

种子处理区

种子恢复培养区

种子展示中心

目　录

第一章

植物种子储藏特性类型及长期保存方法

一、植物种子储藏特性类型 ………………………………………………………… 2

二、种子长期保存方法 …………………………………………………………………… 4

三、种子保存平台——种质库 ……………………………………………………… 7

第二章

植物顽拗性种子特性及超低温保存方法

一、顽拗性种子特性 …………………………………………………………………… 12

二、顽拗性种子短期保存方法 ……………………………………………………… 17

三、顽拗性种子超低温保存方法 …………………………………………………… 18

第三章

药用植物顽拗性种子超低温保存方法

一、种子为顽拗性的药用植物 ……………………………………………………… 30

二、药用植物顽拗性种子超低温保存方法 ……………………………………… 31

第四章
105 种药用植物顽拗性（中间性）种子超低温保存方法要点

一、白花树种子超低温保存方法 ················· 35

二、白木香种子超低温保存方法 ················· 36

三、槟榔种子超低温保存方法 ················· 37

四、草豆蔻种子超低温保存方法 ················· 38

五、草果种子超低温保存方法 ················· 39

六、单叶蔓荆种子超低温保存方法 ················· 41

七、柑橘种子超低温保存方法 ················· 42

八、高良姜种子超低温保存方法 ················· 43

九、花椒种子超低温保存方法 ················· 44

十、化州柚种子超低温保存方法 ················· 45

十一、黄连种子超低温保存方法 ················· 47

十二、降香种子超低温保存方法 ················· 48

十三、辣椒种子超低温保存方法 ················· 49

十四、荔枝种子超低温保存方法 ················· 50

十五、楝种子超低温保存方法 ················· 51

十六、两面针种子超低温保存方法 ················· 53

十七、龙眼种子超低温保存方法 ················· 54

十八、马钱子种子超低温保存方法 ················· 55

十九、麦冬种子超低温保存方法 ················· 56

二十、牡荆种子超低温保存方法 ················· 57

二十一、木芙蓉种子超低温保存方法 ················· 58

二十二、牛蒡种子超低温保存方法 ················· 60

二十三、胖大海种子超低温保存方法 ················· 61

二十四、七叶一枝花种子超低温保存方法 ················· 62

二十五、青葙种子超低温保存方法 ················· 63

二十六、人参种子超低温保存方法 ················· 64

二十七、肉豆蔻种子超低温保存方法 ················· 65

二十八、三七种子超低温保存方法 ················· 66

二十九、山茱萸种子超低温保存方法 …………………………………………………… 68

三十、石榴种子超低温保存方法 ……………………………………………………… 69

三十一、柿种子超低温保存方法 ……………………………………………………… 70

三十二、益智种子超低温保存方法 …………………………………………………… 71

三十三、银杏种子超低温保存方法 …………………………………………………… 72

三十四、樟种子超低温保存方法 ……………………………………………………… 73

三十五、朱砂根种子超低温保存方法 ………………………………………………… 74

三十六、棕榈种子超低温保存方法 …………………………………………………… 76

三十七、白花酸藤果种子超低温保存方法 …………………………………………… 77

三十八、桄榔种子超低温保存方法 …………………………………………………… 78

三十九、黑嘴蒲桃种子超低温保存方法 ……………………………………………… 79

四十、假刺藤种子超低温保存方法 …………………………………………………… 80

四十一、假苹婆种子超低温保存方法 ………………………………………………… 82

四十二、见血封喉种子超低温保存方法 ……………………………………………… 83

四十三、羯布罗香种子超低温保存方法 ……………………………………………… 84

四十四、咖啡黄葵种子超低温保存方法 ……………………………………………… 85

四十五、木奶果种子超低温保存方法 ………………………………………………… 86

四十六、匍匐滨藜种子超低温保存方法 ……………………………………………… 87

四十七、泰国大风子种子超低温保存方法 …………………………………………… 89

四十八、小果微花藤种子超低温保存方法 …………………………………………… 90

四十九、须叶藤种子超低温保存方法 ………………………………………………… 91

五十、疣果豆蔻种子超低温保存方法 ………………………………………………… 92

五十一、朱蕉种子超低温保存方法 …………………………………………………… 93

五十二、白饭树种子超低温保存方法 ………………………………………………… 94

五十三、苍白秤钩风种子超低温保存方法 …………………………………………… 96

五十四、粗糠柴种子超低温保存方法 ………………………………………………… 97

五十五、催吐萝芙木种子超低温保存方法 …………………………………………… 98

五十六、倒地铃种子超低温保存方法 ………………………………………………… 99

五十七、地涌金莲种子超低温保存方法 ……………………………………………… 100

五十八、番木瓜种子超低温保存方法 ………………………………………………… 102

五十九、过江藤种子超低温保存方法 ………………………………………………… 103

六十、海芋种子超低温保存方法 ……………………………………………………… 104

六十一、鸡蛋果种子超低温保存方法 …… 105
六十二、假黄皮种子超低温保存方法 …… 106
六十三、姜花种子超低温保存方法 …… 107
六十四、交让木种子超低温保存方法 …… 109
六十五、木樨种子超低温保存方法 …… 110
六十六、牛耳枫种子超低温保存方法 …… 111
六十七、秋枫种子超低温保存方法 …… 112
六十八、三椏苦种子超低温保存方法 …… 113
六十九、小叶女贞种子超低温保存方法 …… 114
七十、猪屎豆种子超低温保存方法 …… 115
七十一、杠板归种子超低温保存方法 …… 117
七十二、黄牛木种子超低温保存方法 …… 118
七十三、黄皮种子超低温保存方法 …… 119
七十四、假鹰爪种子超低温保存方法 …… 120
七十五、散沫花种子超低温保存方法 …… 121
七十六、山牡荆种子超低温保存方法 …… 122
七十七、栓叶安息香种子超低温保存方法 …… 124
七十八、水黄皮种子超低温保存方法 …… 125
七十九、夜来香种子超低温保存方法 …… 126
八十、大花紫薇种子超低温保存方法 …… 127
八十一、假益智种子超低温保存方法 …… 128
八十二、金凤花种子超低温保存方法 …… 129
八十三、银柴种子超低温保存方法 …… 131
八十四、草莓番石榴种子超低温保存方法 …… 132
八十五、潺槁木姜子种子超低温保存方法 …… 133
八十六、大苞闭鞘姜种子超低温保存方法 …… 134
八十七、凤瓜种子超低温保存方法 …… 135
八十八、格木种子超低温保存方法 …… 136
八十九、海滨木巴戟种子超低温保存方法 …… 137
九十、海刀豆种子超低温保存方法 …… 139
九十一、海人树种子超低温保存方法 …… 140
九十二、黄斑姜种子超低温保存方法 …… 141

九十三、量天尺种子超低温保存方法 …………………………………………… 142

九十四、牛筋藤种子超低温保存方法 …………………………………………… 143

九十五、青梅种子超低温保存方法 ……………………………………………… 144

九十六、琼榄种子超低温保存方法 ……………………………………………… 145

九十七、神秘果种子超低温保存方法 …………………………………………… 147

九十八、疏花铁青树种子超低温保存方法 ……………………………………… 148

九十九、铜盆花种子超低温保存方法 …………………………………………… 149

一百、细叶黄皮种子超低温保存方法 …………………………………………… 150

一百〇一、香橙种子超低温保存方法 …………………………………………… 151

一百〇二、橡胶树种子超低温保存方法 ………………………………………… 152

一百〇三、洋苏木种子超低温保存方法 ………………………………………… 154

一百〇四、越南牡荆种子超低温保存方法 ……………………………………… 155

一百〇五、竹叶蒲桃种子超低温保存方法 ……………………………………… 156

附录 I

48 种药用植物顽拗性（中间性）种子超低温保存技术通则及规程

（中华中医药学会团体标准）

药用植物顽拗性种子超低温保存技术通则 ……………………………………… 161

白木香种子超低温保存技术规程 ………………………………………………… 171

降香种子超低温保存技术规程 …………………………………………………… 181

益智种子超低温保存技术规程 …………………………………………………… 191

高良姜种子超低温保存技术规程 ………………………………………………… 199

朱砂根种子超低温保存技术规程 ………………………………………………… 209

草豆蔻种子超低温保存技术规程 ………………………………………………… 219

化州柚种子超低温保存技术规程 ………………………………………………… 229

樟种子超低温保存技术规程 ……………………………………………………… 239

两面针种子超低温保存技术规程 ………………………………………………… 247

胖大海种子超低温保存技术规程 ………………………………………………… 255

白花树种子超低温保存技术规程 ………………………………………………… 263

马钱子种子超低温保存技术规程 ………………………………………………… 271

三七种子超低温保存技术规程 …………………………………………………… 279

肉豆蔻种子超低温保存技术规程 ……………………………………………… 289

槟榔种子超低温保存技术规程 ……………………………………………… 297

人参种子超低温保存技术规程 ……………………………………………… 305

黄连种子超低温保存技术规程 ……………………………………………… 313

七叶一枝花种子超低温保存技术规程 ……………………………………… 321

三桠苦种子超低温保存技术规程 …………………………………………… 329

山牡荆种子超低温保存技术规程 …………………………………………… 337

黄皮种子超低温保存技术规程 ……………………………………………… 347

牛耳枫种子超低温保存技术规程 …………………………………………… 355

倒地铃种子超低温保存技术规程 …………………………………………… 365

匍匐滨藜种子超低温保存技术规程 ………………………………………… 375

秋枫种子超低温保存技术规程 ……………………………………………… 383

猪屎豆种子超低温保存技术规程 …………………………………………… 391

过江藤种子超低温保存技术规程 …………………………………………… 399

羯布罗香种子超低温保存技术规程 ………………………………………… 409

苍白秤钩风种子超低温保存技术规程 ……………………………………… 417

见血封喉种子超低温保存技术规程 ………………………………………… 425

泰国大风子种子超低温保存技术规程 ……………………………………… 435

假鹰爪种子超低温保存技术规程 …………………………………………… 445

姜花种子超低温保存技术规程 ……………………………………………… 455

疣果豆蔻种子超低温保存技术规程 ………………………………………… 465

假苹婆种子超低温保存技术规程 …………………………………………… 475

黑嘴蒲桃种子超低温保存技术规程 ………………………………………… 483

银柴种子超低温保存技术规程 ……………………………………………… 493

金凤花种子超低温保存技术规程 …………………………………………… 503

水黄皮种子超低温保存技术规程 …………………………………………… 513

铜盆花种子超低温保存技术规程 …………………………………………… 521

细叶黄皮种子超低温保存技术规程 ………………………………………… 531

黄斑姜种子超低温保存技术规程 …………………………………………… 541

大苞闭鞘姜种子超低温保存技术规程 ……………………………………… 549

神秘果种子超低温保存技术规程 …………………………………………… 559

青梅种子超低温保存技术规程 ……………………………………………… 569

洋苏木种子超低温保存技术规程 ·· 577

海滨木巴戟种子超低温保存技术规程 ·· 587

海人树种子超低温保存技术规程 ·· 597

附录 Ⅱ

药用植物顽拗性（中间性）种子参考名录

附录 Ⅲ

参考文献

第一章

植物种子储藏特性类型及长期保存方法

种子是裸子植物和被子植物特有的繁殖和散布单元，也是种子植物生命的起点，更是植物种族繁衍的重要载体。

一、 植物种子储藏特性类型

早在 1 000 多年前，贾思勰在《齐民要术》中就提到了不同储藏特性的种子。《齐民要术》卷一"收种"篇记载："凡五谷种子，浥郁则不生，生者亦寻死。""浥"者湿也，"郁"乃热气，说明种子在高温湿润的环境下容易败坏；"生者亦寻死"，是指幸存的种子虽然可以发芽，但活力太弱，发芽后不多久就会死去。《齐民要术》卷四"种栗"篇有关种子的注释载："栗初熟出壳，即于屋里埋著湿土中。埋必须深，勿令冻彻。若路远者，以韦囊盛之。停二日以上，及见风日者，则不复生矣。至春二月，悉芽生，出而种之。"这段文字对栗子不耐干燥、低湿的特性描述得十分生动。

1973 年，Roberts 根据种子的储藏行为，认为耐干燥与否可以作为区分种子储藏类别的依据，并据此将种子分为正常性种子（orthodox seeds）和顽拗性种子（recalcitrant seeds）2 种类型。1990 年，Ellis 等发现小粒咖啡 *Coffea arabica* L. 种子的储藏行为介于上述 2 种种子类型之间，这类种子虽不能同正常性种子相比，但也能在相对低含水量的条件下存活，因此被定义为第三类种子，即中间性种子（intermediate seeds）。1996 年，Hong 和 Ellis 根据储藏行为正式确定了三类种子的划分条件，详见图 1-1。

1. 正常性种子

正常性种子最为常见，如红花 *Carthamus tinctorius* L.、丹参 *Salvia miltiorrhiza* Bunge、檀香 *Santalum album* L.、海南龙血树 *Dracaena cambodiana* Pierre ex Gagnep. 等药用植物种子，在脱离母体时具有较低的含水量，可在很低含水量的条件下长期贮藏而不丧失活力。这类种子通常耐干燥，含水量降在 5%~7% 甚至降至 5% 以下，种子生活力也基本不会被损伤，而且在低温干燥条件下保存，其寿命还能有效延长。

2. 顽拗性种子

顽拗性种子较少，典型的有白木香 *Aquilaria sinensis*（Lour.）Spreng.（国产沉香的主要来源植

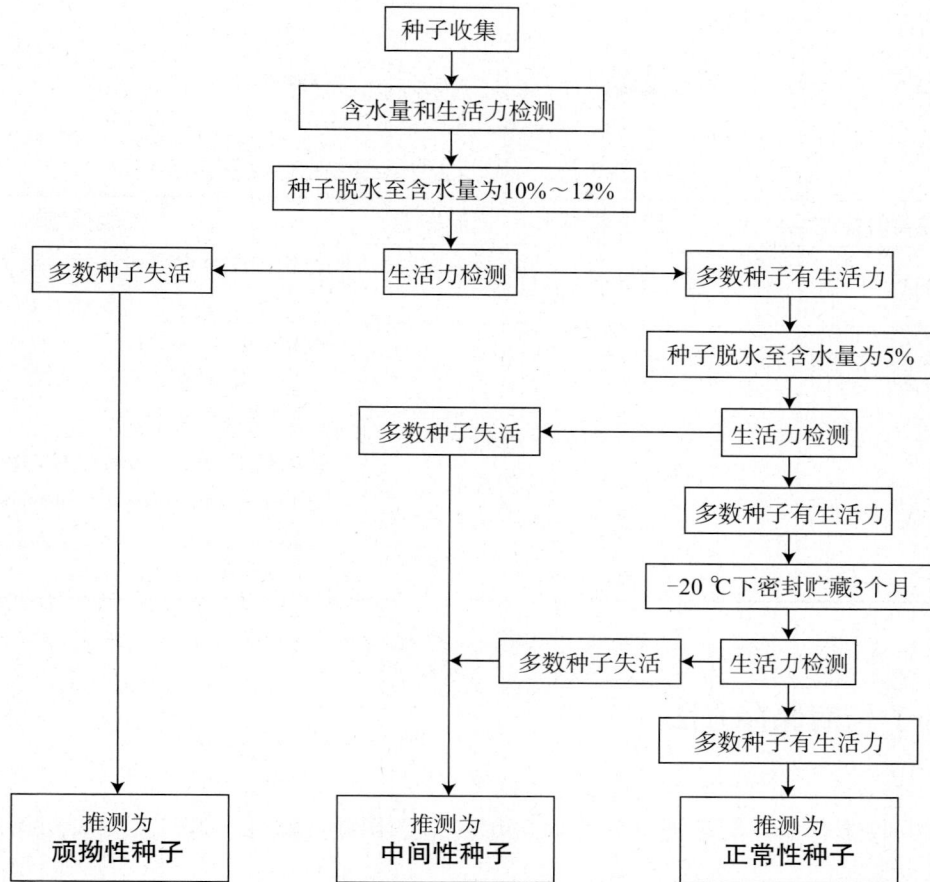

图 1-1　种子储藏行为确定规范

物）种子。顽拗性种子是指成熟脱落时仍保持较高含水量（20%~90%）且整个生长发育过程对脱水和低温都敏感的种子。这类种子代谢活性强，但耐不良环境能力弱，在自然条件下贮藏寿命较短；不似正常性种子耐低温、耐干燥，当贮藏温度低于 0 ℃时，会因为细胞受冻伤而死亡。顽拗性种子通常干燥后会失活，但若保持原有的高含水量，就无法在冷柜中保存，而在室温下放置又会立即发芽，因此这类种子在常规条件下或低温低湿条件下均无法长期储存。

3. 中间性种子

Ellis 等的研究表明，在正常性种子和顽拗性种子之间还有一种过渡贮藏类型的种子，即中间性种子。中间性种子可以像正常性种子一样脱水至较低的含水量（10%~12%）而不损伤种子生活力，但含水量不能低于 5%。这类种子即使含水量低于 10%，也不能久放于冷冻状态下，因为 3~6 个月的冷冻保存会使种子失活。因此，这类种子通常不适用正常性种子的贮藏环境，其特性与顽拗性种子更为类似。

在全球 25 万种高等植物中，目前仅约 1 万种经过试验确定了其种子的储藏特性。有的植物种子储藏特性不稳定，如印度苦楝 *Azadirachta indica* A. Juss 种子，正常性、顽拗性或中间性都可能会出现，这可能与产区有关系。

上述 3 类种子的特性简要概括见表 1 - 1。

表1-1　正常性种子、顽拗性种子和中间性种子的特性

种子类型	脱离母体时含水量	是否对脱水、低温敏感	代表植物
正常性种子	较低	否	红花、丹参、鸦胆子 Brucea javanica (L.) Merr.、薏苡 Coix lacryma-jobi L. 等
顽拗性种子	较高	是	槟榔 Areca catechu L.、白木香、草豆蔻 Alpinia katsumadai Hayata、胖大海 Scaphium wallichii Schott & Endl. 等
中间性种子	中等	可耐受7%~10%的含水量，但在较低的含水量和温度下会较快失活	两面针 Zanthoxylum nitidum (Roxb.) DC.、化州柚 Citrus maxima 'Tomentosa'、樟 Camphora officinarum Nees、人参 Panax ginseng C. A. Meyer

二、 种子长期保存方法

生物资源的收集和保存历来被世界各国高度重视。中国、美国、英国、日本、意大利、巴西、挪威、印度等诸多国家均在生物资源收集和保存方面投入了大量的人力、财力、物力，并建立了较为完善的农作物种质资源保存体系。

种子由于具有体积小、会休眠、易保藏等优势特点，被公认为种质资源保护的首选，而且种子保存也是经济、有效的重要资源保护手段之一。植物种子的保存方法众多，其中应用较广、保存期限较长的有超干保存法、低温低湿保存法和超低温保存法。

1. 超干保存法

超干保存法自 20 世纪 80 年代末兴起，又称超低含水量保存法，是指将种子含水量降至5%以下（依不同种类种子而定），密封后置于常温或稍微降温的条件下贮藏，即通过降低种子含水量来代替降低贮藏温度以达到相同保存效果的一种方法。超干保存法是一项简便易行、经济实用，且又能延长种子贮藏寿命的种子保存技术，目前，有关人员已对黄精 Polygonatum sibiricum Delar. ex Redoute、桔梗 Platycodon grandiflorus (Jacq.) A. DC.、花生 Arachis hypogaea L.、芸苔 Brassica campestris L.、芝麻 Sesamum indicum L.、高粱 Sorghum bicolor (L.) Moench、大豆 Glycine max (L.) Merr.、黄瓜 Cucumis sativus L.、番茄 Solanum lycopersicum L.、辣椒 Capsicum annuum L. 等多种植物种子的超干保存展开了研究，结果表明保存效果较好。超干贮藏下种子活力、耐贮性、生理生化特性、种子最适含水量及遗传物质完整性等研究均取得了一定进展。超干保存法会使种子的含水

量降至极低，也使其新陈代谢降至较低水平，因此能有效延长种子的保存寿命。霍平慧等采用硅胶室温干燥法对陇东紫苜蓿 Medicago sativa L. 'Longdong' 种子进行了超干处理，结果表明，超干保存法不仅能提高种子的出苗率，还能提高植株的株高和耐受性。

超干保存法在药用植物种子的保存上也有很好的应用。李吟平采用不同的保存温度、不同的种子含水量和不同的光照条件来保存黄精种子，实验表明，3% 含水量的黄精种子贮藏 6 个月后发芽率为 72.5%，而 15% 含水量的黄精种子的发芽率仅为 33.2%，且 3% 含水量的黄精种子在保存期间抗氧化酶系统的活性下降缓慢并保持在较高水平。张心慧采用硅胶干燥的超干处理方法制作出几份含水量不同的桔梗种子，结果表明，含水量为 2.5%~4.5% 种子的发芽率、发芽指数和活力指数与未超干处理种子、5.5% 含水量种子均有差异，且未超干处理种子的劣变速率快于超干处理的种子，这说明桔梗种子适宜采用超干处理方法进行保存。

超干保存法作为一种节能环保方法，在室温下可以有效延长种子的贮藏寿命，近 30 年来国内外的相关研究取得了重要的进展，但种子贮藏最适含水量和温度的关系、种子的最适含水量及超干保存对遗传完整性的影响等一系列问题仍有待进一步研究。另外，需要说明的是，超干保存法并不适用于所有植物的种子。

2. 低温低湿保存法

低温低湿保存法，又称种子库保存法，主要是通过利用现代化制冷空调技术来创造一个低温且干燥的贮藏环境的方式进行保存的方法。这种方法使得植物种子在脱水处理后，能够长期得到保存。根据温度、湿度的不同，又分为短期保存、中期保存和长期保存 3 种。短期保存的库温控制在 10~15 ℃，相对湿度为 50%~60%，种子用纸袋或布袋包装，一般可存放 3 年以上，供鉴定、研究和分发用，属临时保存的应用材料。中期保存的库温控制在 -4~-2 ℃，相对湿度在 50% 以下，种子水分在 8% 左右，种子用防潮材料包装并密封，可保存 15 年以上，主要供分发用。长期保存的库温控制在 -20~-10 ℃，相对湿度为 30%~50%，种子水分为 4%~6%，种子用铝盒或锡箔袋密封或真空包装，贮藏期限为 50~100 年，一般不供分发用，当分发材料用完时可用作繁殖材料提取，因此这种种子库也被称为基础库。

低温低湿保存法是植物种质资源保存的主要方式，许多国家都应用此法建立了各自的国家种质资源库。截至 2020 年底，我国国家作物种质库长期库［贮藏温度（-18±1）℃］中保存了 55.5 万余份农作物种质资源；美国国家遗传资源保存中心低温冷库（贮藏温度 -18 ℃）保存了 57 万余份农作物种质资源；英国千年种子库在 4 ℉（约 -15.6 ℃）、15% 湿度的条件下保存了 9.6 万余份、4 万余种野生植物种子。

低温低湿保存法在药用植物种子的长期保存上也有很好的应用。李家敏在 -20 ℃、4 ℃ 和室温条件下分别保存了一定量的盘龙参 *Spiranthes sinensis*（Pers.）Ames 种子，结果表明，4 ℃的温度条件有利于盘龙参种子的保存。张兆英研究了含水量分别为 3%、5%和 15%的白术 *Atractylodes macrocephala* Koidz.、黄芩 *Scutellaria baicalensis* Georgi、远志 *Polygala tenuifolia* Willd. 种子在 -10 ℃、0 ℃、20 ℃和 36 ℃的贮藏条件下活力的变化，发现此 3 种药用植物种子的发芽率和活力指数均随贮藏温度和种子含水量的增加而降低，且含水量为 3%和 5%的 3 种种子在 -10 ℃下贮藏能有效保持种子活力，种子内部生理生化变化减缓，1 年后发芽率仍保持在较高水平，尤其是白术种子，发芽率能保持在 84%左右。

种子成熟后开始逐渐衰老，即使在目前较为安全的低温低湿库中保存，种子的生活力仍在缓慢丧失。我国国家作物种质库长期库中保存的洋葱 *Allium cepa* L. 种子，在保存 5 年后发芽率就降至 50%；对贮藏 20 年以上种子的生活力与田间出苗率进行监测，发现小麦 *Triticum aestivum* L. 等 6 种作物的田间出苗率比入库时的初始发芽率降低 20%以上，而且有 8 份种子的田间出苗率低于 10%。其他国家的种质库也有类似的报道，例如在美国国家种质库中，780 份花生在保存 34 年后平均发芽率从 89%降至 6%，3 635 份大豆种子在保存 36 年后平均发芽率从 92%降至 21%，427 份小麦种子在保存 43.6 年后平均发芽率从 94%降至 73%。同时，药用植物种质资源在低温低湿的保存过程中也存在活力丧失的情况。有工作人员对国家药用植物种质资源库中期库中保存 4 年的荆芥 *Nepeta cataria* L.、黄芩、桔梗、益母草 *Leonurus japonicus* Houttuyn、穿心莲 *Andrographis paniculata*（Burm. f.）Nees、党参 *Codonopsis pilosula*（Franch.）Nannf.、冬凌草 *Isodon rubescens*（Hemsley）H. Hara 7 种药用植物的种子进行生活力检测，发现种子发芽率均有所下降：荆芥、黄芩的种子发芽率下降不显著，降幅分别为 4.9%和 5.4%；其余 5 种药用植物种子的发芽率显著下降，降幅分别为 8.9%、12.0%、12.2%、14.3%和 17.0%。由此可知，低温低湿保存只能延缓而不能阻止种子的衰老，且不同物种种子间的生活力丧失差异较大。

3. 超低温保存法

超低温保存法是指将材料置于极端的低温中进行保存的一种方法，通常是用液氮（-196 ℃）或液氮蒸汽相（-180 ~ -130 ℃）作为贮藏源。在这样极端的温度下，活细胞内的物质代谢和生命活动几乎完全停止，生命物质处于非常稳定的生物学状态，故贮藏期间不会发生遗传状态的改变或形态潜能的丧失，理论上讲，材料可以"永久"保存。

目前，超低温保存法被认为是植物种质资源长期保存的理想方法。自 1968 年 Quatran 第一次报道植物超低温保存以来，超低温保存法已得到长足发展，几乎所有重要的农作物都有成功冷冻的报道。我国对植物种质超低温保存的研究虽起步相对较晚，但经过近 40 年的努力，已成功报道了 300 余种植物的超低温保存研究成果。目前，我国已在多种果树、花卉、蔬菜、园林植物和药用植物的种质资源超低温保存的研究中取得了成功，如苹果 *Malus pumila* Mill.、柑橘 *Citrus reticu-lata* Blanco、柿 *Diospyros kaki* Thunb.、桃 *Prunus persica* L.、香蕉 *Musa nana* Lorur.、葡萄 *Vitis vinif-era* L.、百合 *Lilium brownii* F. E. Brown ex Miellez var. *viridulum* Baker、菊花 *Chrysanthemum × morifoli-um* Ramat.、魔芋 *Amorphophallus konjac* K. Koch、马铃薯 *Solanum tuberosum* L.、小麦、人参、三七 *Panax notoginseng* （Burkill） F. H. Chen ex C. Y. Wu & K. M. Feng、肉豆蔻 *Myristica fragrans* Houtt.、降香 *Dalbergia odorifera* T. Chen 等，研究的材料类型包括种子、花粉、茎尖、休眠芽、悬浮细胞、愈伤组织、原生质体和体细胞胚等。

植物种质资源超低温保存方法研究始于 20 世纪 60 年代，20 世纪末该方法得到广泛应用。目前，世界各国非常重视对植物种质资源的超低温保存研究，印度国家植物遗传资源局已成为国际植物遗传资源试管苗保存和超低温保存培训中心。《全球植物保护战略（2011—2020）》强调，应加强对温带和热带物种的超低温保存研究。比利时、法国、英国等 21 个国家共同签署的 "Food and Agriculture Cost Action 871"（cryopreservation of crop species in Europe）是专门针对欧洲作物超低温保存研究的计划。

尽管超低温保存法在大规模保存植物种质资源中应用的案例越来越多，但由于该方法涉及的技术众多，各种植物适宜进行超低温保存的材料类型不同，甚至同一种植物不同品种采用相同的方法和技术进行超低温保存的效果也不一样，有相当一部分材料出现再生率低的问题，因此超低温保存法在大规模实际应用中仍存在一些问题，尚未形成普遍适用于各种植物的超低温保存技术体系，其应用具有一定的局限性。

三、　种子保存平台——种质库

种质是指具有生命力或再生能力的一种遗传资源，包括植物幼嫩组织、组织培养物、植物器官等。生物资源作为自然资源中可再生的重要部分，是人类社会赖以生存和发展的重要物质基础。以种质库的方式进行生物资源战略性保存，是目前最经济、最安全的方式。建立种质基因库，有利于保护植物基因多样性、物种多样性，保存种质资源是各国保护生物战略资源安全的需要。

人类的农耕文明可以追溯至 13 000 年前，考古学家曾在伊拉克的耶莫遗址发现了约公元前 6750 年的遗存种子，由此可以推测，从那时起，人类就开始保存种子。但是，全世界系统地整理并保存种子的历史却只有短短近百年。目前，全世界已建成的种子（质）库约有 1 750 座，已保存了约 740 万份的种质资源，其中以种子形式保存的约占 90%；大部分的种子（质）库是通过低温干燥的方式进行保存的。种子的含水量和贮藏温度是影响种子活力的重要因素，低温保存干燥种子是保存植物种质资源相对经济有效的方法。但这种方法仅限于对正常性种子进行保存，脱水敏感的顽拗性种子无法忍受水分损失，因此不能存储在 -20 ℃的常规种子库中。顽拗性种子以其独特的生物学、生态学特性，成为种子长期保存最难攻克的一关，超低温库的建设为顽拗性种子的保存带来了希望。

1. 低温种质库

低温种质库是指以保护种子为主体的植物种质资源保存设施，是利用现代制冷、除湿和保温等技术建造的具有低温低湿贮藏条件的设施。低温种质库又分为长期种质库（ -20 ~ -10 ℃，相对湿度≤65% ）和中期种质库（ -4 ~ -2 ℃，相对湿度≤65% ）2 种，以低温低湿保存法和超干保存法贮藏植物种质。

目前，全世界的种质库多为低温种质库，具有代表性的有以下 7 个。

（1）世界第一座种子库——瓦维洛夫种子库。该库现也被称为俄罗斯圣彼得堡瓦维洛夫研究所。20 世纪初叶，苏联植物育种学家和遗传学家尼可莱·瓦维洛夫（ Nikolay Vavilov，1887—1943 ）率采集队从中国、伊朗、阿富汗、埃塞俄比亚等几十个国家收集了几十万份作物种子，提出了作物起源中心学说，还建立了世界上第一座种子库，该库被认为是世界上最古老的种子库之一。该库目前已在 -15 ℃冷库中保存了 37 万份作物及其野生近缘种的种子，包括可能会永久性遗失的农作物种子。

（2）世界最大的野生植物种子库——英国千年种子库。该库前身为邱园种子库，于 1997 年扩建后更名为千年种子库。目前该库已在 -20 ℃、15% 湿度的条件下保存了来自世界 190 个国家和地区的 4 万余种 9 700 余份 2 亿余粒野生植物种子。

（3）"世界末日种子库"——挪威斯瓦尔巴全球种子库。该库建立在距离北极点 1 300 km 的斯瓦尔巴群岛的斯匹次卑尔根岛上，藏于一座常年被冰雪覆盖的永久冰山山体之内，2010 年底建成并投入使用。该库能使种子处于低温环境中，适合种子的长期贮藏而不受气温变化的影响。该库建造的目的是为全世界 1 750 座种子（质）库和相关贮存机构的农作物种子提供备份保存，目前已有来自世界各国的 1 亿余粒农作物种子被贮藏在该库。这些种子代表了人类 13 000 多年的农业历史，该库也被科学界当作未来人类灾后重建家园的希望。

（4）美洲最大的种子库——美国国家遗传资源保存中心。1946 年，美国开始了国家植物种质系统（ NPGS ）计划，重点收集农作物的种质资源。1958 年，美国国家遗传资源保存中心建成，该中心主要保存的生物资源也是种子。该中心是目前世界上保存体系最健全的作物种子库，以其收集的丰富动物、植物和微生物资源闻名于世，已经建立了多种动物、植物基因库，并且成功运用冷冻（ -18 ℃）和超低温（液氮，-196 ℃）保存了 14 800 余种（包括种下单位）568 300 余份种质资源。

（5）亚洲最大的野生生物种质资源库——中国西南野生生物种质资源库。该库于 1999 年由吴征镒院士提议建设，2005 年正式开工，2007 年建成并投入运行。该库现已保存 11 602 种 94 596 份我国本土野生植物种子，2 246 种 27 230 份植物离体培养材料，9 145 种 71 829 份植物总 DNA，2 340 种 23 400 份微生物菌株及 2 276 种 90 412 份动物种质资源等，是亚洲最大的野生生物种质资源库，与英国千年种子库、挪威斯瓦尔巴全球种子库等一起成为世界生物多样性保护的领跑者。

（6）我国最大的作物种子库——国家作物种质库。该库建于 1986 年 10 月，总建筑面积 3 200 m²。其中，长期库贮藏温度（－18±2）℃，相对湿度≤50%，用于长期保存全国农业植物种质资源，包括农家种、育成品种和近缘野生材料等；中期库贮藏温度（－4±2）℃，相对湿度≤50%，保存容量超过 40 万份，保存的种质材料可随时分发给国内育种、科研和教学等单位使用，同时也供国际交换使用。2021 年 9 月，新的国家作物种质库建成并投入试运行，新库保存容量为 150 万份，保存能力目前位居世界第一。新库保存方式从低温保存拓展到超低温保存、试管苗保存和 DNA 保存，还配备了立体库自动存取系统。

（7）我国第一座药用植物种质资源库——国家药用植物种质资源库（北京）。该库于 2006 年建设，是我国第一座也是目前保存药用植物种质资源最多的国家级药用植物专业种质库，以低温低湿保存正常性药用植物种子为主，兼顾其他形式遗传材料的保存。该库包括贮存年限 45～50 年的长期库和贮存年限 25～30 年的中期库及"双十五"干燥间。该库已收集保存 4 000 余种药用植物的 3.2 万余份种质资源，已成为我国最重要的药用植物种质资源战略贮存库，也是全国药用植物种质资源的最主要来源库。

2. 超低温种质库

超低温保存具有安全、可靠、费用低等优点，且具有"永久保存"的潜力，因此，随着新技术的发展，超低温保存技术已广泛应用于植物种质资源保存领域。目前，世界各国非常重视对植物种质资源的超低温保存研究，并已将一些研究成果应用于实际保存工作中。例如，中国、美国、印度、英国、俄罗斯、法国、德国、加拿大、日本等多个国家均建立了植物种质资源超低温保存库，用于保存农作物、药用植物和林木等植物种质资源。

美国国家遗传资源保存中心是世界上最早使用超低温技术的农作物基因库之一，已经成功运用超低温（液氮，－196 ℃）保存了作物的正常性种子、苹果的休眠芽、梨 *Pyrus* spp. 的花粉、榛 *Corylus heterophylla* Fisch. ex Trautv. 的胚轴等植物种质资源近 5 万份；印度国家基因库位于新德里印度国家植物遗传资源局总部，拥有超低温贮存库、－18 ℃的长期贮存库、－4～－2 ℃的中期贮存库和离体贮存库，其中超低温贮存库保存了农作物和药用植物等的正常性种子 3 000 余份、水果及林木植物等的非正常性种子近 6 000 份、桑 Morus alba L. 的休眠芽 200 余份、40 种作物的花粉 900 余份；英国的超低温库对蛇泡筋 Rubus cochinchinensis Tratt. 等 30 余种植物的离体茎尖进行了超低温保存研究，并成功入库保存 3 000 余份，同时对 1 000 余份药用植物愈伤组织进行了超低温保存。

各国超低温库保存的植物材料类型也各不相同，俄罗斯的超低温库主要保存了 250 余种濒危植物的正常性种子；法国的超低温库保存了几百份葡萄、咖啡等的非正常性种子；德国的超低温库则保存了近 2 000 份马铃薯、草莓 Fragaria × ananassa Duch.、薄荷 Mentha canadensis Linnaeus 等植物的离体茎尖；日本的超低温库保存了 1 000 余份桑的休眠芽；加拿大的超低温库则保存了几千份针叶树的培养物、胚性悬浮细胞系等材料。

我国植物种质超低温保存研究虽起步较晚，但经过 40 年的努力，已成功报道了 300 余种植物的超低温保存研究成果。近年来，国家在政策方面给予了较大支持，部分种质库也专门设立了超低温库，其中，国家作物种质库保存了 300 余份马铃薯、百合、香蕉、香石竹 Dianthus caryophyllus L.、李 Prunus salicina Lindl.、山葵 Eutrema wasabi (Siebold) Maximowicz 等作物的茎尖和苹果、梨、桃等水果作物的花粉及桑的休眠芽等种质资源；中国西南野生生物种质资源库拥有木兰科、苦苣苔科、芸香科、兰科和藜芦科（重楼属）40 余种植物的超低温保存方案；国家南药基因资源库致力于解决药用植物顽拗性种子的长期贮藏问题，已实现 155 种药用植物顽拗性种子的超低温保存，超低温保存了 1 万余份药用植物顽拗性种子。

目前，大规模超低温保存植物种质资源仍存在一定的困难，在已经建立的超低温库中，有相当一部分材料出现再生率低的问题。例如，我国国家作物种质库对马铃薯离体茎尖用小滴玻璃化法超低温保存后，克新 12 号最低存活率为 6.67%；日本国家种质库从 1997 年就开始进行桑休眠芽的超低温保存，目前已保存了 1 283 份桑资源，但仍有 187 份资源无法用此方法保存；秘鲁国际马铃薯研究中心早期超低温保存的 400 份马铃薯资源中，仅有 121 份获得了成功；国际热带农业中心超低温保存的 640 份木薯资源中，约 220 份超低温再生率低于 30%。

虽然目前规模化超低温保存的物种数量有限，但随着研究的深入，难题终会被攻克。超低温保存已被认为是无性繁殖植物和顽拗性种子植物种质资源保存的理想方式，在生物战略资源保护，尤其是珍稀濒危植物保护方面具有良好的应用前景，也将在种质安全方面发挥关键作用。

第二章

植物顽拗性种子特性及超低温保存方法

1973 年，Roberts 根据种子的储藏行为，将种子分为正常性种子和顽拗性种子 2 种类型。正常性种子宜在干燥低温状态下贮藏，而顽拗性种子在此状态下会失去活力，即使贮藏于湿境中，寿命仍然很短。

顽拗性种子概念的提出，为 20 世纪种子科学研究做出了巨大的贡献。自 1979 年以来，有关顽拗性种子的研究愈发受到世界各地学者的重视。1984 年，陶嘉龄首次将这一概念译为"顽拗型种子"，还曾译为"异端型种子"。1991 年，傅家瑞认为"顽拗型种子"具有多种顽拗表现型特征，称之为"顽拗性种子"更为合适，这一观点受到学界广泛认同，遂用"顽拗性种子"代替"顽拗型种子"，本书延续这种用法。

一、 顽拗性种子特性

种子含水量是顽拗性种子特性的关键词。顽拗性种子通常在整个发育期都维持着较高的含水量，千粒重较大，形态也大，依靠重力作用脱落在母株附近，在母株的荫蔽下借助充足的养料和水分正常萌发。顽拗性种子主要存在于水生草本植物和具有大粒种子的多年生木本植物中，这些植物绝大部分属于双子叶植物，且多为落叶植物。但事实上，大部分植物的科属中都会存在一些具有顽拗性种子的物种。顽拗性种子既可能存在于裸子植物中，也可能存在于被子植物中；可能存在于原始的科中，也可能存在于进化的科中。同科不同属，甚至同属不同种之间都可能产生不同贮藏类型的种子。因此，具有顽拗性种子与具有其他类型种子的植物在系统分类上没有明显的分界线。

起初研究者认为，顽拗性种子植物的原生境多在热带雨林地区，因而具有脱水敏感性。但调查研究表明，顽拗性种子植物的原生境不仅局限于热带雨林地区，温带及热带、亚热带干旱地区也有分布。Berjak 认为，不同植物的种子具有不同程度的顽拗性，顽拗性与正常性不是绝对分开的，而是以一种连续的方式逐渐过渡的，形成了一个种子顽拗性的连续谱，而顽拗性种子和正常性种子分别位于这个连续谱的两端。就单一物种而言，其种子的顽拗性特征主要体现在脱水敏感性特征、形态特征、生态分布特征等方面。

1. 脱水敏感性特征

顽拗性种子的脱水敏感性因植物种类的不同而区别较大。大多数棕榈科植物的种子具有顽拗性特征。例如，热带药用植物槟榔的种子，其初始含水量为50%，萌发率为90%；然而，当含水量降至20%时，其生活力会低于30%。又如，董棕 *Caryota obtusa* Griffith 种子，其初始含水量为34%，萌发率为95%；然而，当含水量低至29%时就会完全失活。部分棕榈科植物的种子被归类为中间性种子。例如，桃果棕 *Bactris gasipaes* Kunth 种子的含水量由30%降至12%时则完全失活；玛拉亚桃果椰子 *Bactris maraja* Mart. 种子的含水量低于7.8%时则完全死亡。顽拗性种子在整个生长过程中及脱落母体后始终保持对脱水的敏感性。有研究表明，顽拗性种子植物海榄雌 *Avicennia marina*（Forsk.）Vierh. 的种子在受精、坐果、组织分化、贮藏物质到脱落母体的整个过程中，不经历成熟脱水。在脱落时，种子代谢活跃，可溶性碳水化合物大量转移至胚轴中，以利于种子萌发。

种子的顽拗性不仅在不同科、属、种之间存在差异，同一物种在不同的实验室进行研究也可能会得出不同的结论，例如，印度苦楝种子曾被不同研究者归类为顽拗性种子、中间性种子和正常性种子。茶 *Camellia sinensis*（L.）O. Ktze.、小粒咖啡、野生稻 *Oryza rufipogon* Griff. 种子的保存特性也有不同的报道。顽拗性种子在不同发育阶段的脱水耐性亦存在差异，栗 *Castanea mollissima* Bl.、蒲葵 *Livistona chinensis*（Jacq.）R. Br. 等的顽拗性种子在成熟前存在一个脱水耐性相对较强的阶段，但这些种子在整个发育过程的大部分时间里均对脱水敏感。由于不同实验室、不同研究人员对种子（胚）的脱水处理方法不同，导致所报道的同一种种子的脱水耐性存在较大差异。聚乙二醇（PEG）渗透胁迫、脱落酸（ABA）预培养、脱水速率、梯度蔗糖培养等都可以用来诱导和提高一些顽拗性种子的脱水耐性，因此，标准的顽拗性种子脱水技术是研究顽拗性种子脱水耐性的重要手段。

种子的成熟脱水是植物适应环境的重要方式，它可使种子在环境胁迫下得以存活，是大部分种子成熟发育的正常事件，而顽拗性种子的成熟却不经历脱水，甚至在任何阶段都不耐脱水。顽拗性种子的含水量在成熟时是非常高的，为36%~90%，多为自由水，能维持自身旺盛的代谢，并帮助种子快速萌发。热带物种种子的含水量通常在40%以上，如刚收获的胖大海种子的含水量约为70%，朱砂根 *Ardisia crenata* Sims 种子的含水量约为56%，槟榔种子的含水量约为50%。但种子的含水量并非判断种子类型的唯一依据，部分非顽拗性种子也有可能具有较高的含水量，如中间性种子植物银杏 *Ginkgo biloba* L. 种子的含水量约为43%，正常性种子植物黑嘴蒲桃 *Syzygium bullockii*（Hance）Merr. et Perry 种子的含水量大概为47%，正常性种子植物聚花海桐 *Pittosporum balansae* DC. 种子的含水量甚至可达 60%。

一般来说，种子的脱水耐性在发育过程中不断增强，但顽拗性种子却无法获得充分的脱水耐性，仅在发育末期脱水耐性才会有所增强，如红楠 *Machilus thunbergii* Sieb. et Zucc. 种子。黄皮 *Clausena lansium*（Lour.）Skeels 种子在生理成熟前 1 周左右，脱水耐性达到最强，即使自然脱水至含水量为 31.4% 也能达到 100% 的发芽率；但如果继续自然脱水，其发芽率则明显下降。值得一提的是，种子脱水耐性也与干燥速率密切相关，黄皮胚轴迅速干燥时致死含水量可显著降低。

不同植物顽拗性种子的顽拗程度不同。1988 年，Farrant 等根据种子脱水敏感性的差异，提出了种子顽拗性连续群的概念。顽拗性种子被分为高度顽拗性、中度顽拗性、低度顽拗性 3 种类型。Farrant 等认为源自热带湿地的海榄雌的种子属于高度顽拗性种子，对脱水和低温高度敏感；而源自温带的七叶树 *Aesculus chinensis* Bunge 的种子属于低度顽拗性种子，可以忍受一定程度的脱水，在低温下能贮藏若干年。高度、中度、低度顽拗性种子的特征见表 2-1。

表 2-1　高度、中度、低度顽拗性种子的特征

类型	特征	贮藏寿命	ABA 含量	类脱水蛋白	分布	举例
高度	耐很小程度脱水，不外加水时可迅速萌发，大多数种类对温度敏感	很短	低	无	热带森林、沼泽地区	槟榔、胖大海
中度	耐中等程度脱水，不外加水时萌发率中等，大多数种类对温度敏感	中等	高	有	热带地区	见血封喉 *Antiaris toxicaria* Lesch.、牛耳枫 *Daphniphyllum calycinum* Benth.
低度	耐脱水程度较高，不外加水时萌发率低，可以忍受较低温度	较长	高	有	亚热带、温带地区	降香、青葙 *Celosia argentea* L.

2. 形态特征

研究表明，种子的脱水耐性及保存寿命与种子的形态特征有关。热带雨林典型植物——龙脑香科植物，其种子的脱水耐性与种子的大小及形状有关。脱水敏感性种子的表面积与体积之比小于正常性种子，表面积与体积之比越小，水分散失越慢。相同条件下，当小粒种子含水量降低直至死亡，大粒种子则由于水分移动慢，能在较长时间内维持含水量的相对稳定。如果具有不透水性种皮，水分丧失将更慢，能更好地保护种胚。大部分产自热带、亚热带植物的顽拗性种子的千粒重通常在 500 g 以上，巨大的顽拗性种子——椰子 *Cocos nucifera* L. 种子的单粒重达 1 000 g。大粒种子采收或脱落时含水量较高，大都在 30% 以上。Dickie 等报道，205 种顽拗性种子的平均单粒重量为 3 958 mg，而 839 种正常性种子的平均单粒重量只有 329 mg。Gleiser 等曾对 46 种槭属植物

种子进行研究，发现顽拗性种子的千粒重均大于正常性种子；Hong 等对 23 种壳斗科植物种子进行分析，也得到了相同的结果。较大的千粒重使种子传播更多地取决于重力作用，种子脱落在母株树冠之下，可有效借助树荫，避免了水分的过度流失。顽拗性种子的大粒性是为了降低种子脱水速率，为其快速萌发保留充足的水分；快速萌发能够保证种苗的快速生长，降低种子被啃食的风险，并可迅速获得土壤层的有效水分。

顽拗性种子的种皮通常比正常性种子的薄，在整个种子中所占的比重小。同属植物中，顽拗性种子一般大于正常性种子。大粒的正常性种子，种皮重量可以占到整个种子重量的 70% 左右；而欧洲七叶树 *Aesculus hippocastanum* L.、夏栎 *Quercus robur* Linnaeus 等的顽拗性种子的种皮所占比例小，仅为 20% 左右。较薄的种皮不仅有利于胚的快速萌发，还能通过减少营养吸收而充分保证其他各个结构的生长发育。许多顽拗性种子会带有假种皮，假种皮是种子外覆盖的一层特殊结构，常为肉质，色彩鲜艳，能吸引动物取食而利于传播，如肉豆蔻种子的假种皮。部分顽拗性种子还带有种翅，特别是龙脑香科植物的种子，种翅通常占有很大的比例，能借助风力进行较远距离的传播。

有学者对栎属植物顽拗性种子进行研究，发现栎属植物果皮的形态解剖特征决定了果实水分进出的速率，对水分的保持具有重要意义。Walters 在进行顽拗性种子脱水研究时发现，脱水过程中细胞难以形成稳定的空间结构，进而对细胞的功能产生影响。Wesley-Smith 在对银白槭 *Acer saccharinum* L. 低温保存的胚轴超微结构进行观察时发现，细胞在低温条件下的结冰现象是影响种子保存活力的重要因素，细胞内冰晶会造成细胞的物理伤害，进而导致细胞自噬降解，还可能引起程序性细胞死亡。韦树根对桑寄生 *Taxillus sutchuenensis*（Lecomte）Danser 顽拗性种子脱水后的形态结构进行研究时发现，种子脱水过程中细胞器受到损伤，线粒体的形态结构破裂，核仁逐步降解，脂肪体及淀粉粒分解劣变。目前，顽拗性种子的形态特征研究多集中在种子整体形态特征或胚轴细胞透射电镜分析方面，缺乏对细胞群体层面的观察和测定，需要对脱水过程中细胞群体形态变化效应进行分析，从而更加全面地了解顽拗性种子脱水过程中产生的细胞形态变化。

3. 生态分布特征

大部分顽拗性种子植物生活在热带雨林、河边或海岸，该地区土壤含水量和空气湿度均较高，湿润的环境有利于种子萌发和幼苗的生长。顽拗性种子分布在热带和亚热带地区的较多，占总数的 88% 左右。Farnsworth 曾报道约 79% 的顽拗性种子来自热带雨林，15% 来自季节性明显的温带河岸地区。温带的顽拗性种子植物多生长在季节性的生境中，通常具有较强的耐寒、耐脱水能力，且种子寿命较长。低度顽拗性种子一般分布于亚热带和温带地区，能忍受部分水分丧失和较低的温度；中度顽拗性种子分布于热带和亚热带地区，能忍受中等程度的脱水和一定范围的低温；高度顽拗性种子通常分布于热带湿地，仅能忍受少量水分的丧失，对温度敏感。

顽拗性种子的出现与植物群落的演替状态有关。产生顽拗性种子的植物一般为非先锋植物（先锋植物是指在群落演替中最先出现的植物），而与顶级植物（顶级植物是指在群落演替中最终出现的植物）有关的植物种子属于顽拗性的可能性比较大。Tweddle 等曾对常绿热带雨林中 178 种植物种子的贮藏特性进行分析，发现常绿热带雨林非先锋植物的种子中，脱水敏感种类约占 50%，而先锋植物的种子多为正常性种子。在自然状态下，很多正常性种子能形成永久土壤种子库，而顽拗性种子寿命短，不能形成永久土壤种子库，只能形成幼苗库，并以这种形式维持种群的延续。产生顽拗性种子的植物通常存在于易于迅速形成幼苗的生境中，如热带雨林或河边、海岸。这些生境中的土壤含水量和空气湿度均较高，对种子的萌发及幼苗的生长十分有利，种子不必向耐脱水性方向演化，能在脱落后迅速萌发。可见，顽拗性种子在发育过程中不经历成熟脱水且对脱水高度敏感，这是其长期适应自然环境的结果。

季节性明显的环境能够最大化地帮助顽拗性种子植物生长，有利于植物幼苗库的建立。一些温带林地的顽拗性种子在春季或夏末成熟脱落，在秋季萌发并长成幼苗以避开冬季的寒冷低温；其他顽拗性种子则是在秋季脱落，以种子的形式过冬，先决条件是其具有一定的耐低温能力，如寒冷的冬季能够帮助七叶树种子打破休眠而提高萌发率。高度季节性地区或干旱的热带地区植物种子的脱水敏感性反映了其专业化的再生策略，即对水分的有效利用，如非洲草原上一些顽拗性种子植物，其种子在雨季到来之前开始脱落，脱落后迅速萌发，可确保种子充分利用环境中的水分。季节性明显的温带地区湿度较低，顽拗性种子则进化出一定程度的耐脱水能力，通常来说，温带地区顽拗性种子的耐脱水能力要高于热带地区。

热带季风气候往往会在雨季带来大量的降水，该气候区顽拗性种子植物分布密集。马来西亚境内有柆青梅 *Vatica umbonata*（Hook. f.）Burck、异翅香 *Anisoptera marginata* Korth.、疏花娑罗双 *Shorea pauciflora* King 等，还有特有物种栓皮西番莲 *Parashorea densiflora* Slooten & Symington、渐尖红娑罗 *Shorea acuminata* Dyer；斯里兰卡分布了锡兰龙脑香 *Dipterocarpus zeylanicus* Thwaites、棕榈科植物 *Loxococcus rubicola*（Thwaites）H. Wendl. & Drude、重娑罗双 *Shorea congestiflora*（Thwaites）P. S. Ashton 等特有种；越南、老挝、泰国、缅甸境内也广泛分布有顽拗性种子植物，且顽拗性种子的种类比较一致。我国海南岛也属于热带季风气候，顽拗性种子植物颇多，如著名的药用植物土沉香（也称白木香）、益智 *Alpinia oxyphylla* Miq.、槟榔等。亚热带季风气候也为我国南方地区提供了适合顽拗性种子植物生长的环境，生长有欧菱 *Trapa natans* L.、枇杷 *Eriobotrya japonica*（Thunb.）Lindl. 等。热带雨林气候给予了顽拗性种子舒适的生长环境，如分布于印度尼西亚等地的抱茎娑罗双 *Shorea amplexicaulis* P. S. Ashton、丁香蒲桃 *Syzygium aromaticum*（L.）Merr. & L. M.

Perry 及当地特有的一种热带水果树爪哇凤果 *Garcinia dulcis*（Roxb.）Kurz。温带海洋性气候可使覆盖地区全年温和湿润，新西兰因此生长了许多顽拗性种子植物，包括绶带木 *Hoheria populnea* A. Cunn.、桃柘罗汉松 *Podocarpus totara* D. Don、桃金娘科植物 *Syzygium maire*（A. Cunn.）Sykes & Garn.-Jones 和新西兰陆均松 *Dacrydium cupressinum* Sol. ex G. Forst. 等特有种。冰岛纬度接近北极圈，低温敏感的顽拗性种子植物很难生长于此，而亚北极海洋性气候却为其带去了一种特殊的顽拗性种子植物——大叶藻 *Zostera marina* L.。大叶藻多生于岸边浅海中，在欧亚、北非、北美沿岸的北大西洋和太平洋凉爽的海水中，甚至北极圈内都有分布。有不少顽拗性种子植物和大叶藻一样，广泛生长于各个气候带。可见，气候带也许是不同种顽拗性种子植物的分界线，但绝不是同一种顽拗性种子植物的分界线。

二、 顽拗性种子短期保存方法

种子贮藏寿命是可以人为干预的，顽拗性种子亦如此。顽拗性种子对脱水高度敏感且不耐低温，因此如何在不影响种子活力的前提下，尽可能降低种子的贮藏温度及含水量是种子传统保存方法的关键。应用传统方法难以实现顽拗性种子的长期保存，正因如此，顽拗性种子曾被称为"短命种子"。

顽拗性种子具有不耐脱水性，成熟脱落时代谢相对活跃，脱离母体后的生长状态不断变化，因此，种子采收后要采用严格的保存机制来维持其活力。Berjak 等提出了水浸贮藏法、适温保湿贮藏法、控湿贮藏法、气调贮藏法等短期贮藏方法，在不影响种子活力的前提下，尽可能降低种子贮藏温度及含水量，减少种子贮藏过程中的代谢活动，并添加杀菌剂，则顽拗性种子的寿命可延长至数月，甚至数年，以达到短期贮藏的目的。

1. 水浸贮藏法

水生植物的顽拗性种子可以选择水浸贮藏法保存，菰 *Zizania latifolia*（Griseb.）Stapf 种子在此方法下贮藏可以保存 1 年以上。而非水生植物的种子选择此种方法保存的时间通常较短，如橡胶树 *Hevea brasiliensis*（Willd. ex A. Juss.）Müell. Arg. 种子只能在水中贮藏 1 个月，荔枝 *Litchi chinensis* Sonn. 种子的保存时间更短。

2. 适温保湿贮藏法

贮藏温度是影响种子活力的关键因素，环境温度高低与种子生理活动情况密切相关。顽拗性种子对零上低温敏感，可在保持其活力的前提下尽可能降低贮藏温度。目前，适温保湿贮藏法在顽拗性种子的传统保存中应用较广，坡垒 *Hopea hainanensis* Merr. et Chun 种子在 18 ℃左右可贮藏 1

年之久，黄皮种子在 15 ℃下贮藏可维持较高活力 2 年多。

3. 控湿贮藏法

控湿贮藏法是通过利用不同浓度的 PEG（或其他有效溶液）调控贮藏环境中的相对湿度，以达到获得较高种子发芽率的目的。在这种状态下，顽拗性种子可以处于不同的水分平衡中，条件适宜则可进行较长时间的保存。沼生菰 *Zizania palustris* L. 在 1 ℃下贮于适宜浓度的 PEG 中，1 年后仍能保持90%以上的发芽率。

4. 气调贮藏法

气调贮藏法是在一定的适宜温度下，通过人为控制贮藏环境中的气体成分和比例，抑制化学反应或微生物活动，从而达到延长待保存物贮藏寿命的一种方法。有实验表明，应用二氧化碳可以延长一些顽拗性种子的贮藏寿命，但效果不甚理想。而氧气浓度是比较主要的劣变因子，在较高氧气浓度下保存较长时间容易引起酚类物质氧化，进一步造成脱水。对于顽拗性种子，气调贮藏法的优势并不明显，但也许可以作为辅助手段与其他贮藏方法结合应用。

尽管短期贮存方法可有效延长一些顽拗性种子的贮藏寿命，但在贮藏过程中种子活力仍不断下降，且贮藏期间还是会不可避免地发生种子萌发的情况，无法达到长期保存的目的。

三、 顽拗性种子超低温保存方法

Roberts 等提出贮藏顽拗性种子最有效的方法是液氮超低温保存法，在低含水量的条件下，种子能在 –196 ℃下不受伤害。顽拗性种子在适度的水分状态和超低温环境下，不仅能维持自身活力，保持组织和细胞形态的完整性和遗传稳定性，防止物种衰老，还能使自身免受病虫的侵害。由于大部分顽拗性种子个体大，脱落时含水量高，因此液氮超低温保存法并不适合所有顽拗性种子。大粒顽拗性种子难以快速脱水，而缓慢脱水和降温会对种子产生致命伤害，因此种子的含水量须能让种子在低温下达到非结冰状态，才能实现超低温贮藏。小粒顽拗性种子已有超低温保存报道，这类种子可以快速脱水，如印度苦楝和益智顽拗性种子的超低温保存。体型过大的顽拗性种子，需切取离体胚轴作为外植体进行超低温保存，离体胚体积较小，容易在短期内脱水，且胚本身具有较强的抗逆性。文彬先后对蒲葵胚轴进行超低温保存条件筛选和超低温保存试验，发现超低温保存 2 年后，胚的活力几乎无改变。韩彪等对栗离体胚轴组织进行不同超低温保存方法的比较，发现植物冷冻保护剂 PVS2 可以提高超低温保存后胚轴的成活率。近年来，顽拗性种子超低温保存技术研究的关注点主要集中于如何快速降低种子（胚）含水量、降低脱水过程中的氧化胁迫伤害，以及部分脱水、快速冷冻、后续加温等过程中如何避免伤害种子等问题。目前，大部分顽拗性种子超低温保存仍处于探索试验阶段，超低温保存后形成植株也存在一定的困难，需要针对不同物种，研究适合的脱水条件和超低温保存与恢复条件，而后总结规律，形成一套顽拗性种子超低温保存的技术体系。

1. 超低温保存发展历史

很早之前，人们就认识到了超低温对于生物材料"永生"的意义。瑞典物理化学家 Arrhenius 在研究温度对化学反应速度的影响时，得出了低温能抑制生物体生化活动这一结论，并推出经验公式——阿伦尼乌斯公式：

$$k = Ae^{-E_a/RT}$$

其中 k 为反应速率，A 为常数（Arrhenius 因子），E_a 代表活化能，R 是气体常数，T 则代表绝对温度。根据阿伦尼乌斯公式可以推算，生物材料在液氮（ $-196\ ℃$ ）中可保存几个世纪。1897 年、1899 年和 1925 年分别有了用液态空气、液态氢、液态氦处理植物种子的尝试，且这样的尝试一直延续了几十年。这些实验很大程度上是为了满足人类的好奇心，并不是为了利用超低温来实现植物种质资源的长期贮藏，因此不能算是真正意义上的超低温保存。最初用超低温处理种子的实验大都比较容易地取得了成功，植物种子经超低温处理后发芽率没有发生明显的改变，且当时缺乏对顽拗性种子的认识，致使人们误以为所有植物种子都能够经受超低温处理，这在一定程度上影响了植物种质资源超低温保存的深入研究。虽然 1905 年 Becquerel 和 Adams 就分别报道了用液态空气处理高含水量种子是致命的，但直到近半个世纪后才有人研究种子含水量与超低温处理后种子存活的关系。

超低温保存首先是在动物材料方面被广泛研究及应用的。Polge 在 20 世纪 40 年代就实现了人和多种动物精子的保存。S. Ozkavukcu 等也曾报道，超低温保存 50 年的牛精子在复温后，生活力和功能均没有发生显著变化。而植物种质资源的超低温保存是在 20 世纪 70—80 年代才开始迅速发展的，现代意义上的植物种质资源超低温保存研究的推进得益于低温生物学在动物学和医学方面的发展，同时植物低温驯化和冻害方面的研究也功不可没。Polge 等采用添加防冻保护剂，慢速降温，然后转移到液态氮中的方法，实现了人和多种动物精子的超低温保存。这一技术逐步得到发展和完善，成为超低温保存的传统方法，也称"二步法"，这也是植物材料超低温保存最早使用的方法。经过几十年的探索，超低温保存已经被尝试用于几乎所有类型的植物材料（包括但不限于种子、花粉、茎尖分生组织、胚、芽、悬浮细胞、愈伤组织等）的保存，并取得了不同程度的成功。同时，为了提高冻后植物材料的活力，有研究人员提出了玻璃化法、包埋脱水法、包埋玻璃化法等多种超低温保存方法。玻璃化法早在 1937 年就被提出了，并于 20 世纪 80 年代中后期在动植物的种质保存方面取得了突破性进展。1951 年，人们认识到了种子含水量对超低温处理后种子活力的影响，并取得了一定的研究进展。1968 年，Quatran 成功保存了亚麻 *Linum usitatissimum* L. 细胞，正式拉开了植物冰冻保存的序幕。

从 20 世纪 70—80 年代开始，研究人员开展了各种植物材料超低温保存的试验。1972 年，Ichikawa 将 33 种植物的花粉在 −196 ℃ 下分别保存不同时间，发现大部分花粉仍具有萌发能力。1973 年，Nag 和 Street 将胡萝卜 *Daucus carota* L. var. *sativa* Hoffm. 细胞悬浮物置于液氮中，再培养后发现细胞有所生长。至 1990 年，有关细胞悬浮物的超低温贮藏研究超过 30 个，但仅有胡萝卜细胞和烟草 *Nicotiana tabacum* L. 细胞成功发育为完整植株。1976 年，Seibert 保存了香石竹顶端，并指出具有 2 ~ 3 对叶原基的保存效果最好。1978 年，Mazwr 保存了胡萝卜原生质体，Grout 进行了马铃薯茎尖培养物的保存试验，并成功使其发育成正常植株。1979 年，Kartha 保存的豌豆 *Pisum sativum* L. 和草莓分生组织也发育成正常植株。此时的超低温保存研究都来自其他国家，直到 1983 年，郑光植等成功对药用植物三分三 *Anisodus acutangulus* C. Y. Wu et C. Chen 的愈伤组织及其悬浮培养细胞进行了超低温保存，因此成为我国植物种质资源超低温保存研究的开创者。

我国对植物种质超低温保存的研究虽起步较晚，但经过近 40 年的努力，已成功报道了 300 余种植物的超低温保存研究成果，包括多种果树、花卉、蔬菜、园林植物和药用植物的种质资源。国家库也初步构建了超低温保存技术体系，截至 2019 年，研发了包括白术、百合、苹果在内的 17 种植物种质资源的超低温保存技术。长期库成功进行了人参种子，百合、香蕉、山葵等茎尖，以及一些果树花粉等的超低温保存研究，并正在进行实际保存应用。国家南药基因资源库建立了药用植物顽拗性种子超低温保存技术体系，研发了 105 项顽拗性（中间性）种子超低温保存技术，并采用超低温保存方法收集保存了 11 055 份药用植物顽拗性种子。

现今，超低温保存也越来越多地被实际应用于植物种质资源保存领域。国际马铃薯研究中心收集保存的 10 516 份马铃薯资源中，有 2 480 份采用了超低温保存。美国国家植物种质资源系统收集保存了 31 072 份无性繁殖作物种质资源，其中 3 903 份采用了超低温保存。不仅是美国，我国和俄罗斯、法国、印度、尼日利亚、日本等多个国家也已经建立了植物种质资源超低温库。尽管应用超低温进行常规保存的实例仍然有限，但相信随着新技术的发展，超低温保存将会得到越来越广泛的应用。

2. 超低温保存基本流程

一个完整的超低温保存过程通常包括材料选择、材料预处理、降温冷冻、解（化）冻与洗涤、存活鉴定、恢复生长 6 个阶段。

（1）材料选择。材料类型、材料特性（如抗冻性、材料的年龄、生理状态等）及材料大小均影响超低温保存的效果，因此，选择适宜的材料是超低温保存成功的关键一步。目前，常用的超低温保存材料主要有植物器官、幼嫩组织和组织培养物 3 种类型。①植物器官。超低温保存的植物器官主要有花粉和种子两大类。花粉是植物种质的形式之一。1972 年，Ichikawa 在 −196 ℃下将 33 种植物的花粉分别保存不同时间，发现大部分花粉仍具有萌发能力。20 世纪 80 年代，花粉超低温保存技术开始兴起，建立花粉库已成为现实。日本 Yatabe 果树试验站利用低温冷冻技术已经保存了 60 个栽培品种和品系的桃的花粉。种子在形态后熟和生理后熟过程会进一步脱水，含水量大大降低，因此种子是目前超低温保存范围最广的植物材料，大多应用于农作物或园林植物的正常性种子的超低温保存研究，且成功率较高。而顽拗性及中间性种子的超低温保存技术难度大，成功的机会小。1980 年，用二甲基亚砜（DMSO）处理的吸胀番茄种子（正常性种子模拟高含水量顽拗性种子）成功实现超低温保存，这给顽拗性种子的超低温保存带来了希望。顽拗性种子的超低温保存一般都是以离体胚或胚轴为材料。1986 年，橡胶树胚轴的成功保存被认为是顽拗性种子种质超低温保存最早成功的案例。近几年，开始出现以完整顽拗性种子为材料进行的超低温保存研究，并取得了初步成功。②幼嫩组织。植物幼嫩组织包括分生组织、茎尖、根尖等，主要由分裂能力强、分化程度高的分生细胞组成。这些细胞具有体积小、形状规则、细胞质浓、液泡少等特点，因而植物幼嫩组织具有比较高的超低温耐性，是超低温保存的理想材料，解冻后可作为外植体，通过组织培养恢复成植株，广泛适用于温带和热带植物的低温保存。甘蔗 *Saccharum officinarum* L. 茎尖、菠萝 *Ananas comosus*（L.）Merr. 茎尖、铁皮石斛 *Dendrobium officinale* Kimura et Migo 原球茎等均已成功实现超低温保存。③组织培养物。愈伤组织和胚状体是最常见的组织培养物。胚状体一般由愈伤组织分化而来，已实现超低温保存的有猕猴桃 *Actinidia chinensis* Planch.、糜子 *Panicum miliaceum* L.、玉米的愈伤组织等。但采用此类材料需要预先建立完善的胚性愈伤诱导组培体系，有的物种需要使用程序降温仪进行降温速度的精确控制，且超低温保存后是否能维持较高的遗传稳定性尚有待研究。一些顽拗性种子超低温保存胚或胚轴很难取得成功，但保存组织培养物常可获得较好的结果，如杧果 *Mangifera indica* L. 和荔枝。但组织培养物的遗传多样性具有单一性，以生物多样性保护为目的的超低温保存，应尽可能保存完整的种子或离体胚或胚轴。

（2）材料预处理。预处理的主要目的是增加处于分裂期细胞的数目，降低细胞内自由含水量，增强细胞抗寒力，从而使材料达到一定的生理特性，提高超低温保存的成功率。预处理方法一般有低温锻炼、继代培养和预培养 3 种。①低温锻炼。又称冷驯化，是指在 4 ℃左右低温处理一段时间以激活材料的保护机制，从而提高材料抗低温的能力。茎尖分生组织、胚或胚轴和顽拗性种子一般需要在 0 ~ 4 ℃进行人工低温锻炼 1 ~ 6 周；休眠芽或枝条则是在 0 ℃进行低温锻炼不同的时间；花粉一般不需要进行预处理，或可在冷冻前进行 −20 ℃预处理。低温锻炼是提高植物抗冷性的有效途径，能提高细胞忍受渗透和脱水的能力，有利于细胞质玻璃化的形成，并通过提高三磷酸腺苷酶（ATPase）的活性或促进其合成，释放出更多的能量以抵御低温。有研究表明，香石竹植株经 4~8 ℃驯化后冻存，成活率可达 70%~80%。②继代培养。是指将生长的材料隔一段时间进行转接继代。研究结果表明，继代培养可增加植物有丝分裂的细胞数，提高成活率，且继代培养时间对保存后材料的成活率有较大影响，如在姜 *Zingiber officinale* Rosc. 的玻璃化法超低温保存中，继代培养 15 d 的丛生芽保存后成活率最低（10.1%），继代培养 30 d 和 60 d 的丛生芽保存后成活率差异不显著，但均显著低于继代培养 45 d 的丛生芽（47.1%）。③预培养。是指在培养基中加入冷冻保护剂，可使细胞内外形成渗透压，脱去部分水分，从而提高材料的抗寒力，但可能会造成细胞损伤，引起核周隙扩张、膜囊泡化及细胞骨架的塌陷。冷冻保护剂一般分为 2 类：一类为渗透性冷冻保护剂，主要包括 DMSO、甘油、乙二醇、丙二醇、乙酰胺等；另一类为非渗透性冷冻保护剂，主要包括蔗糖、葡萄糖、PEG 等。作为冷冻保护剂，脯氨酸能稳定冻存细胞中的蛋白质结构，海藻糖能与磷脂相互作用而稳定细胞膜结构，防止冷冻对细胞膜造成直接损伤。目前应用最广泛的冷冻保护剂是 PVS2。

近几年来，复合冷冻保护剂兴起，如将 2.5%~10.0% DMSO、0.4~0.5 mol/L 蔗糖和 15% PEG 充分混合后作为冷冻保护剂，经 30~35 ℃解冻后，两细胞系的马尾松 *Pinus massoniana* Lamb. 胚性愈伤组织细胞活性较高，愈伤恢复生长率达 100%。

（3）降温冷冻。降温冷冻的方法主要有快速降温冷冻法、保护性脱水冷冻法和玻璃化冷冻法。①快速降温冷冻法。是指将材料从预处理的温度或 0 ℃直接投入液氮中。此种方法的降温速度可达 300~1 000 ℃/min，使细胞内水分不形成冰晶中心而降至 -196 ℃的安全温度，避免细胞内结冰。此方法简单，不需复杂、昂贵的设备，适用于含水量少的植物材料，如种子、花粉等。但从20 世纪 90 年代开始，传统的快速降温冷冻法逐渐被玻璃化冷冻法取代。②保护性脱水冷冻法。保护性脱水冷冻法又包括慢速冷冻法、分步冷冻法和逐级冷冻法。慢速冷冻法是指将材料送入液氮之前，以 0.5~2.0 ℃/min 的降温速度，从预处理温度或 0 ℃降至 -30 ℃、-35 ℃或 -40 ℃。分步冷冻法是以 0.5~4.0 ℃/min 的降温速度从预处理温度或 0 ℃降至 -40 ℃，停留 10 min、1 h、2 h后送入液氮中。逐级冷冻法是指先将材料经过 0 ℃预冷的冷冻保护剂预处理，再逐级降温至 -10 ℃、-15 ℃、-23 ℃、-35 ℃、-40 ℃等，停留 10 min 后送入液氮。此方法适用于含水量较高、液泡化程度较高的植物材料，如愈伤组织、原生质体、悬浮细胞等。③玻璃化冷冻法。玻璃化冷冻法是根据玻璃化理论建立的，指在培养基中加入冷冻保护剂，在 25 ℃或 4 ℃下处理一段时间，使冷冻保护剂溶液和保存材料一同进入玻璃化状态，避免冰晶形成，提高材料的存活率。虎头兰 *Cymbidium tracyanum* L. var. *huanghua* × *Cymbidium mastersii* Griff. ex Lindl. 原球茎在 PVS2 冰上玻璃化处理 120 min 后投入液氮，成活率可超过 65%。此方法简单易行，省时省力，在植物的超低温保存研究中应用广泛，但是 PVS2 对植物材料的毒害作用较大，这成为限制玻璃化超低温保存发展的主要因素。

（4）解（化）冻与洗涤。不同类型的保存材料以及不同冷冻前处理和降温冷冻方式处理所得材料的化冻方法不同，这些方法主要包括常温化冻、快速化冻和慢速化冻 3 种。化冻的关键在于防止化冻过程中细胞内次生结冰和化冻吸水过程中水的渗透冲击对细胞膜体系造成伤害。细胞再次结冰的危险温度为 $-50 \sim -10\ ℃$。一般来讲，解冻缓慢时，更容易出现细胞内次生结冰现象。

用玻璃化冷冻法处理后的材料和采用快速降温冷冻法冷冻的材料一般需要在 $37 \sim 45\ ℃$ 温水浴中快速化冻 $1 \sim 3\ min$。化冻时间应依具体情况而定，滴冻法（超低温保存的一种新方法）处理的材料化冻只需几秒。花粉通常在室温下进行常温化冻，也可置于 $37 \sim 38\ ℃$ 温水浴中进行快速化冻。休眠芽需在 $0\ ℃$ 时缓慢化冻或在 $37 \sim 38\ ℃$ 温水浴中化冻。

解冻后残留于细胞内的冷冻保护剂和有毒的保护剂（如 DMSO 等）会影响细胞恢复与继续生长，应该及时洗去。采用稀释法洗涤时温度和速度非常重要，最常用的洗涤方法是用含 $1.2\ mol/L$ 蔗糖的 MS 培养基 $25\ ℃$ 洗涤 $10\ min$。但也有报道称不去除冷冻保护剂可以减少材料的机械损伤，保存效果更好。

（5）存活鉴定。超低温保存后存活鉴定及评价指标与所用的超低温保存技术、材料类型及其再生方式有关，主要有存活率（细胞活力快速染色法、再培养法等）、萌发率、坐果率和结实率等。

种子生活力的判定方法有多种，主要采用 2,3,5-三苯基氯化四氮唑（TTC）法、溴麝香草酚蓝（BTB）法、电导率法、发芽法等。

在存活率的测定中，细胞活力快速染色法适用于所有外植体类型，鉴定快速，但测量值可能高于实际存活率，且进行快速染色鉴定的样品不能进行再保存以及再生行为的后续观察。再培养法适用于茎尖分生组织、愈伤组织和体细胞胚等。花粉材料则通常以萌发率为存活鉴定及评价指标。

（6）恢复生长。冻后恢复培养费时较长，且具体方法因材料种类不同而各异。有研究通过连续的电镜观测发现，在恢复生长过程中，细胞损伤可缓慢修复。种子的恢复生长一般可以直接将解冻后的种子播种到带有无菌滤纸的发芽盒中，在温度 $25 \sim 30\ ℃$、湿度 $70\% \sim 85\%$ 的条件下培养即可。而植物茎尖的恢复生长需先在黑暗或弱光下培养 $1 \sim 2$ 周，再转到正常光下培养，所用培养基一般与保存前的相同，有时则需要附加一定量的赤霉素 A_3（GA_3）、聚乙烯吡咯烷酮（PVP）或水解酪蛋白等，以利于植物茎尖生长的恢复。

恢复生长培养基的种类及培养基中所含的组分对部分超低温保存后的材料再生有着重要的影

响。研究表明，冻后的水稻细胞在硝酸铵（NH_4NO_3）的培养基上培养有助于提高存活率；欧洲七叶树的胚轴在 3 种培养基（MS、WPM 和 DKW）中均生长良好，但其幼苗却更适合 WPM 培养基。

恢复培养时是否需要光照则表现出物种差异性。如黄独 *Dioscorea bulbifera* L. 胚性愈伤组织冻后黑暗培养 1~5 d，成活率随着时间的延长而增高。半薄切片观察显示，若将材料直接置于光周期下培养，会造成细胞排列疏松，局部出现较大的细胞空隙；而经黑暗培养后再置于光周期下培养，则细胞排列较为紧密。桔梗茎尖需黑暗处理 1 d 后转移到新鲜的再生培养基中，再经黑暗培养 1 周后才能转入正常光下培养。相反，猕猴桃茎尖则不需要黑暗培养。

3. 超低温保存常用方法

在一个完整的超低温保存过程中，每一个阶段都有不同的技术和方法。不同物种的超低温保存需要使用不同的方案，不论使用哪一种超低温保存方法，材料的选择对超低温保存的成功与否至关重要。依据不同原理可将超低温保存方法分为 2 类：一类是依据冷冻脱水的原理，结合程序降温的传统方法；另一类是依据植物细胞玻璃化原理，采取快速降温方式的新方法。

（1）传统方法。传统方法主要应用于形态、大小较一致的培养物的保存，如悬浮细胞、愈伤组织和耐寒植物顶端分生组织等，主要分为快冻法和两步降温法，此外还有慢速降温法和逐级降温法等。采用传统方法进行保存时，超低温冷冻材料存活的关键在于降温冷冻环节。传统保存方法需要程序降温仪或连续降温冰冻装置等昂贵的仪器设备来控制降温速度，成本较高。①快冻法。指将材料直接投入或经过处理后投入液氮中进行保存，植物材料瞬间降温到 -196 ℃，在细胞内自由水形成冰晶之前进入玻璃化状态，避免出现细胞内结冰。此方法操作简便，不需要复杂、昂贵的设备，可节约实验成本、缩短实验时间，且对植物材料没有任何化学物质的伤害，但有一定的使用限制性，含水量较高的材料不宜使用此方法。②两步降温法。又称慢冻法，是最早使用的超低温保存方法，指将种质材料包裹在冷冻保护剂中，通过使用程序降温仪以 0.1~1 ℃/min 的速度降温，降至 -196 ℃ 后投入液氮中进行冷冻保存。程序降温仪使生物材料经过平衡降温、细胞外结冰、细胞内水分向外缓慢扩散等过程，对脱水起到保护作用，提高了植物细胞的存活率。此方法在木本植物愈伤组织的超低温保存中应用广泛，在悬浮细胞和原生质体的超低温保存方面也有报道。此方法中的降温速度、预冻温度，以及达到预冻温度时停留的时间因保存材料的不同而有所不同，且此方法操作严格，并且需要配备比较昂贵的仪器。

（2）新方法。新方法主要有包埋—干燥法、玻璃化法和滴冻法 3 种，在这 3 种方法基础上还有干燥法、预培养法、预培养—干燥法、包埋—玻璃化法等改良的方法。新技术应用广泛，实验条件要求简单，不需要昂贵的程序降温仪，可以保存结构复杂的各种细胞和体积较大的组织、器官，如茎尖、种子和愈伤组织等。此外，新技术比传统技术具有更大的应用潜力，应用范围也更广，有些技术只需稍作修改就可应用于各种形态的细胞中。采用新方法进行保存时，超低温冷冻材料存活的关键在于脱水环节。①包埋—干燥法。又称包埋—脱水法，指先将外植体用藻酸钙包埋成球后，在含高浓度蔗糖（0.3～1.5 mol/L）的液体培养基中进行预培养，再将材料置于流动的无菌空气流或硅胶中进行干燥脱水，使含水量降至20%左右（以鲜重为基础），然后快速投入液氮中进行冷冻的保存方法。基于人工种子包被原理，包埋—干燥法最早出现于1990年，Fabre和Dereuddre将马铃薯茎尖包埋在褐藻酸钙中，用高浓度（或梯度浓度）的蔗糖预培养1 d，采用两步降温法或快冻法投入液氮中保存，茎尖可不通过愈伤组织直接形成植株。此方法可避免材料裸露时受到损伤，使样品所处环境更为恒定，保存的材料存活率更高，可快速直接成苗，不易形成愈伤组织。包埋—干燥法是一种很有前途的植物种质资源超低温保存技术，已经成功应用于多种植物的茎尖、细胞悬浮液和体细胞胚的超低温保存。但是该方法的弊端在于干燥脱水等步骤耗时太长，极易受室温、湿度等环境的影响。②玻璃化法。1989年，Uragami等和Langis等分别报道了玻璃化法在植物中的应用。玻璃化法是先将材料用冷冻保护剂进行渗透平衡，然后利用高浓度的玻璃化溶液使材料细胞脱水，从而提高原生质的黏滞程度，使材料在快速冷冻时不易形成冰晶而避免细胞伤害。需要注意的是，在保存终止后复温时需要快速化冻，防止去玻璃化的发生，并且需要将玻璃化溶液洗去（可使用MS + 1.2 mol/L的蔗糖溶液或MS + 1.17 mol/L的山梨糖醇进行洗涤）。玻璃化法现广泛应用于种子、细胞悬浮液、顶端分生组织、胚状体、原生质体等多种外植体的超低温保存。③滴冻法。也称微滴法，该方法是1982年研究者在超低温保存木薯的分生组织时首次提出的。具体方法是将含有保存材料的冷冻保护剂滴于铝箔上，使之成为小滴，再将铝箔连同小滴一同投入液氮中进行冷冻保存。尽管此种技术出现得晚，但成功应用此法进行超低温保存的物种数量却在稳步增加。此方法的主要优点是低温保护剂的使用量极少，并可以充分利用铝箔良好的导热性能，维持待保存材料降温或升温的均匀一致，减少因材料降温速度不均匀而造成的伤害。此外，也有用微细玻璃管、金属环等代替铝箔进行滴冻法超低温保存的方法，其原理与一般滴冻法基本一致。此方法现已成功应用于马铃薯茎尖等的冷冻保存中。

4. 影响超低温保存种子恢复生长的主要因素——超低温伤害

在一个完整的超低温保存过程中，任何一个阶段选用的方法不合适或操作不当都可能伤害实验材料并导致其死亡。在超低温保存过程中，植物材料经常遭受的胁迫和伤害主要有机械损伤、胞内结冰、渗透胁迫、超低温保护剂的毒性伤害、高度脱水和极端低温等，这些胁迫和伤害会造成细胞损伤，影响细胞成活率，致使冷冻材料恢复生长率低；且这些胁迫和伤害并不是相互割裂的，常常互为因果，伴随出现。

（1）超低温伤害的主要类型。①代谢胁迫。冷冻前的脱水处理和玻璃化处理，都需要把待保存材料置于亚适宜生长条件下，这可能会导致对低温和（或）脱水敏感的材料代谢不平衡，积累有害的代谢产物，造成代谢胁迫。②脱水胁迫。冷冻前的脱水处理、玻璃化处理和慢速冷冻过程中的冷冻脱水，都有可能造成材料过度脱水，从而引起细胞收缩、变形，细胞内外液溶质浓度升高，pH 发生变化，细胞内生化环境恶化。③结冰伤害。冷冻过程中降温速度太快或解冻过程中升温速度太慢均会引起脱玻璃化，这会导致细胞内冰晶形成，原生质各组分之间发生分割，并伤害细胞膜和细胞器。④化学毒害。长时间高浓度玻璃化处理和因失水导致的细胞内盐浓度升高，可能会引起蛋白质凝聚、变性，对细胞产生化学毒害。⑤机械损伤。冷冻前的材料脱水和解冻后细胞吸水可能会导致细胞体积剧烈变化和质壁分离，对细胞产生机械损伤，胞外结冰产生的大块冰晶对细胞的挤压及大块材料在冻融过程中受热不均衡也可能产生机械损伤。⑥油体损伤。油料植物的种子在超低温保存过程中容易因为油体破裂而导致生命力丧失。

（2）超低温伤害的表现形式。①组织结构伤害。细胞膜和各种细胞器膜是易于受到伤害的部位。植物细胞膜是由磷脂和蛋白质构成的，具有流动镶嵌结构。这种特殊结构使得细胞膜具有很好的流动性，它在把原生质与外界环境分隔开的同时，也通过扩散、主动运输的方式将细胞内外的环境联系起来。在脱水和低温的胁迫下，植物细胞膜从液晶态转变为凝胶态，收缩后会出现裂缝或通道。这一变化一方面使膜的通透性增大，导致细胞内溶物外渗；另一方面使膜结合酶系统受到破坏，酶活性下降，打破了膜结合酶系统与非膜结合酶系统的平衡。这些变化导致细胞代谢紊乱，有害的中间代谢产物积累，细胞受到伤害甚至死亡。在超低温冷冻对植物茎尖细胞造成致死性伤害的过程中，茎尖基部细胞和较成熟叶原基细胞均会出现细胞壁破损、细胞膜皱缩现象。例如，在甘薯 Ipomoea batatas（L.）Lamarck、苹果、百合茎尖的超低温保存过程中，这些现象就会发生。此外，超低温保存后的香蕉和巧克力波斯菊 Cosmos atrosanguineus Stapf 的茎尖细胞被严重破坏，如液泡分为很多小的泡状体、细胞器肿胀、质壁分离、细胞膜塌陷；超低温冷冻还会导致蒲葵的顽拗性合子胚细胞出现严重的质壁分离、细胞膜破损、细胞核皱缩。②冰晶伤害。植物材料在超低温液氮冷冻和解冻过程中，其细胞会发生玻璃态的转变，这可能会导致细胞内冰晶的产生，进而对细胞造成严重伤害甚至致死。例如冰晶伤害造成了马铃薯茎尖大部分生长点细胞的死亡，仅有部分叶原基基部细胞存活。在超低温保存中，具有相对高含水量的顽拗性种子是研究液氮冷冻中冰晶性质的良好材料。Wesley-Smith 在对银白槭的顽拗性种子进行超低温冷冻时发现，胚的生长点细胞形成了大量的冰晶，导致生长点细胞耐液氮冷冻的能力较差。顽拗性种子易于受到超低温伤害的主要原因在于其细胞保持活跃的生长状态，具有丰富的线粒体、内膜系统和大的液泡，而缺少脂肪体、蛋白体和淀粉粒等特点。与动物细胞不同的是，植物细胞通常具有液泡和细胞壁。液泡的主要内容物是水，在冷冻过程中很容易结冰并导致细胞受到伤害，这是导致超低温保存失败的主要原因之一；而细胞壁的存在容易引起植物细胞在冻融过程中发生机械伤害，这是导致超低温保存失败的另一重要原因。胞内结冰是造成超低温保存过程中细胞死亡的主要原因，这不仅可能出现在材料的降温阶段，也可能出现在材料的升温阶段。$-50 \sim -3\ \mathrm{^\circ C}$ 是冰晶最容易发生的温度范围，被称为超低温伤害的"危险温度区"。含有自由水的材料在快速冷冻过程中通过这一温度范围时细胞内部可能会发生同核结晶而形成微小的冰晶。这些冰晶本身并不会对细胞造成伤害，但如果解冻时升温速度太慢，更多的自由水以这些微小冰晶为结晶核发生重结晶，导致冰晶长大，就会对细胞造成伤害。为了避免重结晶的发生，可以采用快速解冻法，即将材料从液氮中取出来后立即投入 $37\ \mathrm{^\circ C}$ 的水浴中并不断搅拌，使材料以 $120\ \mathrm{^\circ C/min}$ 的升温速度快速通过危险温度区。但对于大块材料而言，快速升温又可能会因受热不均造成机械伤害。因此，在具体操作时需要结合实际情况进行灵活调整。③细胞的氧化伤害。超低温保存过程中的原初伤害主要表现为组织和细胞结构变化，而抗氧化酶分析则主要针对超低温保存过程中的次生伤害。在超低温保存的材料切取、预培养、加载、玻璃化处理、降温和解冻等多个步骤中均检测到了活性氧（ROS）。ROS 的作用受剂量影响，低水平的 ROS 可作为调节细胞功能的信号分子，高水平的 ROS 则诱导氧化应激的产生，最终造成细胞的氧化伤害。低温胁迫和冻融处理，一方面会诱导细胞的 ROS 防御体系发生改变，导致抗氧化酶系统的有效运转受到抑制或功能受到损害；另一方面会促进自由基的产生，加速细胞内有害代谢产物的积累，发生 ROS 伤害。对众多保存材料进行研究发现，氧化伤害会造成材料超低温保存后恢复率的下降，Berjak 等在研究超低温冷冻热带、亚热带顽拗性种子胚轴时发现，氧化伤害常常引起生长点坏死，最终导致再生困难。一些具有肉质子叶的双子叶植物的顽拗性种子合子胚在超低温冷冻后的恢复培养过程中可发育出根，但不产生芽，这是因为合子胚的切除部位靠近芽的分生组织，分生组织发生了氧化损伤，导致芽不能发育。

与对照相比，超低温保存后的材料一般恢复生长比较缓慢，这表明存在一个修复超低温伤害的过程。有时在解冻后和恢复生长前可以使用一些特定的方法促进超低温伤害的修复，从而提高种子活力。在使用渗调处理和预吸湿处理预防吸胀伤害的过程中就存在超低温伤害的修复，在这个过程中，不但可以修复受损伤的膜功能，恢复抗氧化酶的有效运转，还可以替换受损伤的 rRNA，修复蛋白质和 DNA 的伤害，从而提高了冻融后种子的活力。一些植物的胚在经过超低温保存后对恢复生长的培养基有了新的要求，如未成熟的咖啡种子胚经超低温保存后仅有一半存活，但若在恢复生长的培养基中添加 GA_3，则存活率可以提高到 80% 以上。另外，胚和胚轴在经过冻融处理后，ROS 防御系统功能会有所下降，因此，在恢复生长的初期，它们需要一段时间的黑暗培养以避免光氧化伤害，待 ROS 防御系统功能恢复到正常状态后再转为常规培养。还有一些植物的胚或胚轴在超低温保存后丧失了向地性，需要用含钙镁离子的溶液处理以重建细胞骨架。

5. 超低温保存种子的劣变

超低温保存是一种将生物材料静置于 -196 ℃的液氮中进行保存的技术。在此温度下，生物材料所有的代谢活动和细胞分裂都将停止，细胞几乎处于完全不活动的状态，解冻后这些细胞仍能存活。理论上，植物种子不仅可以无限期地保存在 -196 ℃的液氮超低温环境中，同时还能最大程度地保持其遗传稳定性。Christina 等人利用 Avrami 动力学模型对液氮超低温保存下新鲜莴苣 *Lactuca sativa* L. 种子的半衰期进行了深入分析，他们发现，当种子含水量为 6.5% 时，50% 的种子可在 -135 ℃（液氮气相）下存活 524 年，在 -196 ℃（液氮液相）下存活 3 377 年。低温延长种子寿命的程度取决于种子的内在特性及前处理方式，种子采收的时间及相对较高温度下的预保存对超低温条件下的种子寿命也有显著影响。研究表明，在具有相似来源的样品中，种子的寿命可能会相差 300% 以上。

虽然降低贮藏温度可以增加干燥种子的寿命，但这不足以阻止其变质，特别是老化的初始阶段在较高的温度下贮藏。分子在超低温的条件下仍能保持足够的流动性以进行老化反应，尽管流动性相对较低，但足够进行老化反应。种子老化速率和分子迁移率受含水量和温度之间相互作用的影响。将干燥的新鲜种子在 5 ℃低温环境下贮藏一段时间后，再转移至 -135 ℃或 -196 ℃超低温条件下贮藏，种子的寿命并未显著超过恒定在 5 ℃贮藏的种子的寿命。

超低温贮藏的种子在贮藏的前期活力损失虽然很小，但仍具有统计学意义。这种活力下降归因于玻璃化转变温度无意间的升高，这导致了劣化反应加速或形成破坏性细胞内冰晶。当种子细胞内自由水含量较多时，可能会因冰晶的伤害而造成活力下降。然而，干燥的种子可避免反玻璃化问题的出现，因此在超低温保存的应用上似乎更具有优势。含水量相对较高的顽拗性种子在超低温保存前选择合适的脱水方式，让种子达到液氮超低温保存的最佳状态，可避免反玻璃化问题的出现。

第三章

药用植物顽拗性种子
超低温保存方法

药用植物资源是我国开发利用种类最多、产业链最长、涉及领域最广的一类植物资源，也是支撑我国中医药事业可持续发展的物质基础、新药创制的重要物质来源和实施健康中国战略的重要物质保障。据统计，全球开发的新药超过半数直接或间接来源于药用植物。

我国有 1.1 万余种药用植物被直接作为中药、民族药及民间药使用，药用植物资源是中药资源最重要的组成部分。我国经常使用的药用植物中有 70% 左右依靠野生资源。2021 年发布的《国家重点保护野生植物名录》中，有药用记载的植物达 400 余种。药用植物种质资源的保存具有现实的紧迫性和长远的战略意义。

蕴藏药用植物种质的材料有块根、块茎、球茎、鳞茎等无性繁殖器官和根、茎、芽等营养器官，以及愈伤组织、分生组织、花粉、细胞、原生质体甚至 DNA 片段等，但种子仍是目前最佳的保存材料。超低温保存技术有其独特的不可代替的优势与可发展性，被认为是目前最有效的长期保存种质资源的途径，对种子是顽拗性的药用植物种质资源而言更是如此。

一、 种子为顽拗性的药用植物

据第四次全国中药资源普查统计，我国有药用植物 324 科 2 747 属 15 321 种，其中，种子植物 14 541 种，约占全国药用植物物种总数的 95%。第四次全国中药资源普查发现植物新物种 191 种，涵盖蕨类、被子植物的 56 科 120 属，这些新发现丰富了我国药用植物资源。由于我国各地自然条件差异较大，分布的药用植物资源种类也各不相同。黄河以北地区气候寒冷而干旱，分布的药用植物种类较少，有 1 000 ~ 2 000 种；长江以南地区气候温暖湿润，药用植物种类相对较多，有 2 000 ~ 4 000 种；西南地区由于地形地貌和气候复杂多变，药用植物种类最多，有 4 000 ~ 5 000 种。有资料显示，全球 5% ~ 10% 的被子植物会产生顽拗性种子，10% ~ 15% 的被子植物会产生中间性种子，依此推测，我国药用植物顽拗性种子约有 1 500 种，大多数分布在长江以南地区及西南地区。

根据中国医学科学院药用植物研究所海南分所国家南药基因资源库近 10 年的数据及《顽拗性种子生物学》等资料，整理出种子顽拗性且具有明显药用价值的植物 718 种（附录Ⅱ）。附录Ⅱ详细介绍了 741 种药用植物的果实或种子特点、分布情况、药用部位、药材名、药用出处、超低温保存类型等内容，其中《中华人民共和国药典》（2020 年版）收载的有 219 种、《中华本草》（1999 年版）收载的有 344 种、《全国中草药汇编》（2017 年版）收载的有 213 种、《中药大辞典》（2006 年版）收载的有 280 种、《中国中药资源大典·海南卷》（2019 年版）收载的有 275 种、《中国中药资源志要》（1994 年版）收载的有 486 种、《世界药用植物速查辞典》（2015 年版）收载的有 701 种。

二、　药用植物顽拗性种子超低温保存方法

在植物超低温保存技术不断取得进展后，越来越多的人认同超低温保存是药用植物种质资源实现长期保存的有效方法。一直以来，实现超低温保存的药用植物顽拗性种子非常有限，缺少适用于大多数药用植物顽拗性种子超低温保存的成熟技术。

迄今，通过研究人员的不懈努力，已有 300 余种植物材料被成功保存。以非种子材料保存的有人参丛生芽、龙胆 *Gentiana scabra* Bunge 腋芽、大苞鞘石斛 *Dendrobium wardianum* Warner 原球茎、莪术 *Curcuma phaeocaulis* Valeton 茎尖、巴戟天 *Morinda officinalis* How 茎尖、七叶树离体胚、假槟榔 *Archontophoenix alexandrae*（F. Müell. H. Wendl. et Drude）离体胚、可可 *Theobroma cacao* L. 幼胚、三七愈伤组织、川贝母 *Fritillaria cirrhosa* D. Don 愈伤组织、黄皮胚轴、山茱萸 *Cornus officinalis* Sieb. et Zucc. 花粉、荔枝胚性悬浮细胞等，以种子保存的有槟榔、白木香、益智、高良姜 *Alpinia officinarum* Hance、马尾松、大叶藻、白木通 *Akebia trifoliata*（Thunb.）Koidz. subsp. *australis*（Diels）T. Shimizu 等。以种子保存的植物达 272 种，其中 155 种保存于国家南药基因资源库（详见附录 Ⅱ）。

药用植物顽拗性种子超低温保存过程包括种子选择、种子前处理、种子冷冻、超低温入库保存、解冻及恢复培养（图 3 - 1）。种子含水量是影响超低温保存成功与否的关键因素，不同植物种子适宜冷冻的含水量范围不同。超低温冷冻前，明确种子安全贮藏含水量范围，并根据顽拗性种子物种的不同将种子含水量降至适宜范围是超低温保存成功的第一步。笔者根据 300 余种药用植物顽拗性种子安全贮藏含水量范围试验结果，结合种子初始含水量，整理出顽拗性种子贮藏含水量的选择范围，即：初始含水量≥70%，待保存种子含水量范围为 45% 至初始含水量，可设置 5 ~ 6 个含水量梯度；40% ≤初始含水量 <70%，待保存种子含水量范围为 25% 至初始含水量，可设置 5 ~ 6 个含水量梯度；20% ≤初始含水量 <40%，待保存种子含水量范围为 10% 至初始含水量，可设置 4 ~ 5 个含水量梯度。例如槟榔种子的初始含水量为 50% 左右，则可分别取 50%、

45%、40%、35%、30%、25%含水量的种子液氮冷冻，最终确定含水量35%的种子超低温冷冻后活力最高。

此外，适宜的冷冻方式与解冻方式也是保存成功的关键。20%含水量的肉桂 *Cinnamomum cassia* Presl 种子以缓冻快解的方式进行超低温保存，能最好地保存膜结构的完整性。黄连 *Coptis chinensis* Franch. 种子有后熟过程，易霉变，用分步冷冻法保存含水量为10%~19%的黄连种子，种子活力较高。

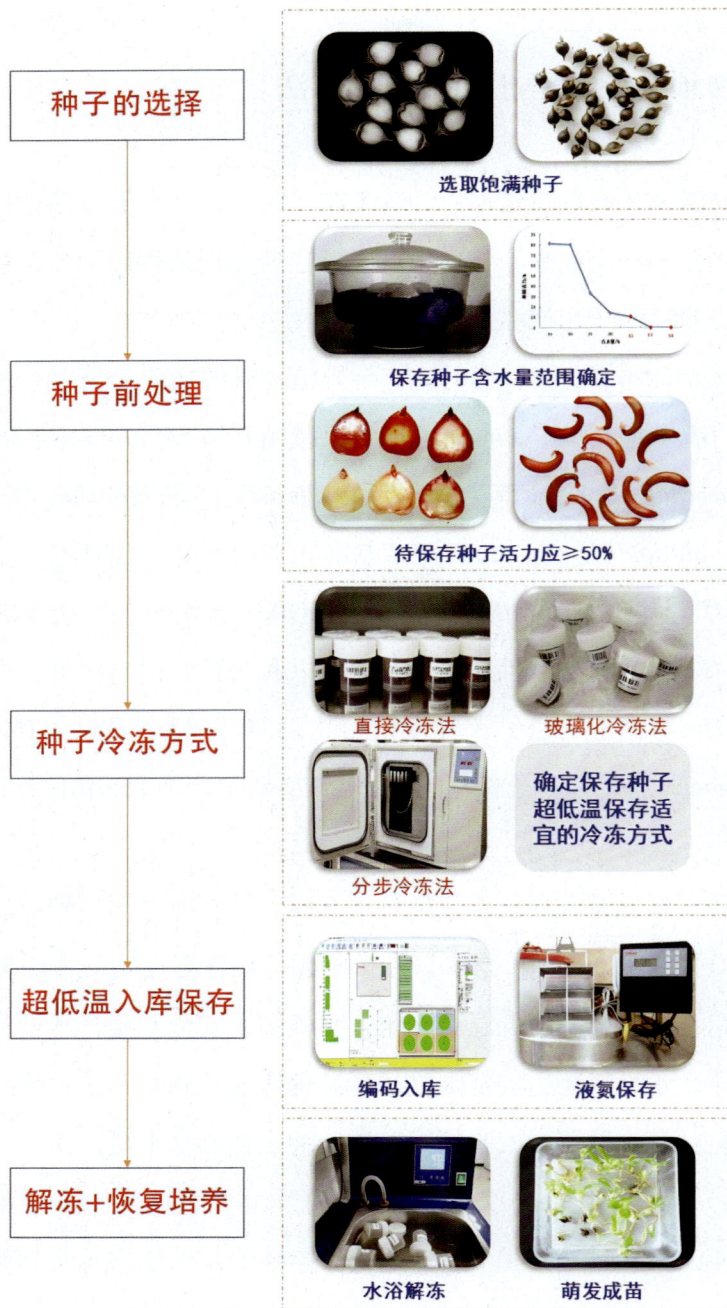

图3-1 药用植物顽拗性种子超低温保存基本流程

第四章

105 种药用植物顽拗性（中间性）种子超低温保存方法要点

由于有关药用植物顽拗性种子超低温保存方法的研究少，每种药用植物种子的特性也不尽相同，国家南药基因资源库近 10 年来，以种子为材料，采用直接冷冻、分步冷冻和玻璃化冷冻等方法，对 105 种药用植物顽拗性（中间性）种子进行了液氮超低温保存技术研究，形成了较为成熟的超低温保存方法。药用植物顽拗性种子保存方法主要包括药用植物的基本情况、种子前处理方法、种子冷冻以及恢复培养程序。105 种药用植物中，收录于《中华人民共和国药典》（2020 年版）的有 37 种，收录于《中华本草》（1999 年版）的有 57 种，收录于《全国中草药汇编》（2017 年版）的有 43 种，收录于《中药大辞典》（2006 年版）的有 49 种，收录于《中国中药资源大典·海南卷》（2019 年版）的有 55 种，收录于《中国中药资源志要》（1994 年版）的有 79 种，收录于《世界药用植物速查辞典》（2015 年版）的有 103 种。105 种药用植物分别为白花树、白木香、槟榔、草豆蔻、草果、单叶蔓荆、柑橘、高良姜、花椒、化州柚、黄连、降香、辣椒、荔枝、楝、两面针、龙眼、马钱子、麦冬、牡荆、木芙蓉、牛蒡、胖大海、七叶一枝花、青葙、人参、肉豆蔻、三七、山茱萸、石榴、柿、益智、银杏、樟、朱砂根、棕榈、白花酸藤果、桄榔、黑嘴蒲桃、假刺藤、假苹婆、见血封喉、羯布罗香、咖啡黄葵、木奶果、匍匐滨藜、泰国大风子、小果微花藤、须叶藤、疣果豆蔻、朱蕉、白饭树、苍白秤钩风、粗糠柴、催吐萝芙木、倒地铃、地涌金莲、番木瓜、过江藤、海芋、鸡蛋果、假黄皮、姜花、交让木、木榄、牛耳枫、秋枫、三桠苦、小叶女贞、猪屎豆、杠板归、黄牛木、黄皮、假鹰爪、散沫花、山牡荆、栓叶安息香、水黄皮、夜来香、大花紫薇、假益智、金凤花、银柴、草莓番石榴、潺槁木姜子、大苞闭鞘姜、凤瓜、格木、海滨木巴戟、海刀豆、海人树、黄斑姜、量天尺、牛筋藤、青梅、琼榄、神秘果、疏花铁青树、铜盆花、细叶黄皮、香橙、橡胶树、洋苏木、越南牡荆、竹叶蒲桃。

48 种药用植物顽拗性（中间性）种子超低温保存技术通则及规程已作为中华中医药学会团体标准发布，但未以纸版的方式正式出版，正值本书出版，作为附录 I 收录于本书后。48 种药用植物分别为白木香、降香、益智、高良姜、朱砂根、草豆蔻、化州柚、樟、两面针、胖大海、白花树、马钱子、三七、肉豆蔻、槟榔、人参、黄连、七叶一枝花、三桠苦、山牡荆、黄皮、牛耳枫、倒地铃、匍匐滨藜、秋枫、猪屎豆、过江藤、羯布罗香、苍白秤钩风、见血封喉、泰国大风子、假鹰爪、姜花、疣果豆蔻、假苹婆、黑嘴蒲桃、银柴、金凤花、水黄皮、铜盆花、细叶黄皮、黄斑姜、大苞闭鞘姜、神秘果、青梅、洋苏木、海滨木巴戟、海人树。

一、白花树种子超低温保存方法

白花树 *Styrax tonkinensis*（Pierre）Craib ex Hartw. 也称越南安息香，为安息香科落叶乔木，其药用部位为干燥树脂。种子油称"白花油"，可供药用；树脂称"安息香"，为贵重药材，具有开窍醒神、行气活血、止痛的功效。每年 8～10 月，当果实由灰绿色变为灰棕色且种子呈褐色时即可采收。白花树种子为顽拗性种子，不能以低温低湿法保存，故采用超低温保存方法对其进行长期贮藏。

1. 种子前处理

（1）种子选择：挑选发育饱满、均匀、健康的白花树种子，置于 10 ℃冰箱中保存备用（存放时间不超过 2 个月）。

（2）生活力检测：批量抽取种子样本，采用 TTC 法检测种子初始生活力，并选择生活力≥70% 的白花树种子作为保存材料。

（3）含水量测定：经预实验确定，白花树种子安全贮藏含水量≥24%、超低温保存最适宜含水量为 24%～35%。用尼龙网袋包裹种子，室温下置于盛有变色硅胶的干燥器内 0～13 h，种子含水量由初始的 35%～40% 降至 24%～35%，干燥过程中可定期测定含水量，采用高恒温烘干法（130 ℃烘干 1 h）测定并计算种子含水量。

2. 种子冷冻程序

白花树种子超低温保存可采用直接冷冻法，即将含水量为 24%～35% 的白花树种子放入冻存管中，迅速投入液氮中保存。

3. 恢复培养程序

（1）种子解冻处理：液氮中冻存 24 h 后取出冻存管，立即放入 40 ℃水浴中快速解冻 5 min。

（2）冻后种子生活力检测：取部分解冻后的白花树种子，进行超低温保存后的生活力检测，当种子生活力≥40% 时视为保存成功。

（3）萌芽成苗：取部分解冻后的白花树种子，播种到带有无菌滤纸的带盖发芽盒中或直接播种到发芽基质中，在温度 25～30 ℃、湿度 70%～85% 的条件下培养。

图 4-1　白花树种子

二、　白木香种子超低温保存方法

白木香 *Aquilaria sinensis*（Lour.）Spreng. 为瑞香科沉香属常绿乔木，其老茎受伤后积累的树脂为药材沉香，具有行气止痛、温中止呕、纳气平喘的功效。每年 5 月底至 6 月中旬，当果实由绿色转为黄白色、自然开裂，种子呈棕褐色时即可采收。白木香种子不耐干燥，常规条件贮藏 1 个月后，其发芽率会降至 50% 以下，不能以低温低湿法保存，故采用超低温保存方法对其进行长期贮藏。

1. 种子前处理

（1）种子选择：去除果皮和附属体，挑选发育饱满、均匀、健康的白木香种子，置于 4 ℃冰箱中保存备用（存放时间不超过 15 d）。

（2）生活力检测：批量抽取种子样本，采用 TTC 法检测种子初始生活力，并选择生活力 ≥ 85% 的白木香种子作为保存材料。

（3）含水量测定：经预实验确定，白木香种子安全贮藏含水量 ≥ 10%、超低温保存最适宜含水量为 10% ~ 13%。用尼龙网袋包裹种子，室温下置于盛有变色硅胶的干燥器内 24 ~ 32 h，种子含水量由初始的 35% ~ 45% 降至 10% ~ 13%，干燥过程中可定期测定含水量，采用高恒温烘干法测定并计算种子含水量。

2. 种子冷冻程序

白木香种子超低温保存可采用直接冷冻法，即将含水量为 10% ~ 13% 的白木香种子放入冻存管中，迅速投入液氮中保存。

3. 恢复培养程序

（1）种子解冻处理：液氮中冻存 24 h 后取出冻存管，立即放入 40 ℃水浴中快速解冻 2 min。

（2）冻后种子生活力检测：取部分解冻后的白木香种子，进行超低温保存后的生活力检测，当种子生活力≥80% 时视为保存成功。

（3）萌芽成苗：取部分解冻后的白木香种子，播种到带有无菌滤纸的带盖发芽盒中或直接播种到发芽基质中，在温度 25～30 ℃、湿度 70%～85% 的条件下培养。

图 4-2　白木香种子

三、 槟榔种子超低温保存方法

槟榔 *Areca catechu* L. 为棕榈科常绿植物，其果实具有杀虫、消积等功效，主要用来治疗人体肠道寄生虫病、食积腹痛、水肿脚气等。每年 11 月至翌年 5 月，当果实由绿色转为黄色时即可采收。槟榔种子为顽拗性种子，果实在采收 10 多天后果蒂会发霉腐烂，果皮会变黄，不能以低温低湿法保存，故采用超低温保存方法对其进行长期贮藏。

1. 种子前处理

（1）种子选择：挑选发育饱满、均匀、健康的槟榔种子，置于 4 ℃冰箱中保存备用（存放时间不超过 1 个月）。

（2）生活力检测：批量抽取种子样本，采用 TTC 法检测种子初始生活力，并选择生活力≥80% 的槟榔种子作为保存材料。

（3）含水量测定：经预实验确定，槟榔种子安全贮藏含水量≥30%、超低温保存最适宜含水量为 34%～36%。用尼龙网袋包裹种子，室温下置于盛有变色硅胶的干燥器内 3～6 h，种子含水量由初始的 45%～55% 降至 34%～36%，干燥过程中可定期测定含水量，采用高恒温烘干法测定并计算种子含水量。

2. 种子冷冻程序

槟榔种子超低温保存可采用直接冷冻法，即将含水量为 34%～36% 的槟榔种子放入冻存管中，迅速投入液氮中保存。

3. 恢复培养程序

（1）种子解冻处理：液氮中冻存 24 h 后取出冻存管，立即放入 40 ℃水浴中快速解冻 2 min。

（2）冻后种子生活力检测：取部分解冻后的槟榔种子，进行超低温保存后的生活力检测，当种子生活力≥75% 时视为保存成功。

（3）萌芽成苗：取部分解冻后的槟榔种子，播种到带有无菌滤纸的带盖发芽盒中或直接播种到发芽基质中，在温度 25～30 ℃、湿度 70%～85% 的条件下培养。

图 4-3　槟榔种子

四、 草豆蔻种子超低温保存方法

草豆蔻 *Alpinia katsumadai* Hayata 又名海南山姜，为姜科植物，其干燥近成熟种子具有燥湿行气、温中止呕的功效。每年 5～8 月，当果实呈金黄色时即可采收。草豆蔻种子为顽拗性种子，不耐干燥，沙藏 5 个月后种子生活力降至 50% 以下，不能以低温低湿法保存，故采用超低温保存方法对其进行长期贮藏。

1. 种子前处理

（1）种子选择：挑选发育饱满、均匀、健康的草豆蔻种子，置于 10 ℃冰箱中保存备用（存放时间不超过 6 个月）。

（2）生活力检测：批量抽取种子样本，采用 BTB 法检测种子初始生活力，并选择生活力≥70% 的草豆蔻种子作为保存材料。

（3）含水量测定：经预实验确定，草豆蔻种子安全贮藏含水量≥12%、超低温保存最适宜含水量为12%~16%。用尼龙网袋包裹种子，室温下置于盛有变色硅胶的干燥器内4~18 h，种子含水量由初始含水量降至12%~16%，干燥过程中可定期测定含水量，采用高恒温烘干法测定并计算种子含水量。

2. 种子冷冻程序

草豆蔻种子超低温保存可采用直接冷冻法，即将含水量为12%~16%的草豆蔻种子放入冻存管中，迅速投入液氮中保存。

3. 恢复培养程序

（1）种子解冻处理：液氮中冻存24 h后取出冻存管，立即放入40 ℃水浴中快速解冻2 min。

（2）冻后种子生活力检测：取部分解冻后的草豆蔻种子，进行超低温保存后的生活力检测，当种子生活力≥50%时视为保存成功。

（3）萌芽成苗：取部分解冻后的草豆蔻种子，播种到带有无菌滤纸的带盖发芽盒中或直接播种到发芽基质中，在温度25~30 ℃、湿度70%~85%的条件下培养。

5 000 μm　　　　　5 000 μm

图4-4　草豆蔻种子

五、草果种子超低温保存方法

草果 *Amomum tsaoko* Crevost et Lemarie 为姜科多年生草本，以果实入药，药材具有燥湿除寒、祛痰截疟、消食化积的功效。每年9~12月，当果实变为红棕色、易从果柄脱落、轻捏裂开时即可采收。草果种子为中间性种子，不宜以低温低湿法保存，故采用超低温保存方法对其进行长期贮藏。

1. 种子前处理

（1）种子选择：去除果皮和白色隔膜，挑选发育饱满、成熟、均匀、健康的草果种子，置于

10 ℃冰箱中保存备用（存放时间不超过 1 个月）。

（2）生活力检测：批量抽取种子样本，采用 TTC 法检测种子初始生活力，并选择生活力≥70% 的草果种子作为保存材料。

（3）含水量测定：经预实验确定，草果种子安全贮藏含水量≥7%、超低温保存最适宜含水量为 7%~13%。用尼龙网袋包裹种子，室温下置于盛有变色硅胶的干燥器内 10~24 h，种子含水量由初始的 35%~40% 降至 7%~13%，干燥过程中可定期测定含水量，采用高恒温烘干法测定并计算种子含水量。

2. 种子冷冻程序

草果种子超低温保存可采用分步冷冻法，即将待保存的草果种子在室温下放入加有 PVS2 玻璃化溶液的冻存管中，置于 4 ℃冰箱中 0.5 h，取出后立即放入 −20 ℃冰柜中 1 h，后迅速投入液氮中保存。

3. 恢复培养程序

（1）种子解冻处理：液氮中冻存 24 h 后取出冻存管，立即放入 40 ℃水浴中快速解冻 2 min，而后用洗涤液浸泡 5 min，并用纯净水洗涤 3 次。

（2）冻后种子生活力检测：取部分解冻后的草果种子，进行超低温保存后的生活力检测，当种子生活力≥65% 时视为保存成功。

（3）萌芽成苗：取部分解冻后的草果种子，播种到带有无菌滤纸的带盖发芽盒中或直接播种到发芽基质中，在温度 25~30 ℃、湿度 70%~85% 的条件下培养。种子发芽时需要一定的昼夜温差，出芽周期为 30~40 d。

1 000 μm

1 000 μm

图 4-5　草果种子

六、 单叶蔓荆种子超低温保存方法

单叶蔓荆 *Vitex rotundifolia* Linnaeus f. 为唇形科牡荆属常绿植物，其干燥成熟果实供药用，具有疏散风热的功效。每年 8~10 月，当果实成熟变黑褐色时即可采收。单叶蔓荆种子为中间性种子，不宜以低温低湿法保存，故采用超低温保存方法对其进行长期贮藏。

1. 种子前处理

（1） 种子选择：挑选发育饱满、均匀、健康的单叶蔓荆种子，置于 4 ℃冰箱中保存备用（存放时间不超过 1 个月）。

（2） 生活力检测：批量抽取种子样本，采用 TTC 法检测种子初始生活力，并选择生活力≥70% 的单叶蔓荆种子作为保存材料。

（3） 含水量测定：经预实验确定，单叶蔓荆种子安全贮藏含水量≥6%、超低温保存最适宜含水量为 6%~10%。用尼龙网袋包裹种子，室温下置于盛有变色硅胶的干燥器内 17~48 h，种子含水量由初始含水量降至 6%~10%，干燥过程中可定期测定含水量，采用高恒温烘干法测定并计算种子含水量。

2. 种子冷冻程序

单叶蔓荆种子超低温保存可采用分步冷冻法，即将待保存的单叶蔓荆种子在室温下放入加有 PVS2 玻璃化溶液的冻存管中，置于 4 ℃冰箱中 0.5 h，取出后立即放入 −20 ℃冰柜中 1 h，后迅速投入液氮中保存。

3. 恢复培养程序

（1） 种子解冻处理：液氮中冻存 24 h 后取出冻存管，立即放入 40 ℃水浴中快速解冻 2 min，而后用洗涤液浸泡 5 min，并用纯净水洗涤 3 次。

（2） 冻后种子生活力检测：取部分解冻后的单叶蔓荆种子，进行超低温保存后的生活力检测，当种子生活力≥60% 时视为保存成功。

（3） 萌芽成苗：取部分解冻后的单叶蔓荆种子，播种到带有无菌滤纸的带盖发芽盒中或直接播种到发芽基质中，适量光照，在温度 25~30 ℃、湿度 70%~85% 的条件下培养。

1 000 μm   1 000 μm

图4-6　单叶蔓荆种子

七、 柑橘种子超低温保存方法

柑橘 *Citrus reticulata* Blanco 为芸香科植物，其干燥成熟果皮为药材陈皮，具有理气健脾、燥湿化痰的功效；其成熟种子为药材橘核，具有温胃、消炎止痛的功效。每年 10 ~ 12 月，当果实呈橙红色或红棕色时即可采收。柑橘种子为中间性种子，不宜以低温低湿法保存，故采用超低温保存方法对其进行长期贮藏。

1. 种子前处理

（1）种子选择：挑选发育饱满、均匀、健康的柑橘种子，置于 10 ℃冰箱中保存备用（存放时间不超过 2 个月）。

（2）生活力检测：批量抽取种子样本，采用 TTC 法检测种子初始生活力，并选择生活力≥85%的柑橘种子作为保存材料。

（3）含水量测定：经预实验确定，柑橘种子安全贮藏含水量≥10%、超低温保存最适宜含水量为11%~30%。用尼龙网袋包裹种子，室温下置于盛有变色硅胶的干燥器内32~60 h，种子含水量由初始含水量降至11%~30%，干燥过程中可定期测定含水量，采用高恒温烘干法测定并计算种子含水量。

2. 种子冷冻程序

柑橘种子超低温保存可采用分步冷冻法，即将待保存的柑橘种子在室温下放入加有 PVS2 玻璃化溶液的冻存管中，置于 4 ℃冰箱中 0.5 h，取出后立即放入 −20 ℃冰柜中 1 h，后迅速投入液氮中保存。

3. 恢复培养程序

（1）种子解冻处理：液氮中冻存 24 h 后取出冻存管，立即放入 40 ℃水浴中快速解冻 2 min，

而后用洗涤液浸泡 5 min，并用纯净水洗涤 3 次。

（2）冻后种子生活力检测：取部分解冻后的柑橘种子，进行超低温保存后的生活力检测，当种子生活力≥75% 时视为保存成功。

（3）萌芽成苗：取部分解冻后的柑橘种子，播种到带有无菌滤纸的带盖发芽盒中或直接播种到发芽基质中，在温度 25~30 ℃、湿度 70%~85% 的条件下培养。

图 4-7　柑橘种子

八、高良姜种子超低温保存方法

高良姜 *Alpinia officinarum* Hance 是姜科多年生草本植物，其根茎供药用，具有温胃止呕、散寒止痛的功效。每年 7~9 月，当果实转为红褐色时即可采收。高良姜种子为顽拗性种子，当含水量降至 8% 以下时生活力急剧下降，用常规保存方法贮藏 6 个月后，其生活力降至 50% 以下，不能以低温低湿法保存，故采用超低温保存方法对其进行长期贮藏。

1. 种子前处理

（1）种子选择：挑选发育饱满、均匀、健康的高良姜种子，置于 4 ℃冰箱中保存备用（存放时间不超过 3 个月）。

（2）生活力检测：批量抽取种子样本，采用 BTB 法检测种子初始生活力，并选择生活力≥70% 的高良姜种子作为保存材料。

（3）含水量测定：经预实验确定，高良姜种子安全贮藏含水量≥12%、超低温保存最适宜含水量为 12%~14%。用尼龙网袋包裹种子，室温下置于盛有变色硅胶的干燥器内 40~50 h，种子含水量由初始的 20%~30% 降至 12%~14%，干燥过程中可定期测定含水量，采用高恒温烘干法测定并计算种子含水量。

2. 种子冷冻程序

高良姜种子超低温保存可采用玻璃化冷冻法，即将含水量为 12%～14% 的高良姜种子放入加有装载液的冻存管中，于 25 ℃ 放置 25 min，然后将装载液换成 PVS2 玻璃化溶液，置于冰浴环境中 30 min，最后换上预冷新鲜的保护液后迅速投入液氮中保存。

3. 恢复培养程序

（1）种子解冻处理：液氮中冻存 24 h 后取出冻存管，立即放入 40 ℃ 水浴中快速解冻 2 min，而后用洗涤液浸泡 20 min，并用纯净水洗涤 3 次。

（2）冻后种子生活力检测：取部分解冻后的高良姜种子，进行超低温保存后的生活力检测，当种子生活力≥70% 时视为保存成功。

（3）萌芽成苗：取部分解冻后的高良姜种子，播种到带有无菌滤纸的带盖发芽盒中或直接播种到发芽基质中，在温度 28～30 ℃、湿度 70%～85% 的条件下培养。

图 4-8　高良姜种子

九、 花椒种子超低温保存方法

花椒 *Zanthoxylum bungeanum* Maxim. 为芸香科花椒属落叶小乔木，以果皮及种子入药，药材具有温中行气、逐寒、止痛、杀虫等功效，还可作表皮麻醉剂。市场上的花椒因产区及采收季节不同，商品名称也不同。每年 8～10 月，当果实呈红色时即可采收。花椒种子是中间性种子，不宜以低温低湿法保存，故采用超低温保存方法对其进行长期贮藏。

1. 种子前处理

（1）种子选择：去除果皮，挑选发育成熟、均匀、健康的花椒种子，置于 10 ℃ 种子低温低湿储藏柜中保存备用（存放时间不超过 1 个月）。

（2）生活力检测：批量抽取种子样本，采用 TTC 法检测种子初始生活力，并选择生活力≥

85%的花椒种子作为保存材料。

（3）含水量测定：经预实验确定，花椒种子安全贮藏含水量≥6%、超低温保存最适宜含水量为6%~13%。用尼龙网袋包裹种子，室温下置于盛有变色硅胶的干燥器内3~48 h，种子含水量由初始的18%~20%降至6%~13%，干燥过程中可定期测定含水量，采用高恒温烘干法测定并计算种子含水量。

2. 种子冷冻程序

花椒种子超低温保存可采用直接冷冻法，即将含水量为6%~13%的花椒种子放入冻存管中，迅速投入液氮中保存。

3. 恢复培养程序

（1）种子解冻处理：液氮中冻存24 h后取出冻存管，立即放入40 ℃水浴中快速解冻2 min。

（2）冻后种子生活力检测：取部分解冻后的花椒种子，进行超低温保存后的生活力检测，当种子生活力≥70%时视为保存成功。

（3）萌芽成苗：取部分解冻后的花椒种子，播种到带有无菌滤纸的发芽盒中或直接播种到湿沙中，在温度25~30 ℃、湿度65%~75%的条件下培养。出芽周期为10~30 d。

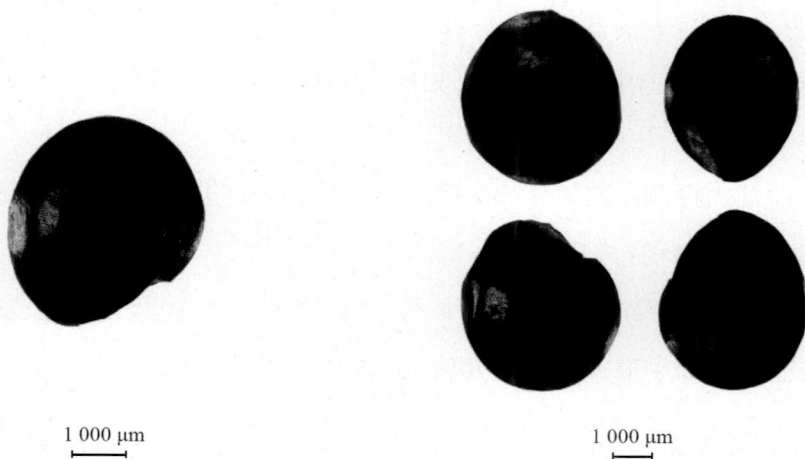

1 000 μm   1 000 μm

图4-9 花椒种子

十、化州柚种子超低温保存方法

化州柚 *Citrus maxima* 'Tomentosa'又名橘红，为芸香科常绿乔木，以未成熟或近成熟果实的干燥外果皮入药，药材名为化橘红，有"南方人参"之美誉，具有理气宽中、燥湿化痰的功效。每年10~11月，当果实成熟时即可采收。化州柚种子为中间性种子，不宜以低温低湿法保存，故采用超低温保存方法对其进行长期贮藏。

1. 种子前处理

（1）种子选择：去除果皮和果肉，挑选发育饱满、均匀、健康的化州柚种子，置于 4 ℃冰箱中保存备用（存放时间不超过 1 周）。

（2）生活力检测：批量抽取种子样本，采用 TTC 法检测种子初始生活力，并选择生活力≥60% 的化州柚种子作为保存材料。

（3）含水量测定：经预实验确定，化州柚种子安全贮藏含水量≥5%、超低温保存最适宜含水量为 5%~10%。用尼龙网袋包裹种子，室温下置于盛有变色硅胶的干燥器内 30~120 h，种子含水量由初始含水量降至 5%~10%，干燥过程中可定期测定含水量，采用高恒温烘干法测定并计算种子含水量。

2. 种子冷冻程序

化州柚种子超低温保存可采用分步冷冻法，即将待保存的化州柚种子在室温下放入加有 PVS2 玻璃化溶液的冻存管中，置于 4 ℃冰箱中 0.5 h，取出后立即放入 −20 ℃冰柜中 1 h，后迅速投入液氮中保存。

3. 恢复培养程序

（1）种子解冻处理：液氮中冻存 24 h 后取出冻存管，立即放入 40 ℃水浴中快速解冻 2 min，而后用洗涤液浸泡 5 min，并用纯净水洗涤 3 次。

（2）冻后种子生活力检测：取部分解冻后的化州柚种子，进行超低温保存后的生活力检测，当种子生活力≥60% 时视为保存成功。

（3）萌芽成苗：取部分解冻后的化州柚种子，播种到带有无菌滤纸的带盖发芽盒中或直接播种到发芽基质中，在温度 25~30 ℃、湿度 70%~85% 的条件下培养。

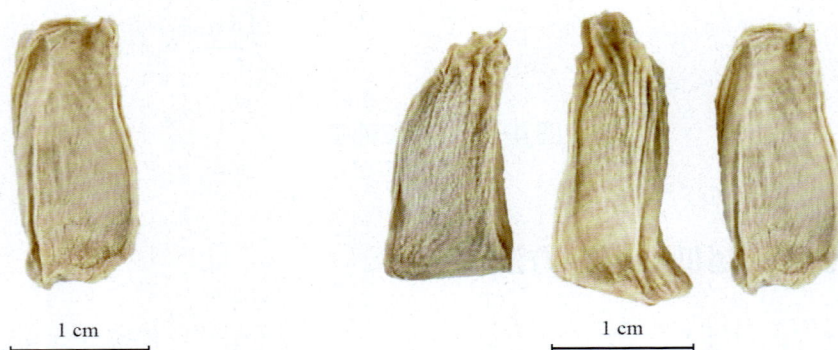

图 4-10　化州柚种子

十一、 黄连种子超低温保存方法

黄连 *Coptis chinensis* Franch. 为毛茛科黄连属多年生草本植物，又名味连，以干燥根茎入药，药材具有清热燥湿、泻火解毒的功效。每年 4~6 月，当蓇葖果由绿色变为紫色、种子变为棕褐色时即可采收。黄连种子为顽拗性种子，不能以低温低湿法保存，故采用超低温保存方法对其进行长期贮藏。

1. 种子前处理

（1）种子选择：挑选发育饱满、均匀、健康的黄连种子，置于 4 ℃冰箱中保存备用（存放时间不超过 3 个月）。

（2）生活力检测：批量抽取种子样本，采用电导率法测定种子初始生活力，并选择生活力 ≥ 60% 的黄连种子作为保存材料。

（3）含水量测定：经预实验确定，黄连种子安全贮藏含水量 ≥ 15%、超低温保存最适宜含水量为 19%~26%。用尼龙网袋包裹种子，室温下置于盛有变色硅胶的干燥器内 6~18 h，种子含水量由初始的 35%~45% 降至 19%~26%，干燥过程中可定期测定含水量，采用高恒温烘干法测定并计算种子含水量。

2. 种子冷冻程序

黄连种子超低温保存可采用分步冷冻法，即将待保存的黄连种子在室温下放入加有 PVS2 玻璃化溶液的冻存管中，置于 4 ℃冰箱中 0.5 h，取出后立即放入 −20 ℃冰柜中 1 h，后迅速投入液氮中保存。

3. 恢复培养程序

（1）种子解冻处理：液氮中冻存 24 h 后取出冻存管，立即放入 40 ℃水浴中快速解冻 2 min，而后用洗涤液浸泡 5 min，并用纯净水洗涤 3 次。

（2）冻后种子生活力检测：取部分解冻后的黄连种子，进行超低温保存后的生活力检测，当种子生活力 ≥ 50% 时视为保存成功。

（3）萌芽成苗：取部分解冻后的黄连种子，播种到带有无菌滤纸的带盖发芽盒中或直接播种到发芽基质中，在温度 10~15 ℃、湿度 70%~85% 的条件下培养。

图 4-11　黄连种子

十二、 降香种子超低温保存方法

降香 *Dalbergia odorifera* T. Chen 为豆科植物，其树干和根的干燥心材可作药用，具有降血压、行气活血、止痛止血的功效。每年 11 ~ 12 月，当荚果由青绿色变为黄褐色至棕褐色时即可采收。降香种子为顽拗性种子，不耐干燥，含水量低于 7% 时，种子几乎丧失活力，不能以低温低湿法保存，故采用超低温保存方法对其进行长期贮藏。

1. 种子前处理

（1）种子选择：挑选发育饱满、均匀、健康的降香种子，置于 10 ℃ 种子低温低湿储藏柜中保存备用（存放时间不超过 2 个月）。

（2）生活力检测：批量抽取种子样本，采用 TTC 法检测种子初始生活力，并选择生活力≥80% 的降香种子作为保存材料。

（3）含水量测定：经预实验确定，降香种子安全贮藏含水量≥11%、超低温保存最适宜含水量为 12% ~ 13%。用尼龙网袋包裹种子，室温下置于盛有变色硅胶的干燥器内 8 ~ 15 h，种子含水量由初始的 15% ~ 20% 降至 12% ~ 13%，干燥过程中可定期测定含水量，采用高恒温烘干法测定并计算种子含水量。

2. 种子冷冻程序

降香种子超低温保存可采用玻璃化冷冻法，即将含水量为 12% ~ 13% 的降香种子放入加有装载液的冻存管中，于 25 ℃ 放置 25 min，然后将装载液换成 PVS2 玻璃化溶液，置于冰浴环境中30 min，最后换上预冷新鲜的保护液后迅速投入液氮中保存。

3. 恢复培养程序

（1）种子解冻处理：液氮中冻存 24 h 后取出冻存管，立即放入 40 ℃ 水浴中快速解冻 5 min，而后用洗涤液浸泡 15 min，并用纯净水洗涤 3 次。

（2）冻后种子生活力检测：取部分解冻后的降香种子，进行超低温保存后的生活力检测，当种子生活力≥70%时视为保存成功。

（3）萌芽成苗：取部分解冻后的降香种子，播种到带有无菌滤纸的带盖发芽盒中或直接播种到发芽基质中，在温度 25～28 ℃、湿度 70%～85% 的条件下培养。

5 000 μm　　　　　　1 cm

图 4-12　降香种子

十三、 辣椒种子超低温保存方法

辣椒 *Capsicum annuum* L. 是茄科一年生或有限多年生植物，其果实、茎叶、种子均可入药，用于治疗脾胃虚寒、消化不良等。每年 5～11 月，当果实成熟后变成红色、橙色时即可采收。辣椒种子为顽拗性种子，不能以低温低湿法保存，故采用超低温保存方法对其进行长期贮藏。

1. 种子前处理

（1）种子选择：挑选发育饱满、均匀、健康的辣椒种子，置于 10 ℃冰箱中保存备用（存放时间不超过 2 个月）。

（2）生活力检测：批量抽取种子样本，采用 BTB 法检测种子初始生活力，并选择生活力≥80%的辣椒种子作为保存材料。

（3）含水量测定：经预实验确定，辣椒种子安全贮藏含水量≥35%、超低温保存最适宜含水量为 40%～45%。用尼龙网袋包裹种子，室温下置于盛有变色硅胶的干燥器内 1～5 h，种子含水量由初始含水量降至 40%～45%，干燥过程中可定期测定含水量，采用高恒温烘干法测定并计算种子含水量。

2. 种子冷冻程序

辣椒种子超低温保存可采用玻璃化冷冻法，即将含水量为 40%~45% 的辣椒种子放入加有装载液的冻存管中，于 25 ℃ 放置 25 min，然后将装载液换成 PVS2 玻璃化溶液，置于冰浴环境中 30 min，最后换上预冷新鲜的保护液后迅速投入液氮中保存。

3. 恢复培养程序

（1）种子解冻处理：液氮中冻存 24 h 后取出冻存管，立即放入 40 ℃ 水浴中快速解冻 5 min，而后用洗涤液浸泡 10 min，并用纯净水洗涤 3 次。

（2）冻后种子生活力检测：取部分解冻后的辣椒种子，进行超低温保存后的生活力检测，当种子生活力≥70% 时视为保存成功。

（3）萌芽成苗：取部分解冻后的辣椒种子，播种到带有无菌滤纸的带盖发芽盒中或直接播种到发芽基质中，在温度 25~30 ℃、湿度 65%~75% 的条件下培养。

1 000 μm   5 000 μm

图4-13　辣椒种子

十四、荔枝种子超低温保存方法

荔枝 *Litchi chinensis* Sonn. 也称离枝，其核入药，为收敛止痛剂，用于治疗心气痛和小肠气痛。荔枝木材坚实，深红褐色，纹理雅致，耐腐，历来为上等名材。每年夏季，当果实由青绿色变为暗红色至鲜红色时即可采收。荔枝种子为顽拗性种子，不能以低温低湿法保存，故采用超低温保存方法对其进行长期贮藏。

1. 种子前处理

（1）种子选择：挑选发育饱满、均匀、健康的荔枝种子，置于 10 ℃ 冰箱中保存备用（存放时间不超过 2 周）。

（2）生活力检测：批量抽取种子样本，采用 TTC 法检测种子初始生活力，并选择生活力≥80% 的荔枝种子作为保存材料。

（3）含水量测定：经预实验确定，荔枝种子安全贮藏含水量≥40%、超低温保存最适宜含水量为 43%~48%。用尼龙网袋包裹种子，室温下置于盛有变色硅胶的干燥器内 16~22 h，种子含水量由初始的 50%~55% 降至 43%~48%，干燥过程中可定期测定含水量，采用高恒温烘干法测定并计算种子含水量。

2. 种子冷冻程序

荔枝种子超低温保存可采用玻璃化冷冻法，即将含水量为 43%~48% 的荔枝种子放入加有装载液的冻存管中，于 25 ℃ 放置 25 min，然后将装载液换成 PVS2 玻璃化溶液，置于冰浴环境中 30 min，最后换上预冷新鲜的保护液后迅速投入液氮中保存。

3. 恢复培养程序

（1）种子解冻处理：液氮中冻存 24 h 后取出冻存管，立即放入 40 ℃ 水浴中快速解冻 5 min，而后用洗涤液浸泡 10 min，并用纯净水洗涤 3 次。

（2）冻后种子生活力检测：取部分解冻后的荔枝种子，进行超低温保存后的生活力检测，当种子生活力≥65% 时视为保存成功。

（3）萌芽成苗：取部分解冻后的荔枝种子，播种到带有无菌滤纸的带盖发芽盒中或直接播种到发芽基质中，在温度 25~30 ℃、湿度 70%~85% 的条件下培养。

1 cm　　　　1 cm

图 4-14　荔枝种子

十五、 楝种子超低温保存方法

楝 *Melia azedarach* L. 为楝科楝属落叶乔木，又称苦楝，其根皮可驱蛔虫和钩虫，有毒。每年

10～11 月，当果实由绿色转为黄色时即可采收。楝种子为中间性种子，不宜以低温低湿法保存，故采用超低温保存方法对其进行长期贮藏。

1. 种子前处理

（1）种子选择：去除果皮，挑选发育饱满、均匀、健康的楝种子，置于 10 ℃冰箱中保存备用（存放时间不超过 1 个月）。

（2）生活力检测：批量抽取种子样本，采用 TTC 法检测种子初始生活力，并选择生活力≥85％的楝种子作为保存材料。

（3）含水量测定：经预实验确定，楝种子安全贮藏含水量≥7％、超低温保存最适宜含水量为10％～15％。用尼龙网袋包裹种子，室温下置于盛有变色硅胶的干燥器内 0～5 h，种子含水量由初始的 15％～20％降至 10％～15％，干燥过程中可定期测定含水量，采用高恒温烘干法测定并计算种子含水量。

2. 种子冷冻程序

楝种子超低温保存可采用直接冷冻法，即将含水量为 10％～15％的楝种子放入冻存管中，迅速投入液氮中保存。

3. 恢复培养程序

（1）种子解冻处理：液氮中冻存 24 h 后取出冻存管，立即放入 40 ℃水浴中快速解冻 2 min。

（2）冻后种子生活力检测：取部分解冻后的楝种子，进行超低温保存后的生活力检测，当种子生活力≥75％时视为保存成功。

（3）萌芽成苗：取部分解冻后的楝种子，播种到带有无菌滤纸的带盖发芽盒中或直接播种到发芽基质中，在温度 25～30 ℃、湿度 70％～85％的条件下培养。

1 cm   1 cm

图 4-15　楝种子

十六、 两面针种子超低温保存方法

两面针 *Zanthoxylum nitidum* （Roxb.）DC. 为芸香科多年生植物，其根入药，具有活血化瘀、解毒消肿、行气止痛等功效，在胃火牙痛等方面有独特疗效。每年 9～11 月，当果实为红褐色时即可采收。两面针种子是中间性种子，常规条件下贮藏 8 个月后，其活力逐渐下降，直至失活，不宜以低温低湿法保存，故采用超低温保存方法对其进行长期贮藏。

1. 种子前处理

（1） 种子选择：挑选发育饱满、均匀、健康的两面针种子，置于 4 ℃冰箱中保存备用（存放时间不超过 3 个月）。

（2） 生活力检测：批量抽取种子样本，采用 BTB 法检测种子初始生活力，并选择生活力 ≥ 70% 的两面针种子作为保存材料。

（3） 含水量测定：经预实验确定，两面针种子安全贮藏含水量 ≥ 10% 、超低温保存最适宜含水量为 11%～14% 。用尼龙网袋包裹种子，室温下置于盛有变色硅胶的干燥器内 2～10 h，种子含水量由初始的 15%～20% 降至 11%～14% ，干燥过程中可定期测定含水量，采用高恒温烘干法测定并计算种子含水量。

2. 种子冷冻程序

两面针种子超低温保存可采用直接冷冻法，即将含水量为 11%～14% 的两面针种子放入 2 mL 冻存管中，迅速投入液氮中保存。

3. 恢复培养程序

（1） 种子解冻处理：液氮中冻存 24 h 后取出冻存管，立即放入 40 ℃水浴中快速解冻 2 min。

（2） 冻后种子生活力检测：取部分解冻后的两面针种子，进行超低温保存后的生活力检测，当种子生活力 ≥ 70% 时视为保存成功。

（3） 萌芽成苗：取部分解冻后的两面针种子，播种到带有无菌滤纸的带盖发芽盒中或直接播种到发芽基质中，在温度 25～30 ℃、湿度 70%～85% 的条件下培养。

图4-16　两面针种子

十七、 龙眼种子超低温保存方法

龙眼 *Dimocarpus longan* Lour. 为无患子科常绿乔木，又称桂圆，其假种皮富含维生素和磷质，有益脾、健脑的作用，可入药。每年夏季，当果实变为黄褐色且外果皮微凸时即可采收。龙眼种子为顽拗性种子，不能以低温低湿法保存，故采用超低温保存方法对其进行长期贮藏。

1. 种子前处理

（1）种子选择：去除果皮和果肉（假种皮），挑选发育饱满、均匀、健康的龙眼种子，置于4 ℃冰箱中保存备用（存放时间不超过2周）。

（2）生活力检测：批量抽取种子样本，采用TTC法检测种子初始生活力，并选择生活力≥85%的龙眼种子作为保存材料。

（3）含水量测定：经预实验确定，龙眼种子安全贮藏含水量≥10%、超低温保存最适宜含水量为12%~25%。用尼龙网袋包裹种子，室温下置于盛有变色硅胶的干燥器内24~120 h，种子含水量由初始含水量降至12%~25%，干燥过程中可定期测定含水量，采用高恒温烘干法测定并计算种子含水量。

2. 种子冷冻程序

龙眼种子超低温保存可采用分步冷冻法，即将待保存的龙眼种子在室温下放入加有PVS2玻璃化溶液的冻存管中，置于4 ℃冰箱中0.5 h，取出后立即放入−20 ℃冰柜中1 h，后迅速投入液氮中保存。

3. 恢复培养程序

（1）种子解冻处理：液氮中冻存24 h后取出冻存管，立即放入40 ℃水浴中快速解冻2 min，而后用洗涤液浸泡 5 min，并用纯净水洗涤 3 次。

（2）冻后种子生活力检测：取部分解冻后的龙眼种子，进行超低温保存后的生活力检测，当种子生活力≥75%时视为保存成功。

（3）萌芽成苗：取部分解冻后的龙眼种子，播种到带有无菌滤纸的带盖发芽盒中或直接播种到发芽基质中，在温度 25～30 ℃、湿度 70%～85%的条件下培养。

图 4-17　龙眼种子

十八、　马钱子种子超低温保存方法

马钱子 *Strychnos nux-vomica* L. 为马钱科常绿乔木，其干燥成熟种子炮制后可入药，性寒，味苦，有通络散结、消肿止痛的功效。西医学用种子提取物作中枢神经兴奋剂。每年 8 月至翌年 1 月，当果实由绿色转为黄色时即可采收。马钱子种子是顽拗性种子，不能以低温低湿法保存，故采用超低温保存方法对其进行长期贮藏。

1. 种子前处理

（1）种子选择：挑选发育饱满、均匀、健康的马钱子种子，置于 10 ℃冰箱中保存备用（存放时间不超过 1 个月）。

（2）生活力检测：批量抽取种子样本，采用 TTC 法检测种子初始生活力，并选择生活力≥90%的马钱子种子作为保存材料。

（3）含水量测定：经预实验确定，马钱子种子安全贮藏含水量≥25%、超低温保存最适宜含水量为 25%～32%。用尼龙网袋包裹种子，室温下置于盛有变色硅胶的干燥器内 0～100 h，种子含水量由初始的 32%～38%降至 25%～32%，干燥过程中可定期测定含水量，采用高恒温烘干法测定并计算种子含水量。

2. 种子冷冻程序

马钱子种子超低温保存可采用直接冷冻法，即将含水量为 25%～32% 的马钱子种子放入冻存管中，迅速投入液氮中保存。

3. 恢复培养程序

（1）种子解冻处理：液氮中冻存 24 h 后取出冻存管，立即放入 40 ℃ 水浴中快速解冻 2 min。

（2）冻后种子生活力检测：取部分解冻后的马钱子种子，进行超低温保存后的生活力检测，当种子生活力 ≥50% 时视为保存成功。

（3）萌芽成苗：取部分解冻后的马钱子种子，播种到带有无菌滤纸的带盖发芽盒中或直接播种到发芽基质中，在温度 25～30 ℃、湿度 70%～80% 的条件下培养。

图 4-18　马钱子种子

十九、　麦冬种子超低温保存方法

麦冬 *Ophiopogon japonicus* （L. f.）Ker-Gawl. 为天门冬科沿阶草属植物，以干燥块根入药，药材具有生津解渴、润肺止咳的功效。每年 8～10 月，当果实变蓝黑色且软时即可采收。麦冬种子为顽拗性种子，不能以低温低湿法保存，故采用超低温保存方法对其进行长期贮藏。

1. 种子前处理

（1）种子选择：挑选发育饱满、均匀、健康的麦冬种子，置于 4 ℃ 冰箱中保存备用（存放时间不超过 2 个月）。

（2）生活力检测：批量抽取种子样本，采用 TTC 法检测种子初始生活力，并选择生活力 ≥90% 的麦冬种子作为保存材料。

（3）含水量测定：经预实验确定，麦冬种子安全贮藏含水量 ≥15%、超低温保存最适宜含水量为 18%～25%。用尼龙网袋包裹种子，室温下置于盛有变色硅胶的干燥器内 0～48 h，种子含水量由初始含水量降至 18%～25%，干燥过程中可定期测定含水量，采用高恒温烘干法测定并计算种子含水量。

2. 种子冷冻程序

麦冬种子超低温保存可采用直接冷冻法，即将含水量为 18%～25% 的麦冬种子放入冻存管中，迅速投入液氮中保存。

3. 恢复培养程序

（1）种子解冻处理：液氮中冻存 24 h 后取出冻存管，立即放入 40 ℃ 水浴中快速解冻 2 min。

（2）冻后种子生活力检测：取部分解冻后的麦冬种子，进行超低温保存后的生活力检测，当种子生活力≥85% 时视为保存成功。

（3）萌芽成苗：取部分解冻后的麦冬种子，播种到带有无菌滤纸的带盖发芽盒中或直接播种到发芽基质中，在温度 20～25 ℃、湿度 70%～85% 的条件下培养。

5 000 μm

1 cm

图 4-19　麦冬种子

二十、 牡荆种子超低温保存方法

牡荆 *Vitex negundo* L. var. *cannabifolia*（Sieb. et Zucc.）Hand.-Mazz. 为马鞭草科常绿小乔木，其新鲜叶入药具有除湿祛痰、止咳平喘、理气止痛的功效。每年 10 月，当果实成熟且呈灰褐色时即可采收。牡荆种子是顽拗性种子，不能以低温低湿法保存，故采用超低温保存方法对其进行长期贮藏。

1. 种子前处理

（1）种子选择：挑选发育饱满、均匀、健康的牡荆种子，置于 10 ℃ 冰箱中保存备用（存放时间不超过 1 个月）。

（2）生活力检测：批量抽取种子样本，采用 BTB 法检测种子初始生活力，并选择生活力≥80% 的牡荆种子作为保存材料。

（3）含水量测定：经预实验确定，牡荆种子安全贮藏含水量≥15%、超低温保存最适宜含水量为 24%~28%。用尼龙网袋包裹种子，室温下置于盛有变色硅胶的干燥器内 0~10 h，种子含水量由初始含水量降至 24%~28%，干燥过程中可定期测定含水量，采用高恒温烘干法测定并计算种子含水量。

2. 种子冷冻程序

牡荆种子超低温保存可采用直接冷冻法，即将含水量为 24%~28% 的牡荆种子放入冻存管中，迅速投入液氮中保存。

3. 恢复培养程序

（1）种子解冻处理：液氮中冻存 24 h 后取出冻存管，立即放入 40 ℃ 水浴中快速解冻 2 min。

（2）冻后种子生活力检测：取部分解冻后的牡荆种子，进行超低温保存后的生活力检测，当种子生活力≥65% 时视为保存成功。

（3）萌芽成苗：取部分解冻后的牡荆种子，播种到带有无菌滤纸的带盖发芽盒中或直接播种到发芽基质中，在温度 25~30 ℃、湿度 70%~80% 的条件下培养。

1 000 μm   1 000 μm

图 4-20　牡荆种子

二十一、 木芙蓉种子超低温保存方法

木芙蓉 *Hibiscus mutabilis* L. 为锦葵科木槿属落叶灌木或小乔木，花、叶可供药用，有清肺、凉血、散热、解毒的功效。每年 10 月后，当蒴果成熟裂开时即可采收。木芙蓉种子是顽拗性种子，

不能以低温低湿法保存，故采用超低温保存方法对其进行长期贮藏。

1. 种子前处理

（1）种子选择：挑选发育饱满、均匀、健康的木芙蓉种子，置于 10 ℃种子低温低湿储藏柜中保存备用（存放时间不超过 1 个月）。

（2）生活力检测：批量抽取种子样本，采用 BTB 法检测种子初始生活力，并选择生活力≥85% 的木芙蓉种子作为保存材料。

（3）含水量测定：经预实验确定，木芙蓉种子安全贮藏含水量≥10%、超低温保存最适宜含水量为 18%~25%。用尼龙网袋包裹种子，室温下置于盛有变色硅胶的干燥器内 0~3 h，种子含水量由初始含水量降至 18%~25%，干燥过程中可定期测定含水量，采用高恒温烘干法测定并计算种子含水量。

2. 种子冷冻程序

木芙蓉种子超低温保存可采用玻璃化冷冻法，即将含水量为 18%~25% 的木芙蓉种子放入加有装载液的冻存管中，于 25 ℃放置 25 min，然后将装载液换成 PVS2 玻璃化溶液，置于冰浴环境中 30 min，最后换上预冷新鲜的保护液后迅速投入液氮中保存。

3. 恢复培养程序

（1）种子解冻处理：液氮中冻存 24 h 后取出冻存管，立即放入 40 ℃水浴中快速解冻 2 min，而后用洗涤液浸泡 10 min，并用纯净水洗净 3 次。

（2）冻后种子生活力检测：取部分解冻后的木芙蓉种子，进行超低温保存后的生活力检测，当种子生活力≥75% 时视为保存成功。

（3）萌芽成苗：取部分解冻后的木芙蓉种子，播种到带有无菌滤纸的带盖发芽盒中或直接播种到发芽基质中，在温度 28~30 ℃、湿度 70%~85% 的条件下培养。

1 000 μm　　　　　1 000 μm

图 4-21　木芙蓉种子

二十二、 牛蒡种子超低温保存方法

牛蒡 *Arctium lappa* L. 为菊科牛蒡属二年生草本，其果实入药具有疏散风热、散结解毒的功效，其根入药具有清热解毒、疏风利咽的功效。每年 7～9 月，当果实由绿色转为黄色时即可采收。牛蒡种子为中间性种子，不宜以低温低湿法保存，故采用超低温保存方法对其进行长期贮藏。

1. 种子前处理

（1）种子选择：挑选发育成熟、均匀、健康的牛蒡种子，置于 10 ℃冰箱中保存备用（存放时间不超过 1 个月）。

（2）生活力检测：批量抽取种子样本，采用 TTC 法检测种子初始生活力，并选择生活力≥85% 的牛蒡种子作为保存材料。

（3）含水量测定：经预实验确定，牛蒡种子安全贮藏含水量≥6%、超低温保存最适宜含水量为 6%～12%。用尼龙网袋包裹种子，室温下置于盛有变色硅胶的干燥器内 0～5 h，种子含水量由初始含水量降至 6%～12%，干燥过程中可定期测定含水量，采用高恒温烘干法测定并计算种子含水量。

2. 种子冷冻程序

牛蒡种子超低温保存可采用直接冷冻法，即将含水量为 6%～12% 的牛蒡种子放入冻存管中，迅速投入液氮中保存。

3. 恢复培养程序

（1）种子解冻处理：液氮中冻存 24 h 后取出冻存管，立即放入 40 ℃水浴中快速解冻 2 min。

（2）冻后种子生活力检测：取部分解冻后的牛蒡种子，进行超低温保存后的生活力检测，当种子生活力≥75% 时视为保存成功。

（3）萌芽成苗：取部分解冻后的牛蒡种子，播种到带有无菌滤纸的带盖发芽盒中或直接播种到发芽基质中，在温度 25～30 ℃、湿度 70%～80% 的条件下培养。

1 000 μm   1 000 μm

图 4-22　牛蒡种子

二十三、 胖大海种子超低温保存方法

胖大海 *Scaphium wallichii* Schott & Endl. 为锦葵科胖大海属高大落叶乔木，又名大海子，因遇水膨大成海绵状而得名。其干燥成熟种子可入药，味甘，性寒，具有清热润肺、润肠通便的功效，可用于治疗肺热声哑、干咳无痰、咽喉干痛等。每年 1～3 月，当果荚变为褐色且果皮由青色变成褐色时即可采收。果实成熟时要及时采收，否则种皮遇水容易膨胀发芽。胖大海种子是顽拗性种子，不能以低温低湿法保存，故采用超低温保存方法对其进行长期贮藏。

1. 种子前处理

（1）种子选择：挑选发育饱满、均匀、健康的胖大海种子，置于 4 ℃冰箱中保存备用（存放时间不超过 10 d）。

（2）生活力检测：批量抽取种子样本，采用 TTC 法检测种子初始生活力，并选择生活力≥90% 的胖大海种子作为保存材料。

（3）含水量测定：经预实验确定，胖大海种子安全贮藏含水量≥40%、超低温保存最适宜含水量为 45%～50%。用尼龙网袋包裹种子，室温下置于盛有变色硅胶的干燥器内 4～8 h，种子含水量由初始的 70%～75% 降至 45%～50%，干燥过程中可定期测定含水量，采用高恒温烘干法测定并计算种子含水量。

2. 种子冷冻程序

胖大海种子超低温保存可采用直接冷冻法，即将含水量为 45%～50% 的胖大海种子放入冻存管中，迅速投入液氮中保存。

3. 恢复培养程序

（1）种子解冻处理：液氮中冻存 24 h 后取出冻存管，立即放入 40 ℃水浴中快速解冻 2 min。

（2）冻后种子生活力检测：取部分解冻后的胖大海种子，进行超低温保存后的生活力检测，当种子生活力≥65% 时视为保存成功。

（3）萌芽成苗：取部分解冻后的胖大海种子，播种到带有无菌滤纸的带盖发芽盒中或直接播种到发芽基质中，在温度 25～30 ℃、湿度 70%～85% 的条件下培养。

图4-23　胖大海种子

二十四、 七叶一枝花种子超低温保存方法

七叶一枝花 Paris polyphylla Smith 为百合科重楼属多年生草本植物，以根茎入药，药材名为重楼，重楼有清热解毒、消肿止痛、凉肝定惊等功效，用于治疗咽喉肿痛、蛇虫咬伤、跌扑伤痛等。每年9～10月，当果实开裂后假种皮变成深红色时即可采收。七叶一枝花种子有明显的后熟现象，种胚需要休眠，是中间性种子，不宜以低温低湿法保存，故采用超低温保存方法对其进行长期贮藏。

1. 种子前处理

（1）种子选择：去除假种皮，挑选发育饱满、均匀、健康的七叶一枝花种子，置于4 ℃冰箱中保存备用（存放时间不超过1个月）。

（2）生活力检测：批量抽取种子样本，采用TTC法检测种子初始生活力，并选择生活力≥90%的七叶一枝花种子作为保存材料。

（3）含水量测定：经预实验确定，七叶一枝花种子安全贮藏含水量≥15%、超低温保存最适宜含水量为30%～50%。用尼龙网袋包裹种子，室温下置于盛有变色硅胶的干燥器内10～25 h，种子含水量由初始的53%～58%降至30%～50%，干燥过程中可定期测定含水量，采用高恒温烘干法测定并计算种子含水量。

2. 种子冷冻程序

七叶一枝花种子超低温保存可采用直接冷冻法，即将含水量为30%～50%的七叶一枝花种子放入冻存管中，迅速投入液氮中保存。

3. 恢复培养程序

（1）种子解冻处理：液氮中冻存24 h后取出冻存管，立即放入40 ℃水浴中快速解冻2 min。

（2）冻后种子生活力检测：取部分解冻后的七叶一枝花种子，进行超低温保存后的生活力检测，当种子生活力≥60%时视为保存成功。

（3）萌芽成苗：取部分解冻后的七叶一枝花种子，播种到带有无菌滤纸的带盖发芽盒中或接种到1/2 MS培养基上，在温度25~30℃、湿度70%~85%的条件下培养。

图4-24　七叶一枝花种子

二十五、 青葙种子超低温保存方法

青葙 *Celosia argentea* L. 为苋科青葙属一年生草本植物，其种子供药用，有清热明目的功效。每年8~9月，当胞果成熟裂开时即可采收。青葙种子为顽拗性种子，不能以低温低湿法保存，故采用超低温保存方法对其进行长期贮藏。

1. 种子前处理

（1）种子选择：挑选发育饱满、均匀、健康的青葙种子，置于4℃冰箱中保存备用（存放时间不超过1个月）。

（2）生活力检测：批量抽取种子样本，采用发芽率检测种子初始生活力，并选择生活力≥85%的青葙种子作为保存材料。

（3）含水量测定：经预实验确定，青葙种子安全贮藏含水量≥7%、超低温保存最适宜含水量为7%~10%。用尼龙网袋包裹种子，室温下置于盛有变色硅胶的干燥器内10~24 h，种子含水量由初始含水量降至7%~10%，干燥过程中可定期测定含水量，采用高恒温烘干法测定并计算种子含水量。

2. 种子冷冻程序

青葙种子超低温保存可采用分步冷冻法，即将待保存的青葙种子在室温下放入加有PVS2玻璃化溶液的冻存管中，置于4℃冰箱中0.5 h，取出后立即放入-20℃冰柜中1 h，后迅速投入液氮中保存。

3. 恢复培养程序

（1）种子解冻处理：液氮中冻存 24 h 后取出冻存管，立即放入 40 ℃ 水浴中快速解冻 2 min，而后用洗涤液浸泡 5 min，并用纯净水洗涤 3 次。

（2）冻后种子生活力检测：取部分解冻后的青葙种子，进行超低温保存后的生活力检测，当种子生活力≥60% 时视为保存成功。

（3）萌芽成苗：取部分解冻后的青葙种子，播种到带有无菌滤纸的带盖发芽盒中或直接播种到发芽基质中，在温度 25～30 ℃、湿度 70%～85% 的条件下避光培养。出芽周期为 15～30 d。

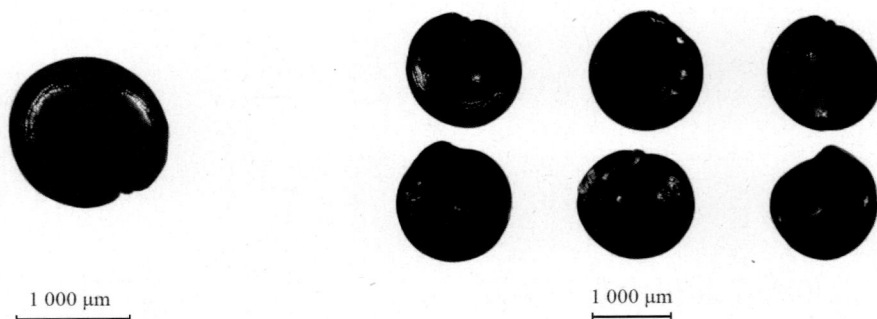

1 000 μm　　　　　　　　1 000 μm

图 4-25　青葙种子

二十六、　人参种子超低温保存方法

人参 *Panax ginseng* C. A. Meyer 为五加科人参属多年生草本植物，以根茎叶入药。人参的肉质根为著名强壮滋补药，可调整血压、恢复心脏功能及治疗神经衰弱、身体虚弱等，也有祛痰、健胃、利尿、兴奋等功效。每年 6～9 月，当果实种皮变成深红色时即可采收。人参种子是中间性种子，不宜以低温低湿法保存，故采用超低温保存方法对其进行长期贮藏。

1. 种子前处理

（1）种子选择：挑选发育饱满、均匀、健康的人参种子，置于 4 ℃ 冰箱中保存备用（存放时间不超过 3 个月）。

（2）生活力检测：批量抽取种子样本，采用 TTC 法检测种子初始生活力，并选择生活力≥80% 的人参种子作为保存材料。

（3）含水量测定：经预实验确定，人参种子安全贮藏含水量≥10%、超低温保存最适宜含水量为 15%～28%。用尼龙网袋包裹种子，室温下置于盛有变色硅胶的干燥器内 2～20 h，种子含水量由初始的 25%～30% 降至 15%～28%，干燥过程中可定期测定含水量，采用高恒温烘干法测定并计算种子含水量。

2. 种子冷冻程序

人参种子超低温保存可采用直接冷冻法，即将含水量为 15%～28% 的人参种子放入冻存管中，迅速投入液氮中保存。

3. 恢复培养程序

（1）种子解冻处理：液氮中冻存 24 h 后取出冻存管，立即放入 40 ℃水浴中快速解冻 2 min。

（2）冻后种子生活力检测：取部分解冻后的人参种子，进行超低温保存后的生活力检测，当种子生活力≥75% 时视为保存成功。

（3）萌芽成苗：取部分解冻后的人参种子，播种到带有无菌滤纸的带盖发芽盒中或直接播种到发芽基质中，在温度 25～30 ℃、湿度 70%～85% 的条件下培养。

1 000 μm　　　　1 000 μm

图 4-26　人参种子

二十七、肉豆蔻种子超低温保存方法

肉豆蔻 *Myristica fragrans* Houtt. 为肉豆蔻科肉豆蔻属植物，其种子供药用，可治疗虚泻冷痢、脘腹冷痛、呕吐、风湿痛。每年 9 月下旬至 10 月上旬，当果实为蜡黄色、果肉自然开裂、假种皮全部深红色、种皮变硬且呈黑褐色时即可采收。肉豆蔻种子是顽拗性种子，不能以低温低湿法保存，故采用超低温保存方法对其进行长期贮藏。

1. 种子前处理

（1）种子选择：挑选表面灰褐色或黑褐色、光滑油亮、个大饱满、质地坚硬、健康的肉豆蔻种子，置于 10 ℃种子低温低湿储藏柜中保存备用（存放时间不超过 15 d）。

（2）生活力检测：批量抽取种子样本，采用 TTC 法检测种子初始生活力，并选择生活力≥

90%的肉豆蔻种子作为保存材料。

（3）含水量测定：经预实验确定，肉豆蔻种子安全贮藏含水量≥25%、超低温保存最适宜含水量为26%～28%。用尼龙网袋包裹种子，室温下置于盛有变色硅胶的干燥器内10～30 h，种子含水量由初始的35%～45%降至26%～28%，干燥过程中可定期测定含水量，采用高恒温烘干法测定并计算种子含水量。

2. 种子冷冻程序

肉豆蔻种子超低温保存可采用直接冷冻法，即将含水量为26%～28%的肉豆蔻种子放入冻存管中，迅速投入液氮中保存。

3. 恢复培养程序

（1）种子解冻处理：液氮中冻存24 h后取出冻存管，立即放入40 ℃水浴中快速解冻5 min。

（2）冻后种子生活力检测：取部分解冻后的肉豆蔻种子，进行超低温保存后的生活力检测，当种子生活力≥55%时视为保存成功。

（3）萌芽成苗：取部分解冻后的肉豆蔻种子，播种到带有无菌滤纸的带盖发芽盒中或直接播种到发芽基质中，在温度28～30 ℃、湿度70%～85%的条件下培养。

1 cm   1 cm

图4-27　肉豆蔻种子

二十八、 三七种子超低温保存方法

三七 *Panax notoginseng*（Burkill）F. H. Chen ex C. Y. Wu & K. M. Feng 为五加科人参属多年生草本植物，其叶、果实及根茎可入药，其纺锤根是著名的跌打损伤特效药，具有很好的止血散瘀、定痛消肿功效。每年8～10月，当果实由绿色转为鲜红色时即可采收。三七种子为顽拗性种子，不能以低温低湿法保存，故采用超低温保存方法对其进行长期贮藏。

1. 种子前处理

（1）种子选择：挑选发育饱满、均匀、健康的三七种子，置于 4 ℃冰箱中保存备用（存放时间不超过 1 个月）。

（2）生活力检测：批量抽取种子样本，采用 TTC 法检测种子初始生活力，并选择生活力≥90% 的三七种子作为保存材料。

（3）含水量测定：经预实验确定，三七种子安全贮藏含水量≥20%、超低温保存最适宜含水量为 38%~48%。用尼龙网袋包裹种子，室温下置于盛有变色硅胶的干燥器内 4~18 h，种子含水量由 53%~58% 降至 38%~48%，干燥过程中可定期测定含水量，采用高恒温烘干法测定并计算种子含水量。

2. 种子冷冻程序

三七种子超低温保存可采用分步冷冻法，即将待保存的三七种子在室温下放入加有 PVS2 玻璃化溶液的冻存管中，置于 4 ℃冰箱中 0.5 h，取出后立即放入 –20 ℃冰柜中 1 h，后迅速投入液氮中保存。

3. 恢复培养程序

（1）种子解冻处理：液氮中冻存 24 h 后取出冻存管，立即放入 40 ℃水浴中快速解冻 3 min，而后用洗涤液浸泡 3 次，每次 5 min，并用纯净水洗涤 3 次。

（2）冻后种子生活力检测：取部分解冻后的三七种子，进行超低温保存后的生活力检测，当种子生活力≥85% 时视为保存成功。

（3）萌芽成苗：取部分解冻后的三七种子，播种到带有无菌滤纸的带盖发芽盒中或直接播种到发芽基质中，在温度 25~30 ℃、湿度 70%~85% 的条件下培养。

5 000 μm   1 cm

图 4-28　三七种子

二十九、 山茱萸种子超低温保存方法

山茱萸 *Cornus officinalis* Sieb. et Zucc. 为山茱萸科落叶灌木或乔木，其果实供药用，称萸肉，俗名枣皮，味酸、涩，性微温，为收敛性强壮药，具有补肝肾、止汗的功效。每年 9～10 月，当果实变红时即可采收。山茱萸种子为顽拗性种子，不能以低温低湿法保存，故采用超低温保存方法对其进行长期贮藏。

1. 种子前处理

（1）种子选择：挑选发育饱满、均匀、健康的山茱萸种子，置于 4 ℃冰箱中保存备用（存放时间不超过 1 个月）。

（2）生活力检测：批量抽取种子样本，采用 TTC 法检测种子初始生活力，并选择生活力≥80％的山茱萸种子作为保存材料。

（3）含水量测定：经预实验确定，山茱萸种子安全贮藏含水量≥25％、超低温保存最适宜含水量为 25％~28％。用尼龙网袋包裹种子，室温下置于盛有变色硅胶的干燥器内 10～17 h，种子含水量由初始含水量降至 25％~28％，干燥过程中可定期测定含水量，采用高恒温烘干法测定并计算种子含水量。

2. 种子冷冻程序

山茱萸种子超低温保存可采用分步冷冻法，即将待保存的山茱萸种子在室温下放入加有 PVS2 玻璃化溶液的冻存管中，置于 4 ℃冰箱中 0.5 h，取出后立即放入 -20 ℃冰柜中 1 h，后迅速投入液氮中保存。

3. 恢复培养程序

（1）种子解冻处理：液氮中冻存 24 h 后取出冻存管，立即放入 40 ℃水浴中快速解冻 5 min，而后用洗涤液浸泡 5 min，并用纯净水洗涤 3 次。

（2）冻后种子生活力检测：取部分解冻后的山茱萸种子，进行超低温保存后的生活力检测，当种子生活力≥65％时视为保存成功。

（3）萌芽成苗：取部分解冻后的山茱萸种子，播种到带有无菌滤纸的带盖发芽盒中或直接播种到发芽基质中，在温度 25～30 ℃、湿度 70％~85％的条件下培养。

图4-29　山茱萸种子

三十、 石榴种子超低温保存方法

石榴 *Punica granatum* L. 为千屈菜科落叶灌木或乔木，其果实、果皮、根及花均可入药，药用果实多选味酸者，有涩肠止血的功效。每年 9～11 月，当果实成熟开裂后即可采收。石榴种子为中间性种子，不宜以低温低湿法保存，故采用超低温保存方法对其进行长期贮藏。

1. 种子前处理

（1）种子选择：挑选发育饱满、均匀、健康的石榴种子，置于 4 ℃冰箱中保存备用（存放时间不超过 1 个月）。

（2）生活力检测：批量抽取种子样本，采用 BTB 法检测种子初始生活力，并选择生活力≥85% 的石榴种子作为保存材料。

（3）含水量测定：经预实验确定，石榴种子安全贮藏含水量≥7%、超低温保存最适宜含水量为9%～13%。用尼龙网袋包裹种子，室温下置于盛有变色硅胶的干燥器内 0～5 h，种子含水量由初始含水量降至9%～13%，干燥过程中可定期测定含水量，采用高恒温烘干法测定并计算种子含水量。

2. 种子冷冻程序

石榴种子超低温保存可采用分步冷冻法，即将待保存的石榴种子在室温下放入加有 PVS2 玻璃化溶液的冻存管中，置于 4 ℃冰箱中 0.5 h，取出后立即放入 −20 ℃冰柜中 1 h，后迅速投入液氮中保存。

3. 恢复培养程序

（1）种子解冻处理：液氮中冻存 24 h 后取出冻存管，立即放入 40 ℃水浴中快速解冻 2 min，而后用洗涤液浸泡 5 min，并用纯净水洗涤 3 次。

（2）冻后种子生活力检测：取部分解冻后的石榴种子，进行超低温保存后的生活力检测，当种子生活力≥80%时视为保存成功。

（3）萌芽成苗：取部分解冻后的石榴种子，播种到带有无菌滤纸的带盖发芽盒中或直接播种到发芽基质中，在温度25～30℃、湿度70%～85%的条件下培养。

图4-30　石榴种子

三十一、 柿种子超低温保存方法

柿 *Diospyros kaki* Thunb. 为柿科落叶大乔木。柿子能止血润便，缓和痔疾肿痛，降血压；柿饼可以润脾补胃，润肺止血。每年9～10月，当果实成熟变黄、变软后即可采收。柿种子是中间性种子，不宜以低温低湿法保存，故采用超低温保存方法对其进行长期贮藏。

1. 种子前处理

（1）种子选择：挑选发育饱满、均匀、健康的柿种子，置于4℃冰箱中保存备用（存放时间不超过2个月）。

（2）生活力检测：批量抽取种子样本，采用 TTC 法检测种子初始生活力，并选择生活力≥85%的柿种子作为保存材料。

（3）含水量测定：经预实验确定，柿种子安全贮藏含水量≥7%、超低温保存最适宜含水量为8%～10%。用尼龙网袋包裹种子，室温下置于盛有变色硅胶的干燥器内60～80 h，种子含水量由初始含水量降至8%～10%，干燥过程中可定期测定含水量，采用高恒温烘干法测定并计算种子含水量。

2. 种子冷冻程序

柿种子超低温保存可采用直接冷冻法，即将含水量为8%～10%的柿种子放入冻存管中，迅速投入液氮中保存。

3. 恢复培养程序

（1）种子解冻处理：液氮中冻存 24 h 后取出冻存管，立即放入 40 ℃水浴中快速解冻 5 min。

（2）冻后种子生活力检测：取部分解冻后的柿种子，进行超低温保存后的生活力检测，当种子生活力≥75%时视为保存成功。

（3）萌芽成苗：取部分解冻后的柿种子，播种到带有无菌滤纸的带盖发芽盒中或直接播种到发芽基质中，在温度 25～30 ℃、湿度 70%～80%的条件下培养。

图 4-31　柿种子

三十二、 益智种子超低温保存方法

益智 *Alpinia oxyphylla* Miq. 为姜科山姜属多年生草本植物，是药食同源的一种经济植物，为我国"四大南药"之一。其果实可供药用，具有益脾胃、理元气、补肾的功效。每年 4 月下旬至 6 月上旬，当果实颜色泛黄、果肉微甜变软时即可采收。益智种子是顽拗性种子，不能以低温低湿法保存，故采用超低温保存方法对其进行长期贮藏。

1. 种子前处理

（1）种子选择：挑选表面无果肉、无杂质，发育饱满、均匀、健康的益智种子，置于 10 ℃种子低温低湿储藏柜中保存备用（存放时间不超过 2 个月）。

（2）生活力检测：批量抽取种子样本，采用发芽率检测种子初始生活力，并选择生活力≥65%的益智种子作为保存材料。

（3）含水量测定：经预实验确定，益智种子安全贮藏含水量≥13%、超低温保存最适宜含水量为 14%～15%。用尼龙网袋包裹种子，室温下置于盛有变色硅胶的干燥器内 15～25 h，种子含水量由初始的 20%～25%降至 14%～15%，干燥过程中可定期测定含水量，采用高恒温烘干法测定并计算种子含水量。

2. 种子冷冻程序

益智种子超低温保存可采用直接冷冻法,即将含水量为14%~15%的益智种子放入冻存管中,迅速投入液氮中保存。

3. 恢复培养程序

(1)种子解冻处理:液氮中冻存24 h后取出冻存管,立即放入40 ℃水浴中快速解冻2 min。

(2)冻后种子生活力检测:取部分解冻后的益智种子,进行超低温保存后的生活力检测,当种子生活力≥60%时视为保存成功。

(3)萌芽成苗:取部分解冻后的益智种子,播种到带有无菌滤纸的带盖发芽盒中或直接播种到发芽基质中,在温度28~32 ℃、湿度70%~85%的条件下培养。

1 000 μm　　　　　1 000 μm

图4-32　益智种子

三十三、 银杏种子超低温保存方法

银杏 *Ginkgo biloba* L. 为银杏科常绿乔木,是裸子植物中最古老的"活化石",现为我国特产。其种子药材名为白果,具有益心敛肺、化湿止泻的功效。每年9~10月,当果实成熟变黄后即可采收。银杏种子是中间性种子,不宜以低温低湿法保存,故采用超低温保存方法对其进行长期贮藏。

1. 种子前处理

(1)种子选择:挑选发育饱满、均匀、健康的银杏种子,置于4 ℃冰箱中保存备用(存放时间不超过2个月)。

(2)生活力检测:批量抽取种子样本,采用TTC法检测种子初始生活力,并选择生活力≥85%的银杏种子作为保存材料。

(3)含水量测定:经预实验确定,银杏种子安全贮藏含水量≥10%、超低温保存最适宜含水量为 15%～20%。用尼龙网袋包裹种子，室温下置于盛有变色硅胶的干燥器内 240～420 h，种子含水量由初始含水量降至 15%～20%，干燥过程中可定期测定含水量，采用高恒温烘干法测定并计算种子含水量。

2. 种子冷冻程序

银杏种子超低温保存可采用直接冷冻法，即将含水量为 15%～20% 的银杏种子放入冻存管中，迅速投入液氮中保存。

3. 恢复培养程序

（1）种子解冻处理：液氮中冻存 24 h 后取出冻存管，立即放入 40 ℃ 水浴中快速解冻 5 min。

（2）冻后种子生活力检测：取部分解冻后的银杏种子，进行超低温保存后的生活力检测，当种子生活力≥75% 时视为保存成功。

（3）萌芽成苗：取部分解冻后的银杏种子，播种到带有无菌滤纸的带盖发芽盒中或直接播种到发芽基质中，在温度 25～30 ℃、湿度 70%～80% 的条件下培养。

1 cm　　　　　　　1 cm

图 4-33　银杏种子

三十四、樟种子超低温保存方法

樟 *Camphora officinarum* Nees 为樟科常绿大乔木，又名香樟、芳樟，高达 30 m，其枝、叶及木材均有樟脑气味。其根、果实、枝和叶均可入药，具有祛风散寒、强心镇痉、杀虫等功效。每年 8～11 月，当果实呈紫黑色时即可采收。樟种子是顽拗性种子，不能以低温低湿法保存，故采用超低温保存方法对其进行长期贮藏。

1. 种子前处理

（1）种子选择：挑选发育饱满、均匀、健康的樟种子，置于 10 ℃ 种子低温低湿储藏柜中保存备用（存放时间不超过 1 个月）。

（2）生活力检测：批量抽取种子样本，采用 TTC 法检测种子初始生活力，并选择生活力 ≥ 90% 的樟种子作为保存材料。

（3）含水量测定：经预实验确定，樟种子安全贮藏含水量 ≥ 8%、超低温保存最适宜含水量为 11%~18%。用尼龙网袋包裹种子，室温下置于盛有变色硅胶的干燥器内 2~8 h，种子含水量由初始的 20%~25% 降至 11%~18%，干燥过程中可定期测定含水量，采用高恒温烘干法测定并计算种子含水量。

2. 种子冷冻程序

樟种子超低温保存可采用直接冷冻法，即将含水量为 11%~18% 的樟种子放入冻存管中，迅速投入液氮中保存。

3. 恢复培养程序

（1）种子解冻处理：液氮中冻存 24 h 后取出冻存管，立即放入 40 ℃ 水浴中快速解冻 2 min。

（2）冻后种子生活力检测：取部分解冻后的樟种子，进行超低温保存后的生活力检测，当种子生活力 ≥ 75% 时视为保存成功。

（3）萌芽成苗：取部分解冻后的樟种子，播种到带有无菌滤纸的带盖发芽盒中或直接播种到发芽基质中，在温度 25~30 ℃、湿度 70%~85% 的条件下培养。

图 4-34　樟种子

三十五、　朱砂根种子超低温保存方法

朱砂根 *Ardisia crenata* Sims 为紫金牛科紫金牛属常绿小灌木，其根、叶可供药用，具有祛风除湿、散瘀止痛、通经活络的功效，用于治疗跌打损伤、风湿疼痛、消化不良、咽喉炎及月经不调等。每年 10 月至翌年 4 月，当果实呈暗红色时即可采收。朱砂根种子是顽拗性种子，不能以低温低湿法保存，故采用超低温保存方法对其进行长期贮藏。

1. 种子前处理

（1）种子选择：挑选发育饱满、均匀、健康的朱砂根种子，置于 10 ℃种子低温低湿储藏柜中保存备用（存放时间不超过 2 个月）。

（2）生活力检测：批量抽取种子样本，采用 BTB 法测定种子初始生活力，并选择生活力≥70% 的朱砂根种子作为保存材料。

（3）含水量测定：经预实验确定，朱砂根种子安全贮藏含水量≥30%、超低温保存最适宜含水量为 30%～50%。用尼龙网袋包裹种子，室温下置于盛有变色硅胶的干燥器内 10～30 h，种子含水量由初始的 45%～55% 降至 30%～50%，干燥过程中可定期测定含水量，采用高恒温烘干法测定并计算种子含水量。

2. 种子冷冻程序

朱砂根种子超低温保存可采用玻璃化冷冻法，即将含水量为 30%～50% 的朱砂根种子放入加有装载液的冻存管中，于 25 ℃放置 25 min，然后将装载液换成 PVS2 玻璃化溶液，置于冰浴环境中 30 min，最后换上预冷新鲜的保护液后迅速投入液氮中保存。

3. 恢复培养程序

（1）种子解冻处理：液氮中冻存 24 h 后取出冻存管，立即放入 40 ℃水浴中快速解冻 2 min，而后用洗涤液浸泡 10 min，并用纯净水洗净 3 次。

（2）冻后种子生活力检测：取部分解冻后的朱砂根种子，进行超低温保存后的生活力检测，当种子生活力≥70% 时视为保存成功。

（3）萌芽成苗：取部分解冻后的朱砂根种子，播种到带有无菌滤纸的带盖发芽盒中或直接播种到发芽基质中，在温度 25～30 ℃、湿度 70%～85% 的条件下培养。

1 cm

1 cm

图 4-35　朱砂根种子

三十六、 棕榈种子超低温保存方法

棕榈 *Trachycarpus fortunei*（Hook.）H. Wendl. 为棕榈科常绿大乔木，棕皮及叶柄（棕板）煅炭入药有止血作用，果实、叶、花、根等亦可入药。每年 10 月前后，当果皮由黄色变成淡蓝色时即可采收。棕榈种子是中间性种子，不宜以低温低湿法保存，故采用超低温保存方法对其进行长期贮藏。

1. 种子前处理

（1）种子选择：挑选发育饱满、均匀、健康的棕榈种子，置于 10 ℃种子低温低湿储藏柜中保存备用（存放时间不超过 2 个月）。

（2）生活力检测：批量抽取种子样本，采用 TTC 法检测种子初始生活力，并选择生活力≥85% 的棕榈种子作为保存材料。

（3）含水量测定：经预实验确定，棕榈种子安全贮藏含水量≥10%、超低温保存最适宜含水量为 10%~15%。用尼龙网袋包裹种子，室温下置于盛有变色硅胶的干燥器内 17~35 h，种子含水量由初始含水量降至 10%~15%，干燥过程中可定期测定含水量，采用高恒温烘干法测定并计算种子含水量。

2. 种子冷冻程序

棕榈种子超低温保存可采用直接冷冻法，即将含水量为 10%~15% 的棕榈种子放入冻存管中，迅速投入液氮中保存。

3. 恢复培养程序

（1）种子解冻处理：液氮中冻存 24 h 后取出冻存管，立即放入 40 ℃水浴中快速解冻 2 min。

（2）冻后种子生活力检测：取部分解冻后的棕榈种子，进行超低温保存后的生活力检测，当种子生活力≥75% 时视为保存成功。

（3）萌芽成苗：取部分解冻后的棕榈种子，播种到带有无菌滤纸的带盖发芽盒中或直接播种到发芽基质中，在温度 25~30 ℃、湿度 70%~80% 的条件下培养。

2 000 μm　　　　　　　5 000 μm

图 4-36　棕榈种子

三十七、 白花酸藤果种子超低温保存方法

白花酸藤果 *Embelia ribes* Burm. f. 为报春花科酸藤子属攀缘灌木，其根可药用，治疗急性胃肠炎、腹泻、刀枪伤、外伤出血、蛇咬伤等。每年 5～12 月，当果实由绿色变为红色时即可采收。白花酸藤果种子为中间性种子，不宜以低温低湿法保存，故采用超低温保存方法对其进行长期贮藏。

1. 种子前处理

（1）种子选择：挑选发育饱满、均匀、健康的白花酸藤果种子，置于 10 ℃冰箱中保存备用（存放时间不超过 1 个月）。

（2）生活力检测：批量抽取种子样本，采用 TTC 法检测种子初始生活力，并选择生活力≥75% 的白花酸藤果种子作为保存材料。

（3）含水量测定：经预实验确定，白花酸藤果种子安全贮藏含水量≥15%、超低温保存最适宜含水量为 18%～22%。用尼龙网袋包裹种子，室温下置于盛有变色硅胶的干燥器内 3～17 h，种子含水量由 25%～35% 降至 18%～22%，干燥过程中可定期测定含水量，采用高恒温烘干法测定并计算种子含水量。

2. 种子冷冻程序

白花酸藤果种子超低温保存可采用分步冷冻法，即将待保存的白花酸藤果种子在室温下放入加有 PVS2 玻璃化溶液的冻存管中，置于 4 ℃冰箱中 0.5 h，取出后立即放入 -20 ℃冰柜中 1 h，后迅速投入液氮中保存。

3. 恢复培养程序

（1）种子解冻处理：液氮中冻存 24 h 后取出冻存管，立即放入 40 ℃水浴中快速解冻 2 min，

而后用洗涤液浸泡 5 min，并用纯净水洗涤 3 次。

（2）冻后种子生活力检测：取部分解冻后的白花酸藤果种子，进行超低温保存后的生活力检测，当种子生活力≥60%时视为保存成功。

（3）萌芽成苗：取部分解冻后的白花酸藤果种子，播种到带有无菌滤纸的带盖发芽盒中或直接播种到发芽基质中，在温度 25～30 ℃、湿度 70%～80% 的条件下培养。

1 000 μm   1 000 μm

图 4-37　白花酸藤果种子

三十八、　桄榔种子超低温保存方法

桄榔 *Arenga westerhoutii* Griffith 为棕榈科桄榔属植物，其花序的汁液可制糖、酿酒。果实在开花后 2～3 年成熟，当果实成熟时即可采收，果肉汁液具有强烈的刺激性和腐蚀性，必须小心取出种子。桄榔种子是顽拗性种子，不能以低温低湿法保存，故采用超低温保存方法对其进行长期贮藏。

1. 种子前处理

（1）种子选择：挑选发育饱满、均匀、健康的桄榔种子，置于 10 ℃ 种子低温低湿储藏柜中保存备用（存放时间不超过 1 个月）。

（2）生活力检测：批量抽取种子样本，采用 TTC 法检测种子初始生活力，并选择生活力≥50% 的桄榔种子作为保存材料。

（3）含水量测定：经预实验确定，桄榔种子安全贮藏含水量≥25%、超低温保存最适宜含水量为 6%～15%。用尼龙网袋包裹种子，室温下置于盛有变色硅胶的干燥器内 17～48 h，种子含水量由初始含水量降至 6%～15%，干燥过程中可定期测定含水量，采用高恒温烘干法测定并计算种子含水量。

2. 种子冷冻程序

桄榔种子超低温保存可采用玻璃化冷冻法，即将含水量为 6%~15% 的桄榔种子放入加有装载液的冻存管中，于 25 ℃放置 25 min，然后将装载液换成 PVS2 玻璃化溶液，置于冰浴环境中 30 min，最后换上预冷新鲜的保护液后迅速投入液氮中保存。

3. 恢复培养程序

（1）种子解冻处理：液氮中冻存 24 h 后取出冻存管，立即放入 40℃水浴中快速解冻 2 min，而后用洗涤液浸泡 10 min，并用纯净水洗净 3 次。

（2）冻后种子生活力检测：取部分解冻后的桄榔种子，进行超低温保存后的生活力检测，当种子生活力≥50% 时视为保存成功。

（3）萌芽成苗：取部分解冻后的桄榔种子，播种到带有无菌滤纸的带盖发芽盒中或直接播种到发芽基质中，在温度 28~30 ℃、湿度 70%~85% 的条件下培养。

1 cm   1 cm

图 4-38　桄榔种子

三十九、　黑嘴蒲桃种子超低温保存方法

黑嘴蒲桃 *Syzygium bullockii*（Hance）Merr. et Perry 为桃金娘科常绿灌木至小乔木，其果实、根可入药，用于治疗痨伤咯血、风火牙痛、湿热腹泻、肝炎、风湿痛、胃痛等。每年 9~11 月，当果实由绿色转为紫黑色时即可采收。黑嘴蒲桃种子为顽拗性种子，不能以低温低湿法保存，故采用超低温保存方法对其进行长期贮藏。

1. 种子前处理

（1）种子选择：挑选发育饱满、均匀、健康的黑嘴蒲桃种子，置于 4 ℃冰箱中保存备用（存放时间不超过 3 个月）。

（2）生活力检测：批量抽取种子样本，采用 BTB 法检测种子初始生活力，并选择生活力≥

70%的黑嘴蒲桃种子作为保存材料。

（3）含水量测定：经预实验确定，黑嘴蒲桃种子安全贮藏含水量≥35%、超低温保存最适宜含水量为38%~45%。用尼龙网袋包裹种子，室温下置于盛有变色硅胶的干燥器内0~80 h，种子含水量由初始的45%~55%降至38%~45%，干燥过程中可定期测定含水量，采用高恒温烘干法测定并计算种子含水量。

2. 种子冷冻程序

黑嘴蒲桃种子超低温保存可采用分步冷冻法，即将待保存的黑嘴蒲桃种子在室温下放入加有PVS2玻璃化溶液的冻存管中，置于4 ℃冰箱中0.5 h，取出后立即放入 –20 ℃冰柜中1 h，后迅速投入液氮中保存。

3. 恢复培养程序

（1）种子解冻处理：液氮中冻存24 h后取出冻存管，立即放入40 ℃水浴中快速解冻3 min，而后用洗涤液浸泡3次，每次5 min，并用纯净水洗涤3次。

（2）冻后种子生活力检测：取部分解冻后的黑嘴蒲桃种子，进行超低温保存后的生活力检测，当种子生活力≥65%时视为保存成功。

（3）萌芽成苗：取部分解冻后的黑嘴蒲桃种子，播种到带有无菌滤纸的带盖发芽盒中或直接播种到发芽基质中，在温度25~30 ℃、湿度70%~85%的条件下培养。

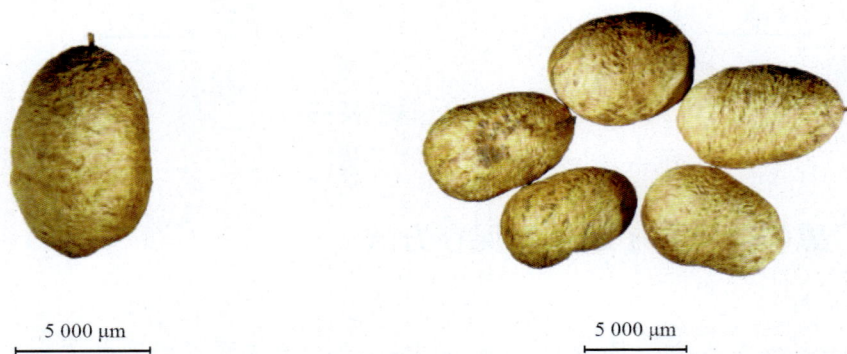

5 000 μm   5 000 μm

图4-39　黑嘴蒲桃种子

四十、 假刺藤种子超低温保存方法

假刺藤 *Embelia scandens*（Lour.）Mez 为紫金牛科酸藤子属植物，又名瘤皮孔酸藤子，以根、叶入药，药材具有舒筋活络、敛肺止咳等功效。鲜叶煎汤洗头可作清洁剂，也可灭虱。每年3~5

月，当果实成熟变红色时即可采收。假刺藤种子是顽拗性种子，不能以低温低湿法保存，故采用超低温保存方法对其进行长期贮藏。

1. 种子前处理

（1）种子选择：挑选发育饱满、均匀、健康的假刺藤种子，置于 10 ℃ 种子低温低湿储藏柜中保存备用（存放时间不超过 2 个月）。

（2）生活力检测：批量抽取种子样本，采用 TTC 法检测种子初始生活力，并选择生活力 ≥ 90% 的假刺藤种子作为保存材料。

（3）含水量测定：经预实验确定，假刺藤种子安全贮藏含水量 ≥ 30% 、超低温保存最适宜含水量为 35% ~ 38% 。用尼龙网袋包裹种子，室温下置于盛有变色硅胶的干燥器内 0 ~ 5 h，种子含水量由初始含水量降至 35% ~ 38% ，干燥过程中可定期测定含水量，采用高恒温烘干法测定并计算种子含水量。

2. 种子冷冻程序

假刺藤种子超低温保存可采用直接冷冻法，即将含水量为 35% ~ 38% 的假刺藤种子放入冻存管中，迅速投入液氮中保存。

3. 恢复培养程序

（1）种子解冻处理：液氮中冻存 24 h 后取出冻存管，立即放入 40 ℃ 水浴中快速解冻 2 min。

（2）冻后种子生活力检测：取部分解冻后的假刺藤种子，进行超低温保存后的生活力检测，当种子生活力 ≥ 75% 时视为保存成功。

（3）萌芽成苗：取部分解冻后的假刺藤种子，播种到带有无菌滤纸的发芽盒中，在温度 25 ~ 30 ℃、湿度 70% ~ 80% 的条件下培养。

图4-40　假刺藤种子

四十一、 假苹婆种子超低温保存方法

假苹婆 *Sterculia lanceolata* Cav. 为梧桐科苹婆属常绿小乔木，以根、叶入药，药材具有舒筋通络、祛风活血的功效。每年 7~8 月，当果实呈鲜红色、果壳微裂时即可采收。假苹婆种子是顽拗性种子，不能以低温低湿法保存，故采用超低温保存方法对其进行长期贮藏。

1. 种子前处理

（1）种子选择：挑选发育饱满、均匀、健康的假苹婆种子，置于 10 ℃冰箱中保存备用（存放时间不超过 6 个月）。

（2）生活力检测：批量抽取种子样本，采用发芽率检测种子初始生活力，并选择生活力≥85% 的假苹婆种子作为保存材料。

（3）含水量测定：经预实验确定，假苹婆种子安全贮藏含水量≥12% 、超低温保存最适宜含水量为 12%~14% 。用尼龙网袋包裹种子，室温下置于盛有变色硅胶的干燥器内 10~72 h，种子含水量由初始的 25%~35% 降至 12%~14% ，干燥过程中可定期测定含水量，采用高恒温烘干法测定并计算种子含水量。

2. 种子冷冻程序

假苹婆种子超低温保存可采用直接冷冻法，即将含水量为 12%~14% 的假苹婆种子放入冻存管中，迅速投入液氮中保存。

3. 恢复培养程序

（1）种子解冻处理：液氮中冻存 24 h 后取出冻存管，立即放入 40 ℃水浴中快速解冻 2 min。

（2）冻后种子生活力检测：取部分解冻后的假苹婆种子，进行超低温保存后的生活力检测，当种子生活力≥50% 时视为保存成功。

（3）萌芽成苗：取部分解冻后的假苹婆种子，播种到带有无菌滤纸的带盖发芽盒中或直接播种到发芽基质中，在温度 25~30 ℃、湿度 70%~85% 的条件下培养。

2 000 μm　　　　　　　　5 000 μm

图 4-41　假苹婆种子

四十二、 见血封喉种子超低温保存方法

见血封喉 *Antiaris toxicaria* Lesch. 为桑科见血封喉属常绿乔木，又名箭毒木，树皮灰色，具有乳白色液汁，是一种剧毒植物和药用植物，同时也是国家三级保护植物。每年 5~6 月，当果实的表皮变红色至紫黑色、大量果实脱落掉地时即可采收。见血封喉种子是顽拗性种子，不能以低温低湿法保存，故采用超低温保存方法对其进行长期贮藏。

1. 种子前处理

（1）种子选择：挑选发育饱满、均匀、健康的见血封喉种子，置于 10 ℃冰箱中保存备用（存放时间不超过 2 个月）。

（2）生活力检测：批量抽取种子样本，采用 TTC 法检测种子初始生活力，并选择生活力≥60% 的见血封喉种子作为保存材料。

（3）含水量测定：经预实验确定，见血封喉种子安全贮藏含水量≥20%、超低温保存最适宜含水量为 20%~30%。用尼龙网袋包裹种子，室温下置于盛有变色硅胶的干燥器内 20~40 h，种子含水量由初始的 45%~55% 降至 20%~30%，干燥过程中可定期测定含水量，采用高恒温烘干法测定并计算种子含水量。

2. 种子冷冻程序

见血封喉种子超低温保存可采用玻璃化冷冻法，即将含水量为 20%~30% 的见血封喉种子放入加有装载液的冻存管中，于 25 ℃放置 20 min，然后将装载液换成 PVS2 玻璃化溶液，置于冰浴环境中 30 min，最后换上预冷新鲜的保护液后迅速投入液氮中保存。

3. 恢复培养程序

（1）种子解冻处理：液氮中冻存 24 h 后取出冻存管，立即放入 40 ℃水浴中快速解冻 3 min，

而后用洗涤液浸泡 10 min，并用纯净水洗净 3 次。

（2）冻后种子生活力检测：取部分解冻后的见血封喉种子，进行超低温保存后的生活力检测，当种子生活力≥60%时视为保存成功。

（3）萌芽成苗：取部分解冻后的见血封喉种子，播种到带有无菌滤纸的带盖发芽盒中或直接播种到发芽基质中，在温度 25～30 ℃、湿度 70%～85% 的条件下培养。

图 4-42　见血封喉种子

四十三、 羯布罗香种子超低温保存方法

羯布罗香 *Dipterocarpus turbinatus* Gaertn. f. 为龙脑香科龙脑香属高大乔木，为珍贵用材树种，其树脂可供药用，其叶可用于治疗过敏性皮炎、刀伤出血。每年 5 月下旬至 6 月上旬，当花萼变为棕色时即可采收，成熟期较短，尽快于 1 周内采收完。羯布罗香种子是顽拗性种子，不能以低温低湿法保存，故采用超低温保存方法对其进行长期贮藏。

1. 种子前处理

（1）种子选择：挑选发育饱满、均匀、健康的羯布罗香种子，置于 10 ℃ 冰箱中保存备用（存放时间不超过 15 d）。

（2）生活力检测：批量抽取种子样本，采用 TTC 法检测种子初始生活力，并选择生活力≥90% 的羯布罗香种子作为保存材料。

（3）含水量测定：经预实验确定，羯布罗香种子安全贮藏含水量≥40%、超低温保存最适宜含水量为 45%。用尼龙网袋包裹种子，室温下置于盛有变色硅胶的干燥器内 12～26 h，种子含水量由初始的 50%～60% 降至 45%，干燥过程中可定期测定含水量，采用高恒温烘干法测定并计算种子含水量。

2. 种子冷冻程序

羯布罗香种子超低温保存可采用直接冷冻法，即将含水量为 45% 的羯布罗香种子放入冻存管中，迅速投入液氮中保存。

3. 恢复培养程序

（1）种子解冻处理：液氮中冻存 24 h 后取出冻存管，立即放入 40 ℃ 水浴中快速解冻 2 min。

（2）冻后种子生活力检测：取部分解冻后的羯布罗香种子，进行超低温保存后的生活力检测，当种子生活力 ≥60% 时视为保存成功。

（3）萌芽成苗：取部分解冻后的羯布罗香种子，播种到 MS 固体培养基中，在温度 28～30 ℃、湿度 70%～85% 的条件下培养。

图 4-43　羯布罗香种子

四十四、咖啡黄葵种子超低温保存方法

咖啡黄葵 *Abelmoschus esculentus*（L.）Moench 为锦葵科一年生草本，别称黄秋葵，其根、叶、花和种子均可入药。种子含油 15%～20%，油内含少量的棉酚，具微毒。每年 9～10 月，当果实成熟变黄时即可采收。咖啡黄葵种子是中间性种子，不宜以低温低湿法保存，故采用超低温保存方法对其进行长期贮藏。

1. 种子前处理

（1）种子选择：挑选发育饱满、均匀、健康的咖啡黄葵种子，置于 10 ℃ 种子低温低湿储藏柜中保存备用（存放时间不超过 2 个月）。

（2）生活力检测：批量抽取种子样本，采用 TTC 法检测种子初始生活力，并选择生活力 ≥

90% 的咖啡黄葵种子作为保存材料。

（3）含水量测定：经预实验确定，咖啡黄葵种子安全贮藏含水量≥7%、超低温保存最适宜含水量为7%～20%。用尼龙网袋包裹种子，室温下置于盛有变色硅胶的干燥器内3～48 h，种子含水量由初始的40%～43%降至7%～20%，干燥过程中可定期测定含水量，采用高恒温烘干法测定并计算种子含水量。

2. 种子冷冻程序

咖啡黄葵种子超低温保存可采用直接冷冻法，即将含水量为7%～20%的咖啡黄葵种子放入冻存管中，迅速投入液氮中保存。

3. 恢复培养程序

（1）种子解冻处理：液氮中冻存24 h后取出冻存管，立即放入40 ℃水浴中快速解冻2 min。

（2）冻后种子生活力检测：取部分解冻后的咖啡黄葵种子，进行超低温保存后的生活力检测，当种子生活力≥85%时视为保存成功。

（3）萌芽成苗：取部分解冻后的咖啡黄葵种子，纯水浸泡12 h后播种到带有无菌滤纸的发芽盒中或直接播种到发芽基质中，在温度25～30℃、湿度65%～75%的条件下培养。需要光照，出芽周期为10～20 d。

1 000 μm   1 000 μm

图4-44　咖啡黄葵种子

四十五、 木奶果种子超低温保存方法

木奶果 *Baccaurea ramiflora* Loureiro 为大戟科木奶果属常绿乔木，以果实入药，药材具有止咳、解毒的功效。每年6～10月，当果实成熟变成黄色或紫红色时即可采收。木奶果种子是顽拗性种子，不能以低温低湿法保存，故采用超低温保存方法对其进行长期贮藏。

1. 种子前处理

（1）种子选择：挑选发育饱满、均匀、健康的木奶果种子，置于10 ℃种子低温低湿储藏柜中保存备用（存放时间不超过 2 个月）。

（2）生活力检测：批量抽取种子样本，采用 TTC 法检测种子初始生活力，并选择生活力≥70% 的木奶果种子作为保存材料。

（3）含水量测定：经预实验确定，木奶果种子安全贮藏含水量≥30%、超低温保存最适宜含水量为 30%~35%。用尼龙网袋包裹种子，室温下置于盛有变色硅胶的干燥器内 0~7 h，种子含水量由初始的 35%~45% 降至 30%~35%，干燥过程中可定期测定含水量，采用高恒温烘干法测定并计算种子含水量。

2. 种子冷冻程序

木奶果种子超低温保存可采用玻璃化冷冻法，即将含水量为 30%~35% 的木奶果种子放入加有装载液的冻存管中，于 25 ℃放置 25 min，然后将装载液换成 PVS2 玻璃化溶液，置于冰浴环境中 30 min，最后换上预冷新鲜的保护液后迅速投入液氮中保存。

3. 恢复培养程序

（1）种子解冻处理：液氮中冻存 24 h 后取出冻存管，立即放入 40 ℃水浴中快速解冻 2 min，而后用洗涤液浸泡 10 min，并用纯净水洗净 3 次。

（2）冻后种子生活力检测：取部分解冻后的木奶果种子，进行超低温保存后的生活力检测，当种子生活力≥50% 时视为保存成功。

（3）萌芽成苗：取部分解冻后的木奶果种子，播种到带有无菌滤纸的带盖发芽盒中或直接播种到发芽基质中，在温度 25~30 ℃、湿度 70%~85% 的条件下培养。

5 000 μm　　　　　5 000 μm

图 4-45　木奶果种子

四十六、匍匐滨藜种子超低温保存方法

匍匐滨藜 *Atriplex repens* Roth 为藜科滨藜属中的一种南药植物，产于海南岛，生于海滨空旷沙

地，其全草具有祛风行湿、固肾、消肿解毒的功效。每年 12 月至翌年 1 月，当果实转为棕色或红褐色时即可采收。匍匐滨藜种子是顽拗性种子，不能以低温低湿法保存，故采用超低温保存方法对其进行长期贮藏。

1. 种子前处理

（1）种子选择：挑选发育饱满、均匀、健康的匍匐滨藜种子，置于 10 ℃冰箱中保存备用（存放时间不超过 3 个月）。

（2）生活力检测：批量抽取种子样本，采用 BTB 法测定种子初始生活力，并选择生活力≥70% 的匍匐滨藜种子作为保存材料。

（3）含水量测定：经预实验确定，匍匐滨藜种子安全贮藏含水量≥12%、超低温保存最适宜含水量为 12%～16%。用尼龙网袋包裹种子，室温下置于盛有变色硅胶的干燥器内 12～25 h，种子含水量由初始的 20%～25% 降至 12%～16%，干燥过程中可定期测定含水量，采用高恒温烘干法测定并计算种子含水量。

2. 种子冷冻程序

匍匐滨藜种子超低温保存可采用直接冷冻法，即将含水量为 12%～16% 的匍匐滨藜种子放入冻存管中，迅速投入液氮中保存。

3. 恢复培养程序

（1）种子解冻处理：液氮中冻存 24 h 后取出冻存管，立即放入 40 ℃水浴中快速解冻 2 min。

（2）冻后种子生活力检测：取部分解冻后的匍匐滨藜种子，进行超低温保存后的生活力检测，当种子生活力≥60% 时视为保存成功。

（3）萌芽成苗：取部分解冻后的匍匐滨藜种子，播种到带有无菌滤纸的发芽盒中，在温度 25～30 ℃、湿度 70%～85% 的条件下培养。

图 4-46　匍匐滨藜种子

四十七、 泰国大风子种子超低温保存方法

泰国大风子 *Hydnocarpus anthelminthicus* Pierre 为大风子科大风子属常绿大乔木，其种子含油，具有祛风燥湿、攻毒杀虫的药用功效，主要用于治疗麻风病、疥癣、淋病等。每年 11 月至翌年 1 月，当果实呈棕色时即可采收。泰国大风子种子为中间性种子，不宜以低温低湿法保存，故采用超低温保存方法对其进行长期贮藏。

1. 种子前处理

（1）种子选择：挑选发育饱满、均匀、健康的泰国大风子种子，置于 10 ℃冰箱中保存备用（存放时间不超过 3 个月）。

（2）生活力检测：批量抽取种子样本，采用 TTC 法检测种子初始生活力，并选择生活力≥90% 的泰国大风子种子作为保存材料。

（3）含水量测定：经预实验确定，泰国大风子种子安全贮藏含水量≥7% 、超低温保存最适宜含水量为 7%~14% 。用尼龙网袋包裹种子，室温下置于盛有变色硅胶的干燥器内 30~60 h，种子含水量由初始的 23%~28% 降至 7%~14% ，干燥过程中可定期测含水量，采用高恒温烘干法测定并计算种子含水量。

2. 种子冷冻程序

泰国大风子种子超低温保存可采用直接冷冻法，即将含水量为 7%~14% 的泰国大风子种子放入冻存管中，迅速投入液氮中保存。

3. 恢复培养程序

（1）种子解冻处理：液氮中冻存 24 h 后取出冻存管，立即放入 40 ℃水浴中快速解冻 2 min。

（2）冻后种子生活力检测：取部分解冻后的泰国大风子种子，进行超低温保存后的生活力检测，当种子生活力≥70% 时视为保存成功。

（3）萌芽成苗：取部分解冻后的泰国大风子种子，播种到带有无菌滤纸的带盖发芽盒中或直接播种到发芽基质中，在温度 25~30 ℃、湿度 70%~85% 的条件下培养。

图4-47　泰国大风子种子

四十八、 小果微花藤种子超低温保存方法

小果微花藤 *Iodes vitiginea*（Hance）Hemsl. 为茶茱萸科微花藤属藤本植物，其根及茎藤可入药，具有祛风散寒、除湿通络等功效。每年5~8月，当果实呈红色时即可采收。小果微花藤种子是顽拗性种子，不能以低温低湿法保存，故采用超低温保存方法对其进行长期贮藏。

1. 种子前处理

（1）种子选择：挑选发育饱满、均匀、健康的小果微花藤种子，置于4℃冰箱中保存备用（存放时间不超过1个月）。

（2）生活力检测：批量抽取种子样本，采用TTC法检测种子初始生活力，并选择生活力≥85%的小果微花藤种子作为保存材料。

（3）含水量测定：经预实验确定，小果微花藤种子安全贮藏含水量≥15%、超低温保存最适宜含水量为18%~22%。用尼龙网袋包裹种子，室温下置于盛有变色硅胶的干燥器内1~3 h，种子含水量由初始的20%~25%降至18%~22%，干燥过程中可定期测定含水量，采用高恒温烘干法测定并计算种子含水量。

2. 种子冷冻程序

小果微花藤种子超低温保存可采用直接冷冻法，即将含水量为18%~22%的小果微花藤种子放入冻存管中，迅速投入液氮中保存。

3. 恢复培养程序

（1）种子解冻处理：液氮中冻存24 h后取出冻存管，立即放入40℃水浴中快速解冻2 min。

（2）冻后种子生活力检测：取部分解冻后的小果微花藤种子，进行超低温保存后的生活力检测，当种子生活力≥65%时视为保存成功。

（3）萌芽成苗：取部分解冻后的小果微花藤种子，播种到带有无菌滤纸的发芽盒中，在温度25～30℃、湿度70%～80%的条件下培养。

图4-48　小果微花藤种子

四十九、 须叶藤种子超低温保存方法

须叶藤 *Flagellaria indica* L. 为须叶藤科须叶藤属多年生攀缘植物，又称鞭藤，其茎及根茎可供药用，有利尿的功效。每年9～11月，当果实由绿色、光亮变成黄红色时即可采收。须叶藤种子是中间性种子，不宜以低温低湿法保存，故采用超低温保存方法对其进行长期贮藏。

1. 种子前处理

（1）种子选择：挑选发育饱满、均匀、健康的须叶藤种子，置于10℃种子低温低湿储藏柜中保存备用（存放时间不超过1个月）。

（2）生活力检测：批量抽取种子样本，采用BTB法测定种子初始生活力，并选择生活力≥90%的须叶藤种子作为保存材料。

（3）含水量测定：经预实验确定，须叶藤种子安全贮藏含水量≥10%、超低温保存最适宜含水量为11%～24%。用尼龙网袋包裹种子，室温下置于盛有变色硅胶的干燥器内0～10 h，种子含水量由初始的20%～24%降至11%～24%，干燥过程中可定期测定含水量，采用高恒温烘干法测定并计算种子含水量。

2. 种子冷冻程序

须叶藤种子超低温保存可采用直接冷冻法，即将含水量为11%～24%的须叶藤种子放入冻存管中，迅速投入液氮中保存。

3. 恢复培养程序

（1）种子解冻处理：液氮中冻存 24 h 后取出冻存管，立即放入 40 ℃ 水浴中快速解冻 2 min。

（2）冻后种子生活力检测：取部分解冻后的须叶藤种子，进行超低温保存后的生活力检测，当种子生活力 ≥80% 时视为保存成功。

（3）萌芽成苗：取部分解冻后的须叶藤种子，播种到带有无菌滤纸的发芽盒中或直接播种到发芽基质中，在温度 25~30 ℃、湿度 65%~75% 的条件下培养。

1 000 μm   1 000 μm

图 4-49　须叶藤种子

五十、　疣果豆蔻种子超低温保存方法

疣果豆蔻 *Amomum muricarpum* Elm. 为姜科豆蔻属植物，其果实供药用，药材名为大砂仁，可用于治疗湿阻中焦、脾胃气滞、食积、妊娠恶阻、胎动不安。每年 6~12 月，当果实变为紫红色时即可采收。疣果豆蔻种子为顽拗性种子，不能以低温低湿法保存，故采用超低温保存方法对其进行长期贮藏。

1. 种子前处理

（1）种子选择：挑选发育饱满、均匀、健康的疣果豆蔻种子，置于 4 ℃ 冰箱中保存备用（存放时间不超过 2 个月）。

（2）生活力检测：批量抽取种子样本，采用 BTB 法测定种子初始生活力，并选择生活力 ≥65% 的疣果豆蔻种子作为保存材料。

（3）含水量测定：经预实验确定，疣果豆蔻种子安全贮藏含水量 ≥10%、超低温保存最适宜含水量为 10%~15%。用尼龙网袋包裹种子，室温下置于盛有变色硅胶的干燥器内 2~16 h，种子含水量由初始的 15%~20% 降至 10%~15%，干燥过程中可定期测定含水量，采用高恒温烘干法测定并计算种子含水量。

2. 种子冷冻程序

疣果豆蔻种子超低温保存可采用分步冷冻法，即将待保存的疣果豆蔻种子在室温下放入加有 PVS2 玻璃化溶液的冻存管中，置于 4 ℃冰箱中 0.5 h，取出后立即放入 -20 ℃冰柜中 1 h，后迅速投入液氮中保存。

3. 恢复培养程序

（1）种子解冻处理：液氮中冻存 24 h 后取出冻存管，立即放入 40 ℃水浴中快速解冻 3 min，而后用洗涤液浸泡 3 次，每次 5 min，并用纯净水洗涤 3 次。

（2）冻后种子生活力检测：取部分解冻后的疣果豆蔻种子，进行超低温保存后的生活力检测，当种子生活力≥60%时视为保存成功。

（3）萌芽成苗：取部分解冻后的疣果豆蔻种子，播种到带有无菌滤纸的带盖发芽盒中或直接播种到发芽基质中，在温度 25~30 ℃、湿度 70%~85% 的条件下培养。

图 4-50 疣果豆蔻种子

五十一、 朱蕉种子超低温保存方法

朱蕉 *Cordyline fruticosa*（L.）A. Chevalier 为百合科朱蕉属植物，又名铁树，以花、叶、根入药，药材具有凉血止血、散瘀止痛的功效。每年 11 月至翌年 3 月，当果实成熟时即可采收。朱蕉种子是中间性种子，不宜以低温低湿法保存，故采用超低温保存方法对其进行长期贮藏。

1. 种子前处理

（1）种子选择：挑选发育饱满、均匀、健康的朱蕉种子，置于 10 ℃种子低温低湿储藏柜中保存备用（存放时间不超过 3 个月）。

（2）生活力检测：批量抽取种子样本，采用 TTC 法检测种子初始生活力，并选择生活力≥80%的朱蕉种子作为保存材料。

（3）含水量测定：经预实验确定，朱蕉种子安全贮藏含水量≥10%、超低温保存最适宜含水量为10%~12%。用尼龙网袋包裹种子，室温下置于盛有变色硅胶的干燥器内5~22 h，种子含水量由初始的30%~35%降至10%~12%，干燥过程中可定期测定含水量，采用高恒温烘干法测定并计算种子含水量。

2. 种子冷冻程序

朱蕉种子超低温保存可采用直接冷冻法，即将含水量为10%~12%的朱蕉种子放入冻存管中，迅速投入液氮中保存。

3. 恢复培养程序

（1）种子解冻处理：液氮中冻存24 h后取出冻存管，立即放入40 ℃水浴中快速解冻2 min。

（2）冻后种子生活力检测：取部分解冻后的朱蕉种子，进行超低温保存后的生活力检测，当种子生活力≥65%时视为保存成功。

（3）萌芽成苗：取部分解冻后的朱蕉种子，播种到带有无菌滤纸的发芽盒中，在温度25~30 ℃、湿度70%~80%的条件下培养。

1 000 μm   1 000 μm

图4-51　朱蕉种子

五十二、 白饭树种子超低温保存方法

白饭树 *Flueggea virosa*（Roxb. ex Willd.）Voigt 为叶下珠科常绿灌木，全株可供药用，治疗风湿性关节炎、湿疹、脓疱疮等。每年夏季，当果实成熟果皮呈淡白色且不开裂、种子呈栗褐色时即可采收。白饭树种子为中间性种子，不宜以低温低湿法保存，故采用超低温保存方法对其进行长期贮藏。

1. 种子前处理

（1）种子选择：挑选发育成熟饱满、均匀、健康的白饭树种子，置于 4 ℃冰箱中保存备用（存放时间不超过 1 个月）。

（2）生活力检测：批量抽取种子样本，采用 TTC 法检测种子初始生活力，并选择生活力 ≥ 80% 的白饭树种子作为保存材料。

（3）含水量测定：经预实验确定，白饭树种子安全贮藏含水量 ≥ 5%、超低温保存最适宜含水量为 7% ~ 15%。用尼龙网袋包裹种子，室温下置于盛有变色硅胶的干燥器内 0 ~ 24 h，种子含水量由初始含水量降至 7% ~ 15%，干燥过程中可定期测定含水量，采用高恒温烘干法测定并计算种子含水量。

2. 种子冷冻程序

白饭树种子超低温保存可采用分步冷冻法，即将待保存的白饭树种子在室温下放入加有 PVS2 玻璃化溶液的冻存管中，置于 4 ℃冰箱中 0.5 h，取出后立即放入 -20 ℃冰柜中 1 h，后迅速投入液氮中保存。

3. 恢复培养程序

（1）种子解冻处理：液氮中冻存 24 h 后取出冻存管，立即放入 40 ℃水浴中快速解冻 2 min，而后用洗涤液浸泡 5 min，并用纯净水洗涤 3 次。

（2）冻后种子生活力检测：取部分解冻后的白饭树种子，进行超低温保存后的生活力检测，当种子生活力 ≥ 70% 时视为保存成功。

（3）萌芽成苗：取部分解冻后的白饭树种子，播种到带有无菌滤纸的发芽盒中或直接播种到发芽基质中，在温度 25 ~ 30 ℃、湿度 70% ~ 80% 的条件下培养。

1 000 μm　　　　　　　1 000 μm

图 4-52　白饭树种子

五十三、 苍白秤钩风种子超低温保存方法

苍白秤钩风 *Diploclisia glaucescens*（Bl.）Diels 为防己科秤钩风属木质大藤本，俗称电藤，其藤茎、根及叶具有清热解毒、祛风除湿的功效，民间常用于治疗风湿骨痛、尿路感染、毒蛇咬伤等。每年 8 月，当果实呈黄红色时即可采收。苍白秤钩风种子是顽拗性种子，不能以低温低湿法保存，故采用超低温保存方法对其进行长期贮藏。

1. 种子前处理

（1）种子选择：挑选发育饱满、均匀、健康的苍白秤钩风种子，置于 10 ℃冰箱中保存备用（存放时间不超过 3 个月）。

（2）生活力检测：批量抽取种子样本，采用 BTB 法检测种子初始生活力，并选择生活力≥90% 的苍白秤钩风种子作为保存材料。

（3）含水量测定：经预实验确定，苍白秤钩风种子安全贮藏含水量≥13%、超低温保存最适宜含水量为 13%～35% 。用尼龙网袋包裹种子，室温下置于盛有变色硅胶的干燥器内 5～35 h，种子含水量由初始的 40%～45% 降至 13%～35%，干燥过程中可定期测定含水量，采用高恒温烘干法测定并计算种子含水量。

2. 种子冷冻程序

苍白秤钩风种子超低温保存可采用直接冷冻法，即将含水量为 13%～35% 的苍白秤钩风种子放入冻存管中，迅速投入液氮中保存。

3. 恢复培养程序

（1）种子解冻处理：液氮中冻存 24 h 后取出冻存管，立即放入 40 ℃水浴中快速解冻 3 min。

（2）冻后种子生活力检测：取部分解冻后的苍白秤钩风种子，进行超低温保存后的生活力检测，当种子生活力≥75% 时视为保存成功。

（3）萌芽成苗：取部分解冻后的苍白秤钩风种子，播种到带有无菌滤纸的带盖发芽盒中或直接播种到发芽基质中，在温度 25～30 ℃、湿度 70%～85% 的条件下培养。

图4-53　苍白秤钩风种子

五十四、 粗糠柴种子超低温保存方法

粗糠柴 *Mallotus philippensis*（Lam.）Müell. Arg. 为大戟科野桐属小乔木，其根可入药，用于治疗急、慢性痢疾及咽喉肿痛；其果实的红色颗粒状腺体有时可做染料，但有毒，不能食用。每年 5～8 月，当果实成熟由绿色变为橘红色时即可采收。粗糠柴种子是顽拗性种子，不能以低温低湿法保存，故采用超低温保存方法对其进行长期贮藏。

1. 种子前处理

（1）种子选择：挑选发育饱满、均匀、健康的粗糠柴种子，置于 4 ℃种子低温低湿储藏柜中保存备用（存放时间不超过 1 个月）。

（2）生活力检测：批量抽取种子样本，采用 BTB 法测定种子初始生活力，并选择生活力≥70% 的粗糠柴种子作为保存材料。

（3）含水量测定：经预实验确定，粗糠柴种子安全贮藏含水量≥15%、超低温保存最适宜含水量为 11%～15%。用尼龙网袋包裹种子，室温下置于盛有变色硅胶的干燥器内 0～10 h，种子含水量由初始含水量降至 11%～15%，干燥过程中可定期测定含水量，采用高恒温烘干法测定并计算种子含水量。

2. 种子冷冻程序

粗糠柴种子超低温保存可采用玻璃化冷冻法，即将含水量为 11%～15% 的粗糠柴种子放入加有装载液的冻存管中，于 25 ℃放置 25 min，然后将装载液换成 PVS2 玻璃化溶液，置于冰浴环境中 30 min，最后换上预冷新鲜的保护液后迅速投入液氮中保存。

3. 恢复培养程序

（1）种子解冻处理：液氮中冻存 24 h 后取出冻存管，立即放入 40 ℃水浴中快速解冻 2 min，而后用洗涤液浸泡 10 min，并用纯净水洗净 3 次。

（2）冻后种子生活力检测：取部分解冻后的粗糠柴种子，进行超低温保存后的生活力检测，当种子生活力≥60%时视为保存成功。

（3）萌芽成苗：取部分解冻后的粗糠柴种子，播种到带有无菌滤纸的带盖发芽盒中或直接播种到发芽基质中，在温度28~30℃、湿度70%~85%的条件下培养。

图4-54　粗糠柴种子

五十五、 催吐萝芙木种子超低温保存方法

催吐萝芙木 *Rauvolfia vomitoria* Afzel. 为夹竹桃科萝芙木属灌木，植株有毒，其根、叶可提制呕药、泻药，茎皮可治高热、消化不良、疥癣，乳汁可治腹痛和腹泻。每年5月至翌年2月，当果实呈黄色或橙红色时即可采收。催吐萝芙木种子是中间性种子，不宜以低温低湿法保存，故采用超低温保存方法对其进行长期贮藏。

1. 种子前处理

（1）种子选择：挑选发育饱满、均匀、健康的催吐萝芙木种子，置于10℃种子低温低湿储藏柜中保存备用（存放时间不超过2个月）。

（2）生活力检测：批量抽取种子样本，采用BTB法测定种子初始生活力，并选择生活力≥80%的催吐萝芙木种子作为保存材料。

（3）含水量测定：经预实验确定，催吐萝芙木种子安全贮藏含水量≥12%、超低温保存最适宜含水量为12%~15%。用尼龙网袋包裹种子，室温下置于盛有变色硅胶的干燥器内0~5 h，种子含水量由初始含水量降至12%~15%，干燥过程中可定期测定含水量，采用高恒温烘干法测定并计算种子含水量。

2. 种子冷冻程序

催吐萝芙木种子超低温保存可采用玻璃化冷冻法，即将含水量为12%~15%的催吐萝芙木种子放入加有装载液的冻存管中，于 25 ℃ 放置 25 min，然后将装载液换成 PVS2 玻璃化溶液，置于冰浴环境中 30 min，最后换上预冷新鲜的保护液后迅速投入液氮中保存。

3. 恢复培养程序

（1）种子解冻处理：液氮中冻存 24 h 后取出冻存管，立即放入 40 ℃ 水浴中快速解冻 2 min，而后用洗涤液浸泡 10 min，并用纯净水洗净 3 次。

（2）冻后种子生活力检测：取部分解冻后的催吐萝芙木种子，进行超低温保存后的生活力检测，当种子生活力≥65% 时视为保存成功。

（3）萌芽成苗：取部分解冻后的催吐萝芙木种子，播种到带有无菌滤纸的带盖发芽盒中或直接播种到发芽基质中，在温度 28～30 ℃、湿度 70%～85% 的条件下培养。

1 000 μm   1 000 μm

图 4-55　催吐萝芙木种子

五十六、 倒地铃种子超低温保存方法

倒地铃 *Cardiospermum halicacabum* L. 为无患子科倒地铃属草质攀缘藤本，全株可供药用，味苦、辛，性寒，具有清热、利尿、凉血、祛瘀、解毒等功效。每年 8～12 月，当果实由绿色变黄褐色时即可采收。倒地铃种子是顽拗性种子，不能以低温低湿法保存，故采用超低温保存方法对其进行长期贮藏。

1. 种子前处理

（1）种子选择：去除果皮，挑选发育饱满、均匀、健康的倒地铃种子，置于 4 ℃ 冰箱中保存备用（存放时间不超过 2 个月）。

（2）生活力检测：批量抽取种子样本，采用 BTB 法测定种子初始生活力，并选择生活力≥70% 的倒地铃种子作为保存材料。

（3）含水量测定：经预实验确定，倒地铃种子安全贮藏含水量≥20%、超低温保存最适宜含水量为20%～25%。用尼龙网袋包裹种子，室温下置于盛有变色硅胶的干燥器内 0～18 h，种子含水量由初始的25%～30%降至20%～25%，干燥过程中可定期测定含水量，采用高恒温烘干法测定并计算种子含水量。

2. 种子冷冻程序

倒地铃种子超低温保存可采用玻璃化冷冻法，即将含水量为20%～25%的倒地铃种子放入加有装载液的冻存管中，于25 ℃放置20 min，然后将装载液换成 PVS2 玻璃化溶液，置于冰浴环境中 30 min，最后换上预冷新鲜的保护液后迅速投入液氮中保存。

3. 恢复培养程序

（1）种子解冻处理：液氮中冻存24 h 后取出冻存管，立即放入40 ℃水浴中快速解冻5 min，而后用洗涤液浸泡15 min，并用纯净水洗涤3 次。

（2）冻后种子生活力检测：取部分解冻后的倒地铃种子，进行超低温保存后的生活力检测，当种子生活力≥60%时视为保存成功。

（3）萌芽成苗：取部分解冻后的倒地铃种子，播种到带有无菌滤纸的带盖发芽盒中或直接播种到发芽基质中，在温度25～30 ℃、湿度70%～85%的条件下培养。

5 000 μm　　　　　5 000 μm

图 4-56　倒地铃种子

五十七、 地涌金莲种子超低温保存方法

地涌金莲 *Musella lasiocarpa* (Franchet) C. Y. Wu ex H. W. Li 为芭蕉科多年生草本植物，其花入药有收敛止血的功效，可治疗带下、大肠下血；其茎汁可用于解酒及解草乌毒。每年5～7 月，当果实变为黑褐色时即可采收。地涌金莲种子为顽拗性种子，不能以低温低湿法保存，故采用超

低温保存方法对其进行长期贮藏。

1. 种子前处理

（1）种子选择：挑选发育饱满、均匀、健康的地涌金莲种子，置于 4 ℃冰箱中保存备用（存放时间不超过 2 周）。

（2）生活力检测：批量抽取种子样本，采用 TTC 法检测种子初始生活力，并选择生活力≥60% 的地涌金莲种子作为保存材料。

（3）含水量测定：经预实验确定，地涌金莲种子安全贮藏含水量≥15%、超低温保存最适宜含水量为 12%～20%。用尼龙网袋包裹种子，室温下置于盛有变色硅胶的干燥器内 0～2 h，种子含水量由初始含水量降至 12%～20%，干燥过程中可定期测定含水量，采用高恒温烘干法测定并计算种子含水量。

2. 种子冷冻程序

地涌金莲种子超低温保存可采用分步冷冻法，即将待保存的地涌金莲种子在室温下放入加有 PVS2 玻璃化溶液的冻存管中，置于 4 ℃冰箱中 0.5 h，取出后立即放入 -20 ℃冰柜中 1 h，后迅速投入液氮中保存。

3. 恢复培养程序

（1）种子解冻处理：液氮中冻存 24 h 后取出冻存管，立即放入 40 ℃水浴中快速解冻 2 min，而后用洗涤液浸泡 5 min，并用纯净水洗涤 3 次。

（2）冻后种子生活力检测：取部分解冻后的地涌金莲种子，进行超低温保存后的生活力检测，当种子生活力≥50% 时视为保存成功。

（3）萌芽成苗：取部分解冻后的地涌金莲种子，播种到带有无菌滤纸的带盖发芽盒中或直接播种到发芽基质中，在温度 25～30 ℃、湿度 70%～80% 的条件下培养。

1 000 μm　　　　　　　　1 000 μm

图 4-57　地涌金莲种子

五十八、 番木瓜种子超低温保存方法

番木瓜 *Carica papaya* L. 为番木瓜科常绿软木质小乔木，通称木瓜，其果实和叶均可药用，具有健胃消食、滋补催乳、舒筋通络的功效。全年均可采收，当果实呈橙黄色时即可采收。番木瓜种子是中间性种子，不宜以低温低湿法保存，故采用超低温保存方法对其进行长期贮藏。

1. 种子前处理

（1）种子选择：挑选发育饱满、均匀、健康的番木瓜种子，置于 10 ℃ 种子低温低湿储藏柜中保存备用（存放时间不超过 2 个月）。

（2）生活力检测：批量抽取种子样本，采用 TTC 法检测种子初始生活力，并选择生活力≥85% 的番木瓜种子作为保存材料。

（3）含水量测定：经预实验确定，番木瓜种子安全贮藏含水量≥6%、超低温保存最适宜含水量为 6%～17%。用尼龙网袋包裹种子，室温下置于盛有变色硅胶的干燥器内 0.5～2 h，种子含水量由初始含水量降至 6%～17%，干燥过程中可定期测定含水量，采用高恒温烘干法测定并计算种子含水量。

2. 种子冷冻程序

番木瓜种子超低温保存可采用直接冷冻法，即将含水量为 6%～17% 的番木瓜种子放入冻存管中，迅速投入液氮中保存。

3. 恢复培养程序

（1）种子解冻处理：液氮中冻存 24 h 后取出冻存管，立即放入 40 ℃ 水浴中快速解冻 2 min。

（2）冻后种子生活力检测：取部分解冻后的番木瓜种子，进行超低温保存后的生活力检测，当种子生活力≥75% 时视为保存成功。

（3）萌芽成苗：取部分解冻后的番木瓜种子，播种到带有无菌滤纸的带盖发芽盒中或直接播种到发芽基质中，在温度 25～30 ℃、湿度 70%～80% 的条件下培养。

图 4-58　番木瓜种子

五十九、 过江藤种子超低温保存方法

过江藤 *Phyla nodiflora*（L.）Greene 为马鞭草科过江藤属单属种多年生匍匐草本植物，其全草可入药，具有破瘀生新、通利小便的功效，可治疗咳嗽、吐血、痢疾、牙痛、疔毒、枕痛、带状疱疹及跌打损伤等。每年 6～10 月，当果实由淡黄色变为棕色时即可采收。过江藤种子是顽拗性种子，不能以低温低湿法保存，故采用超低温保存方法对其进行长期贮藏。

1. 种子前处理

（1）种子选择：挑选发育饱满、均匀、健康的过江藤种子，置于 4 ℃冰箱中保存备用（存放时间不超过 3 个月）。

（2）生活力检测：批量抽取种子样本，采用 BTB 法测定种子初始生活力，并选择生活力 ≥70% 的过江藤种子作为保存材料。

（3）含水量测定：经预实验确定，过江藤种子安全贮藏含水量 ≥10%、超低温保存最适宜含水量为 11%～12%。用尼龙网袋包裹种子，室温下置于盛有变色硅胶的干燥器内 2～8 h，种子含水量由初始的 15%～20% 降至 11%～12%，干燥过程中可定期测定含水量，采用高恒温烘干法测定并计算种子含水量。

2. 种子冷冻程序

过江藤种子超低温保存可采用玻璃化冷冻法，即将含水量为 11%～12% 的过江藤种子放入加有装载液的冻存管中，于 25 ℃放置 20 min，然后将装载液换成 PVS2 玻璃化溶液，置于冰浴环境中 30 min，最后换上预冷新鲜的保护液后迅速投入液氮中保存。

3. 恢复培养程序

（1）种子解冻处理：液氮中冻存 24 h 后取出冻存管，立即放入 40 ℃水浴中快速解冻 3 min，

而后用洗涤液浸泡 10 min，并用纯净水洗净 3 次。

（2）冻后种子生活力检测：取部分解冻后的过江藤种子，进行超低温保存后的生活力检测，当种子生活力≥70%时视为保存成功。

（3）萌芽成苗：取部分解冻后的过江藤种子，播种到带有无菌滤纸的带盖发芽盒中或直接播种到发芽基质中，在温度 25～30 ℃、湿度 70%～85% 的条件下培养。

图4-59　过江藤种子

六十、海芋种子超低温保存方法

海芋 Alocasia odora（Roxburgh）K. Koch 为天南星科大型常绿草本植物，别名狼毒，其根茎可供药用，有毒，对腹痛、霍乱、疝气等有良效，兽医用来治疗牛伤风、猪丹毒。每年夏、秋季，当果实呈橙红色时即可采收。海芋种子是中间性种子，不宜以低温低湿法保存，故采用超低温保存方法对其进行长期贮藏。

1. 种子前处理

（1）种子选择：挑选发育饱满、均匀、健康的海芋种子，置于 4 ℃冰箱中保存备用（存放时间不超过 1 个月）。

（2）生活力检测：批量抽取种子样本，采用 TTC 法检测种子初始生活力，并选择生活力≥70%的海芋种子作为保存材料。

（3）含水量测定：经预实验确定，海芋种子安全贮藏含水量≥7%、超低温保存最适宜含水量为 7%～20%。用尼龙网袋包裹种子，室温下置于盛有变色硅胶的干燥器内 48～72 h，种子含水量由初始的 40%～45%降至 7%～20%，干燥过程中可定期测定含水量，采用高恒温烘干法测定并计算种子含水量。

2. 种子冷冻程序

海芋种子超低温保存可采用直接冷冻法，即将含水量为 7%～20% 的海芋种子放入冻存管中，迅速投入液氮中保存。

3. 恢复培养程序

（1）种子解冻处理：液氮中冻存 24 h 后取出冻存管，立即放入 40 ℃水浴中快速解冻 2 min。

（2）冻后种子生活力检测：取部分解冻后的海芋种子，进行超低温保存后的生活力检测，当种子生活力≥60% 时视为保存成功。

（3）萌芽成苗：取部分解冻后的海芋种子，播种到带有无菌滤纸的发芽盒中，在温度 25 ～30 ℃、湿度 70%～80% 的条件下培养。出芽周期为 4～10 d。

| 1 000 μm | 1 000 μm |

图 4-60　海芋种子

六十一、 鸡蛋果种子超低温保存方法

鸡蛋果 *Passiflora edulis* Sims 为西番莲科草质藤本植物，又称百香果，其果实入药具有兴奋、强壮的功效。每年 11 月，当果实由绿色变为紫红色或黄色时即可采收。鸡蛋果种子是顽拗性种子，不能以低温低湿法保存，故采用超低温保存方法对其进行长期贮藏。

1. 种子前处理

（1）种子选择：挑选发育饱满、均匀、健康的鸡蛋果种子，置于 4 ℃冰箱中保存备用（存放时间不超过 2 个月）。

（2）生活力检测：批量抽取种子样本，采用 BTB 法测定种子初始生活力，并选择生活力≥80% 的鸡蛋果种子作为保存材料。

（3）含水量测定：经预实验确定，鸡蛋果种子安全贮藏含水量≥10%、超低温保存最适宜含水量为 10%～15%。用尼龙网袋包裹种子，室温下置于盛有变色硅胶的干燥器内 0～2 h，种子含水量由初始含水量降至10%~15%，干燥过程中可定期测定含水量，采用高恒温烘干法测定并计算种子含水量。

2. 种子冷冻程序

鸡蛋果种子超低温保存可采用直接冷冻法，即将含水量为10%~15%的鸡蛋果种子放入冻存管中，迅速投入液氮中保存。

3. 恢复培养程序

（1）种子解冻处理：液氮中冻存24 h后取出冻存管，立即放入40 ℃水浴中快速解冻2 min。

（2）冻后种子生活力检测：取部分解冻后的鸡蛋果种子，进行超低温保存后的生活力检测，当种子生活力≥65%时视为保存成功。

（3）萌芽成苗：取部分解冻后的鸡蛋果种子，播种到带有无菌滤纸的带盖发芽盒中或直接播种到发芽基质中，在温度25~30 ℃、湿度70%~80%的条件下培养。

1 000 μm   5 000 μm

图4-61　鸡蛋果种子

六十二、假黄皮种子超低温保存方法

假黄皮 *Clausena excavata* Burm. f.为芸香科黄皮属植物，其根、叶可入药，具有行气、止痛、祛风、祛湿的功效。每年8~10月，当果实成熟由暗黄色转为淡红色至朱红色时即可采收。假黄皮种子是顽拗性种子，不能以低温低湿法保存，故采用超低温保存方法对其进行长期贮藏。

1. 种子前处理

（1）种子选择：挑选发育饱满、均匀、健康的假黄皮种子，置于10 ℃种子低温低湿储藏柜中保存备用（存放时间不超过2个月）。

（2）生活力检测：批量抽取种子样本，采用TTC法检测种子初始生活力，并选择生活力≥85%的假黄皮种子作为保存材料。

（3）含水量测定：经预实验确定，假黄皮种子安全贮藏含水量≥35%、超低温保存最适宜含水量为40%～45%。用尼龙网袋包裹种子，室温下置于盛有变色硅胶的干燥器内0～5 h，种子含水量由初始含水量降至40%～45%，干燥过程中可定期测定含水量，采用高恒温烘干法测定并计算种子含水量。

2. 种子冷冻程序

假黄皮种子超低温保存可采用玻璃化冷冻法，即将含水量为40%～45%的假黄皮种子放入加有装载液的冻存管中，于25 ℃放置25 min，然后将装载液换成 PVS2 玻璃化溶液，置于冰浴环境中30 min，最后换上预冷新鲜的保护液后迅速投入液氮中保存。

3. 恢复培养程序

（1）种子解冻处理：液氮中冻存24 h 后取出冻存管，立即放入40 ℃水浴中快速解冻2 min，而后用洗涤液浸泡10 min，并用纯净水洗净3 次。

（2）冻后种子生活力检测：取部分解冻后的假黄皮种子，进行超低温保存后的生活力检测，当种子生活力≥60%时视为保存成功。

（3）萌芽成苗：取部分解冻后的假黄皮种子，播种到带有无菌滤纸的带盖发芽盒中或直接播种到发芽基质中，在温度28～30 ℃、湿度70%～85%的条件下培养。

2 000 μm　　　　5 000 μm

图 4-62　假黄皮种子

六十三、 姜花种子超低温保存方法

姜花 *Hedychium coronarium* Koen. 为姜科姜花属草本植物，主要分布在亚热带地区，其根茎具有温中散寒、解表发汗及治疗头痛、跌打损伤等功效。果实秋、冬季采收，开裂果实有种子脱落现象，去除果皮和假种皮，取出种子。姜花种子为顽拗性种子，不能以低温低湿法保存，故采用超低温保存方法对其进行长期贮藏。

1. 种子前处理

（1）种子选择：挑选发育饱满、均匀、健康的姜花种子，置于4℃冰箱中保存备用（存放时间不超过1个月）。

（2）生活力检测：批量抽取种子样本，采用TTC法检测种子初始生活力，并选择生活力≥70%的姜花种子作为保存材料。

（3）含水量测定：经预实验确定，姜花种子安全贮藏含水量≥40%、超低温保存最适宜含水量为45%~65%。用尼龙网袋包裹种子，室温下置于盛有变色硅胶的干燥器内3~6 h，种子含水量由初始的75%~80%降至45%~65%，干燥过程中可定期测定含水量，采用高恒温烘干法测定并计算种子含水量。

2. 种子冷冻程序

姜花种子超低温保存可采用分步冷冻法，即将待保存的姜花种子在室温下放入加有PVS2玻璃化溶液的冻存管中，置于4℃冰箱中0.5 h，取出后立即放入−20℃冰柜中1 h，后迅速投入液氮中保存。

3. 恢复培养程序

（1）种子解冻处理：液氮中冻存24 h后取出冻存管，立即放入40℃水浴中快速解冻2 min，而后用洗涤液浸泡3次，每次5 min，并用纯净水洗涤3次。

（2）冻后种子生活力检测：取部分解冻后的姜花种子，进行超低温保存后的生活力检测，当种子生活力≥40%时视为保存成功。

（3）萌芽成苗：取部分解冻后的姜花种子，播种到带有无菌滤纸的带盖发芽盒中或直接播种到发芽基质中，在温度25~30℃、湿度70%~85%的条件下培养。

1 000 μm   1 000 μm

图4-63　姜花种子

六十四、 交让木种子超低温保存方法

交让木 *Daphniphyllum macropodum* Miq. 为虎皮楠科灌木或小乔木，叶簇生于枝端，常于新叶开放时老叶全部凋落，故有"交让木"之称。种子、叶可供药用，具有消肿拔毒、杀虫的功效。每年 8 ~ 10 月，当果实成熟变为暗褐色时即可采收。交让木种子为中间性种子，不宜以低温低湿法保存，故采用超低温保存方法对其进行长期贮藏。

1. 种子前处理

（1）种子选择：挑选发育饱满、均匀、健康的交让木种子，置于 10 ℃种子低温低湿储藏柜中保存备用（存放时间不超过 2 个月）。

（2）生活力检测：批量抽取种子样本，采用 TTC 法检测种子初始生活力，并选择生活力≥85% 的交让木种子作为保存材料。

（3）含水量测定：经预实验确定，交让木种子安全贮藏含水量≥11%、超低温保存最适宜含水量为 10% ~ 13%。用尼龙网袋包裹种子，室温下置于盛有变色硅胶的干燥器内 0 ~ 3 h，种子含水量由初始含水量降至 10% ~ 13%，干燥过程中可定期测定含水量，采用高恒温烘干法测定并计算种子含水量。

2. 种子冷冻程序

交让木种子超低温保存可采用分步冷冻法，即将待保存的交让木种子在室温下放入加有 PVS2 玻璃化溶液的冻存管中，置于 4 ℃冰箱中 0.5 h，取出后立即放入 - 20 ℃冰柜中 1 h，后迅速投入液氮中保存。

3. 恢复培养程序

（1）种子解冻处理：液氮中冻存 24 h 后取出冻存管，立即放入 40 ℃水浴中快速解冻 5 min，而后用洗涤液浸泡 5 min，并用纯净水洗涤 3 次。

（2）冻后种子生活力检测：取部分解冻后的交让木种子，进行超低温保存后的生活力检测，当种子生活力≥70% 时视为保存成功。

（3）萌芽成苗：取部分解冻后的交让木种子，播种到带有无菌滤纸的带盖发芽盒中或直接播种到发芽基质中，在温度 25 ~ 30 ℃、湿度 70% ~ 85% 的条件下培养。

图4-64 交让木种子

六十五、 木樨种子超低温保存方法

木樨 *Osmanthus fragrans*（Thunb.）Lour. 为木樨科木樨属常绿乔木，其花、果实、根均可供药用，具有散寒破结、化痰止咳、暖胃、祛风湿等功效。每年 10~11 月，当果实呈黑蓝色时即可采收。木樨种子是中间性种子，不宜以低温低湿法保存，故采用超低温保存方法对其进行长期贮藏。

1. 种子前处理

（1）种子选择：挑选发育饱满、均匀、健康的木樨种子，置于 10 ℃种子低温低湿储藏柜中保存备用（存放时间不超过 1 个月）。

（2）生活力检测：批量抽取种子样本，采用 TTC 法检测种子初始生活力，并选择生活力≥70% 的木樨种子作为保存材料。

（3）含水量测定：经预实验确定，木樨种子安全贮藏含水量≥8%、超低温保存最适宜含水量为 8%~15%。用尼龙网袋包裹种子，室温下置于盛有变色硅胶的干燥器内 5~24 h，种子含水量由初始含水量降至 8%~15%，干燥过程中可定期测定含水量，采用高恒温烘干法测定并计算种子含水量。

2. 种子冷冻程序

木樨种子超低温保存可采用玻璃化冷冻法，即将含水量为 8%~15% 的木樨种子放入加有装载液的冻存管中，于 25 ℃放置 25 min，然后将装载液换成 PVS2 玻璃化溶液，置于冰浴环境中 30 min，最后换上预冷新鲜的保护液后迅速投入液氮中保存。

3. 恢复培养程序

（1）种子解冻处理：液氮中冻存 24 h 后取出冻存管，立即放入 40 ℃水浴中快速解冻 5 min，而后用洗涤液浸泡 10 min，并用纯净水洗净 3 次。

（2）冻后种子生活力检测：取部分解冻后的木樨种子，进行超低温保存后的生活力检测，当种子生活力≥60%时视为保存成功。

（3）萌芽成苗：取部分解冻后的木樨种子，播种到带有无菌滤纸的带盖发芽盒中或直接播种到发芽基质中，在温度28~30 ℃、湿度70%~85%的条件下培养。

图4-65 木樨种子

六十六、 牛耳枫种子超低温保存方法

牛耳枫 *Daphniphyllum calycinum* Benth. 为虎皮楠科虎皮楠属灌木，其根和叶可入药，具有清热解毒、活血散瘀的功效，是"枫蓼肠胃康"系列产品的主要原材料，对急、慢性胃肠炎有较好的疗效。每年8~11月，当果实由绿色转为紫黑色时即可采收。牛耳枫种子是顽拗性种子，不能以低温低湿法保存，故采用超低温保存方法对其进行长期贮藏。

1. 种子前处理

（1）种子选择：挑选发育饱满、均匀、健康的牛耳枫种子，置于4 ℃冰箱中保存备用（存放时间不超过30 d）。

（2）生活力检测：批量抽取种子样本，采用TTC法检测种子初始生活力，并选择生活力≥90%的牛耳枫种子作为保存材料。

（3）含水量测定：经预实验确定，牛耳枫种子安全贮藏含水量≥10%、超低温保存最适宜含水量为13%~17%。用尼龙网袋包裹种子，室温下置于盛有变色硅胶的干燥器内20~26 h，种子含水量由初始的45%~50%降至13%~17%，干燥过程中可定期测定含水量，采用高恒温烘干法测定并计算种子含水量。

2. 种子冷冻程序

牛耳枫种子超低温保存可采用玻璃化冷冻法，即将含水量为13%~17%的牛耳枫种子放入加有装载液的冻存管中，于25 ℃放置20 min，然后将装载液换成PVS2玻璃化溶液，置于冰浴环境中30 min，最后换上预冷新鲜的保护液后迅速投入液氮中保存。

3. 恢复培养程序

（1）种子解冻处理：液氮中冻存 24 h 后取出冻存管，立即放入 40 ℃ 水浴中快速解冻 5 min，而后用洗涤液浸泡 10 min，并用纯净水洗净 3 次。

（2）冻后种子生活力检测：取部分解冻后的牛耳枫种子，进行超低温保存后的生活力检测，当种子生活力≥75％时视为保存成功。

（3）萌芽成苗：取部分解冻后的牛耳枫种子，播种到带有无菌滤纸的带盖发芽盒中或直接播种到发芽基质中，在温度 25～30 ℃、湿度 70%～85% 的条件下培养。

1 000 μm   1 000 μm

图 4-66　牛耳枫种子

六十七、 秋枫种子超低温保存方法

秋枫 *Bischofia javanica* Bl. 为大戟科秋枫属常绿乔木，别称万年青树、重阳木，是热带和亚热带常绿季雨林中的主要树种。其根具有祛风消肿的功效，用于治疗风湿骨痛、痢疾等。每年 8～10 月，当果实呈棕褐色时即可采收。秋枫种子是顽拗性种子，不能以低温低湿法保存，故采用超低温保存方法对其进行长期贮藏。

1. 种子前处理

（1）种子选择：挑选发育饱满、均匀、健康的秋枫种子，置于 10 ℃ 冰箱中保存备用（存放时间不超过 3 个月）。

（2）生活力检测：批量抽取种子样本，采用 BTB 法测定种子初始生活力，并选择生活力≥70% 的秋枫种子作为保存材料。

（3）含水量测定：经预实验确定，秋枫种子安全贮藏含水量≥14%、超低温保存最适宜含水量为 14%～18%。用尼龙网袋包裹种子，室温下置于盛有变色硅胶的干燥器内 0～8 h，种子含水量由初始的 18%～25% 降至 14%～18%，干燥过程中可定期测定含水量，采用高恒温烘干法测定并计算种子含水量。

2. 种子冷冻程序

秋枫种子超低温保存可采用直接冷冻法，即将含水量为 14%～18% 的秋枫种子放入冻存管中，迅速投入液氮中保存。

3. 恢复培养程序

（1）种子解冻处理：液氮中冻存 24 h 后取出冻存管，立即放入 40 ℃水浴中快速解冻 2 min。

（2）冻后种子生活力检测：取部分解冻后的秋枫种子，进行超低温保存后的生活力检测，当种子生活力≥50% 时视为保存成功。

（3）萌芽成苗：取部分解冻后的秋枫种子，播种到带有无菌滤纸的带盖发芽盒中或直接播种到发芽基质中，在温度 25～30 ℃、湿度 70%～85% 的条件下培养。

1 000 μm　　　　　　1 000 μm

图 4-67　秋枫种子

六十八、 三桠苦种子超低温保存方法

三桠苦 *Melicope pteleifolia*（Champion ex Bentham）T. G. Hartley 为芸香科蜜茱萸属乔木，其根、叶、果实均可药用，我国及越南、老挝、柬埔寨等均用作清热解毒剂。每年 7～10 月，当果实呈紫黑色时即可采收。三桠苦种子是顽拗性种子，不能以低温低湿法保存，故采用超低温保存方法对其进行长期贮藏。

1. 种子前处理

（1）种子选择：挑选发育饱满、均匀、健康的三桠苦种子，置于 10 ℃冰箱中保存备用（存放时间不超过 3 个月）。

（2）生活力检测：批量抽取种子样本，采用 BTB 法测定种子初始生活力，并选择生活力≥60% 的三桠苦种子作为保存材料。

（3）含水量测定：经预实验确定，三桠苦种子安全贮藏含水量≥18%、超低温保存最适宜含水量为18%~21%。用尼龙网袋包裹种子，室温下置于盛有变色硅胶的干燥器内0~1 h，种子含水量由初始的20%~25%降至18%~21%，干燥过程中可定期测定含水量，采用高恒温烘干法测定并计算种子含水量。

2. 种子冷冻程序

三桠苦种子超低温保存可采用直接冷冻法，即将含水量为18%~21%的三桠苦种子放入冻存管中，迅速投入液氮中保存。

3. 恢复培养程序

（1）种子解冻处理：液氮中冻存24 h后取出冻存管，立即放入40℃水浴中快速解冻2 min。

（2）冻后种子生活力检测：取部分解冻后的三桠苦种子，进行超低温保存后的生活力检测，当种子生活力≥50%时视为保存成功。

（3）萌芽成苗：取部分解冻后的三桠苦种子，播种到带有无菌滤纸的带盖发芽盒中或直接播种到发芽基质中，在温度25~30℃、湿度70%~85%的条件下培养。

图4-68　三桠苦种子

六十九、 小叶女贞种子超低温保存方法

小叶女贞 *Ligustrum quihoui* Carr. 为木樨科女贞属落叶灌木，又称小叶水蜡，其叶可入药，具有清热解毒等功效，可治疗烫伤、外伤；其树皮入药可治疗烫伤。每年8~11月，当果实成熟变为紫黑色时即可采收。小叶女贞种子为中间性种子，不宜以低温低湿法保存，故采用超低温保存方法对其进行长期贮藏。

1. 种子前处理

（1）种子选择：挑选发育饱满、均匀、健康的小叶女贞种子，置于10℃冰箱中保存备用（存放时间不超过1个月）。

（2）生活力检测：批量抽取种子样本，采用TTC法检测种子初始生活力，并选择生活力≥

70%的小叶女贞种子作为保存材料。

（3）含水量测定：经预实验确定，小叶女贞种子安全贮藏含水量≥10%、超低温保存最适宜含水量为 11%~17%。用尼龙网袋包裹种子，室温下置于盛有变色硅胶的干燥器内 0~5 h，种子含水量由初始含水量降至 11%~17%，干燥过程中可定期测定含水量，采用高恒温烘干法测定并计算种子含水量。

2. 种子冷冻程序

小叶女贞种子超低温保存可采用分步冷冻法，即将待保存的小叶女贞种子在室温下放入加有 PVS2 玻璃化溶液的冻存管中，置于 4 ℃冰箱中 0.5 h，取出后立即放入 -20 ℃冰柜中 1 h，后迅速投入液氮中保存。

3. 恢复培养程序

（1）种子解冻处理：液氮中冻存 24 h 后取出冻存管，立即放入 40 ℃水浴中快速解冻 2 min，而后用洗涤液浸泡 5 min，并用纯净水洗涤 3 次。

（2）冻后种子生活力检测：取部分解冻后的小叶女贞种子，进行超低温保存后的生活力检测，当种子生活力≥60%时视为保存成功。

（3）萌芽成苗：取部分解冻后的小叶女贞种子，播种到带有无菌滤纸的带盖发芽盒中或直接播种到发芽基质中，在温度 25~30 ℃、湿度 70%~80%的条件下培养。

1 000 μm　　　　1 000 μm

图 4-69　小叶女贞种子

七十、 猪屎豆种子超低温保存方法

猪屎豆 *Crotalaria pallida* Ait. 为豆科猪屎豆属多年生草本或直立矮小灌木，其全草和根可供药用，具有散结、清湿热等功效，现代临床试用于抗肿瘤效果较好，主要对鳞状上皮癌、基底细胞癌有疗效。每年 9~12 月，当果荚由灰绿色变为棕色或黑棕色时即可采收。猪屎豆种子为顽拗性种子，不能以低温低湿法保存，故采用超低温保存方法对其进行长期贮藏。

1. 种子前处理

（1）种子选择：挑选发育饱满、均匀、健康的猪屎豆种子，置于10℃冰箱中保存备用（存放时间不超过3个月）。

（2）生活力检测：批量抽取种子样本，采用发芽率检测种子初始生活力，并选择生活力≥65%的猪屎豆种子作为保存材料。

（3）含水量测定：经预实验确定，猪屎豆种子安全贮藏含水量≥12%、超低温保存最适宜含水量为12%~14%。用尼龙网袋包裹种子，室温下置于盛有变色硅胶的干燥器内2~10 h，种子含水量由初始的15%~20%降至12%~14%，干燥过程中可定期测定含水量，采用高恒温烘干法测定并计算种子含水量。

2. 种子冷冻程序

猪屎豆种子超低温保存可采用分步冷冻法，即将待保存的猪屎豆种子在室温下放入加有PVS2玻璃化溶液的冻存管中，置于4℃冰箱中0.5 h，取出后立即放入 -20℃冰柜中1 h，后迅速投入液氮中保存。

3. 恢复培养程序

（1）种子解冻处理：液氮中冻存24 h后取出冻存管，立即放入40℃水浴中快速解冻3 min，而后用洗涤液浸泡3次，每次5 min，并用纯净水洗涤3次。

（2）冻后种子生活力检测：取部分解冻后的猪屎豆种子，进行超低温保存后的生活力检测，当种子生活力≥60%时视为保存成功。

（3）萌芽成苗：取部分解冻后的猪屎豆种子，播种到带有无菌滤纸的带盖发芽盒中或直接播种到发芽基质中，在温度25~30℃、湿度70%~85%的条件下培养。

图4-70　猪屎豆种子

七十一、 杠板归种子超低温保存方法

杠板归 *Polygonum perfoliata*（L.）H. Gross 为蓼科一年生草本，其全草可入药，具有利水消肿、清热解毒、止咳的功效，用于治疗水肿、疟疾、痢疾、湿疹、疱疹、疥癣及毒蛇咬伤等。每年 8～9 月，当果实成熟变蓝黑色时即可采收。杠板归种子为中间性种子，不宜以低温低湿法保存，故采用超低温保存方法对其进行长期贮藏。

1. 种子前处理

（1）种子选择：挑选发育饱满、均匀、健康的杠板归种子，置于 10 ℃种子低温低湿储藏柜中保存备用（存放时间不超过 2 个月）。

（2）生活力检测：批量抽取种子样本，采用 TTC 法检测种子初始生活力，并选择生活力≥85% 的杠板归种子作为保存材料。

（3）含水量测定：经预实验确定，杠板归种子安全贮藏含水量≥10%、超低温保存最适宜含水量为 10%～17%。用尼龙网袋包裹种子，室温下置于盛有变色硅胶的干燥器内 0.5～5 h，种子含水量由初始含水量降至 10%～17%，干燥过程中可定期测定含水量，采用高恒温烘干法测定并计算种子含水量。

2. 种子冷冻程序

杠板归种子超低温保存可采用分步冷冻法，即将待保存的杠板归种子在室温下放入加有 PVS2 玻璃化溶液的冻存管中，置于 4 ℃冰箱中 0.5 h，取出后立即放入 –20 ℃冰柜中 1 h，后迅速投入液氮中保存。

3. 恢复培养程序

（1）种子解冻处理：液氮中冻存 24 h 后取出冻存管，立即放入 40 ℃水浴中快速解冻 2 min，而后用洗涤液浸泡 5 min，并用纯净水洗涤 3 次。

（2）冻后种子生活力检测：取部分解冻后的杠板归种子，进行超低温保存后的生活力检测，当种子生活力≥70% 时视为保存成功。

（3）萌芽成苗：取部分解冻后的杠板归种子，播种到带有无菌滤纸的带盖发芽盒中或直接播种到发芽基质中，在温度 25～30 ℃、湿度 70%～85% 的条件下培养。

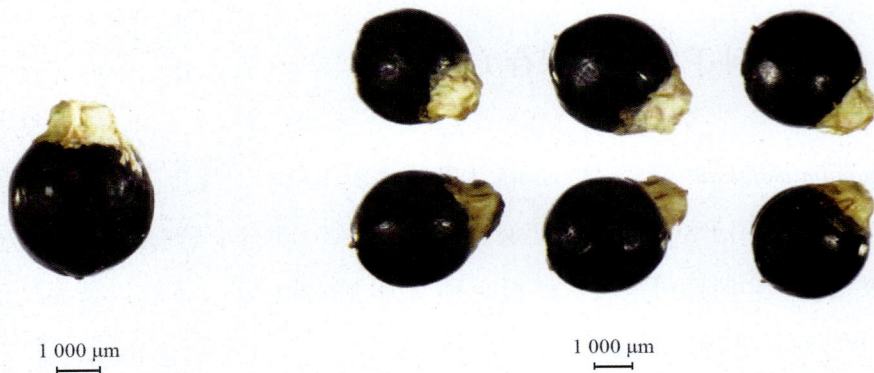

图4-71　杠板归种子

七十二、 黄牛木种子超低温保存方法

黄牛木 *Cratoxylum cochinchinense*（Lour.）Bl. 是藤黄科常绿乔木、亚热带地区特有的乡土树种，其根、树皮及嫩叶可入药，用于治疗感冒、腹泻；其嫩叶可作茶叶代用品。每年6月以后，当果实成熟裂开时即可采收。黄牛木种子是中间性种子，不宜以低温低湿法保存，故采用超低温保存方法对其进行长期贮藏。

1. 种子前处理

（1）种子选择：挑选发育饱满、均匀、健康的黄牛木种子，置于10℃冰箱中保存备用（存放时间不超过1个月）。

（2）生活力检测：批量抽取种子样本，采用BTB法检测种子初始生活力，并选择生活力≥75%的黄牛木种子作为保存材料。

（3）含水量测定：经预实验确定，黄牛木种子安全贮藏含水量≥8%、超低温保存最适宜含水量为8%~11%。用尼龙网袋包裹种子，室温下置于盛有变色硅胶的干燥器内0~5 h，种子含水量由初始含水量降至8%~11%，干燥过程中可定期测定含水量，采用高恒温烘干法测定并计算种子含水量。

2. 种子冷冻程序

黄牛木种子超低温保存可采用玻璃化冷冻法，即将含水量为8%~11%的黄牛木种子放入加有装载液的冻存管中，于25℃放置25 min，然后将装载液换成PVS2玻璃化溶液，置于冰浴环境中30 min，最后换上预冷新鲜的保护液后迅速投入液氮中保存。

3. 恢复培养程序

（1）种子解冻处理：液氮中冻存 24 h 后取出冻存管，立即放入 40 ℃水浴中快速解冻 5 min，而后用洗涤液浸泡 10 min，并用纯净水洗涤 3 次。

（2）冻后种子生活力检测：取部分解冻后的黄牛木种子，进行超低温保存后的生活力检测，当种子生活力≥65% 时视为保存成功。

（3）萌芽成苗：取部分解冻后的黄牛木种子，播种到带有无菌滤纸的带盖发芽盒中或直接播种到发芽基质中，在温度 25～30 ℃、湿度 60%～75% 的条件下培养。

图 4-72　黄牛木种子

七十三、　黄皮种子超低温保存方法

黄皮 *Clausena lansium*（Lour.）Skeels 为芸香科黄皮属植物，其根、叶、果实、种子均可入药，叶用于治疗流行性感冒、疟疾，根和种子用于治疗胃痛、腹痛、风湿骨痛，果实用于治疗食积胀满。每年 7～8 月（产自海南者花果期提早 1～2 个月），当果实呈淡黄色至暗黄色时即可采收。黄皮种子是顽拗性种子，不能以低温低湿法保存，故采用超低温保存方法对其进行长期贮藏。

1. 种子前处理

（1）种子选择：挑选发育饱满、均匀、健康的黄皮种子，置于 4 ℃冰箱中保存备用（存放时间不超过 30 d）。

（2）生活力检测：批量抽取种子样本，采用 TTC 法检测种子初始生活力，并选择生活力≥85% 的黄皮种子作为保存材料。

（3）含水量测定：经预实验确定，黄皮种子安全贮藏含水量≥30%、超低温保存最适宜含水量为 35%～45%。用尼龙网袋包裹种子，室温下置于盛有变色硅胶的干燥器内 0～20 h，种子含水量由初始的 45%～55% 降至 35%～45%，干燥过程中可定期测定含水量，采用高恒温烘干法测定并计算种子含水量。

2. 种子冷冻程序

黄皮种子超低温保存可采用直接冷冻法，即将含水量为35%～45%的黄皮种子放入冻存管中，迅速投入液氮中保存。

3. 恢复培养程序

（1）种子解冻处理：液氮中冻存24 h后取出冻存管，立即放入40 ℃水浴中快速解冻2 min。

（2）冻后种子生活力检测：取部分解冻后的黄皮种子，进行超低温保存后的生活力检测，当种子生活力≥80%时视为保存成功。

（3）萌芽成苗：取部分解冻后的黄皮种子，播种到带有无菌滤纸的带盖发芽盒中或直接播种到发芽基质中，在温度28～30 ℃、湿度70%～85%的条件下培养。

图4-73　黄皮种子

七十四、假鹰爪种子超低温保存方法

假鹰爪 *Desmos chinensis* Lour. 为番荔枝科假鹰爪属灌木，其根在广西壮药中称"棵漏挪"，在瑶药中称"鸡爪风"，具有祛风利湿、健脾和胃、化瘀止痛等功效，用于治疗水肿、风湿痹痛、烂脚等。每年6月至翌年春季，当果实呈红色时即可采收。假鹰爪种子是顽拗性种子，不能以低温低湿法保存，故采用超低温保存方法对其进行长期贮藏。

1. 种子前处理

（1）种子选择：挑选发育饱满、均匀、健康的假鹰爪种子，置于4 ℃冰箱中保存备用（存放时间不超过2个月）。

（2）生活力检测：批量抽取种子样本，采用BTB法测定种子初始生活力，并选择生活力≥70%的假鹰爪种子作为保存材料。

（3）含水量测定：经预实验确定，假鹰爪种子安全贮藏含水量≥14%、超低温保存最适宜含水量为 14%～15%。用尼龙网袋包裹种子，室温下置于盛有变色硅胶的干燥器内 0～22 h，种子含水量由初始的 15%～20% 降至 14%～15%，干燥过程中可定期测定含水量，采用高恒温烘干法测定并计算种子含水量。

2. 种子冷冻程序

假鹰爪种子超低温保存可采用玻璃化冷冻法，即将含水量为 14%～15% 的假鹰爪种子放入加有装载液的冻存管中，于 25 ℃ 放置 20 min，然后将装载液换成 PVS2 玻璃化溶液，置于冰浴环境中 30 min，最后换上预冷新鲜的保护液后迅速投入液氮中保存。

3. 恢复培养程序

（1）种子解冻处理：液氮中冻存 24 h 后取出冻存管，立即放入 40 ℃ 水浴中快速解冻 2 min，而后用洗涤液浸泡 15 min，并用纯净水洗涤 3 次。

（2）冻后种子生活力检测：取部分解冻后的假鹰爪种子，进行超低温保存后的生活力检测，当种子生活力 ≥50% 时视为保存成功。

（3）萌芽成苗：取部分解冻后的假鹰爪种子，播种到带有无菌滤纸的带盖发芽盒中或直接播种到发芽基质中，在温度 25～30 ℃、湿度 70%～85% 的条件下培养。

图 4-74　假鹰爪种子

七十五、 散沫花种子超低温保存方法

散沫花 *Lawsonia inermis* L. 为千屈菜科散沫花属大灌木，其叶捣碎外用有止血功效。阿拉伯人用其树皮治疗黄疸及精神病。每年 12 月，果实成熟并由绿色变为褐色时即可采收。散沫花种子是顽拗性种子，不能以低温低湿法保存，故采用超低温保存方法对其进行长期贮藏。

1. 种子前处理

（1）种子选择：挑选发育饱满、均匀、健康的散沫花种子，置于 10 ℃ 种子低温低湿储藏柜中保存备用（存放时间不超过 1 个月）。

（2）生活力检测：批量抽取种子样本，采用 BTB 法测定种子初始生活力，并选择生活力≥70% 的散沫花种子作为保存材料。

（3）含水量测定：经预实验确定，散沫花种子安全贮藏含水量≥20%、超低温保存最适宜含水量为 25%～40%。用尼龙网袋包裹种子，室温下置于盛有变色硅胶的干燥器内 0～6 h，种子含水量由初始的 40%～45% 降至 25%～40%，干燥过程中可定期测定含水量，采用高恒温烘干法测定并计算种子含水量。

2. 种子冷冻程序

散沫花种子超低温保存可采用玻璃化冷冻法，即将含水量为 25%～40% 的散沫花种子放入加有装载液的冻存管中，于 25 ℃放置 25 min，然后将装载液换成 PVS2 玻璃化溶液，置于冰浴环境中 30 min，最后换上预冷新鲜的保护液后迅速投入液氮中保存。

3. 恢复培养程序

（1）种子解冻处理：液氮中冻存 24 h 后取出冻存管，立即放入 40 ℃水浴中快速解冻 2 min，而后用洗涤液浸泡 10 min，并用纯净水洗净 3 次。

（2）冻后种子生活力检测：取部分解冻后的散沫花种子，进行超低温保存后的生活力检测，当种子生活力≥60% 时视为保存成功。

（3）萌芽成苗：取部分解冻后的散沫花种子，播种到带有无菌滤纸的带盖发芽盒中或直接播种到发芽基质中，在温度 28～30 ℃、湿度 70%～85% 的条件下培养。

图 4-75　散沫花种子

七十六、 山牡荆种子超低温保存方法

山牡荆 *Vitex quinata*（Lour.）Will. 为马鞭草科牡荆属常绿乔木，其根及树干心材均可入药，瑶医认为山牡荆具有清热解毒、活血消肿、疏风通络等功效。每年 9 月初，当果实成熟由青绿色变

成暗绿色时即可采收。山牡荆种子是顽拗性种子，不能以低温低湿法保存，故采用超低温保存方法对其进行长期贮藏。

1. 种子前处理

（1）种子选择：挑选发育饱满、均匀、健康的山牡荆种子，置于 4 ℃冰箱中保存备用（存放时间不超过 30 d）。

（2）生活力检测：批量抽取种子样本，采用 BTB 法检测种子初始生活力，并选择生活力≥85% 的山牡荆种子作为保存材料。

（3）含水量测定：经预实验确定，山牡荆种子安全贮藏含水量≥10%、超低温保存最适宜含水量为 10%～15%。用尼龙网袋包裹种子，室温下置于盛有变色硅胶的干燥器内 5～10 h，种子含水量由初始的 18%～20% 降至 10%～15%，干燥过程中可定期测定含水量，采用高恒温烘干法测定并计算种子含水量。

2. 种子冷冻程序

山牡荆种子超低温保存可采用玻璃化冷冻法，即将含水量为 10%～15% 的山牡荆种子放入加有装载液的冻存管中，于 25 ℃放置 20 min，然后将装载液换成 PVS2 玻璃化溶液，置于冰浴环境中 30 min，最后换上预冷新鲜的保护液后迅速投入液氮中保存。

3. 恢复培养程序

（1）种子解冻处理：液氮中冻存 24 h 后取出冻存管，立即放入 40 ℃水浴中快速解冻 2 min，而后用洗涤液浸泡 15 min，并用纯净水洗涤 3 次。

（2）冻后种子生活力检测：取部分解冻后的山牡荆种子，进行超低温保存后的生活力检测，当种子生活力≥50% 时视为保存成功。

（3）萌芽成苗：取部分解冻后的山牡荆种子，播种到带有无菌滤纸的带盖发芽盒中或直接播种到发芽基质中，在温度 25～30 ℃、湿度 70%～85% 的条件下培养。

1 000 μm　　　　　　　　　1 000 μm

图 4-76　山牡荆种子

七十七、 栓叶安息香种子超低温保存方法

栓叶安息香 *Styrax suberifolius* Hook. et Arn. 为安息香科安息香属乔木，其根和叶可供药用，具有祛风、除湿、理气止痛的功效，可治疗风湿关节痛等。每年 9 ~ 11 月，当果实成熟从先端向下 3 瓣开裂时即可采收。栓叶安息香种子为顽拗性种子，不能以低温低湿法保存，故采用超低温保存方法对其进行长期贮藏。

1. 种子前处理

（1）种子选择：挑选发育成熟、均匀、健康的栓叶安息香种子，置于 4 ℃冰箱中保存备用（存放时间不超过 1 个月）。

（2）生活力检测：批量抽取种子样本，采用 TTC 法检测种子初始生活力，并选择生活力≥75% 的栓叶安息香种子作为保存材料。

（3）含水量测定：经预实验确定，栓叶安息香种子安全贮藏含水量≥30% 、超低温保存最适宜含水量为 30% ~ 40% 。用尼龙网袋包裹种子，室温下置于盛有变色硅胶的干燥器内 0 ~ 17 h，种子含水量由初始的 40% ~ 50% 降至 30% ~ 40% ，干燥过程中可定期测定含水量，采用高恒温烘干法测定并计算种子含水量。

2. 种子冷冻程序

栓叶安息香种子超低温保存可采用直接冷冻法，即将含水量为 30% ~ 40% 的栓叶安息香种子放入冻存管中，迅速投入液氮中保存。

3. 恢复培养程序

（1）种子解冻处理：液氮中冻存 24 h 后取出冻存管，立即放入 40 ℃水浴中快速解冻 2 min。

（2）冻后种子生活力检测：取部分解冻后的栓叶安息香种子，进行超低温保存后的生活力检测，当种子生活力≥60% 时视为保存成功。

（3）萌芽成苗：取部分解冻后的栓叶安息香种子，播种到带有无菌滤纸的带盖发芽盒中或直接播种到发芽基质中，在温度 25 ~ 30 ℃、湿度 70% ~ 85% 的条件下培养。

图 4-77　栓叶安息香种子

七十八、 水黄皮种子超低温保存方法

水黄皮 *Pongamia pinnata*（L.）Pierre 为豆科水黄皮属单种属乔木，是热带地区沿海防护林和行道树种。全株入药可作催吐剂和杀虫剂；提取物水黄皮素具有微弱的抗结核杆菌功效。每年 8～10 月，当荚果由绿色变为褐色时即可采收。水黄皮种子是顽拗性种子，不能以低温低湿法保存，故采用超低温保存方法对其进行长期贮藏。

1. 种子前处理

（1）种子选择：挑选发育饱满、均匀、健康的水黄皮种子，置于 4 ℃冰箱中保存备用（存放时间不超过 2 个月）。

（2）生活力检测：批量抽取种子样本，采用 TTC 法检测种子初始生活力，并选择生活力 ≥ 90% 的水黄皮种子作为保存材料。

（3）含水量测定：经预实验确定，水黄皮种子安全贮藏含水量 ≥ 10%、超低温保存最适宜含水量为 15%～40%。用尼龙网袋包裹种子，室温下置于盛有变色硅胶的干燥器内 0～60 h，种子含水量由初始的 40%～45% 降至 15%～40%，干燥过程中可定期测定含水量，采用高恒温烘干法测定并计算种子含水量。

2. 种子冷冻程序

水黄皮种子超低温保存可采用直接冷冻法，即将含水量为 15%～40% 的水黄皮种子放入冻存管中，迅速投入液氮中保存。

3. 恢复培养程序

（1）种子解冻处理：液氮中冻存 24 h 后取出冻存管，立即放入 40 ℃水浴中快速解冻 2 min。

（2）冻后种子生活力检测：取部分解冻后的水黄皮种子，进行超低温保存后的生活力检测，当种子生活力 ≥ 75% 时视为保存成功。

（3）萌芽成苗：取部分解冻后的水黄皮种子，40 ℃水浴浸泡 12～24 h，待种子软化膨胀后去掉种皮，播种到带有无菌滤纸的带盖发芽盒中或直接播种到发芽基质中，在温度 20～25 ℃、湿度 70%～85%的条件下培养。

图4-78　水黄皮种子

七十九、 夜来香种子超低温保存方法

夜来香 *Telosma cordata*（Burm. f.）Merr. 为夹竹桃科柔弱藤状灌木，其花、叶可供药用，具有清肝、明目、祛瘀的功效，华南地区民间以之治疗结膜炎、疳积上眼症等。每年 7～8 月，当果实成熟时即可采收。夜来香种子是中间性种子，不宜以低温低湿法保存，故采用超低温保存方法对其进行长期贮藏。

1. 种子前处理

（1）种子选择：挑选发育饱满、均匀、健康的夜来香种子，置于 10 ℃种子低温低湿储藏柜中保存备用（存放时间不超过 2 个月）。

（2）生活力检测：批量抽取种子样本，采用 TTC 法检测种子初始生活力，并选择生活力≥75%的夜来香种子作为保存材料。

（3）含水量测定：经预实验确定，夜来香种子安全贮藏含水量≥10%、超低温保存最适宜含水量为 14%～16%。用尼龙网袋包裹种子，室温下置于盛有变色硅胶的干燥器内 0～2 h，种子含水量由初始含水量降至 14%～16%，干燥过程中可定期测定含水量，采用高恒温烘干法测定并计算种子含水量。

2. 种子冷冻程序

夜来香种子超低温保存可采用玻璃化冷冻法，即将含水量为 14%～16%的夜来香种子放入加有装载液的冻存管中，于 25 ℃放置 25 min，然后将装载液换成 PVS2 玻璃化溶液，置于冰浴环境中 30 min，最后换上预冷新鲜的保护液后迅速投入液氮中保存。

3. 恢复培养程序

（1）种子解冻处理：液氮中冻存 24 h 后取出冻存管，立即放入 40 ℃水浴中快速解冻 2 min，而后用洗涤液浸泡 10 min，并用纯净水洗净 3 次。

（2）冻后种子生活力检测：取部分解冻后的夜来香种子，进行超低温保存后的生活力检测，当种子生活力≥65%时视为保存成功。

（3）萌芽成苗：取部分解冻后的夜来香种子，播种到带有无菌滤纸的带盖发芽盒中或直接播种到发芽基质中，在温度 28～30 ℃、湿度 70%～85%的条件下培养。

2 000 μm   5 000 μm

图 4-79　夜来香种子

八十、 大花紫薇种子超低温保存方法

大花紫薇 *Lagerstroemia speciosa*（L.）Pers. 为千屈菜科紫薇属大乔木，其树皮及叶可作泻药，其种子具有麻醉性。每年 10～11 月，当果实成熟开裂时即可采收。大花紫薇种子为中间性种子，不宜以低温低湿法保存，故采用超低温保存方法对其进行长期贮藏。

1. 种子前处理

（1）种子选择：挑选发育饱满、均匀、健康的大花紫薇种子，置于 10 ℃冰箱中保存备用（存放时间不超过 1 个月）。

（2）生活力检测：批量抽取种子样本，采用发芽率检测种子初始生活力，并选择生活力≥70%的大花紫薇种子作为保存材料。

（3）含水量测定：经预实验确定，大花紫薇种子安全贮藏含水量≥10%、超低温保存最适宜含水量为 10%～12%。用尼龙网袋包裹种子，室温下置于盛有变色硅胶的干燥器内 0～5 h，种子含水量由初始含水量降至 10%～12%，干燥过程中可定期测定含水量，采用高恒温烘干法测定并计算种子含水量。

2. 种子冷冻程序

大花紫薇种子超低温保存可采用玻璃化冷冻法，即将含水量为 10%～12% 的大花紫薇种子放入加有装载液的冻存管中，于 25 ℃ 放置 25 min，然后将装载液换成 PVS2 玻璃化溶液，置于冰浴环境中 30 min，最后换上预冷新鲜的保护液后迅速投入液氮中保存。

3. 恢复培养程序

（1）种子解冻处理：液氮中冻存 24 h 后取出冻存管，立即放入 40 ℃ 水浴中快速解冻 5 min，而后用洗涤液浸泡 10 min，并用纯净水洗净 3 次。

（2）冻后种子生活力检测：取部分解冻后的大花紫薇种子，进行超低温保存后的生活力检测，当种子生活力≥50% 时视为保存成功。

（3）萌芽成苗：取部分解冻后的大花紫薇种子，播种到带有无菌滤纸的带盖发芽盒中，在温度 25～30 ℃、湿度 70%～85% 的条件下培养。出芽周期为 10～25 d。

图4-80 大花紫薇种子

八十一、 假益智种子超低温保存方法

假益智 *Alpinia maclurei* Merr. 是姜科山姜属多年生草本植物，其根茎、果实可入药，用于治疗腹胀、呕吐。每年 4～10 月，当果实成熟变为深色时即可采收。假益智种子为中间性种子，不宜以低温低湿法保存，故采用超低温保存方法对其进行长期贮藏。

1. 种子前处理

（1）种子选择：去掉假种皮，挑选发育饱满、均匀、健康的假益智种子，置于 10 ℃ 冰箱中保存备用（存放时间不超过 1 个月）。

（2）生活力检测：批量抽取种子样本，采用 TTC 法检测种子初始生活力，并选择生活力≥60% 的假益智种子作为保存材料。

（3）含水量测定：经预实验确定，假益智种子安全贮藏含水量≥12%、超低温保存最适宜含水量为 15%～25%。用尼龙网袋包裹种子，室温下置于盛有变色硅胶的干燥器内 0～6 h，种子含水量由初始的 25%～30% 降至 15%～25%，干燥过程中可定期测定含水量，采用高恒温烘干法测定并计算种子含水量。

2. 种子冷冻程序

假益智种子超低温保存可采用玻璃化冷冻法，即将含水量为 15%～25% 的假益智种子放入加有装载液的冻存管中，于 25 ℃ 放置 25 min，然后将装载液换成 PVS2 玻璃化溶液，置于冰浴环境中 30 min，最后换上预冷新鲜的保护液后迅速投入液氮中保存。

3. 恢复培养程序

（1）种子解冻处理：液氮中冻存 24 h 后取出冻存管，立即放入 40 ℃ 水浴中快速解冻 5 min，而后用洗涤液浸泡 10 min，并用纯净水洗涤 3 次。

（2）冻后种子生活力检测：取部分解冻后的假益智种子，进行超低温保存后的生活力检测，当种子生活力 ≥50% 时视为保存成功。

（3）萌芽成苗：取部分解冻后的假益智种子，播种到带有无菌滤纸的带盖发芽盒中或直接播种到发芽基质中，在温度 25～30 ℃、湿度 70%～85% 的条件下培养。

图 4-81　假益智种子

八十二、 金凤花种子超低温保存方法

金凤花 *Caesalpinia pulcherrima*（L.）Sw. 为豆科常绿小乔木，是一种观赏性药用植物，别称洋金凤、黄蝴蝶。其根、茎皮可入药，具有解表、发汗的功效。金凤花的花果期几乎全年，当果荚变为浅褐色至黑褐色时即可采收。金凤花种子为顽拗性种子，不能以低温低湿法保存，故采用超低温保存方法对其进行长期贮藏。

1. 种子前处理

（1）种子选择：挑选发育饱满、均匀、健康的金凤花种子，置于 4 ℃ 冰箱中保存备用（存放时间不超过 2 个月）。

（2）生活力检测：批量抽取种子样本，采用发芽率检测种子初始生活力，并选择生活力 ≥ 80% 的金凤花种子作为保存材料。

（3）含水量测定：经预实验确定，金凤花种子安全贮藏含水量 ≥ 14%、超低温保存最适宜含水量为 15%~20%。用尼龙网袋包裹种子，室温下置于盛有变色硅胶的干燥器内 1~35 h，种子含水量由初始的 20%~25% 降至 15%~20%，干燥过程中可定期测定含水量，采用高恒温烘干法测定并计算种子含水量。

2. 种子冷冻程序

金凤花种子超低温保存可采用分步冷冻法，即将待保存的金凤花种子在室温下放入加有 PVS2 玻璃化溶液的冻存管中，置于 4 ℃ 冰箱中 0.5 h，取出后立即放入 −20 ℃ 冰柜中 1 h，后迅速投入液氮中保存。

3. 恢复培养程序

（1）种子解冻处理：液氮中冻存 24 h 后取出冻存管，立即放入 40 ℃ 水浴中快速解冻 2 min，而后用洗涤液浸泡 5 min，并用纯净水洗涤 3 次。

（2）冻后种子生活力检测：取部分解冻后的金凤花种子，进行超低温保存后的生活力检测，当种子发芽率 ≥ 75% 时视为保存成功。

（3）萌芽成苗：取部分解冻后的金凤花种子，播种到带有无菌滤纸的带盖发芽盒中或直接播种到发芽基质中，在温度 25~30 ℃、湿度 70%~85% 的条件下培养。

1 000 μm   1 000 μm

图 4-82　金凤花种子

八十三、 银柴种子超低温保存方法

银柴 *Aporosa dioica*（Roxb.）Müll. Arg. 为大戟科银柴属常绿乔木，其种子、根、茎叶可入药，具有清热解毒、活血祛瘀的功效。每年 6～9 月，当果色由绿色转为黄绿色、果实自然开裂、种子呈淡黄色时即可采收。银柴种子是顽拗性种子，不能以低温低湿法保存，故采用超低温保存方法对其进行长期贮藏。

1. 种子前处理

（1）种子选择：挑选发育饱满、均匀、健康的银柴种子，置于 4 ℃冰箱中保存备用（存放时间不超过 2 个月）。

（2）生活力检测：批量抽取种子样本，采用 BTB 法测定种子初始生活力，并选择生活力 ≥ 60% 的银柴种子作为保存材料。

（3）含水量测定：经预实验确定，银柴种子安全贮藏含水量 ≥ 10%、超低温保存最适宜含水量为 11%～12%。用尼龙网袋包裹种子，室温下置于盛有变色硅胶的干燥器内 2～8 h，种子含水量由初始的 15%～20% 降至 11%～12%，干燥过程中可定期测定含水量，采用高恒温烘干法测定并计算种子含水量。

2. 种子冷冻程序

银柴种子超低温保存可采用玻璃化冷冻法，即将含水量为 11%～12% 的银柴种子放入加有装载液的冻存管中，于 25 ℃放置 25 min，然后将装载液换成 PVS2 玻璃化溶液，置于冰浴环境中 30 min，最后换上预冷新鲜的保护液后迅速投入液氮中保存。

3. 恢复培养程序

（1）种子解冻处理：液氮中冻存 24 h 后取出冻存管，立即放入 40 ℃水浴中快速解冻 2 min，而后用洗涤液浸泡 15 min，并用纯净水洗涤 3 次。

（2）冻后种子生活力检测：取部分解冻后的银柴种子，进行超低温保存后的生活力检测，当种子生活力 ≥ 50% 时视为保存成功。

（3）萌芽成苗：取部分解冻后的银柴种子，播种到带有无菌滤纸的带盖发芽盒中或直接播种到发芽基质中，在温度 25～30 ℃、湿度 70%～85% 的条件下培养。

图4-83　银柴种子

八十四、 草莓番石榴种子超低温保存方法

草莓番石榴 *Psidium cattleianum* Afzel. ex Sabine 为桃金娘科番石榴属常绿植物，别称樱桃番石榴。其果肉松软多汁，味如草莓；其枝叶可入药，用于治疗腹泻、痢疾。每年8～10月，当果实变紫红色时即可采收。草莓番石榴种子是中间性种子，不宜以低温低湿法保存，故采用超低温保存方法对其进行长期贮藏。

1. 种子前处理

（1）种子选择：挑选发育饱满、均匀、健康的草莓番石榴种子，置于10 ℃种子低温低湿储藏柜中保存备用（存放时间不超过1个月）。

（2）生活力检测：批量抽取种子样本，采用BTB法检测种子初始生活力，并选择生活力≥60%的草莓番石榴种子作为保存材料。

（3）含水量测定：经预实验确定，草莓番石榴种子安全贮藏含水量≥7%、超低温保存最适宜含水量为7%～12%。用尼龙网袋包裹种子，室温下置于盛有变色硅胶的干燥器内0～5 h，种子含水量由初始的12%～15%降至7%～12%，干燥过程中可定期测定含水量，采用高恒温烘干法测定并计算种子含水量。

2. 种子冷冻程序

草莓番石榴种子超低温保存可采用玻璃化冷冻法，即将含水量为7%～12%的草莓番石榴种子放入加有装载液的冻存管中，于25 ℃放置25 min，然后将装载液换成PVS2玻璃化溶液，置于冰浴环境中30 min，最后换上预冷新鲜的保护液后迅速投入液氮中保存。

3. 恢复培养程序

（1）种子解冻处理：液氮中冻存24 h后取出冻存管，立即放入40 ℃水浴中快速解冻2 min，而后用洗涤液浸泡10 min，并用纯净水洗净3次。

（2）冻后种子生活力检测：取部分解冻后的草莓番石榴种子，进行超低温保存后的生活力检测，当种子生活力≥50%时视为保存成功。

（3）萌芽成苗：取部分解冻后的草莓番石榴种子，播种到带有无菌滤纸的带盖发芽盒中或直接播种到发芽基质中，在温度28~30 ℃、湿度70%~85%的条件下培养。

图 4-84　草莓番石榴种子

八十五、 潺槁木姜子种子超低温保存方法

潺槁木姜子 *Litsea glutinosa*（Lour.）C. B. Rob. 为樟科常绿小乔木，其根皮和叶可入药，具有清湿热、消肿毒的功效，可用于治疗腹泻。每年9~10月，当果实由绿色转为紫红色时即可采收。潺槁木姜子种子为中间性种子，不宜以低温低湿法保存，故采用超低温保存方法对其进行长期贮藏。

1. 种子前处理

（1）种子选择：挑选发育饱满、均匀、健康的潺槁木姜子种子，置于4 ℃冰箱中保存备用（存放时间不超过1个月）。

（2）生活力检测：批量抽取种子样本，采用TTC法检测种子初始生活力，并选择生活力≥85%的潺槁木姜子种子作为保存材料。

（3）含水量测定：经预实验确定，潺槁木姜子种子安全贮藏含水量≥7%、超低温保存最适宜含水量为7%~10%。用尼龙网袋包裹种子，室温下置于盛有变色硅胶的干燥器内2~17 h，种子含水量由初始的17%~20%降至7%~10%，干燥过程中可定期测定含水量，采用高恒温烘干法测定并计算种子含水量。

2. 种子冷冻程序

潺槁木姜子种子超低温保存可采用玻璃化冷冻法，即将含水量为7%~10%的潺槁木姜子种子放入加有装载液的冻存管中，于25 ℃放置25 min，然后将装载液换成PVS2玻璃化溶液，置于冰浴环境中 30 min，最后换上预冷新鲜的保护液后迅速投入液氮中保存。

3. 恢复培养程序

（1）种子解冻处理：液氮中冻存 24 h 后取出冻存管，立即放入 40 ℃ 水浴中快速解冻 5 min，而后用洗涤液浸泡 5 min，并用纯净水洗涤 3 次。

（2）冻后种子生活力检测：取部分解冻后的潺槁木姜子种子，进行超低温保存后的生活力检测，当种子生活力 ≥50% 时视为保存成功。

（3）萌芽成苗：取部分解冻后的潺槁木姜子种子，播种到带有无菌滤纸的发芽盒中或直接播种到发芽基质中，在温度 25~30 ℃、湿度 70%~85% 的条件下培养。

1 000 μm   1 000 μm

图 4-85　潺槁木姜子种子

八十六、　大苞闭鞘姜种子超低温保存方法

大苞闭鞘姜 Costus dubius（Afzel.）K. Schum. 为姜科闭鞘姜属草本植物，其根茎可入药，具有消炎利尿、散瘀消肿的功效。闭鞘姜属植物不仅具有药用和食用价值，还可做切花、盆花供观赏。每年 9 月初，当果实由青绿色变为暗绿色时即可采收。大苞闭鞘姜种子是顽拗性种子，不能以低温低湿法保存，故采用超低温保存方法对其进行长期贮藏。

1. 种子前处理

（1）种子选择：挑选发育饱满、均匀、健康的大苞闭鞘姜种子，置于 4 ℃ 冰箱中保存备用（存放时间不超过 2 个月）。

（2）生活力检测：批量抽取种子样本，采用 BTB 法检测种子初始生活力，并选择生活力 ≥65% 的大苞闭鞘姜种子作为保存材料。

（3）含水量测定：经预实验确定，大苞闭鞘姜种子安全贮藏含水量 ≥13%、超低温保存最适宜含水量为 13%~15%。用尼龙网袋包裹种子，室温下置于盛有变色硅胶的干燥器内 0~10 h，种子含水量由初始的 15%~20% 降至 13%~15%，干燥过程中可定期测定含水量，采用高恒温烘干法测定并计算种子含水量。

2. 种子冷冻程序

大苞闭鞘姜种子超低温保存可采用玻璃化冷冻法，即将含水量为 13%～15% 的大苞闭鞘姜种子放入加有装载液的冻存管中，于 25 ℃ 放置 20 min，然后将装载液换成 PVS2 玻璃化溶液，置于冰浴环境中 30 min，最后换上预冷新鲜的保护液后迅速投入液氮中保存。

3. 恢复培养程序

（1）种子解冻处理：液氮中冻存 24 h 后取出冻存管，立即放入 40 ℃ 水浴中快速解冻 2 min，而后用洗涤液浸泡 15 min，并用纯净水洗涤 3 次。

（2）冻后种子生活力检测：取部分解冻后的大苞闭鞘姜种子，进行超低温保存后的生活力检测，当种子生活力≥50% 时视为保存成功。

（3）萌芽成苗：取部分解冻后的大苞闭鞘姜种子，播种到带有无菌滤纸的带盖发芽盒中或直接播种到发芽基质中，在温度 25～30 ℃、湿度 70%～85% 的条件下培养。

1 000 μm   1 000 μm

图 4-86　大苞闭鞘姜种子

八十七、凤瓜种子超低温保存方法

凤瓜 *Trichosanthes scabra* Loureiro 为葫芦科栝楼属一年生藤本，其全株可入药，配以其他生药的提取物具有抗炎、抗溃疡、抗风湿的功效，可用于治疗风湿性关节炎、肿瘤、溃疡性结肠炎等。每年10～12 月，当果实成熟变黄后即可采收。凤瓜种子是中间性种子，不宜以低温低湿法保存，故采用超低温保存方法对其进行长期贮藏。

1. 种子前处理

（1）种子选择：挑选发育饱满、均匀、健康的凤瓜种子，置于 4 ℃ 冰箱中保存备用（存放时间不超过 1 个月）。

（2）生活力检测：批量抽取种子样本，采用 TTC 法检测种子初始生活力，并选择生活力≥

65％的凤瓜种子作为保存材料。

（3）含水量测定：经预实验确定，凤瓜种子安全贮藏含水量≥7％、超低温保存最适宜含水量为10％～15％。用尼龙网袋包裹种子，室温下置于盛有变色硅胶的干燥器内2～10 h，种子含水量由初始含水量降至10％～15％，干燥过程中可定期测定含水量，采用高恒温烘干法测定并计算种子含水量。

2. 种子冷冻程序

凤瓜种子超低温保存可采用直接冷冻法，即将含水量为10％～15％的凤瓜种子放入冻存管中，迅速投入液氮中保存。

3. 恢复培养程序

（1）种子解冻处理：液氮中冻存24 h后取出冻存管，立即放入40 ℃水浴中快速解冻5 min。

（2）冻后种子生活力检测：取部分解冻后的凤瓜种子，进行超低温保存后的生活力检测，当种子生活力≥50％时视为保存成功。

（3）萌芽成苗：取部分解冻后的凤瓜种子，播种到带有无菌滤纸的带盖发芽盒中或直接播种到发芽基质中，在温度25～30 ℃、湿度70％～80％的条件下培养。

1 000 μm   1 000 μm

图4-87　凤瓜种子

八十八、 格木种子超低温保存方法

格木 *Erythrophleum fordii* Oliv. 为豆科格木属乔木，是国家二级保护植物，其种子、树皮可入药，具有强心、益气活血等功效。每年8～10月，当果实成熟变黑褐色时即可采收。格木种子为中间性种子，不宜以低温低湿法保存，故采用超低温保存方法对其进行长期贮藏。

1. 种子前处理

（1）种子选择：挑选发育饱满、均匀、健康的格木种子，置于10 ℃种子低温低湿储藏柜中保存备用（存放时间不超过1个月）。

（2）生活力检测：批量抽取种子样本，采用 TTC 法检测种子初始生活力，并选择生活力≥60% 的格木种子作为保存材料。

（3）含水量测定：经预实验确定，格木种子安全贮藏含水量≥10%、超低温保存最适宜含水量为 10%~20%。用尼龙网袋包裹种子，室温下置于盛有变色硅胶的干燥器内 0~17 h，种子含水量由初始含水量降至 10%~20%，干燥过程中可定期测定含水量，采用高恒温烘干法测定并计算种子含水量。

2. 种子冷冻程序

格木种子超低温保存可采用分步冷冻法，即将待保存的格木种子在室温下放入加有 PVS2 玻璃化溶液的冻存管中，置于 4 ℃冰箱中 0.5 h，取出后立即放入 −20 ℃冰柜中 1 h，后迅速投入液氮中保存。

3. 恢复培养程序

（1）种子解冻处理：液氮中冻存 24 h 后取出冻存管，立即放入 40 ℃水浴中快速解冻 5 min，而后用洗涤液浸泡 5 min，并用纯净水洗涤 3 次。

（2）冻后种子生活力检测：取部分解冻后的格木种子，进行超低温保存后的生活力检测，当种子生活力≥70% 时视为保存成功。

（3）萌芽成苗：取部分解冻后的格木种子，播种到带有无菌滤纸的带盖发芽盒中或直接播种到发芽基质中，在温度 25~30 ℃、湿度 70%~85% 的条件下培养。

图4-88 格木种子

八十九、海滨木巴戟种子超低温保存方法

海滨木巴戟 *Morinda citrifolia* L. 为茜草科巴戟天属灌木或小乔木，生于热带地区的海滨平地和疏林中，其全株可入药，具有抗菌消炎、抗病毒、抗寄生虫、镇痛、降血压和提高免疫力的功效。海滨木巴戟的花果期为全年，当果实变为奶黄色或金黄色时即可采收。海滨木巴戟种子是顽拗性

种子，不能以低温低湿法保存，故采用超低温保存方法对其进行长期贮藏。

1. 种子前处理

（1）种子选择：挑选发育饱满、均匀、健康的海滨木巴戟种子，置于 4 ℃冰箱中保存备用（存放时间不超过 2 个月）。

（2）生活力检测：批量抽取种子样本，采用 BTB 法检测种子初始生活力，并选择生活力≥90%的海滨木巴戟种子作为保存材料。

（3）含水量测定：经预实验确定，海滨木巴戟种子安全贮藏含水量≥10%、超低温保存最适宜含水量为 10%~15%。用尼龙网袋包裹种子，室温下置于盛有变色硅胶的干燥器内 1~5 h，种子含水量由初始的 18%~25%降至 10%~15%，干燥过程中可定期测含水量，采用高恒温烘干法测定并计算种子含水量。

2. 种子冷冻程序

海滨木巴戟种子超低温保存可采用直接冷冻法，即将含水量为 10%~15%的海滨木巴戟种子放入冻存管中，迅速投入液氮中保存。

3. 恢复培养程序

（1）种子解冻处理：液氮中冻存 24 h 后取出冻存管，立即放入 40 ℃水浴中快速解冻 2 min。

（2）冻后种子生活力检测：取部分解冻后的海滨木巴戟种子，进行超低温保存后的生活力检测，当种子生活力≥60%时视为保存成功。

（3）萌芽成苗：取部分解冻后的海滨木巴戟种子，经 50 ℃热水浸泡 8 h 后，播种到带有无菌滤纸的发芽盒中，在温度 28~35 ℃、湿度 70%~85%的条件下培养。

5 000 μm

1 cm

图 4-89 海滨木巴戟种子

九十、　海刀豆种子超低温保存方法

海刀豆 *Canavalia rosea*（Sw.）DC. 为豆科刀豆属草质藤本，其根可药用，用于治疗呃逆、肝炎、糖尿病。每年 6～7 月花期后，当果实成熟由绿色变为褐色时即可采收。海刀豆种子是中间性种子，不宜以低温低湿法保存，故采用超低温保存方法对其进行长期贮藏。

1. 种子前处理

（1）种子选择：挑选发育饱满、均匀、无病虫害的海刀豆种子，置于 4 ℃ 冰箱中保存备用（存放时间不超过 1 个月）。

（2）生活力检测：批量抽取种子样本，采用 TTC 法检测种子初始生活力，并选择生活力≥80% 的海刀豆种子作为保存材料。

（3）含水量测定：经预实验确定，海刀豆种子安全贮藏含水量≥7%、超低温保存最适宜含水量为 10%～20%。用尼龙网袋包裹种子，室温下置于盛有变色硅胶的干燥器内 5～10 h，种子含水量由初始含水量降至 10%～20%，干燥过程中可定期测定含水量，采用高恒温烘干法测定并计算种子含水量。

2. 种子冷冻程序

海刀豆种子超低温保存可采用直接冷冻法，即将含水量为 10%～20% 的海刀豆种子放入冻存管中，迅速投入液氮中保存。

3. 恢复培养程序

（1）种子解冻处理：液氮中冻存 24 h 后取出冻存管，立即放入 40 ℃ 水浴中快速解冻 5 min。

（2）冻后种子生活力检测：取部分解冻后的海刀豆种子，进行超低温保存后的生活力检测，当种子生活力≥60% 时视为保存成功。

（3）萌芽成苗：取部分解冻后的海刀豆种子，纯水浸泡 12 h 后，播种到带有无菌滤纸的带盖发芽盒中或直接播种到发芽基质中，在温度 25～30 ℃、湿度 70%～80% 的条件下培养。

图 4-90　海刀豆种子

九十一、 海人树种子超低温保存方法

海人树 *Suriana maritima* L. 为海人树科的单种属海人树属常绿灌木或小乔木，是亟需保护的重要海滨植物。其根和树皮可入药，用于治疗皮肤溃疡，并可抑制肿瘤细胞活性。海人树的花果期在夏、秋季，当果实呈黄色时即可采收。海人树种子是顽拗性种子，不能以低温低湿法保存，故采用超低温保存方法对其进行长期贮藏。

1. 种子前处理

（1）种子选择：挑选发育饱满、均匀、健康的海人树种子，置于 4 ℃冰箱中保存备用（存放时间不超过 2 个月）。

（2）生活力检测：批量抽取种子样本，采用 BTB 法检测种子初始生活力，并选择生活力≥90% 的海人树种子作为保存材料。

（3）含水量测定：经预实验确定，海人树种子安全贮藏含水量≥30%、超低温保存最适宜含水量为 30%~35%。用尼龙网袋包裹种子，室温下置于盛有变色硅胶的干燥器内 0~10 h，种子含水量由初始的 35%~40% 降至 30%~35%，干燥过程中可定期测定含水量，采用高恒温烘干法测定并计算种子含水量。

2. 种子冷冻程序

海人树种子超低温保存可采用直接冷冻法，即将含水量为 30%~35% 的海人树种子放入冻存管中，迅速投入液氮中保存。

3. 恢复培养程序

（1）种子解冻处理：液氮中冻存 24 h 后取出冻存管，立即放入 40 ℃水浴中快速解冻 2 min。

（2）冻后种子生活力检测：取部分解冻后的海人树种子，进行超低温保存后的生活力检测，当种子生活力≥55% 时视为保存成功。

（3）萌芽成苗：取部分解冻后的海人树种子，播种到培养基质中，在温度25～32 ℃、湿度70%～85%的条件下培养。

图4-91　海人树种子

九十二、 黄斑姜种子超低温保存方法

黄斑姜 *Zingiber flavomaculosum* S. Q. Tong 为姜科姜属多年生草本植物，植株具香气，用途广泛，是我国特有的重要药用和食用植物。其根茎可入药，具有消肿、解毒等功效。每年9～12月，当果实变为红色时即可采收。黄斑姜种子是顽拗性种子，不能以低温低湿法保存，故采用超低温保存方法对其进行长期贮藏。

1. 种子前处理

（1）种子选择：挑选发育饱满、均匀、健康的黄斑姜种子，置于4 ℃冰箱中保存备用（存放时间不超过1个月）。

（2）生活力检测：批量抽取种子样本，采用TTC法检测种子初始生活力，并选择生活力≥90%的黄斑姜种子作为保存材料。

（3）含水量测定：经预实验确定，黄斑姜种子安全贮藏含水量≥10%、超低温保存最适宜含水量为11%～13%。用尼龙网袋包裹种子，室温下置于盛有变色硅胶的干燥器内2～12 h，种子含水量由初始的15%～20%降至11%～13%，干燥过程中可定期测定含水量，采用高恒温烘干法测定并计算种子含水量。

2. 种子冷冻程序

黄斑姜种子超低温保存可采用直接冷冻法，即将含水量为11%～13%的黄斑姜种子放入冻存管中，迅速投入液氮中保存。

3. 恢复培养程序

（1）种子解冻处理：液氮中冻存 24 h 后取出冻存管，立即放入 40 ℃ 水浴中快速解冻 2 min。

（2）冻后种子生活力检测：取部分解冻后的黄斑姜种子，进行超低温保存后的生活力检测，当种子生活力≥85% 时视为保存成功。

（3）萌芽成苗：取部分解冻后的黄斑姜种子，播种到带有无菌滤纸的带盖发芽盒中，在温度 25～30 ℃、湿度 70%～85% 的条件下培养。

5 000 μm   5 000 μm

图 4-92   黄斑姜种子

九十三、 量天尺种子超低温保存方法

量天尺 *Hylocereus undatus*（Haw.）Britt. et Rose 为仙人掌科量天尺属攀缘肉质灌木，其花可作蔬菜，浆果可食；其茎、花可入药，用于治疗支气管炎、咳嗽、疮肿。每年 4～11 月，当果实成熟变红、变软时即可采收。量天尺种子是中间性种子，不宜以低温低湿法保存，故采用超低温保存方法对其进行长期贮藏。

1. 种子前处理

（1）种子选择：挑选表面无果肉、无杂质，发育饱满、均匀、健康的量天尺种子，置于 10 ℃ 种子低温低湿储藏柜中保存备用（存放时间不超过 1 个月）。

（2）生活力检测：批量抽取种子样本，采用 BTB 法检测种子初始生活力，并选择生活力≥60% 的量天尺种子作为保存材料。

（3）含水量测定：经预实验确定，量天尺种子安全贮藏含水量≥7%、超低温保存最适宜含水量为 7%～10%。用尼龙网袋包裹种子，室温下置于盛有变色硅胶的干燥器内 0～10 h，种子含水量由初始含水量降至 7%～10%，干燥过程中可定期测定含水量，采用高恒温烘干法测定并计算种子含水量。

2. 种子冷冻程序

量天尺种子超低温保存可采用直接冷冻法，即将含水量为 7%～10% 的量天尺种子放入冻存管中，迅速投入液氮中保存。

3. 恢复培养程序

（1）种子解冻处理：液氮中冻存 24 h 后取出冻存管，立即放入 40 ℃水浴中快速解冻 2 min。

（2）冻后种子生活力检测：取部分解冻后的量天尺种子，进行超低温保存后的生活力检测，当种子生活力≥50% 时视为保存成功。

（3）萌芽成苗：取部分解冻后的量天尺种子，播种到带有无菌滤纸的带盖发芽盒中或直接播种到发芽基质中，在温度 25～30 ℃、湿度 70%～85% 的条件下培养。出芽周期为 7～20 d。

1 000 μm　　　　　1 000 μm

图 4-93　量天尺种子

九十四、　牛筋藤种子超低温保存方法

牛筋藤 *Malaisia scandens*（Lour.）Planch. 为桑科牛筋藤属攀缘灌木，其根、叶可入药，用于治疗风湿痹痛、泄泻，菲律宾以之作产科药。每年 6～7 月，当果实成熟由绿色变为红色时即可采收。牛筋藤种子是顽拗性种子，不能以低温低湿法保存，故采用超低温保存方法对其进行长期贮藏。

1. 种子前处理

（1）种子选择：挑选发育饱满、均匀、健康的牛筋藤种子，置于 4 ℃冰箱中保存备用（存放时间不超过 1 个月）。

（2）生活力检测：批量抽取种子样本，采用 TTC 法检测种子初始生活力，并选择生活力≥80% 的牛筋藤种子作为保存材料。

（3）含水量测定：经预实验确定，牛筋藤种子安全贮藏含水量≥30%、超低温保存最适宜含水量为30%~40%。用尼龙网袋包裹种子，室温下置于盛有变色硅胶的干燥器内0~8 h，种子含水量由初始的40%~45%降至30%~40%，干燥过程中可定期测定含水量，采用高恒温烘干法测定并计算种子含水量。

2. 种子冷冻程序

牛筋藤种子超低温保存可采用玻璃化冷冻法，即将含水量为30%~40%的牛筋藤种子放入加有装载液的冻存管中，于25 ℃放置25 min，然后将装载液换成PVS2玻璃化溶液，置于冰浴环境中30 min，最后换上预冷新鲜的保护液后迅速投入液氮中保存。

3. 恢复培养程序

（1）种子解冻处理：液氮中冻存24 h后取出冻存管，立即放入40 ℃水浴中快速解冻2 min，而后用洗涤液浸泡10 min，并用纯净水洗净3次。

（2）冻后种子生活力检测：取部分解冻后的牛筋藤种子，进行超低温保存后的生活力检测，当种子生活力≥65%时视为保存成功。

（3）萌芽成苗：取部分解冻后的牛筋藤种子，播种到带有无菌滤纸的带盖发芽盒中或直接播种到发芽基质中，在温度28~30 ℃、湿度70%~85%的条件下培养。

1 000 μm   1 000 μm

图4-94　牛筋藤种子

九十五、　青梅种子超低温保存方法

青梅 *Vatica mangachapoi* Blanco 为龙脑香科青梅属常绿植物，集观赏与药用于一身，为国家二级保护树种，梅果具有很高的药用价值。每年8~9月，当果皮和萼片变成褐红色时即可采收。青梅种子是顽拗性种子，不能以低温低湿法保存，故采用超低温保存方法对其进行长期贮藏。

1. 种子前处理

（1）种子选择：挑选发育饱满、均匀、健康的青梅种子，置于4 ℃冰箱中保存备用（存放时间不超过 1 个月）。

（2）生活力检测：批量抽取种子样本，采用 TTC 法检测种子初始生活力，并选择生活力≥75% 的青梅种子作为保存材料。

（3）含水量测定：经预实验确定，青梅种子安全贮藏含水量≥19%、超低温保存最适宜含水量为 19%~22%。用尼龙网袋包裹种子，室温下置于盛有变色硅胶的干燥器内 8~36 h，种子含水量由初始的 25%~30% 降至 19%~22%，干燥过程中可定期测定含水量，采用高恒温烘干法测定并计算种子含水量。

2. 种子冷冻程序

青梅种子超低温保存可采用直接冷冻法，即将含水量为 19%~22% 的青梅种子放入冻存管中，迅速投入液氮中保存。

3. 恢复培养程序

（1）种子解冻处理：液氮中冻存 24 h 后取出冻存管，立即放入 40 ℃ 水浴中快速解冻 2 min。

（2）冻后种子生活力检测：取部分解冻后的青梅种子，进行超低温保存后的生活力检测，当种子生活力≥50% 时视为保存成功。

（3）萌芽成苗：取部分解冻后的青梅种子，播种到带有无菌滤纸的带盖发芽盒中，在温度 25~30 ℃、湿度 70%~85% 的条件下培养。

1 000 μm   1 000 μm

图 4-95　青梅种子

九十六、　琼榄种子超低温保存方法

琼榄 *Gonocaryum lobbianum*（Miers）Kurz 为心翼果科琼榄属小乔木，其根可入药，具有清热解毒的功效，用于治疗黄疸性肝炎、胸胁闷痛。每年 3~10 月，当果实由绿色转为紫黑色时即可采收。琼榄种子为中间性种子，不宜以低温低湿法保存，故采用超低温保存方法对其进行长期贮藏。

1. 种子前处理

（1）种子选择：挑选发育饱满、均匀、健康的琼榄种子，置于 10 ℃ 种子低温低湿储藏柜中保存备用（存放时间不超过 2 个月）。

（2）生活力检测：批量抽取种子样本，采用 TTC 法检测种子初始生活力，并选择生活力 ≥85% 的琼榄种子作为保存材料。

（3）含水量测定：经预实验确定，琼榄种子安全贮藏含水量 ≥20%、超低温保存最适宜含水量为 40%~50%。用尼龙网袋包裹种子，室温下置于盛有变色硅胶的干燥器内 0~5 h，种子含水量由初始含水量降至 40%~50%，干燥过程中可定期测定含水量，采用高恒温烘干法测定并计算种子含水量。

2. 种子冷冻程序

琼榄种子超低温保存可采用分步冷冻法，即将待保存的琼榄种子在室温下放入加有 PVS2 玻璃化溶液的冻存管中，置于 4 ℃ 冰箱中 0.5 h，取出后立即放入 −20 ℃ 冰柜中 1 h，后迅速投入液氮中保存。

3. 恢复培养程序

（1）种子解冻处理：液氮中冻存 24 h 后取出冻存管，立即放入 40 ℃ 水浴中快速解冻 5 min，而后用洗涤液浸泡 5 min，并用纯净水洗涤 3 次。

（2）冻后种子生活力检测：取部分解冻后的琼榄种子，进行超低温保存后的生活力检测，当种子生活力 ≥50% 时视为保存成功。

（3）萌芽成苗：取部分解冻后的琼榄种子，播种到带有无菌滤纸的带盖发芽盒中或直接播种到发芽基质中，在温度 25~30 ℃、湿度 70%~85% 的条件下培养。

1 cm   1 cm

图 4-96　琼榄种子

九十七、 神秘果种子超低温保存方法

神秘果 *Synsepalum dulcificum* Daniell 为山榄科神秘果属常绿灌木，其果实、种子及叶可入药。其果肉中含有的神秘果素能改变人的味觉，使酸的食物变甜。每年 6~7 月及 11~12 月，当果实变为鲜红色、果肉变软后即可采收。神秘果种子是顽拗性种子，不能以低温低湿法保存，故采用超低温保存方法对其进行长期贮藏。

1. 种子前处理

（1）种子选择：挑选发育饱满、均匀、健康的神秘果种子，置于 4 ℃冰箱中保存备用（存放时间不超过 1 个月）。

（2）生活力检测：批量抽取种子样本，采用 TTC 法检测种子初始生活力，并选择生活力≥90% 的神秘果种子作为保存材料。

（3）含水量测定：经预实验确定，神秘果种子安全贮藏含水量≥20%、超低温保存最适宜含水量为 23%~35%。用尼龙网袋包裹种子，室温下置于盛有变色硅胶的干燥器内 0~40 h，种子含水量由初始的 35%~40% 降至 23%~35%，干燥过程中可定期测定含水量，采用高恒温烘干法测定并计算种子含水量。

2. 种子冷冻程序

神秘果种子超低温保存可采用玻璃化冷冻法，即将含水量为 23%~35% 的神秘果种子放入加有装载液的冻存管中，于 25 ℃放置 25 min，然后将装载液换成 PVS2 玻璃化溶液，置于冰浴环境中 30 min，最后换上预冷新鲜的保护液后迅速投入液氮中保存。

3. 恢复培养程序

（1）种子解冻处理：液氮中冻存 24 h 后取出冻存管，立即放入 40 ℃水浴中快速解冻 5 min，而后用洗涤液浸泡 15 min，并用纯净水洗涤 3 次。

（2）冻后种子生活力检测：取部分解冻后的神秘果种子，进行超低温保存后的生活力检测，当种子生活力≥75% 时视为保存成功。

（3）萌芽成苗：取部分解冻后的神秘果种子，播种到带有无菌滤纸的带盖发芽盒中，在温度 25~30 ℃、湿度 70%~85% 的条件下培养。

图 4-97　神秘果种子

九十八、 疏花铁青树种子超低温保存方法

疏花铁青树 *Olax austrosinensis* Y. R. Ling 为铁青树科铁青树属灌木，其根、叶可入药，用作催吐剂，治疗淋病。每年 4~9 月，当果实成熟变红色时即可采收，果实成熟时半埋在增大成钟状的花萼筒内。疏花铁青树种子是中间性种子，不宜以低温低湿法保存，故采用超低温保存方法对其进行长期贮藏。

1. 种子前处理

（1）种子选择：挑选发育饱满、均匀、健康的疏花铁青树种子，置于 10 ℃种子低温低湿储藏柜中保存备用（存放时间不超过 1 个月）。

（2）生活力检测：批量抽取种子样本，采用 TTC 法检测种子初始生活力，并选择生活力≥85%的疏花铁青树种子作为保存材料。

（3）含水量测定：经预实验确定，疏花铁青树种子安全贮藏含水量≥7%、超低温保存最适宜含水量为 10%~15%。用尼龙网袋包裹种子，室温下置于盛有变色硅胶的干燥器内 0~24 h，种子含水量由初始含水量降至 10%~15%，干燥过程中可定期测定含水量，采用高恒温烘干法测定并计算种子含水量。

2. 种子冷冻程序

疏花铁青树种子超低温保存可采用玻璃化冷冻法，即将含水量为 10%~15%的疏花铁青树种子放入加有装载液的冻存管中，于 25 ℃放置 25 min，然后将装载液换成 PVS2 玻璃化溶液，置于冰浴环境中 30 min，最后换上预冷新鲜的保护液后迅速投入液氮中保存。

3. 恢复培养程序

（1）种子解冻处理：液氮中冻存 24 h 后取出冻存管，立即放入 40 ℃水浴中快速解冻 2 min，而后用洗涤液浸泡 10 min，并用纯净水洗净 3 次。

（2）冻后种子生活力检测：取部分解冻后的疏花铁青树种子，进行超低温保存后的生活力检测，当种子生活力≥70%时视为保存成功。

（3）萌芽成苗：取部分解冻后的疏花铁青树种子，播种到带有无菌滤纸的带盖发芽盒中或直接播种到发芽基质中，在温度 28～30 ℃、湿度 70%～85% 的条件下培养。

图 4-98　疏花铁青树种子

九十九、铜盆花种子超低温保存方法

铜盆花 *Ardisia obtusa* Mez 为紫金牛科紫金牛属常绿灌木，因叶尖钝圆又名钝叶紫金牛。其根、叶可入药，具有清热利湿、消肿止痛、活血化瘀的功效，对于跌打损伤、风湿疾病及各种炎症均有良效。每年 4～7 月，当果实由绿色变成紫黑色时即可采收。铜盆花种子是顽拗性种子，不能以低温低湿法保存，故采用超低温保存方法对其进行长期贮藏。

1. 种子前处理

（1）种子选择：挑选发育饱满、均匀、健康的铜盆花种子，置于 4 ℃冰箱中保存备用（存放时间不超过 2 个月）。

（2）生活力检测：批量抽取种子样本，采用 BTB 法检测种子初始生活力，并选择生活力≥85% 的铜盆花种子作为保存材料。

（3）含水量测定：经预实验确定，铜盆花种子安全贮藏含水量≥18%、超低温保存最适宜含水量为 19%～30%。用尼龙网袋包裹种子，室温下置于盛有变色硅胶的干燥器内 0～6 h，种子含水量由初始的 30%～35% 降至 19%～30%，干燥过程中可定期测定含水量，采用高恒温烘干法测定并计算种子含水量。

2. 种子冷冻程序

铜盆花种子超低温保存可采用分步冷冻法，即将待保存的种子在室温下放入加有 PVS2 玻璃化溶液的冻存管中，置于 4 ℃ 冰箱中 0.5 h，取出后立即放入 −20 ℃ 冰柜中 1 h，后迅速投入液氮中保存。

3. 恢复培养程序

（1）种子解冻处理：液氮中冻存 24 h 后取出冻存管，立即放入 40 ℃ 水浴中快速解冻 2 min，而后用洗涤液浸泡 3 次，每次 5 min，并用纯净水冲洗干净。

（2）冻后种子生活力检测：取部分解冻后的铜盆花种子，进行超低温保存后的生活力检测，当种子生活力≥85% 时视为保存成功。

（3）萌芽成苗：取部分解冻后的铜盆花种子，放入 40 ℃ 温水中催芽 24 h 后，播种到带有无菌滤纸的带盖发芽盒中，在温度 20～25 ℃、湿度 70%～85% 的条件下培养。

| 1 000 μm | | 1 000 μm |

图 4-99　铜盆花种子

一百、 细叶黄皮种子超低温保存方法

细叶黄皮 *Clausena anisum-olens*（Blanco）Merr. 为芸香科黄皮属常绿小乔木，其果实、枝叶可入药，枝叶具有祛风除湿的功效；民间将成熟的果实晒干后用酒浸泡，服之有化痰止咳的功效。每年 6 月，当果实成熟变成黄色、质软时即可采收。细叶黄皮种子为顽拗性种子，不能以低温低湿法保存，故采用超低温保存方法对其进行长期贮藏。

1. 种子前处理

（1）种子选择：挑选发育饱满、均匀、健康的细叶黄皮种子，置于 4 ℃ 冰箱中保存备用（存放时间不超过 1 个月）。

（2）生活力检测：批量抽取种子样本，采用 BTB 法检测种子初始生活力，并选择生活力≥95% 的细叶黄皮种子作为保存材料。

（3）含水量测定：经预实验确定，细叶黄皮种子安全贮藏含水量≥10%、超低温保存最适宜含水量为10%~15%。用尼龙网袋包裹种子，室温下置于盛有变色硅胶的干燥器内 2~16 h，种子含水量由初始的 15%~20% 降至 10%~15%，干燥过程中可定期测定含水量，采用高恒温烘干法测定并计算种子含水量。

2. 种子冷冻程序

细叶黄皮种子超低温保存可采用分步冷冻法，即将待保存的细叶黄皮种子在室温下放入加有 PVS2 玻璃化溶液的冻存管中，置于 4 ℃冰箱中 0.5 h，取出后立即放入 −20 ℃冰柜中 1 h，后迅速投入液氮中保存。

3. 恢复培养程序

（1）种子解冻处理：液氮中冻存 24 h 后取出冻存管，立即放入 40 ℃水浴中快速解冻 3 min，而后用洗涤液浸泡 3 次，每次 5 min，并用纯净水洗涤 3 次。

（2）冻后种子生活力检测：取部分解冻后的细叶黄皮种子，进行超低温保存后的生活力检测，当种子生活力≥80%时视为保存成功。

（3）萌芽成苗：取部分解冻后的细叶黄皮种子，播种到带有无菌滤纸的带盖发芽盒中或直接播种到发芽基质中，在温度 25~30 ℃、湿度 70%~85% 的条件下培养。

5 000 μm　　　　　　　　5 000 μm

图 4-100　　细叶黄皮种子

一百〇一、 香橙种子超低温保存方法

香橙 *Citrus × junos* Siebold ex Tanaka 为芸香科柑橘属小乔木，果肉味酸，带苦味，具香气。其果皮、果实、果核均可入药，用于治疗胃痛、呕吐、消化不良。每年 10~12 月，当果实变为橙黄色至橙红色时即可采收。香橙种子是中间性种子，不宜以低温低湿法保存，故采用超低温保存方法对其进行长期贮藏。

1. 种子前处理

（1）种子选择：挑选发育饱满、均匀、健康的香橙种子，置于 4 ℃ 冰箱中保存备用（存放时间不超过 1 个月）。

（2）生活力检测：批量抽取种子样本。采用 TTC 法检测种子初始生活力，并选择生活力 ≥ 85% 的香橙种子作为保存材料。

（3）含水量测定：经预实验确定，香橙种子安全贮藏含水量 ≥ 7%、超低温保存最适宜含水量为 7% ~ 25%。用尼龙网袋包裹种子，室温下置于盛有变色硅胶的干燥器内 7 ~ 72 h，种子含水量由初始的 35% ~ 40% 降至 7% ~ 25%，干燥过程中可定期测定含水量，采用高恒温烘干法测定并计算种子含水量。

2. 种子冷冻程序

香橙种子超低温保存可采用直接冷冻法，即将含水量为 7% ~ 25% 的香橙种子放入冻存管中，迅速投入液氮中保存。

3. 恢复培养程序

（1）种子解冻处理：液氮中冻存 24 h 后取出冻存管，立即放入 40 ℃ 水浴中快速解冻 5 min。

（2）冻后种子生活力检测：取部分解冻后的香橙种子，进行超低温保存后的生活力检测，当种子生活力 ≥ 70% 时视为保存成功。

（3）萌芽成苗：取部分解冻后的香橙种子，播种到带有无菌滤纸的带盖发芽盒中或直接播种到发芽基质中，在温度 25 ~ 30 ℃、湿度 65% ~ 70% 的条件下培养。出芽周期为 10 ~ 20 d。

1 000 μm   1 000 μm

图 4-101　香橙种子

一百〇二、　橡胶树种子超低温保存方法

橡胶树 *Hevea brasiliensis*（Willd. ex A. Juss.）Müell. Arg. 为大戟科橡胶树属大乔木，其叶、树

皮、种子、乳汁可入药，用于治疗跌打损伤、烫伤、皮肤瘙痒、便秘。从树干中割取的弹性橡胶，可用于制造橡胶膏药。每年 8~12 月，当果实成熟时即可采收。橡胶树种子是中间性种子，不宜以低温低湿法保存，故采用超低温保存方法对其进行长期贮藏。

1. 种子前处理

（1）种子选择：挑选发育饱满、均匀、健康的橡胶树种子，置于 10 ℃ 种子低温低湿储藏柜中保存备用（存放时间不超过 1 个月）。

（2）生活力检测：批量抽取种子样本，采用 TTC 法检测种子初始生活力，并选择生活力≥85% 的橡胶树种子作为保存材料。

（3）含水量测定：经预实验确定，橡胶树种子安全贮藏含水量≥10%、超低温保存最适宜含水量为 10%~15%。用尼龙网袋包裹种子，室温下置于盛有变色硅胶的干燥器内 5~24 h，种子含水量由初始的 25%~30% 降至 10%~15%，干燥过程中可定期测定含水量，采用高恒温烘干法测定并计算种子含水量。

2. 种子冷冻程序

橡胶树种子超低温保存可采用直接冷冻法，即将含水量为 10%~15% 的橡胶树种子放入冻存管中，迅速投入液氮中保存。

3. 恢复培养程序

（1）种子解冻处理：液氮中冻存 24 h 后取出冻存管，立即放入 40 ℃ 水浴中快速解冻 10 min。

（2）冻后种子生活力检测：取部分解冻后的橡胶树种子，进行超低温保存后的生活力检测，当种子生活力≥70% 时视为保存成功。

（3）萌芽成苗：取部分解冻后的橡胶树种子，播种到带有无菌滤纸的带盖发芽盒中或直接播种到发芽基质中，在温度 25~30 ℃、湿度 70%~80% 的条件下培养。

1 cm　　　　1 cm

图 4-102　橡胶树种子

一百〇三、 洋苏木种子超低温保存方法

洋苏木 *Haematoxylum campechianum* L. 为豆科采木属常绿小乔木，别称采木，原产于中美洲、南美洲及西印度群岛等的热带地区。其木材和花可入药，作收敛剂，用于治疗痢疾和腹泻。每年3月下旬至4月下旬，当荚果成熟、种子呈橘黄色时即可采收。洋苏木种子是顽拗性种子，不能以低温低湿法保存，故采用超低温保存方法对其进行长期贮藏。

1. 种子前处理

（1）种子选择：挑选发育饱满、均匀、健康的洋苏木种子，置于4 ℃冰箱中保存备用（存放时间不超过2个月）。

（2）生活力检测：批量抽取种子样本，采用BTB法检测种子初始生活力，并选择生活力≥50%的洋苏木种子作为保存材料。

（3）含水量测定：经预实验确定，洋苏木种子安全贮藏含水量≥10%、超低温保存最适宜含水量为10%~12%。用尼龙网袋包裹种子，室温下置于盛有变色硅胶的干燥器内8~16 h，种子含水量由初始的15%~20%降至10%~12%，干燥过程中可定期测定含水量，采用高恒温烘干法测定并计算种子含水量。

2. 种子冷冻程序

洋苏木种子超低温保存可采用玻璃化冷冻法，即将含水量为10%~12%的洋苏木种子放入加有装载液的冻存管中，于25 ℃放置20 min，然后将装载液换成PVS2玻璃化溶液，置于冰浴环境中30 min，最后换上预冷新鲜的保护液后迅速投入液氮中保存。

3. 恢复培养程序

（1）种子解冻处理：液氮中冻存24 h后取出冻存管，立即放入40 ℃水浴中快速解冻2 min，而后用洗涤液浸泡15 min，并用纯净水洗涤3次。

（2）冻后种子生活力检测：取部分解冻后的洋苏木种子，进行超低温保存后的生活力检测，当种子生活力≥70%时视为保存成功。

（3）萌芽成苗：取部分解冻后的洋苏木种子，播种到带有无菌滤纸的带盖发芽盒中，在温度25~30 ℃、湿度70%~85%的条件下培养。

图 4-103 洋苏木种子

一百〇四、 越南牡荆种子超低温保存方法

越南牡荆 *Vitex tripinnata*（Lour.）Merr. 为马鞭草科牡荆属灌木，其木材浅黄色或灰黄褐色，无心材、边材之别，可作胶合板用材；其茎木可入药，用于治疗胃肠疾病。每年 6～7 月，当果实成熟时即可采收。越南牡荆种子是顽拗性种子，不能以低温低湿法保存，故采用超低温保存方法对其进行长期贮藏。

1. 种子前处理

（1）种子选择：挑选发育饱满、均匀、健康的越南牡荆种子，置于 4 ℃ 冰箱中保存备用（存放时间不超过 2 个月）。

（2）生活力检测：批量抽取种子样本，采用 BTB 法检测种子初始生活力，并选择生活力 ≥ 60% 的越南牡荆种子作为保存材料。

（3）含水量测定：经预实验确定，越南牡荆种子安全贮藏含水量 ≥ 10%、超低温保存最适宜含水量为 10%～15%。用尼龙网袋包裹种子，室温下置于盛有变色硅胶的干燥器内 5～22 h，种子含水量由初始的 15%～20% 降至 10%～15%，干燥过程中可定期测定含水量，采用高恒温烘干法测定并计算种子含水量。

2. 种子冷冻程序

越南牡荆种子超低温保存可采用玻璃化冷冻法，即将含水量为 10%～15% 的越南牡荆种子放入加有装载液的冻存管中，于 25 ℃ 放置 25 min，然后将装载液换成 PVS2 玻璃化溶液，置于冰浴环境中 30 min，最后换上预冷新鲜的保护液后迅速投入液氮中保存。

3. 恢复培养程序

（1）种子解冻处理：液氮中冻存 24 h 后取出冻存管，立即放入 40 ℃ 水浴中快速解冻 2 min，而后用洗涤液浸泡 10 min，并用纯净水洗净 3 次。

（2）冻后种子生活力检测：取部分解冻后的越南牡荆种子，进行超低温保存后的生活力检测，当种子生活力≥50% 时视为保存成功。

（3）萌芽成苗：取部分解冻后的越南牡荆种子，播种到带有无菌滤纸的带盖发芽盒中，在温度 25~30 ℃、湿度 70%~85% 的条件下培养。

图 4-104　越南牡荆种子

一百〇五、　竹叶蒲桃种子超低温保存方法

竹叶蒲桃 *Syzygium myrsinifolium*（Hance）Merr. et Perry 为桃金娘科蒲桃属小乔木，为我国海南特有树种。每年 12 月至翌年 5 月，当果实成熟变为紫红色时即可采收。竹叶蒲桃是顽拗性种子，不能以低温低湿法保存，故采用超低温保存方法对其进行长期贮藏。

1. 种子前处理

（1）种子选择：挑选发育饱满、均匀、健康的竹叶蒲桃种子，置于 10 ℃ 种子低温低湿储藏柜中保存备用（存放时间不超过 1 个月）。

（2）生活力检测：批量抽取种子样本，采用 TTC 法检测种子初始生活力，并选择生活力≥60% 的竹叶蒲桃种子作为保存材料。

（3）含水量测定：经预实验确定，竹叶蒲桃种子安全贮藏含水量≥30%、超低温保存最适宜含水量为 33%~36%。用尼龙网袋包裹种子，室温下置于盛有变色硅胶的干燥器内 20~72 h，种子含水量由初始的 45%~50% 降至 33%~36%，干燥过程中可定期测定含水量，采用高恒温烘干法测定并计算种子含水量。

2. 种子冷冻程序

竹叶蒲桃种子超低温保存可采用分步冷冻法，即将待保存的竹叶蒲桃种子在室温下放入加有 PVS2 玻璃化溶液的冻存管中，置于 4 ℃ 冰箱中 0.5 h，取出后立即放入 −20 ℃ 冰柜中 1 h，后迅速投入液氮中保存。

3. 恢复培养程序

（1）种子解冻处理：液氮中冻存 24 h 后取出冻存管，立即放入 40 ℃水浴中快速解冻 2 min，而后用洗涤液浸泡 5 min，并用纯净水洗涤 3 次。

（2）冻后种子生活力检测：取部分解冻后的竹叶蒲桃种子，进行超低温保存后的生活力检测，当种子生活力≥50% 时视为保存成功。

（3）萌芽成苗：取部分解冻后的竹叶蒲桃种子，播种到带有无菌滤纸的带盖发芽盒中或直接播种到发芽基质中，在温度 28～30 ℃、湿度 70%～85% 的条件下培养。

1 000 μm

1 000 μm

图 4-105　竹叶蒲桃种子

48 种药用植物顽拗性（中间性）种子超低温保存技术通则及规程（中华中医药学会团体标准）

ICS 11. 120. 01

C 23

团　体　标　准

T/CACM 1326. 1—2019

药用植物顽拗性种子超低温保存技术通则

General rule for cryopreservation of recalcitrant seeds of

Chinese medicinal plants

2019 –10 –17 发布

2019 –10 –17 实施

中 华 中 医 药 学 会 发布

目　次

前言 ……………………………………………………………………………………… 163

引言 ……………………………………………………………………………………… 164

1　范围 ………………………………………………………………………………… 165

2　规范性引用文件 …………………………………………………………………… 165

3　术语和定义 ………………………………………………………………………… 165

4　种子贮藏特性的判断 ……………………………………………………………… 166

5　种子的选择 ………………………………………………………………………… 166

6　种子前处理 ………………………………………………………………………… 166

7　种子保存量 ………………………………………………………………………… 167

8　种子冷冻方式 ……………………………………………………………………… 167

9　恢复培养 …………………………………………………………………………… 167

10　保存种子补充规则 ……………………………………………………………… 168

附录 A（规范性附录）种子贮藏特性判断方法及保存流程 ………………………… 169

参考文献 ………………………………………………………………………………… 170

前　　言

本标准是药用植物顽拗性种子超低温保存系列标准之一，该系列标准结构和名称如下：

——T/CACM 1326.1　药用植物顽拗性种子超低温保存技术通则；

——T/CACM 1326.2　白木香种子超低温保存技术规程；

——T/CACM 1326.3　降香种子超低温保存技术规程；

——T/CACM 1326.4　益智种子超低温保存技术规程；

——T/CACM 1326.5　高良姜种子超低温保存技术规程；

——T/CACM 1326.6　朱砂根种子超低温保存技术规程；

——T/CACM 1326.7　草豆蔻种子超低温保存技术规程；

——T/CACM 1326.8　化州柚种子超低温保存技术规程；

——T/CACM 1326.9　樟种子超低温保存技术规程；

——T/CACM 1326.10　两面针种子超低温保存技术规程；

…………

本标准按照 GB/T 1.1—2009《标准化工作导则　第 1 部分：标准的结构和编写》给出的规则起草。

本标准由中国医学科学院药用植物研究所海南分所提出。

本标准由中华中医药学会归口。

本标准起草单位：中国医学科学院药用植物研究所海南分所，中国医学科学院药用植物研究所，中国科学院昆明植物研究所。

本标准主要起草人：魏建和，曾琳，郑希龙，李榕涛，王秋玲，杨湘云，何明军，林亮，胡枭剑，金钺，顾雅坤，符丽。

引　言

　　药用植物种质资源是中医药产业可持续发展和新药创制的物质基础，我国是世界上药用植物种质资源最为丰富的国家。长期以来，对药用植物的过度采伐与利用，工业化与城镇化发展及近年来的全球气候变暖，严重危及药用植物的多样性。药用植物主要通过种子繁殖。我国南方区域的药用植物种子多为顽拗性种子，难以长期保存。顽拗性种子植物多采用就地保存和迁地保存，这两种传统保存方法占地面积大，且易受极端气候条件的影响和病虫害侵袭，造成保存材料的丧失。建立低耗、安全、长期的药用植物种质资源保存技术方法极为重要。

　　超低温保存是将植物细胞、组织或器官置于液氮条件下（－196℃）保存的一种技术。在液氮条件下，细胞分裂与生理代谢停止，因而能长期保存植物材料和保证保存植物材料的遗传稳定性。超低温保存具有占有空间小、耗能低、成本低、操作简便的特点，被认为是目前长期保存植物种质资源最理想的方法。自20世纪60年代植物超低温保存首次成功报道以来，在过去的60年间，植物超低温保存技术研究迅速发展。到目前为止，几乎所有重要经济作物的超低温保存都有成功报道。已建立了多种重要经济作物的超低温基因库。药用植物种质资源的超低温保存技术研究远远滞后于其他植物，且超低温基因库尚未建立。

　　为促进药用植物顽拗性种子液氮超低温保存技术的研究与超低温基因库的建立，我们建立了我国唯一的国家级顽拗性药用植物种质资源库——国家南药基因资源库。为促进药用植物顽拗性种子液氮超低温保存技术研究，加快超低温基因库的建立，特制定本标准。

药用植物顽拗性种子超低温保存技术通则

1　范围

本标准规定了药用植物顽拗性种子超低温保存过程中的术语和定义、贮藏特性的判断、保存种子的选择、种子前处理、种子保存量、种子冷冻方式、解冻及恢复培养、保存种子补充规则等内容。

本标准适用于药用植物顽拗性种子超低温保存。

2　规范性引用文件

下列文件对本文件的应用是必不可少的。凡是注日期的引用文件，仅注日期的版本适用于本文件。凡是不注日期的引用文件，其最新版本（包括所有的修改单）适用于本文件。

GB/T 3543.6　农作物种子检验规程　水分测定

GB/T 3543.7　农作物种子检验规程　其他项目检验

3　术语和定义

下列术语和定义适用于本文件。

3.1

种子　seed

种子植物特有的繁殖体，由胚珠经过传粉受精形成。

3.2

顽拗性种子　recalcitrant seeds

成熟脱落时仍保持较高含水量（20%~90%），且整个生长发育过程对脱水和低温（0 ℃）敏感的种子，在自然条件下贮藏寿命短。种子贮藏温度低于 0 ℃时，会因为细胞内形成冰晶而丧失活力。

3.3

正常性种子　orthodox seeds

种子含水量降至 5%~7% 时不会影响种子活力，在低温干燥条件下保存能延长寿命的耐干燥、耐低温种子。

3. 4

中间性种子   intermediate seeds

种子含水量降至10%~12%时（但含水量不能低于5%）不会影响种子活力的种子和种子含水量降至5%不会影响种子活力，但对低温敏感的种子，通常不适用正常性种子的贮藏环境。

3. 5

超低温保存   cryopreservation

将经过前处理的种子置于液氮（－196℃）中保存的方法。

3. 6

贮藏特性判断   determination of seed storage behavior

根据种子的脱水耐受性和耐藏性确定种子的贮藏特性，即测定种子对脱水的忍耐程度以及测定种子在－20℃环境中保存后的生活力变化，并根据其活力值判定其是否为顽拗性种子。

4   种子贮藏特性的判断

采用干燥剂脱水法（将种子置于放有硅胶干燥剂的干燥器皿中）将种子脱水至10%~12%含水量，测定脱水后的种子活力，若多数种子无活力则判断为顽拗性种子。若多数种子有活力则继续进行脱水，将种子脱水至5%含水量，测定其活力，若多数种子无活力，则判断为中间性种子；若多数种子有活力则继续进行耐藏性实验，即将种子置于－20℃环境中密封贮藏3个月，测定其活力，若多数种子无活力则判断为中间性种子，若所有或几乎所有种子有活力则为正常性种子。

种子贮藏特性判断方法及步骤见附录A。

5   种子的选择

挑选充分成熟、饱满、种皮完好、无病虫害的种子为保存材料。

6   种子前处理

6.1   种子活力检测

用2,3,5-三苯基氯化四氮唑（TTC）法、溴麝香草酚蓝（BTB）法或电导率法检测生活力，或进行种子萌发实验测定其发芽率。待保存种子的活力应≥50%。

测定方法见 GB/T 3543. 7。

6.2 保存种子含水量范围选择

将种子置于放有硅胶干燥剂的干燥器皿中脱水不同时间，获得不同含水量梯度的种子。

a）初始含水量≥70%，待保存材料含水量范围为 45% 至初始含水量之间（低于 45% 时其活力受影响），可设置 5 个~6 个含水量梯度。

b）40%≤初始含水量<70%，待保存材料含水量范围为 25% 至初始含水量之间（低于 25% 时其活力受影响），可设置 5 个~6 个含水量梯度。

c）20%≤初始含水量<40%，待保存材料含水量范围为 10% 至初始含水量之间（低于 10% 时其活力受影响），可设置 4 个~5 个含水量梯度。

测定方法见 GB/T 3543.6。

7 种子保存量

根据待保存种子初始活力和超低温冷冻后活力确定保存数量。

a）初始活力≥90% 或冷冻后活力≥75% 的种子不少于 200 粒。

b）初始活力≥80% 或冷冻后活力≥70% 的种子不少于 300 粒。

c）初始活力≥70% 或冷冻后活力≥60% 的种子不少于 500 粒。

d）初始活力≤50% 或冷冻后活力≤50% 的种子不少于 800 粒。

珍稀物种的种子保存量视种子采集可获得量而定。

8 种子冷冻方式

将待保存种子放入冻存管中，冻存管上标明品种编号和日期，选用玻璃化冷冻法、分步冷冻法或直接冷冻法对保存种子进行液氮超低温冷冻保存。

顽拗性种子超低温保存流程图见附录 A。

9 恢复培养

9.1 种子解冻处理

待保存材料在液氮中冻存 24 h 后，将材料从液氮中取出，快速投入 37 ℃~40 ℃ 水浴解冻 1 min ~ 10 min 或室温解冻 2 h~5 h。

9.2 冻后种子活力检测

取出部分解冻后的种子，进行超低温保存后的初始活力检测。并根据种子初始活力和种子特性确定冻后种子活力为多少时视为保存成功。

9.3 萌芽成苗

解冻后的种子播种到适宜条件下萌芽成苗。

10 保存种子补充规则

补充规则如下。

a) 初始活力≥80%，每 20 年取出监测一次活力：降幅小于 10%，则不予补充；降低了 10%~20%，则 10 年内进行补充；降低了 20%~30%，则 5 年内补充；降幅超过 30% 则 3 年内补充。

b) 70%≤初始活力<80%，每 15 年取出监测一次活力：降幅小于 10%，则不予补充；降幅为 10%~20%，则 5 年内补充；降幅超过 20%，则 3 年内补充。

c) 60%≤初始活力<70%，每 10 年取出监测一次活力：降幅小于 5%，则不予补充；降幅为 5%~10%，则 5 年内补充；降幅超过 10%，则 3 年内补充。

附 录 A

（规范性附录）

种子贮藏特性判断方法及保存流程

A.1 种子贮藏特性判断方法及步骤见附图 1-1

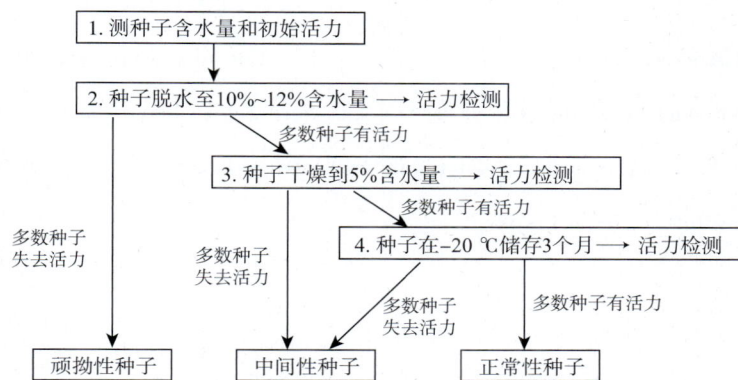

附图 1-1 种子贮藏特性判断方法及步骤 （图来源于参考文献 ［7］）

A.2 顽拗性种子超低温保存流程图见附图 1-2

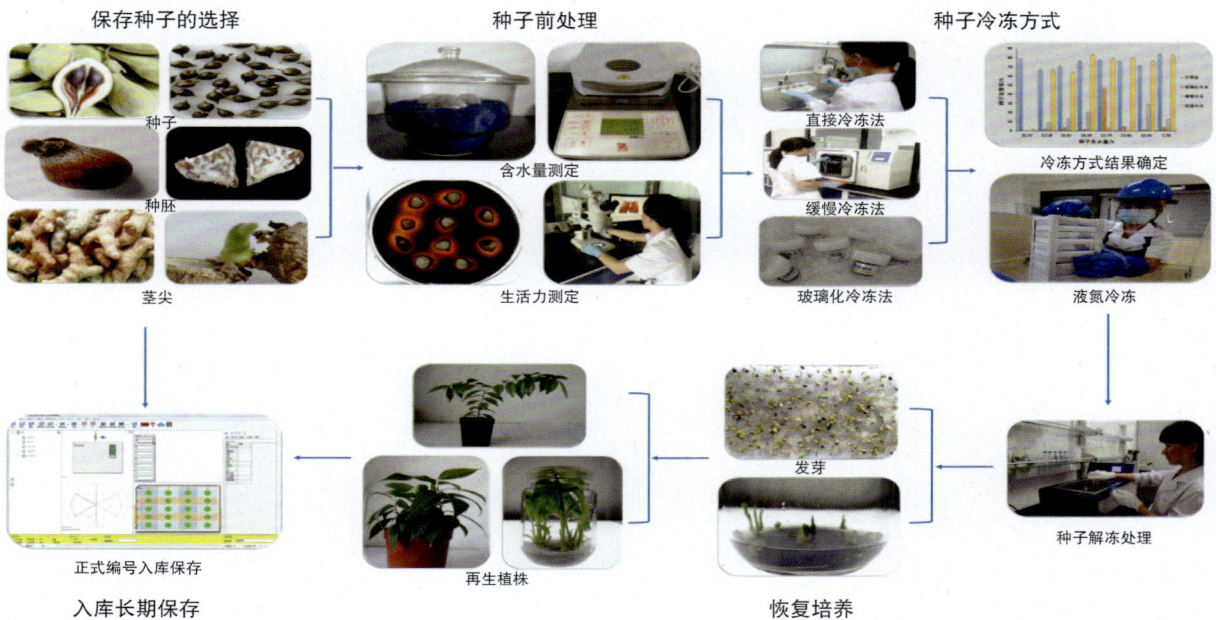

附图 1-2 顽拗性种子超低温保存流程图

参 考 文 献

［1］第九届全国人民代表大会常务委员会. 中华人民共和国种子法［M］. 北京：法律出版社，2015.

［2］张红生，胡晋. 种子学［M］. 2 版. 北京：科学出版社，2015.

［3］傅家瑞，宋松泉. 顽拗性种子生物学［M］. 北京：中国科学文化出版社，2004：1.

［4］文彬，宋松泉. 种子的超低温贮藏［M］. 北京：科学出版社，2005：145 - 148.

［5］REED B M. Plant Cryopreservation: A Practical Guide［M］. Corvallis: Springer, 2008：3.

［6］ROBERTS E H. Predicting the storage life of seeds［J］. Seed Sci Technol, 1973, 1：499 - 514.

［7］HONG T D, ELLIS R H. A protocol to determine seed storage behaviour［M］. Rome: International Plant Genetic Resources Institute, 1996：1 - 62.

ICS 11.120.01
C 23

团 体 标 准

T/CACM 1326.2—2019

白木香种子超低温保存技术规程

Technical code of practice for cryopreservation of

Aquilaria sinensis（Lour.）Spreng. seeds

2019 –10 –17 发布   2019 –10 –17 实施

中华中医药学会 发布

目　次

前言 ……………………………………………………………………………… 173

1　范围 …………………………………………………………………………… 174

2　规范性引用文件 ……………………………………………………………… 174

3　术语和定义 …………………………………………………………………… 174

4　种子采收及选择 ……………………………………………………………… 175

5　种子前处理 …………………………………………………………………… 175

6　种子保存量 …………………………………………………………………… 176

7　种子冷冻方式 ………………………………………………………………… 176

8　恢复培养 ……………………………………………………………………… 176

附录 A（规范性附录）TTC/磷酸盐缓冲溶液的配制和保存方法 ……………… 178

参考文献 ………………………………………………………………………… 179

前　言

本标准是药用植物顽拗性种子超低温保存系列标准之一，该系列标准结构和名称如下：

——T/CACM 1326.1　药用植物顽拗性种子超低温保存技术通则；

——T/CACM 1326.2　白木香种子超低温保存技术规程；

——T/CACM 1326.3　降香种子超低温保存技术规程；

——T/CACM 1326.4　益智种子超低温保存技术规程；

——T/CACM 1326.5　高良姜种子超低温保存技术规程；

——T/CACM 1326.6　朱砂根种子超低温保存技术规程；

——T/CACM 1326.7　草豆蔻种子超低温保存技术规程；

——T/CACM 1326.8　化州柚种子超低温保存技术规程；

——T/CACM 1326.9　樟种子超低温保存技术规程；

——T/CACM 1326.10　两面针种子超低温保存技术规程；

…………

本标准按照 GB/T 1.1—2009《标准化工作导则　第 1 部分：标准的结构和编写》给出的规则起草。

本标准由中国医学科学院药用植物研究所海南分所提出。

本标准由中华中医药学会归口。

本标准起草单位：中国医学科学院药用植物研究所海南分所，中国医学科学院药用植物研究所。

本标准主要起草人：魏建和，曾琳，杨云，郑希龙，王秋玲，何明军，金钺，顾雅坤，符丽。

白木香种子超低温保存技术规程

1 范围

本标准规定了白木香 ［*Aquilaria sinensis*（Lour.）Spreng.］ 种子超低温保存过程中的术语和定义、种子采收及选择、种子前处理、种子保存量、种子冷冻方式、恢复培养等内容。

本标准适用于白木香种子的超低温长期贮藏。

2 规范性引用文件

下列文件对本文件的应用是必不可少的。凡是注日期的引用文件，仅注日期的版本适用于本文件。凡是不注日期的引用文件，其最新版本（包括所有的修改单）适用于本文件。

GB/T 3543.6　农作物种子检验规程　水分测定

GB/T 3543.7　农作物种子检验规程　其他项目检验

3 术语和定义

下列术语和定义适用于本文件。

3.1

白木香　*Aquilaria sinensis*（Lour.）Spreng.

为瑞香科（Thymelaeaceae）沉香属（*Aquilaria* Lam.）常绿乔木，高 5 m～15 m。叶革质，圆形、椭圆形至长圆形或近倒卵形，伞形花序。渐危种，国家 Ⅱ 级重点保护野生植物。该植物老茎受伤后所积得的树脂为《中华人民共和国药典》（2015 版）收载的名贵药沉香，用于治疗胸腹胀闷疼痛，胃寒呕吐呃逆，肾虚气逆喘急。

3.2

白木香果实　*Aquilaria sinensis*（Lour.）Spreng. fruits

果实为蒴果，蒴果果梗短，卵球形，幼时绿色，长 2 cm～3 cm，直径约 2 cm，顶端具短尖头，基部渐狭，密被黄色短柔毛，2 瓣裂，2 室，每室具有 1 粒种子。

3.3

白木香种子 *Aquilaria sinensis*（**Lour.**）**Spreng. seeds**

白木香的播种材料为完整种子，贮藏特性判断为顽拗性种子。种子褐色，卵球形，长约 1 cm，宽约 5.5 mm，疏被柔毛，基部具有附属体，附属体长约 1.5 cm，上端宽扁，宽约 4 mm，下端呈柄状。

3.4

种子超低温保存 **seed of cryopreservation**

将经过前处理的白木香种子置于液氮（-196 ℃）中保存。

4 种子采收及选择

4.1 种子采收

5 月底—6 月中旬，当果皮颜色由绿转为黄白、果实自然开裂、种子呈棕褐色时即可采收，去除果皮和附属体，取出种子。

4.2 种子选择

挑选发育饱满、均匀、健康的种子，置于 4 ℃冰箱中保存备用（存放时间不超过 15 d）。

5 种子前处理

5.1 活力

5.1.1 检测

白木香种子活力以种子生活力为判别标准。按照 GB/T 3543.7 中的 2,3,5-三苯基氯化四氮唑（TTC）法检测种子生活力。随机抽取 30 粒种子，剥去外层种皮，沿种脊小心将种子分成 2 片后放培养皿内，内侧面向下，滴入 TTC/磷酸盐缓冲溶液浸没种子，室温（25 ℃）避光放置 4 h 后观察染色结果。

TTC/磷酸盐缓冲溶液的配制和保存方法见附录 A。

5.1.2 鉴定及要求

直接用肉眼对染色结果进行观察鉴定。凡胚及胚乳全部染成有光泽的鲜红色，且组织状态正常的，为有生活力的种子，否则为无生活力的种子。

待保存的白木香种子生活力应≥85%。

5.1.3 计算

生活力按照公式（1）进行计算：

$$A = \frac{y}{x} \times 100\% \tag{1}$$

式中：A——生活力；

$\quad\quad$ y——有活力的种子数；

$\quad\quad$ x——总的种子数。

5.2 含水量范围

用尼龙网袋包裹白木香种子，置于盛有变色硅胶的干燥器内，硅胶与种子的体积比为 50∶1，室温条件下干燥处理 24 h～32 h，在干燥过程中定期测定种子含水量，将种子含水量由 35%～45% 降至 10%～13%。

按照 GB/T 3543.6 中的高恒温烘干法（130 ℃烘干 1 h）测定种子含水量（W_0），并按照公式（2）进行计算：

$$W_0 = \frac{M_1 - M_2}{M_1} \times 100\% \tag{2}$$

式中：W_0——种子含水量，用百分数表示（%）；

$\quad\quad$ M_1——种子鲜重，单位为克（g）；

$\quad\quad$ M_2——种子烘后重量，单位为克（g）。

6 种子保存量

白木香种子保存量不少于 240 粒，以便后期的活力检测使用。

7 种子冷冻方式

白木香种子超低温保存的冷冻方式为直接冷冻法，即将待保存的白木香种子放入 5 mL 冻存管中（每管 20 粒种子），迅速投入液氮中保存。

8 恢复培养

8.1 种子解冻处理

液氮中冻存 24 h 后取出冻存管，取出 2 个冻存管，立即放入 40 ℃水浴中快速解冻 2 min。

8.2 冻后种子活力检测

取出 1 管解冻后的种子，按照 5.1 进行超低温保存后的初始生活力检测。当种子生活力≥80% 时视为保存成功。

8.3　萌芽成苗

将剩下 1 管解冻后的白木香种子，播种到带有无菌滤纸的带盖发芽盒中，在温度 25 ℃~30 ℃、湿度 70%~85% 的条件下培养，出芽周期大概 20 d。

附 录 A

（规范性附录）

TTC/磷酸盐缓冲溶液的配制和保存方法

A.1 三苯基氯化四氮唑（TTC）溶液配制和保存方法

精密称取 TTC 1.00 g，溶于 100 mL 磷酸盐缓冲溶液中，制成浓度为 1% 的 TTC/磷酸盐缓冲溶液，调 pH 至 6.5～7.5，放入棕色瓶内，置于 4 ℃冰箱备用。

A.2 磷酸盐缓冲溶液的配制方法

溶液Ⅰ：9.08 g 磷酸二氢钾溶于 1 L 无菌水中；

溶液Ⅱ：35.81 g 磷酸二氢钠溶于 1 L 无菌水中；

按Ⅰ：Ⅱ = 2∶3 的比例混合制成磷酸盐缓冲溶液。

参 考 文 献

[1] 国家药典委员会. 中华人民共和国药典 [M]. 北京：中国医药科技出版社，2015：185 – 186.

[2] 中国科学院中国植物志编辑委员会. 中国植物志：第五十二卷：第一分册 [M]. 北京：科学出版社，1999：290.

[3] WANG Y Z, GILBERT M G, MATHEW B, et al. Thymelaeaceae [M] //WU Z Y, RAVEN P H. Flora of China. Beijing：Science Press，2007：214 – 215.

[4] 傅家瑞，宋松泉. 顽拗性种子生物学 [M]. 北京：中国科学文化出版社，2004：1.

[5] REED B M. Plant Cryopreservation: A Practical Guide [M]. Corvallis: Springer, 2008：3.

[6] 刘军民，徐梓勤，徐鸿华，等. 白木香种子的超低温保存研究 [J]. 广州中医药大学学报，2007，24（5）：414 – 415.

ICS 11. 120. 01
C 23

团　体　标　准

T/CACM 1326. 3—2019

降香种子超低温保存技术规程

Technical code of practice for cryopreservation of

Dalbergia odorifera T. Chen seeds

2019 –10 –17 发布　　　　　　　　　　　　2019 –10 –17 实施

中 华 中 医 药 学 会 发布

目　　次

前言 ……………………………………………………………………………………… 183

1　范围 ………………………………………………………………………………… 184

2　规范性引用文件 …………………………………………………………………… 184

3　术语和定义 ………………………………………………………………………… 184

4　种子采收及选择 …………………………………………………………………… 185

5　种子前处理 ………………………………………………………………………… 185

6　种子保存量 ………………………………………………………………………… 186

7　种子冷冻方式 ……………………………………………………………………… 186

8　恢复培养 …………………………………………………………………………… 186

附录 A（规范性附录）　试剂的配制和保存方法 ……………………………………… 188

参考文献 ………………………………………………………………………………… 189

前　言

本标准是药用植物顽拗性种子超低温保存系列标准之一，该系列标准结构和名称如下：

——T/CACM 1326.1　药用植物顽拗性种子超低温保存技术通则；

——T/CACM 1326.2　白木香种子超低温保存技术规程；

——T/CACM 1326.3　降香种子超低温保存技术规程；

——T/CACM 1326.4　益智种子超低温保存技术规程；

——T/CACM 1326.5　高良姜种子超低温保存技术规程；

——T/CACM 1326.6　朱砂根种子超低温保存技术规程；

——T/CACM 1326.7　草豆蔻种子超低温保存技术规程；

——T/CACM 1326.8　化州柚种子超低温保存技术规程；

——T/CACM 1326.9　樟种子超低温保存技术规程；

——T/CACM 1326.10　两面针种子超低温保存技术规程；

…………

本标准按照 GB/T 1.1—2009《标准化工作导则　第 1 部分：标准的结构和编写》给出的规则起草。

本标准由中国医学科学院药用植物研究所海南分所提出。

本标准由中华中医药学会归口。

本标准起草单位：中国医学科学院药用植物研究所海南分所、中国医学科学院药用植物研究所。

本标准主要起草人：魏建和、曾琳、孟慧、郑希龙、王秋玲、何明军、金钺、顾雅坤、符丽。

降香种子超低温保存技术规程

1 范围

本标准规定了降香（*Dalbergia odorifera* T. Chen）种子超低温保存过程中的术语和定义、种子采收及选择、种子前处理、种子保存量、种子冷冻方式、恢复培养等内容。

本标准适用于降香种子的超低温长期贮藏。

2 规范性引用文件

下列文件对本文件的应用是必不可少的。凡是注日期的引用文件，仅注日期的版本适用于本文件。凡是不注日期的引用文件，其最新版本（包括所有的修改单）适用于本文件。

GB/T 3543.6 农作物种子检验规程 水分测定

GB/T 3543.7 农作物种子检验规程 其他项目检验

3 术语和定义

下列术语和定义适用于本文件。

3.1

降香 *Dalbergia odorifera* T. Chen

为豆科（Leguminosae）黄檀属（*Dalbergia* Linn. f.）乔木，高 10 m ~ 15 m，小枝有小而密集的皮孔，圆锥花序腋生。国家 Ⅱ 级重点保护野生植物。为海南特有的珍贵树种，心材极耐腐，切面光滑，纹理美致，且香气经久不灭，是制作名贵家具、工艺品等的上等木材；木材的蒸馏油香气不易挥发，可作定香剂；心材入药，具有降压、行气活血、止痛止血的功效，是《中华人民共和国药典》（2015 版）收载的珍稀名贵南药。

3.2

降香果实 *Dalbergia odorifera* T. Chen fruits

果实为荚果，荚果舌状圆形，长 4.5 cm ~ 8 cm，宽 1.5 cm ~ 1.8 cm，基部略被毛，顶端钝或急尖，基部骤然收窄与纤细的果颈相接，果颈长 5 mm ~ 10 mm，果瓣革质，有种子部分明显隆起，状如棋子，厚可达 5 mm，有种子 1 粒 ~ 2 粒。

3.3

降香种子 *Dalbergia odorifera* **T. Chen seeds**

降香的播种材料为完整种子，贮藏特性判断为顽拗性种子。种子圆肾形，扁平，棕褐色，直径 0.5 cm ~ 0.8 cm，表面光滑，种脐条形。

3.4

种子超低温保存 seed of cryopreservation

将经过前处理的降香种子置于液氮（ – 196 ℃）中保存。

4 种子采收及选择

4.1 种子采收

11 月—12 月，当荚果果皮由青绿色变为黄褐色至棕褐色时，即可采收，去除包裹种子的豆荚，取出种子。

4.2 种子选择

挑选发育饱满、均匀、健康的种子，置于 10 ℃种子储藏柜中保存备用（存放时间不超过 2 个月）。

5 种子前处理

5.1 活力

5.1.1 检测

降香种子活力以种子生活力为判别标准。按照 GB/T 3543.7 中的 2, 3, 5-三苯基氯化四氮唑（TTC）法检测种子生活力。随机抽取 30 粒种子，水浸 20 h，剥去外层种皮，沿种脊小心将种子分成 2 片后放培养皿内，内侧面向下，滴入 TTC 溶液浸没种子，室温（25 ℃）避光放置 4 h 后观察染色结果。

TTC 溶液的配制和保存方法见附录 A 的 A. 1 和 A. 2。

5.1.2 鉴定及要求

直接用肉眼对染色结果进行观察鉴定。凡胚及胚乳全部染成有光泽的鲜红色，且组织状态正常的，为有活力的种子，否则为无生活力的种子。

待保存的降香种子生活力应 ≥ 80 %。

5.1.3 计算

生活力按照公式（1）进行计算：

$$A = \frac{y}{x} \times 100\% \tag{1}$$

式中：A——生活力；

　　　y——有活力的种子数；

　　　x——总的种子数。

5.2 含水量范围

用尼龙网袋包裹降香种子，置于盛有变色硅胶的干燥器内，硅胶与种子的体积比为50∶1，室温条件下干燥处理8 h～15 h，在干燥过程中定期测定种子含水量，将种子含水量由15%～20%降至12%～13%。

按照GB/T 3543.6中的高恒温烘干法（130 ℃烘干1 h）测定种子含水量（W_0），并按照公式（2）进行计算：

$$W_0 = \frac{M_1 - M_2}{M_1} \times 100\% \tag{2}$$

式中：W_0——种子含水量，用百分数表示（%）；

　　　M_1——种子鲜重，单位为克（g）；

　　　M_2——种子烘后重量，单位为克（g）。

6 种子保存量

降香种子保存量不少于300粒，以便后期的活力检测使用。

7 种子冷冻方式

降香种子超低温保存的冷冻方式为玻璃化冷冻法，即将装有种子的5 mL冻存管（每管30粒种子）置于装载液（LS）中并于25 ℃处理种子25 min，再用玻璃化溶液（PVS2）冰浴处理种子30 min，换上预冷新鲜的PVS2后迅速投入液氮中进行超低温保存。

LS和PVS2的配制及保存方法分别见附录A的A.3和A.4。

8 恢复培养

8.1 种子解冻处理

液氮中至少冻存24 h后，取出1个冻存管，立即放入40 ℃水浴中快速解冻5 min，而后用洗涤液（DS）浸泡 15 min，并用纯净水洗涤 3 次。

DS 的配制及保存方法见附录 A 的 A.5。

8.2　冻后种子活力检测

取出 15 粒解冻后的种子，按照 5.1 活力检测方法，进行超低温保存后的初始生活力检测。当种子生活力≥70% 时视为保存成功。

8.3　萌芽成苗

将剩下 15 粒解冻后的降香种子，播种到带有无菌滤纸的带盖发芽盒中，在温度 25 ℃~28 ℃、湿度 70%~85% 的条件下培养。降香种子出芽周期为 10 d~30 d。

附 录 A

（规范性附录）

试剂的配制和保存方法

A.1 三苯基氯化四氮唑（TTC）溶液配制和保存方法

精密称取 TTC 1.00 g，溶于 100 mL 磷酸盐缓冲溶液中，制成浓度为 1% 的 TTC 溶液，调 pH 至 6.5~7.5，放入棕色瓶内，置于 4 ℃冰箱备用。

A.2 磷酸盐缓冲溶液配制方法

溶液 I：9.08 g 磷酸二氢钾溶于 1 L 无菌水中。

溶液 II：35.81 g 磷酸二氢钠溶于 1 L 无菌水中。

按 I ：II ＝2:3 的比例混合制成磷酸盐缓冲溶液。

A.3 装载液（LS）的配制及保存方法

精密称取蔗糖 13.7 g，称量甘油 11.9 mL，溶于液体 MS 培养基中，调 pH 至 5.8 后定容至 100 mL，高温高压灭菌，4 ℃冷藏。

A.4 玻璃化溶液（PVS2）的配制及保存方法

精密量取甘油 23.8 mL、乙二醇 13.6 mL、二甲基亚砜 13.6 mL，称取蔗糖 13.7 g，溶于 MS 溶液中，调 pH 至 5.8 后定容至 100 mL，高温高压灭菌，4 ℃冷藏。

注：配制时需戴手套，并在通风橱内操作。

A.5 洗涤液（DS）的配制及保存方法

精密称取蔗糖 41.1 g 溶于 MS 溶液中，调 pH 至 5.8 后定容至 100 mL，高温高压灭菌，4 ℃冷藏。

参 考 文 献

［1］国家药典委员会. 中华人民共和国药典［M］. 北京：中国医药科技出版社，2015：229 - 230.

［2］中国科学院中国植物志编辑委员会. 中国植物志：第四十卷［M］. 北京：科学出版社，1994：114.

［3］XU L R, CHEN D Z, ZHU X Y, et al. Fabaceae（Leguminosae）［M］//WU Z Y, RAVEN P H. Flora of China. Beijing: Science Press, 2010：128.

［4］傅家瑞，宋松泉. 顽拗性种子生物学［M］. 北京：中国科学文化出版社，2004：1.

［5］REED B M. Plant Cryopreservation: A Practical Guide［M］. Corvallis: Springer, 2008：3.

［6］曾琳，何明军，陈葵，等. 降香黄檀种子和离体胚超低温保存研究［J］. 中国中药杂志，2014，39（12）：2263 - 2266.

ICS 11.120.01

C 23

团 体 标 准

T/CACM 1326.4—2019

益智种子超低温保存技术规程

Technical code of practice for cryopreservation of

Alpinia oxyphylla Miq. seeds

2019 –10 –17 发布　　　　　　　　　　　　　2019 –10 –17 实施

中华中医药学会 发布

目　次

前言 ……………………………………………………………………………………… 193

1　范围 ……………………………………………………………………………… 194

2　规范性引用文件 ………………………………………………………………… 194

3　术语和定义 ……………………………………………………………………… 194

4　种子采收及选择 ………………………………………………………………… 195

5　种子前处理 ……………………………………………………………………… 195

6　种子保存量 ……………………………………………………………………… 196

7　种子冷冻方式 …………………………………………………………………… 196

8　恢复培养 ………………………………………………………………………… 196

参考文献 ……………………………………………………………………………… 198

前　言

本标准是药用植物顽拗性种子超低温保存系列标准之一，该系列标准结构和名称如下：

——T/CACM 1326.1　药用植物顽拗性种子超低温保存技术通则；

——T/CACM 1326.2　白木香种子超低温保存技术规程；

——T/CACM 1326.3　降香种子超低温保存技术规程；

——T/CACM 1326.4　益智种子超低温保存技术规程；

——T/CACM 1326.5　高良姜种子超低温保存技术规程；

——T/CACM 1326.6　朱砂根种子超低温保存技术规程；

——T/CACM 1326.7　草豆蔻种子超低温保存技术规程；

——T/CACM 1326.8　化州柚种子超低温保存技术规程；

——T/CACM 1326.9　樟种子超低温保存技术规程；

——T/CACM 1326.10　两面针种子超低温保存技术规程；

…………

本标准按照 GB/T 1.1—2009《标准化工作导则　第 1 部分：标准的结构和编写》给出的规则起草。

本标准由中国医学科学院药用植物研究所海南分所提出。

本标准由中华中医药学会归口。

本标准起草单位：中国医学科学院药用植物研究所海南分所、中国医学科学院药用植物研究所。

本标准主要起草人：曾琳、魏建和、何明军、王德立、郑希龙、李榕涛、王秋玲、金钺、顾雅坤、符丽。

益智种子超低温保存技术规程

1 范围

本标准规定了益智（*Alpinia oxyphylla* Miq.）种子超低温保存过程中的术语和定义、种子采收及选择、种子前处理、种子保存量、种子冷冻方式、恢复培养等内容。

本标准适用于益智种子的超低温长期贮藏。

2 规范性引用文件

下列文件对本文件的应用是必不可少的。凡是注日期的引用文件，仅注日期的版本适用于本文件。凡是不注日期的引用文件，其最新版本（包括所有的修改单）适用于本文件。

GB/T 3543.4 农作物种子检验规程 发芽试验

GB/T 3543.6 农作物种子检验规程 水分测定

3 术语和定义

下列术语和定义适用于本文件。

3.1

益智 *Alpinia oxyphylla* Miq.

为姜科（Zingiberaceae）山姜属（*Alpinia* Roxb.）多年生草本植物，是药食同源的一种经济植物，为我国四大南药之一。其果实供药用，具有益脾胃、理元气、补肾的功用。收载于《中华人民共和国药典》（2015 版）。

3.2

益智果实 *Alpinia oxyphylla* Miq. fruits

果实为蒴果，蒴果新鲜时呈球形，成熟时红色，干时纺锤形，长 1.5 cm~2 cm，宽约 1 cm，被短柔毛，果皮上有隆起的维管束线条，顶端有花萼管的残迹，基部有残存果梗，带有香气。果皮薄而稍韧，与种子紧贴，种子集结成团，中有隔膜将种子团分为 3 瓣，每瓣有种子 6 粒~10 粒。

3.3

益智种子　*Alpinia oxyphylla* Miq. seeds

益智的繁殖材料为完整种子，贮藏特性判断为顽拗性种子。种子呈不规则扁圆形，略有钝棱，直径约 3 mm，表面灰褐色或灰黄色，外被淡棕色膜质的假种皮；质硬，胚乳白色。有特异香气，味辛、微苦。

3.4

种子超低温保存　seed of cryopreservation

将经过前处理的益智种子置于液氮（-196℃）中保存。

4　种子采收及选择

4.1　种子采收

4 月下旬—6 月上旬，当果皮颜色泛黄，果实变软时，即可采收，去除果皮和果肉，取出种子。

4.2　种子选择

挑选表面无果肉、无杂质，发育饱满、均匀、健康的种子，置于 10℃ 种子储藏柜中保存备用（存放时间不超过 2 个月）。

5　种子前处理

5.1　活力

5.1.1　检测

益智种子活力以种子发芽率为判别标准。益智种子表皮有蜡质，发芽测试前用 35℃ 恒温清水浸泡 2 h，晾干表面水分后，置于带有无菌滤纸的发芽盒中，温度 28℃~32℃，湿度 70%~85% 条件下培养 10 d~20 d 后观察发芽情况。

5.1.2　鉴定及要求

按照 GB/T 3543.4 的规定，确定正常幼苗数。计算出种子的发芽率。

待保存的益智种子发芽率应≥65%。

5.1.3　计算

生活力按照公式（1）进行计算：

$$A = \frac{y}{x} \times 100\%$$

（1）

式中：A——生活力；

$\quad\quad\quad y$——有活力的种子数；

$\quad\quad\quad x$——总的种子数。

5.2 含水量范围

用尼龙网袋包裹益智种子，置于盛有变色硅胶的干燥器内，硅胶与种子的体积比为 60:1，室温条件下干燥处理 15 h~25 h，在干燥过程中定期测定种子含水量，将种子含水量由 20%~25% 降至 14%~15%。

按照 GB/T 3543.6 中的高恒温烘干法（130 ℃烘干 1 h）测定种子含水量（W_0），并按照公式（2）进行计算：

$$W_0 = \frac{M_1 - M_2}{M_1} \times 100\% \tag{2}$$

式中：

$\quad\quad\quad W_0$——种子含水量，单位为百分数（%）；

$\quad\quad\quad M_1$——种子鲜重，单位为克（g）；

$\quad\quad\quad M_2$——种子烘后重量，单位为克（g）。

6 种子保存量

益智种子保存量不少于 500 粒，以便后期的活力检测使用。

7 种子冷冻方式

益智种子超低温保存的冷冻方式为直接冷冻法，将待保存的益智种子放入 1 mL 冻存管中（每管 50 粒种子），迅速投入液氮中保存。

8 恢复培养

8.1 种子解冻处理

液氮中至少冻存 24 h 后，取出 1 个冻存管，立即放入 40 ℃水浴中快速解冻 2 min。

8.2 冻后种子活力检测

取出 25 粒解冻后的种子，按照 5.1 活力检测方法，进行超低温保存后的初始活力检测。当种子活力≥60%时视为保存成功。

8.3　萌芽成苗

　　将剩下 25 粒解冻后的益智种子，水浸 2 h 后，播种到带有无菌滤纸的带盖发芽盒中，在温度 28 ℃~32 ℃、湿度 70%~85% 的条件下培养。益智种子出芽周期为 10 d~20 d。

参 考 文 献

［1］中国科学院中国植物志编辑委员会. 中国植物志：第十六卷：第二分册［M］. 北京：科学出版社，1981：100.

［2］国家药典委员会. 中华人民共和国药典［M］. 北京：中国医药科技出版社，2015：291.

［3］WU T L, LARSEN K. Zingiberaceae［M］//WU Z Y, RAVEN P H. Flora of China. Beijing：Science Press，2000：322 - 377.

［4］傅家瑞，宋松泉. 顽拗性种子生物学［M］. 北京：中国科学文化出版社，2004：1.

［5］REED B M. Plant Cryopreservation：A Practical Guide［M］. Corvallis：Springer，2008：3.

［6］曾琳，吴怡，何明军，等. 超低温冷冻对益智种子生理生化特性的影响［J］. 广西植物，2018，38（4）：529 - 535.

ICS　11.120.01
C 23

团　体　标　准

T/CACM 1326.5—2019

高良姜种子超低温保存技术规程

Technical code of practice for cryopreservation of

Alpinia officinarum Hance seeds

2019 –10 –17 发布　　　　　　　　　　　2019 –10 –17 实施

中 华 中 医 药 学 会 发布

目　次

前言 ……………………………………………………………………………………… 201

　1　范围 …………………………………………………………………………………… 202

　2　规范性引用文件 ……………………………………………………………………… 202

　3　术语和定义 …………………………………………………………………………… 202

　4　种子采收及选择 ……………………………………………………………………… 203

　5　种子前处理 …………………………………………………………………………… 203

　6　种子保存量 …………………………………………………………………………… 204

　7　种子冷冻方式 ………………………………………………………………………… 204

　8　恢复培养 ……………………………………………………………………………… 204

附录 A（规范性附录）　试剂的配制和保存方法 …………………………………… 206

参考文献 ……………………………………………………………………………………… 207

前　言

本标准是药用植物顽拗性种子超低温保存系列标准之一，该系列标准结构和名称如下：

——T/CACM 1326.1　药用植物顽拗性种子超低温保存技术通则；

——T/CACM 1326.2　白木香种子超低温保存技术规程；

——T/CACM 1326.3　降香种子超低温保存技术规程；

——T/CACM 1326.4　益智种子超低温保存技术规程；

——T/CACM 1326.5　高良姜种子超低温保存技术规程；

——T/CACM 1326.6　朱砂根种子超低温保存技术规程；

——T/CACM 1326.7　草豆蔻种子超低温保存技术规程；

——T/CACM 1326.8　化州柚种子超低温保存技术规程；

——T/CACM 1326.9　樟种子超低温保存技术规程；

——T/CACM 1326.10　两面针种子超低温保存技术规程；

…………

本标准按照 GB/T 1.1—2009《标准化工作导则　第 1 部分：标准的结构和编写》给出的规则起草。

本标准由中国医学科学院药用植物研究所海南分所提出。

本标准由中华中医药学会归口。

本标准起草单位：中国医学科学院药用植物研究所海南分所，中国医学科学院药用植物研究所。

本标准主要起草人：曾琳，魏建和，郑希龙，李榕涛，王秋玲，何明军，金钺，顾雅坤，符丽。

高良姜种子超低温保存技术规程

1 范围

本标准规定了高良姜（*Alpinia officinarum* Hance）种子超低温保存过程中的术语和定义、种子采收及选择、种子前处理、种子保存量、种子冷冻方式、恢复培养等内容。

本标准适用于高良姜种子的超低温长期贮藏。

2 规范性引用文件

下列文件对本文件的应用是必不可少的。凡是注日期的引用文件，仅注日期的版本适用于本文件。凡是不注日期的引用文件，其最新版本（包括所有的修改单）适用于本文件。

GB/T 3543.6 农作物种子检验规程 水分测定

植物生理学实验指导（第三版），2005

3 术语和定义

下列术语和定义适用于本文件。

3.1

高良姜 *Alpinia officinarum* Hance

为姜科（Zingiberaceae）山姜属（*Alpinia* Roxb.）多年生草本植物，根茎供药用，具温中散寒、止痛消食功能，是"十大南药"之一。为《中华人民共和国药典》（2015 版）收载的常用药材。

3.2

高良姜果实 *Alpinia officinarum* Hance fruits

高良姜的果实为球形，直径约 1 cm，熟时红色。

3.3

高良姜种子 *Alpinia officinarum* Hance seeds

高良姜的繁殖材料为完整种子，贮藏习性判断为顽拗性种子。种子不规则扁圆形，表面灰褐色，略有钝棱。

3.4

种子超低温保存 seed of cryopreservation

将经过前处理的高良姜种子置于液氮（–196 ℃）中保存。

4 种子采收及选择

4.1 种子采收

7 月—9 月，当果皮转为红褐色时，挑选无病虫害、无破损、粒大、成熟的果实采收，去除果皮和附属体，取出种子并反复清洗。

4.2 种子选择

挑选饱满、均匀、健康的种子，置于 4 ℃冰箱中保存备用（存放时间不超过 3 个月）。

5 种子前处理

5.1 活力

5.1.1 检测

高良姜种子活力以种子生活力为判别标准。按照《植物生理学实验指导》中的溴麝香草酚蓝（BTB）法测定高良姜种子生活力。待测种子在 30 ℃~35 ℃温水中浸种 2 h，随后取吸胀种子 20 粒，整齐地埋于备好的 1.5% BTB 琼脂凝胶中，注意要将胚埋入凝胶中。将培养皿置于 35 ℃温箱中 12 h 后观察结果。

BTB 的配制和保存方法见附录 A 的 A.1。

5.1.2 鉴定及要求

在光下用放大镜对染色结果进行观察鉴定。凡种胚周围出现黄色晕圈的种子为有活力的种子，否则为无活力的种子。

待保存的高良姜种子生活力应≥70%。

5.1.3 计算

生活力按照公式（1）进行计算：

$$A = \frac{y}{x} \times 100\% \tag{1}$$

式中：A——生活力；

y——有活力的种子数；

x——总的种子数。

5.2 含水量范围

用尼龙网袋包裹高良姜种子，置于盛有变色硅胶的干燥器内，硅胶与种子的体积比为 60∶1，室温条件下干燥处理 40 h~50 h，在干燥过程中可定期测定种子含水量，将种子含水量由 20%~30% 降至 12%~14%。

按照 GB/T 3543.6 中的高恒温烘干法（130 ℃烘干 1 h）测定种子含水量（W_0），并按照公式（2）进行计算：

$$W_0 = \frac{M_1 - M_2}{M_1} \times 100\% \tag{2}$$

式中：W_0——种子含水量，用百分数表示（%）；

M_1——种子鲜重，单位为克（g）；

M_2——种子烘后重量，单位为克（g）。

6 种子保存量

高良姜种子保存量不少于 360 粒，以便后期的活力检测使用。

7 种子冷冻方式

高良姜种子超低温保存的冷冻方式为玻璃化冷冻法，即将装有种子的 1 mL 冻存管（每管 30 粒种子）置于装载液（LS）中并于 25 ℃处理种子 25 min，再用玻璃化溶液（PVS2）冰浴处理种子 30 min，换上预冷新鲜的 PVS2 后迅速投入液氮中进行超低温保存。

LS 和 PVS2 的配制及保存方法见附录 A 的 A.2 和 A.3。

8 恢复培养

8.1 种子解冻处理

液氮中至少冻存 24 h 后，取出 2 个冻存管，立即放入 40 ℃水浴中快速解冻 2 min，而后用洗涤液（DS）浸泡 20 min，并用纯净水洗涤 3 次。

DS 的配制及保存方法见附录 A 的 A.4。

8.2 冻后种子活力检测

取出 1 管解冻后的种子，按照 5.1 活力检测方法，进行超低温保存后的初始生活力检测。当种子生活力≥70% 时视为保存成功。

8.3　萌芽成苗

将剩下 1 管解冻后的高良姜种子，播种到带有无菌滤纸的带盖发芽盒中，在温度 28 ℃~30 ℃、湿度 70%~85% 的条件下培养。高良姜种子出芽周期为 10 d~20 d 。

附　录　A

（规范性附录）

试剂的配制和保存方法

A.1　BTB 的配制和保存方法

精密称取 BTB 0.1 g，溶解于煮沸过的 100 mL 纯水中，然后用滤纸去残渣。滤液若呈黄色，可加数滴氢氧化钠溶液，使之变为蓝色或蓝绿色，置于棕色瓶中长期贮存。

1.5% BTB 琼脂凝胶：称量 0.1% BTB 溶液 40 mL 置于烧杯中，称取 0.5 g 琼脂，将其剪碎后加入杯中，加热并不断搅拌使之完全溶解。待溶液稍稍冷却即可趁热倒入 9 cm 培养皿中，使之成一均匀的薄层，完全冷却后备用。

精密称取 TTC 溶液 1.00 g，溶于 100 mL 磷酸盐缓冲溶液中，制成浓度为 1% 的 TTC 溶液，调 pH 至 6.5~7.5，放入棕色瓶内，置于 4 ℃冰箱备用。

A.2　装载液（LS）的配制及保存方法

精密称取蔗糖 13.7 g，称量甘油 11.9 mL，溶于液体 MS 培养基中，调 pH 至 5.8，并定容至 100 mL，高温高压灭菌，4 ℃冷藏。

A.3　玻璃化溶液（PVS2）的配制及保存方法

精密量取甘油 23.8 mL、乙二醇 13.6 mL、二甲基亚砜 13.6 mL，称取蔗糖 13.7 g，溶于 MS 溶液中，调 pH 至 5.8 后，定容至 100 mL，高温高压灭菌，4 ℃冷藏。

注：配制时需戴手套，并在通风橱内操作。

A.4　洗涤液（DS）的配制及保存方法

精密称取蔗糖 41.1 g 溶于 MS 溶液中，调 pH 至 5.8 后，定容至 100 mL，高温高压灭菌，4 ℃冷藏。

参 考 文 献

［1］中国科学院中国植物志编辑委员会. 中国植物志：第十六卷：第二分册［M］. 北京：科学出版社，1981：100.

［2］WU T L，LARSEN K. Zingiberaceae［M］//WU Z Y，RAVEN P H. Flora of China. Beijing：Science Press，2000：322 – 377.

［3］国家药典委员会. 中华人民共和国药典［M］. 北京：中国医药科技出版社，2015：287 – 288.

［4］傅家瑞，宋松泉. 顽拗性种子生物学［M］. 北京：中国科学文化出版社，2004：1.

［5］REED B M. Plant Cryopreservation：A Practical Guide［M］. Corvallis：Springer，2008：3.

［6］曾琳，何明军，陈葵，等. 高良姜种子超低温保存研究［J］. 中国农学通报，2014，30（28）：164 – 168.

ICS　11.120.01
C 23

团　体　标　准

T/CACM 1326.6—2019

朱砂根种子超低温保存技术规程

Technical code of practice for cryopreservation of

Ardisia crenata Sims seeds

2019 –10 –17 发布　　　　　　　　　　　　　2019 –10 –17 实施

中华中医药学会 发布

目　　次

前言 ……………………………………………………………………………………… 211

1　范围 …………………………………………………………………………………… 212

2　规范性引用文件 ……………………………………………………………………… 212

3　术语和定义 …………………………………………………………………………… 212

4　种子采收及选择 ……………………………………………………………………… 213

5　种子前处理 …………………………………………………………………………… 213

6　种子保存量 …………………………………………………………………………… 214

7　种子冷冻方式 ………………………………………………………………………… 214

8　恢复培养 ……………………………………………………………………………… 214

附录 A（规范性附录）　试剂的配制和保存方法 …………………………………… 216

参考文献 ………………………………………………………………………………… 217

前　言

本标准是药用植物顽拗性种子超低温保存系列标准之一，该系列标准结构和名称如下：

——T/CACM 1326.1　药用植物顽拗性种子超低温保存技术通则；

——T/CACM 1326.2　白木香种子超低温保存技术规程；

——T/CACM 1326.3　降香种子超低温保存技术规程；

——T/CACM 1326.4　益智种子超低温保存技术规程；

——T/CACM 1326.5　高良姜种子超低温保存技术规程；

——T/CACM 1326.6　朱砂根种子超低温保存技术规程；

——T/CACM 1326.7　草豆蔻种子超低温保存技术规程；

——T/CACM 1326.8　化州柚种子超低温保存技术规程；

——T/CACM 1326.9　樟种子超低温保存技术规程；

——T/CACM 1326.10　两面针种子超低温保存技术规程；

…………

本标准按照 GB/T 1.1—2009《标准化工作导则　第 1 部分：标准的结构和编写》给出的规则起草。

本标准由中国医学科学院药用植物研究所海南分所提出。

本标准由中华中医药学会归口。

本标准起草单位：中国医学科学院药用植物研究所海南分所，中国医学科学院药用植物研究所。

本标准主要起草人：曾琳，魏建和，郑希龙，李榕涛，王秋玲，何明军，金钺，顾雅坤，符丽。

朱砂根种子超低温保存技术规程

1　范围

本标准规定了朱砂根（*Ardisia crenata* Sims）种子超低温保存过程中的术语和定义、种子采收及选择、种子前处理、种子保存量、种子冷冻方式、恢复培养等内容。

本标准适用于朱砂根种子的超低温长期贮藏。

2　规范性引用文件

下列文件对本文件的应用是必不可少的。凡是注日期的引用文件，仅注日期的版本适用于本文件。凡是不注日期的引用文件，其最新版本（包括所有的修改单）适用于本文件。

GB/T 3543.6　农作物种子检验规程　水分测定

植物生理学实验指导（第三版），2005

3　术语和定义

下列术语和定义适用于本文件。

3.1

朱砂根　*Ardisia crenata* Sims

为紫金牛科（Myrsinaceae）紫金牛属（*Ardisia* Swartz）常绿小灌木，果可食，亦可榨油，油可供制肥皂；可供观赏，在园艺方面的品种亦很多。为民间常用的中草药之一，根、叶可祛风除湿，散瘀止痛，通经活络，用于跌打风湿、消化不良、咽喉炎及月经不调等症。收载于《中华人民共和国药典》（2015 版）。

3.2

朱砂根果实　*Ardisia crenata* Sims fruits

果实球形，直径 6 mm~8 mm，鲜红色，具腺点。

3.3

朱砂根种子 ***Ardisia crenata* Sims seeds**

朱砂根的繁殖材料为完整种子，贮藏特性判断为顽拗性种子。种子外种皮呈浅棕色、内种皮红棕色，球形，表面光滑，有纵条纹，质地较软。

3.4

种子超低温保存 seed of cryopreservation

将经过前处理的朱砂根种子置于液氮（－196 ℃）中保存。

4 种子采收及选择

4.1 种子采收

10 月—次年 4 月，当果皮呈暗红色时，即可采收，去除果皮和果肉，取出种子。

4.2 种子选择

挑选发育饱满、均匀、健康的种子为保存材料，置于 10 ℃种子低温低湿储藏柜中保存备用（存放时间不超过 2 个月）。

5 种子前处理

5.1 活力

5.1.1 检测

朱砂根种子活力以种子生活力为判别标准。按照《植物生理学实验指导》中的溴麝香草酚蓝（BTB）法测定朱砂根种子生活力。待测种子在 30 ℃~35 ℃温水中浸种 2 h，随后取吸胀种子 20 粒，整齐地埋于备好的 1.5%BTB 琼脂凝胶中，注意要将胚埋入凝胶中。将培养皿置于 35 ℃温箱中 12 h 后观察结果。

BTB 的配制和保存方法见附录 A 的 A.1。

5.1.2 鉴定及要求

在光下用放大镜对染色结果进行观察鉴定。凡种胚周围出现黄色晕圈的种子为有活力的种子，否则为无活力的种子。

待保存的朱砂根种子生活力应≥70%。

5.1.3 计算

生活力按照公式（1）进行计算：

$$A = \frac{y}{x} \times 100\%$$ （1）

式中：A——生活力；

       y——有活力的种子数；

       x——总的种子数。

5.2 含水量范围

用尼龙网袋包裹朱砂根种子，置于盛有变色硅胶的干燥器内，硅胶与种子的体积比为 50∶1，室温条件下干燥处理 10 h～30 h，在干燥过程中可定期测定种子含水量，将种子含水量由 45%～55% 降至 30%～50%。

按照 GB/T 3543.6 中的高恒温烘干法（130 ℃烘干 1 h）测定种子含水量（W_0），并按照公式（2）进行计算：

$$W_0 = \frac{M_1 - M_2}{M_1} \times 100\%$$ （2）

式中：W_0——种子含水量，用百分数表示（%）；

       M_1——种子鲜重，单位为克（g）；

       M_2——种子烘后重量，单位为克（g）。

6 种子保存量

朱砂根种子保存量不少于 360 粒，以便后期的活力检测使用。

7 种子冷冻方式

朱砂根种子超低温保存的冷冻方式为玻璃化冷冻法，即将装有装载液（LS）和种子的 5 mL 冻存管（每管 60 粒种子）置于 25 ℃处理种子 20 min，再用玻璃化溶液（PVS2）冰浴处理种子 30 min，换上预冷新鲜的 PVS2 后迅速投入液氮中进行超低温保存。

LS 和 PVS2 的配制及保存方法见附录 A 的 A.2 和 A.3。

8 恢复培养

8.1 种子解冻处理

液氮中至少冻存 24 h 后，取出 1 个冻存管，立即放入 40 ℃水浴中快速解冻 2 min，而后用洗涤液（DS）浸泡 3 次，每次 5 min，并用纯净水冲洗干净。

DS 的配制及保存方法见附录 A 的 A.4。

8.2　冻后种子活力检测

取出30粒解冻后的种子，按照5.1活力检测方法，进行超低温保存后的初始生活力检测。当种子生活力≥70%时视为保存成功。

8.3　萌芽成苗

将剩下30粒解冻后的朱砂根种子，播种到带有无菌滤纸的带盖发芽盒中，在温度25 ℃～30 ℃、湿度70%～85%的条件下培养。朱砂根种子出芽周期为10 d～30 d。

附　录　A

（规范性附录）

试剂的配制和保存方法

A.1　BTB 的配制和保存方法

精密称取 BTB 0.1 g，溶解于煮沸过的 100 mL 纯水中，然后用滤纸去残渣。滤液若呈黄色，可加数滴氢氧化钠溶液，使之变为蓝色或蓝绿色，置于棕色瓶中长期贮存。

1.5% BTB 琼脂凝胶：称量 0.1% BTB 溶液 40 mL 置于烧杯中，称取 0.5 g 琼脂，将其剪碎后加入杯中，加热并不断搅拌使之完全溶解。待溶液稍稍冷却即可趁热倒入 9 cm 培养皿中，使之成一均匀的薄层，完全冷却后备用。

A.2　装载液（LS）的配制及保存方法

精密称取蔗糖 13.7 g，称量甘油 11.9 mL，溶于液体 MS 培养基中，调 pH 至 5.8 后定容至 100 mL，高温高压灭菌，4 ℃ 冷藏。

A.3　玻璃化溶液（PVS2）的配制及保存方法

精密量取甘油 23.8 mL、乙二醇 13.6 mL、二甲基亚砜 13.6 mL，称取蔗糖 13.7 g，溶于 MS 溶液中，调 pH 至 5.8 后定容至 100 mL，高温高压灭菌，4 ℃ 冷藏。

注：配制时需戴手套，并在通风橱内操作。

A.4　洗涤液（DS）的配制及保存方法

精密称取蔗糖 41.1 g 溶于 MS 溶液中，调 pH 至 5.8 后定容至 100 mL，高温高压灭菌，4 ℃ 冷藏。

参 考 文 献

［1］中国科学院中国植物志编辑委员会. 中国植物志：第五十八卷［M］. 北京：科学出版社，1979：68.

［2］CHEN J，PIPOLY J J III. Myrsinaceae［M］//WU Z Y，RAVEN P H. Flora of China. Beijing：Science Press，1996：1 - 38.

［3］国家药典委员会. 中华人民共和国药典［M］. 北京：中国医药科技出版社，2015：138.

［4］傅家瑞，宋松泉. 顽拗性种子生物学［M］. 北京：中国科学文化出版社，2004：1.

［5］REED B M. Plant Cryopreservation：A Practical Guide［M］. Corvallis：Springer，2008：3.

ICS 11.120.01
C 23

团　体　标　准

T/CACM 1326.7—2019

草豆蔻种子超低温保存技术规程

Technical code of practice for cryopreservation of

Alpinia katsumadai Hayata seeds

2019 –10 –17 发布　　　　　　　　　　　　　2019 –10 –17 实施

中华中医药学会 发布

目　次

前言 ……………………………………………………………………………………… 221

1　范围 ………………………………………………………………………………… 222

2　规范性引用文件 …………………………………………………………………… 222

3　术语和定义 ………………………………………………………………………… 222

4　种子采收及选择 …………………………………………………………………… 223

5　种子前处理 ………………………………………………………………………… 223

6　种子保存量 ………………………………………………………………………… 224

7　种子冷冻方式 ……………………………………………………………………… 224

8　恢复培养 …………………………………………………………………………… 224

附录 A（规范性附录）　BTB 的配制和保存方法 ………………………………… 226

参考文献 ………………………………………………………………………………… 227

前　言

本标准是药用植物顽拗性种子超低温保存系列标准之一，该系列标准结构和名称如下：

——T/CACM 1326.1　药用植物顽拗性种子超低温保存技术通则；

——T/CACM 1326.2　白木香种子超低温保存技术规程；

——T/CACM 1326.3　降香种子超低温保存技术规程；

——T/CACM 1326.4　益智种子超低温保存技术规程；

——T/CACM 1326.5　高良姜种子超低温保存技术规程；

——T/CACM 1326.6　朱砂根种子超低温保存技术规程；

——T/CACM 1326.7　草豆蔻种子超低温保存技术规程；

——T/CACM 1326.8　化州柚种子超低温保存技术规程；

——T/CACM 1326.9　樟种子超低温保存技术规程；

——T/CACM 1326.10　两面针种子超低温保存技术规程；

…………

本标准按照 GB/T 1.1—2009《标准化工作导则　第 1 部分：标准的结构和编写》给出的规则起草。

本标准由中国医学科学院药用植物研究所海南分所提出。

本标准由中华中医药学会归口。

本标准起草单位：中国医学科学院药用植物研究所海南分所、中国医学科学院药用植物研究所。

本标准主要起草人：曾琳、魏建和、郑希龙、李榕涛、王秋玲、何明军、金钺、顾雅坤、符丽。

草豆蔻种子超低温保存技术规程

1 范围

本标准规定了草豆蔻（*Alpinia katsumadai* Hayata）种子超低温保存过程中的术语和定义、种子采收及选择、种子前处理、种子保存量、种子冷冻方式、恢复培养等内容。

本标准适用于草豆蔻种子的超低温长期贮藏。

2 规范性引用文件

下列文件对本文件的应用是必不可少的。凡是注日期的引用文件，仅注日期的版本适用于本文件。凡是不注日期的引用文件，其最新版本（包括所有的修改单）适用于本文件。

GB/T 3543.6 农作物种子检验规程 水分测定

植物生理学实验指导（第三版），2005

3 术语和定义

下列术语和定义适用于本文件。

3.1

草豆蔻 *Alpinia katsumadai* **Hayata**

为姜科（Zingiberaceae）山姜属（*Alpinia* Roxb.）植物，株高 3 m，叶片线状披针形，总状花序顶生。其干燥近成熟种子味辛、性温，归脾、胃经，具有燥湿行气、温中止呕的功效。常用于治疗寒湿内阻，脘腹胀满冷痛。收载于《中华人民共和国药典》（2015 版）。

3.2

草豆蔻果实 *Alpinia katsumadai* **Hayata fruits**

果实为蒴果，圆球形，直径 3.5 cm ~ 4 cm，外面密生粗毛。内有类球形的种子团，直径 1.5 cm ~ 2.7 cm，表面灰褐色，中间有黄白色的隔膜，将种子团分成 3 瓣，每瓣有种子多数，粘连紧密，种子团略光滑。

3.3

草豆蔻种子 *Alpinia katsumadai* **Hayata seeds**

草豆蔻的繁殖材料为完整种子，贮藏特性判断为顽拗性种子。种子表面灰棕色或浅褐色，卵圆状多面体，长 3 mm～5 mm，直径约 3 mm，外被一层白色透明膜质假种皮，种脊为一条纵沟，一端有种脐；质硬，将种子沿种脊纵剖两瓣，纵断面观呈斜心形，种皮沿种脊向内伸入部分约占整个表面积的 1/2；胚乳灰白色。

3.4

种子超低温保存 **seed of cryopreservation**

将经过前处理的草豆蔻种子置于液氮（-196 ℃）中保存。

4 种子采收及选择

4.1 种子采收

5 月—8 月，果皮呈金黄色时，即可采收，去除果肉，取出种子洗净。

4.2 种子选择

挑选发育饱满、完整、健康的种子为保存材料，置于 10 ℃ 种子低温低湿储藏柜中保存备用（存放时间不超过 6 个月）。

5 种子前处理

5.1 活力

5.1.1 检测

草豆蔻种子活力以种子生活力为判别标准。按照《植物生理学实验指导》中的溴麝香草酚蓝（BTB）法测定草豆蔻种子生活力。待测种子在 30 ℃～35 ℃ 温水中浸种 2 h，随后取吸胀种子 20 粒，整齐地埋于备好的 1.5% BTB 琼脂凝胶中，应将胚部分埋入凝胶中。将培养皿置于 35 ℃ 温箱中 12 h 后观察结果。

BTB 的配制和保存方法见附录 A。

5.1.2 鉴定及要求

在光下用放大镜对染色结果进行观察鉴定。凡种胚周围出现黄色晕圈的种子为有活力的种子，否则为无活力的种子。

待保存的草豆蔻种子生活力应≥70%。

5.1.3　计算

生活力按照公式（1）计算：

$$A = \frac{y}{x} \times 100\%$$ （1）

式中：A——生活力；

　　　y——有活力的种子数；

　　　x——总的种子数。

5.2　含水量范围

用尼龙网袋包裹草豆蔻种子，置于盛有变色硅胶的干燥器内，硅胶与种子的体积比为 60∶1，室温条件下干燥处理 4 h ~ 18 h，在干燥过程中定期测定种子含水量，将种子含水量降至 12% ~ 16%。

按照 GB/T 3543.6 中的高恒温烘干法（130 ℃烘干 1 h）测定种子含水量（W_0），并按照公式（2）进行计算：

$$W_0 = \frac{M_1 - M_2}{M_1} \times 100\%$$ （2）

式中：W_0——种子含水量，用百分数表示（%）；

　　　M_1——种子鲜重，单位为克（g）；

　　　M_2——种子烘后重量，单位为克（g）。

6　种子保存量

草豆蔻种子保存量不少于 500 粒。

7　种子冷冻方式

草豆蔻种子超低温保存的冷冻方式为直接冷冻法，即将待保存的草豆蔻种子放入 2 mL 冻存管（每管 50 粒种子）中，迅速投入液氮中保存。

8　恢复培养

8.1　种子解冻处理

液氮中至少冻存 24 h 后，取出 1 个冻存管，立即放入 40 ℃水浴中快速解冻 2 min。

8.2　冻后种子活力检测

取出 20 粒解冻后的种子，按照 5.1 活力检测方法，进行超低温保存后的初始生活力检测。当

种子生活力≥50%时视为保存成功。

8.3　萌芽成苗

　　将剩余的 30 粒解冻后的草豆蔻种子，播种到带有无菌滤纸的带盖发芽盒中，在温度 25 ℃~30 ℃、湿度 70%~85% 的条件下培养。草豆蔻种子出芽周期 10 d~40 d。

附 录 A

（规范性附录）

BTB 的配制和保存方法

A.1 0.1％BTB 溶液配制和保存方法

精密称取 BTB 0.1 g，溶解于煮沸过的 100 mL 纯水中，之后用滤纸去残渣。滤液若呈黄色，可加数滴氢氧化钠溶液，使之变为蓝色或蓝绿色，置于棕色瓶中长期贮存。

A.2 1.5％BTB 琼脂凝胶配制方法

称量 0.1％ BTB 溶液 40 mL 置于烧杯中，称取 0.5 g 琼脂，将其剪碎后加入杯中，加热并不断搅拌使之完全溶解。待溶液稍微冷却即可趁热倒入 9 cm 培养皿中，使之形成一均匀的薄层，完全冷却后备用。

参 考 文 献

[1] 中国科学院中国植物志编辑委员会. 中国植物志：第十六卷：第二分册 ［M］. 北京：科学出版社，
1991：91.

[2] WU T L, LARSEN K. Zingiberaceae ［M］//WU Z Y, RAVEN P H. Flora of China. Beijing：Science Press，
2000：322 – 377.

[3] 国家药典委员会. 中华人民共和国药典 ［M］. 北京：中国医药科技出版社，2015：238 – 239.

[4] 傅家瑞，宋松泉. 顽拗性种子生物学 ［M］. 北京：中国科学文化出版社，2004：1.

[5] REED B M. Plant Cryopreservation: A Practical Guide ［M］. Corvallis: Springer, 2008：3.

ICS   11. 120. 01
C 23

团 体 标 准

T/CACM 1326. 8—2019

化州柚种子超低温保存技术规程

Technical code of practice for cryopreservation of

Citrus maxima ' Tomentosa' seeds

2019 –10 –17 发布   2019 –10 –17 实施

中华中医药学会 发布

目　　次

前言 ……………………………………………………………………………………… 231

   1　范围 …………………………………………………………………………… 232

   2　规范性引用文件 ……………………………………………………………… 232

   3　术语和定义 …………………………………………………………………… 232

   4　种子采收及选择 ……………………………………………………………… 233

   5　种子前处理 …………………………………………………………………… 233

   6　种子保存量 …………………………………………………………………… 234

   7　种子冷冻方式 ………………………………………………………………… 234

   8　恢复培养 ……………………………………………………………………… 234

附录 A（规范性附录）　试剂的配制和保存方法 ………………………………… 236

参考文献 ………………………………………………………………………………… 237

前　言

本标准是药用植物顽拗性种子超低温保存系列标准之一，该系列标准结构和名称如下：

——T/CACM 1326.1　药用植物顽拗性种子超低温保存技术通则；

——T/CACM 1326.2　白木香种子超低温保存技术规程；

——T/CACM 1326.3　降香种子超低温保存技术规程；

——T/CACM 1326.4　益智种子超低温保存技术规程；

——T/CACM 1326.5　高良姜种子超低温保存技术规程；

——T/CACM 1326.6　朱砂根种子超低温保存技术规程；

——T/CACM 1326.7　草豆蔻种子超低温保存技术规程；

——T/CACM 1326.8　化州柚种子超低温保存技术规程；

——T/CACM 1326.9　樟种子超低温保存技术规程；

——T/CACM 1326.10　两面针种子超低温保存技术规程；

…………

本标准按照 GB/T 1.1—2009《标准化工作导则　第 1 部分：标准的结构和编写》给出的规则起草。

本标准由中国医学科学院药用植物研究所海南分所提出。

本标准由中华中医药学会归口。

本标准起草单位：中国医学科学院药用植物研究所海南分所、中国医学科学院药用植物研究所。

本标准主要起草人：曾琳、魏建和、金钺、顾雅坤、符丽、郑希龙、李榕涛、王秋玲、何明军。

化州柚种子超低温保存技术规程

1 范围

本标准规定了化州柚（*Citrus maxima* 'Tomentosa'）种子超低温保存过程中的术语和定义、种子采收及选择、种子前处理、种子保存量、种子冷冻方式、恢复培养等内容。

本标准适用于化州柚种子的超低温长期贮藏。

2 规范性引用文件

下列文件对本文件的应用是必不可少的。凡是注日期的引用文件，仅注日期的版本适用于本文件。凡是不注日期的引用文件，其最新版本（包括所有的修改单）适用于本文件。

GB/T 3543.6　农作物种子检验规程　水分测定

GB/T 3543.7　农作物种子检验规程　其他项目检验

3 术语和定义

下列术语和定义适用于本文件。

3.1

化州柚　*Citrus maxima* 'Tomentosa'

为芸香科（Rutaceae）柑橘属（*Citrus* L.）柑橘品种，广东省化州市特产，2006 年被列入中国国家地理标志产品保护。小乔木，通体具香气，以未成熟或近成熟的干燥外果皮入药，中药名为"化橘红"，有"南方人参"之美誉，主要用于治疗咳嗽痰多、食积伤酒、呕恶痞闷，尤对寒咳、久咳非常有效，也可用来煲汤和制作茶饮等。收载于《中华人民共和国药典》（2015 版）。

3.2

化州柚果实　*Citrus maxima* 'Tomentosa' fruits

柑果，圆形或略扁，顶端内凹，长 10 cm～15 cm，宽 11 cm～13 cm，柠檬黄色，幼果外被柔毛；果皮海绵质，厚约 2 cm；瓤瓣数个，果肉浅黄色，酸中略苦。种子 80 粒以上。

3.3

化州柚种子 *Citrus maxima* 'Tomentosa' seeds

化州柚的播种材料为去皮后的完整种子，贮藏特性判断为中间性种子。种子黄白色，形状不规则，通常形似长方形，上部质薄且常截平，下部饱满，有明显纵肋棱，单胚。

3.4

种子超低温保存 seed of cryopreservation

将经过前处理的化州柚种子置于液氮（－196 ℃）中保存。

4 种子采收及选择

4.1 种子采收

10 月—11 月果实成熟，采收成熟果实，剥开瓤瓣，去除果皮和果肉，取出种子。

4.2 种子选择

挑选发育饱满、均匀、健康的种子为保存材料，置于 4 ℃冰箱中保存备用（存放时间不超过 1 周）。

5 种子前处理

5.1 活力

5.1.1 检测

化州柚种子活力以种子生活力为判别标准。按照 GB/T 3543.7 中的 2, 3, 5-三苯基氯化四氮唑（TTC）法检测种子生活力。随机抽取 30 粒种子，剥去外层种皮，沿种脊小心将种子分成 2 片后放培养皿内，内侧面向下，滴入 TTC 溶液浸没种子，室温（25 ℃）避光放置 4 h 后，观察染色结果。

TTC 溶液的配制和保存方法见附录 A 的 A.1 和 A.2。

5.1.2 鉴定及要求

在光下用放大镜对染色结果进行观察鉴定。凡种胚周围出现黄色晕圈的种子为有活力的种子，否则为无活力的种子。待保存的化州柚种子生活力应≥60%。

5.1.3 计算

生活力按照公式（1）进行计算：

$$A = \frac{y}{x} \times 100\% \tag{1}$$

式中：A——生活力；

　　　y——有活力的种子数；

　　　x——总的种子数。

5.2 含水量范围

用尼龙网袋包裹化州柚种子，置于盛有变色硅胶的干燥器内，硅胶与种子的体积比为 40∶1，室温条件下干燥处理 30 h ~ 120 h，在干燥过程中定期测定种子含水量，将种子含水量降至 5% ~ 10%。

按照 GB/T 3543.6 中的高恒温烘干法（130 ℃烘干 1 h）测定种子含水量（W_0），并按照公式（2）进行计算：

$$W_0 = \frac{M_1 - M_2}{M_1} \times 100\% \tag{2}$$

式中：W_0——种子含水量，用百分数表示（%）；

　　　M_1——种子鲜重，单位为克（g）；

　　　M_2——种子烘后重量，单位为克（g）。

6 种子保存量

化州柚种子保存量不应少于 500 粒。

7 种子冷冻方式

化州柚种子超低温保存的冷冻方式为分步冷冻法，即将待保存的化州柚种子在室温下放入加有玻璃化溶液（PVS2）的 15 mL 冻存管（每管 30 粒种子）中，置于 4 ℃冰箱中 0.5 h，取出立即放入 -20 ℃冰柜中 1 h，之后迅速投入液氮中保存（液体浸泡种子即可）。

PVS2 的配制方法见附录 A 的 A.3。

8 恢复培养

8.1 种子解冻处理

液氮中至少冻存 24 h 后，取出 2 个冻存管，立即放入 40 ℃水浴中快速解冻 2 min，之后用洗涤液（DS）浸泡 5 min，并用纯净水洗涤 3 次。

DS 的配制方法见附录 A 的 A.4。

8.2 冻后种子活力检测

取出 1 管解冻后的种子，按照 5.1 活力检测方法，进行超低温保存后的初始生活力检测。当

种子生活力≥60%时视为保存成功。

8.3　萌芽成苗

将剩下 1 管解冻后的化州柚种子，播种到带有无菌滤纸的带盖发芽盒中，在温度 25 ℃~30 ℃、湿度 70%~85% 的条件下培养，出芽周期 10 d~20 d。

附　录　A

（规范性附录）

试剂的配制和保存方法

A.1　TTC 溶液的配制和保存方法

精密称取 TTC 1.00 g，溶于 100 mL 磷酸盐缓冲溶液中，制成浓度为 1% 的 TTC 溶液，调 pH 至 6.5～7.5，放入棕色瓶内，置于 4 ℃冰箱备用。

A.2　磷酸盐缓冲溶液配制方法

溶液 I：9.08 g 磷酸二氢钾溶于 1 L 无菌水中。

溶液 II：35.81 g 磷酸二氢钠溶于 1 L 无菌水中。

按 I：II = 2:3 的比例混合制成磷酸盐缓冲溶液。

A.3　PVS2 的配制及保存方法

精密量取甘油 23.8 mL、乙二醇 13.6 mL、二甲基亚砜 13.6 mL，称取蔗糖 13.7 g，溶于 MS 溶液中，定容至 100 mL，调 pH 值至 5.8，高温高压灭菌，4 ℃冷藏。

注：配制时需戴手套，并在通风橱内操作。

A.4　DS 的配制及保存方法

精密称取蔗糖 41.1 g 溶于 MS 溶液中，定容至 100 mL，调 pH 值至 5.8，高温高压灭菌，4 ℃冷藏。

参 考 文 献

［1］国家药典委员会. 中华人民共和国药典［M］. 北京：中国医药科技出版社，2015：74 – 75.

［2］中国科学院中国植物志编辑委员会. 中国植物志：第四十三卷：第二分册［M］. 北京：科学出版社，1997：187.

［3］傅家瑞，宋松泉. 顽拗性种子生物学［M］. 北京：中国科学文化出版社，2004：1.

［4］REED B M. Plant Cryopreservation: A Practical Guide［M］. Corvallis: Springer, 2008：3.

［5］HOR Y L，KIM Y J，UGAP A，et al. Optimal hydration status for cryopreservation of intermediate oily seeds：Citrus as a case study［J］. Annals of Botany, 2005, 95 (7)：1153 – 1161.

ICS 11.120.01

C 23

团 体 标 准

T/CACM 1326.9—2019

樟种子超低温保存技术规程

Technical code of practice for cryopreservation of
Camphora officinarum Nees seeds

2019 –10 –17 发布　　　　　　　　　　　　　　2019 –10 –17 实施

中华中医药学会 发布

目　次

前言 ……………………………………………………………………………………………… 241

1　范围 ………………………………………………………………………………………… 242

2　规范性引用文件 …………………………………………………………………………… 242

3　术语和定义 ………………………………………………………………………………… 242

4　种子采收及选择 …………………………………………………………………………… 243

5　种子前处理 ………………………………………………………………………………… 243

6　种子保存量 ………………………………………………………………………………… 244

7　种子冷冻方式 ……………………………………………………………………………… 244

8　恢复培养 …………………………………………………………………………………… 244

附录 A（规范性附录）　TTC/磷酸盐缓冲溶液的配制和保存方法 ……………………… 245

参考文献 …………………………………………………………………………………………… 246

前　言

本标准是药用植物顽拗性种子超低温保存系列标准之一，该系列标准结构和名称如下：

——T/CACM 1326.1　药用植物顽拗性种子超低温保存技术通则；

——T/CACM 1326.2　白木香种子超低温保存技术规程；

——T/CACM 1326.3　降香种子超低温保存技术规程；

——T/CACM 1326.4　益智种子超低温保存技术规程；

——T/CACM 1326.5　高良姜种子超低温保存技术规程；

——T/CACM 1326.6　朱砂根种子超低温保存技术规程；

——T/CACM 1326.7　草豆蔻种子超低温保存技术规程；

——T/CACM 1326.8　化州柚种子超低温保存技术规程；

——T/CACM 1326.9　樟种子超低温保存技术规程；

——T/CACM 1326.10　两面针种子超低温保存技术规程；

…………

本标准按照 GB/T 1.1—2009《标准化工作导则　第 1 部分：标准的结构和编写》给出的规则起草。

本标准由中国医学科学院药用植物研究所海南分所提出。

本标准由中华中医药学会归口。

本标准起草单位：中国医学科学院药用植物研究所海南分所、中国医学科学院药用植物研究所。

本标准主要起草人：曾琳、魏建和、郑希龙、李榕涛、王秋玲、何明军、金钺、顾雅坤、符丽。

樟种子超低温保存技术规程

1 范围

本标准规定了樟（*Camphora officinarum* Nees）种子超低温保存过程中的术语和定义、种子采收及选择、种子前处理、种子保存量、种子冷冻方式、恢复培养等内容。

本标准适用于樟种子的液氮超低温长期贮藏。

2 规范性引用文件

下列文件对本文件的应用是必不可少的。凡是注日期的引用文件，仅注日期的版本适用于本文件。凡是不注日期的引用文件，其最新版本（包括所有的修改单）适用于本文件。

GB/T 3543.6 农作物种子检验规程 水分测定

GB/T 3543.7 农作物种子检验规程 其他项目检验

3 术语和定义

下列术语和定义适用于本文件。

3.1

樟 *Camphora officinarum* Nees

樟科（Lauraceae）樟属（*Camphora* Fabr.）常绿大乔木，又名香樟、芳樟，高达 30 m，其枝、叶及木材均有樟脑气味。根、果、枝和叶入药，具有祛风散寒、强心镇痉和杀虫等功能。收载于《中华人民共和国药典》（2015 版）。

3.2

樟果实 *Camphora officinarum* Nees fruits

果实卵球形或近球形，直径 6 mm～8 mm，紫黑色；果托杯状，长约 5 mm，顶端截平，宽达 4 mm，基部宽约 1 mm，具纵向沟纹。

3.3

樟种子 *Camphora officinarum* Nees seeds

樟的播种材料为完整种子，贮藏特性判断为顽拗性种子。种子灰褐色，圆球形，具黑色小花斑，稍粗糙，中央有 1 圈纵棱。

3.4

种子超低温保存　seed of cryopreservation

将经过前处理的樟种子置于液氮（-196 ℃）中保存。

4　种子采收及选择

4.1　种子采收

8 月—11 月间，当果皮呈紫黑色时即可采收，去除果皮和外种皮，取出种子。

4.2　种子选择

挑选发育饱满、均匀、健康的种子为保存材料，置于 10 ℃种子低温低湿储藏柜中保存备用（存放时间不超过 1 个月）。

5　种子前处理

5.1　活力

5.1.1　检测

樟种子活力以种子生活力为判别标准。按照 GB/T 3543.7 中的 2, 3, 5-三苯基氯化四氮唑（TTC）法检测种子生活力。随机抽取 30 粒种子，水浸 20 h，剥去外层种皮，沿种脊小心将种子分成 2 片后放培养皿内，内侧面向下，滴入 TTC 溶液浸没种子，室温（25 ℃）避光放置 4 h 后观察染色结果。

TTC 溶液的配制和保存方法见附录 A。

5.1.2　鉴定及要求

直接用肉眼对染色结果进行观察鉴定。凡胚及胚乳全部染成有光泽的鲜红色，且组织状态正常的，为有活力的种子，否则为无生活力的种子。

待保存的樟种子生活力应≥90%。

5.1.3　计算

生活力按照公式（1）进行计算：

$$A = \frac{y}{x} \times 100\% \tag{1}$$

式中：A——生活力；

　　　y——有活力的种子数；

x——总的种子数。

5.2 含水量范围

用尼龙网袋包裹樟种子，置于盛有变色硅胶的干燥器内，硅胶与种子的体积比为50∶1，室温条件下干燥处理2 h~8 h，在干燥过程中定期测定种子含水量，将种子含水量由20%~25%降至11%~18%。

按照GB/T 3543.6中的高恒温烘干法（130 ℃烘干1 h）测定种子含水量（W_0），并按照公式（2）进行计算：

$$W_0 = \frac{M_1 - M_2}{M_1} \times 100\%$$

(2)

式中：W_0——含水量，用百分数表示（%）；

M_1——种子鲜重，单位为克（g）；

M_2——种子烘后重量，单位为克（g）。

6 种子保存量

樟种子保存量不少于200粒，以便后期的活力检测使用。

7 种子冷冻方式

樟种子超低温保存的冷冻方式为直接冷冻法，即将待保存的樟种子放入15 mL冻存管（每管20粒种子）中，迅速投入液氮中保存。

8 恢复培养

8.1 种子解冻处理

液氮中至少冻存24 h后，取出2个冻存管，立即放入40 ℃水浴中快速解冻2 min。

8.2 冻后种子活力检测

取出1管解冻后的种子，按照5.1活力检测方法进行超低温保存后的初始生活力检测。当种子生活力≥75%时视为保存成功。

8.3 萌芽成苗

将剩下1管解冻后的樟种子，播种到带有无菌滤纸的带盖发芽盒中，在温度25 ℃~30 ℃、湿度70%~85%的条件下培养，出芽周期大概15 d。

附　录　A

（规范性附录）

TTC/磷酸盐缓冲溶液的配制和保存方法

A.1　三苯基氯化四氮唑（TTC）溶液配制和保存方法

精密称取 TTC 1.00 g，溶于 100 mL 磷酸盐缓冲溶液中，制成浓度为 1% 的 TTC 溶液，调 pH 至 6.5~7.5，放于棕色瓶内，置于 4 ℃ 冰箱中备用。

A.2　磷酸盐缓冲溶液配制方法

溶液 I：9.08 g 磷酸二氢钾溶于 1 L 无菌水中；

溶液 II：35.81 g 磷酸二氢钠溶于 1 L 无菌水中；

按 I：II = 2:3 的比例混合制成磷酸盐缓冲溶液。

参 考 文 献

［1］国家药典委员会. 中华人民共和国药典［M］. 北京：中国医药科技出版社，2015：59.

［2］中国科学院中国植物志编辑委员会. 中国植物志：第三十一卷［M］. 北京：科学出版社，1982：182.

［3］LI H W，LI J，HUANG P H，et al. Lauraceae［M］//WU Z Y，RAVEN P H. Flora of China. Beijing: Science Press，2008：102.

［4］傅家瑞，宋松泉. 顽拗性种子生物学［M］. 北京：中国科学文化出版社，2004：1.

［5］REED B M. Plant Cryopreservation: A Practical Guide［M］. Corvallis: Springer，2008：3.

ICS 11.120.01
C 23

团 体 标 准

T/CACM 1326.10—2019

两面针种子超低温保存技术规程

Technical code of practice for cryopreservation of
Zanthoxylum nitidum（Roxb.）DC. seeds

2019 –10 –17 发布   2019 –10 –17 实施

中华中医药学会 发布

目　次

前言 ·· 249

   1　范围 ··· 250

   2　规范性引用文件 ··· 250

   3　术语和定义 ··· 250

   4　种子采收及选择 ··· 251

   5　种子前处理 ··· 251

   6　种子保存量 ··· 252

   7　种子冷冻方式 ·· 252

   8　恢复培养 ·· 252

附录 A（规范性附录）　BTB 的配制和保存方法 ···································· 253

参考文献 ··· 254

前　言

本标准是药用植物顽拗性种子超低温保存系列标准之一，该系列标准结构和名称如下：

——T/CACM 1326.1　药用植物顽拗性种子超低温保存技术通则；

——T/CACM 1326.2　白木香种子超低温保存技术规程；

——T/CACM 1326.3　降香种子超低温保存技术规程；

——T/CACM 1326.4　益智种子超低温保存技术规程；

——T/CACM 1326.5　高良姜种子超低温保存技术规程；

——T/CACM 1326.6　朱砂根种子超低温保存技术规程；

——T/CACM 1326.7　草豆蔻种子超低温保存技术规程；

——T/CACM 1326.8　化州柚种子超低温保存技术规程；

——T/CACM 1326.9　樟种子超低温保存技术规程；

——T/CACM 1326.10　两面针种子超低温保存技术规程；

…………

本标准按照 GB/T 1.1—2009《标准化工作导则　第 1 部分：标准的结构和编写》给出的规则起草。

本标准由中国医学科学院药用植物研究所海南分所提出。

本标准由中华中医药学会归口。

本标准起草单位：中国医学科学院药用植物研究所海南分所、中国医学科学院药用植物研究所。

本标准主要起草人：曾琳、魏建和、郑希龙、李榕涛、王秋玲、何明军、金钺、顾雅坤、符丽。

两面针种子超低温保存技术规程

1 范围

本标准规定了两面针 [*Zanthoxylum nitidum*（Roxb.）DC.] 种子超低温保存过程中的术语和定义、种子采收及选择、种子前处理、种子保存量、种子冷冻方式、恢复培养等内容。

本标准适用于两面针种子的超低温长期贮藏。

2 规范性引用文件

下列文件对本文件的应用是必不可少的。凡是注日期的引用文件，仅注日期的版本适用于本文件。凡是不注日期的引用文件，其最新版本（包括所有的修改单）适用于本文件。

GB/T 3543.6 农作物种子检验规程 水分测定

3 术语和定义

下列术语和定义适用于本文件。

3.1

两面针 ***Zanthoxylum nitidum*（Roxb.）DC.**

芸香科（Rutaceae）花椒属（*Zanthoxylum* L.）多年生植物，别称入地金牛。具有活血化瘀、解毒消肿、行气止痛等功效，在胃火牙痛等方面有独特的疗效。为《中华人民共和国药典》（2015 版）收载的临床常用中药材。

3.2

两面针果实 ***Zanthoxylum nitidum*（Roxb.）DC. fruits**

蓇葖果，果梗长 2 mm ~ 5 mm，稀较长或较短；果皮红褐色，单个分果瓣径 5.5 mm ~ 7 mm，顶端有短芒尖；部分裂开，可见内部种子。

3.3

两面针种子 ***Zanthoxylum nitidum*（Roxb.）DC. seeds**

两面针的播种材料为完整种子，贮藏特性判断为中间性种子。黑色、圆珠形，表面为一层光亮的黑色蜡质，去除后可见网状的骨质结构，质坚硬，腹面稍平坦，横径 5 mm～6 mm，种胚白色，圆形。

3.4

种子超低温保存　seed of cryopreservation

将经过前处理的两面针种子置于液氮（–196 ℃）中保存。

4　种子采收及选择

4.1　种子采收

9 月—11 月间，当果皮颜色为红褐色时即可采收，去除果皮，取出种子。

4.2　种子选择

挑选发育饱满、均匀、健康的种子，置于 4 ℃冰箱中保存备用（存放时间不超过 3 个月）。

5　种子前处理

5.1　活力

5.1.1　检测

两面针种子活力以种子生活力为判别标准。按照《植物生理学实验指导》中的溴麝香草酚蓝（BTB）法检测两面针种子生活力。待测种子在 30 ℃～35 ℃温水中浸种 2 h，随后取吸胀种子 20 粒，整齐地埋于备好的 1.5% BTB 琼脂凝胶中，注意要将胚埋入凝胶中。将培养皿置于 35 ℃温箱中 5 h 后观察结果。

BTB 的配制和保存方法见附录 A。

5.1.2　鉴定及要求

在光下用放大镜对染色结果进行观察鉴定。凡种胚周围出现黄色晕圈的种子为有活力的种子，否则为无活力的种子。

待保存的两面针种子生活力应≥70%。

5.1.3　计算

生活力按照公式（1）进行计算：

$$A = \frac{y}{x} \times 100\% \tag{1}$$

式中：A——生活力；

　　　y——有活力的种子数；

x——总的种子数。

5.2 含水量范围

用尼龙网袋包裹两面针种子，置于盛有变色硅胶的干燥器内，硅胶与种子的体积比为 60∶1，室温条件下干燥处理 2 h～10 h，在干燥过程中定期测定种子含水量，将种子含水量由 15%～20% 降至 11%～14%。

按照 GB/T 3543.6 中的高恒温烘干法（130 ℃烘干 1 h）测定种子含水量（W_0），按照公式（2）进行计算：

$$W_0 = \frac{M_1 - M_2}{M_1} \times 100\%　　　　　　　　　　　（2）$$

式中：W_0——含水量，用百分数表示（%）；

　　　M_1——种子鲜重，单位为克（g）；

　　　M_2——种子烘后重量，单位为克（g）。

6 种子保存量

两面针种子保存量不少于 360 粒，以便后期的生活力检测使用。

7 种子冷冻方式

两面针种子超低温保存的冷冻方式为直接冷冻法，即将待保存的两面针种子放入 2 mL 冻存管（每管 30 粒种子）中，迅速投入液氮中保存。

8 恢复培养

8.1 种子解冻处理

液氮中至少冻存 24 h 后，取出 2 个冻存管，立即放入 40 ℃水浴中快速解冻 2 min。

8.2 冻后种子活力检测

取出 1 管解冻后的种子，按照 5.1 活力检测方法，进行超低温保存后的初始生活力检测。当种子生活力≥70% 时视为保存成功。

8.3 萌芽成苗

将剩下 1 管解冻后的两面针种子，播种到带有无菌滤纸的发芽盒中，在温度 25 ℃～30 ℃、湿度 70%～85% 的条件下培养。

附 录 A
（规范性附录）
BTB 的配制和保存方法

A. 1　0.1% BTB 溶液配制和保存方法

精密称取 BTB 0.1 g，溶解于煮沸过的 100 mL 纯水中，然后用滤纸去残渣。滤液若呈黄色，可加数滴氢氧化钠溶液，使之变为蓝色或蓝绿色，置于棕色瓶中长期贮存。

A. 2　1.5% BTB 琼脂凝胶配制方法

称量 0.1% BTB 溶液 40 mL 置于烧杯中，称取 0.5 g 琼脂，将其剪碎后加入杯中，加热并不断搅拌使之完全溶解。待溶液稍稍冷却即可趁热倒入 9 cm 培养皿中，使之成一均匀的薄层，完全冷却后备用。

参 考 文 献

［1］中国科学院中国植物志编辑委员会. 中国植物志：第四十三卷：第二分册［M］. 北京：科学出版社，1997：013.

［2］ZHANG D X, HARTLEY T G, MABBERLEY D J. Rutaceae［M］//WU Z Y, RAVEN P H. Flora of China. Beijing: Science Press，2008：54 –55.

［3］国家药典委员会. 中华人民共和国药典［M］. 北京：中国医药科技出版社，2015：169 –170.

［4］傅家瑞，宋松泉. 顽拗性种子生物学［M］. 北京：中国科学文化出版社，2004：1.

［5］REED B M. Plant Cryopreservation: A Practical Guide［M］. Corvallis: Springer，2008：3.

ICS 11. 120. 01
C 23

团 体 标 准

T/CACM 1326. 11—2019

胖大海种子超低温保存技术规程

Technical code of practice for cryopreservation of

Scaphium wallichii Schott & Endl. seeds

2019 –10 –17 发布　　　　　　　　　　2019 –10 –17 实施

中华中医药学会 发布

目　次

前言 ……………………………………………………………………………………… 257

　1　范围 ……………………………………………………………………………… 258

　2　规范性引用文件 ………………………………………………………………… 258

　3　术语和定义 ……………………………………………………………………… 258

　4　种子采收及选择 ………………………………………………………………… 259

　5　种子前处理 ……………………………………………………………………… 259

　6　种子保存量 ……………………………………………………………………… 260

　7　种子冷冻方式 …………………………………………………………………… 260

　8　恢复培养 ………………………………………………………………………… 260

附录 A（规范性附录）　TTC/磷酸盐缓冲溶液的配制和保存方法 ……………… 261

参考文献 ………………………………………………………………………………… 262

前　言

本标准是药用植物顽拗性种子超低温保存系列标准之一，该系列标准结构和名称如下：

——T/CACM 1326.1　药用植物顽拗性种子超低温保存技术通则；

——T/CACM 1326.2　白木香种子超低温保存技术规程；

——T/CACM 1326.3　降香种子超低温保存技术规程；

——T/CACM 1326.4　益智种子超低温保存技术规程；

——T/CACM 1326.5　高良姜种子超低温保存技术规程；

——T/CACM 1326.6　朱砂根种子超低温保存技术规程；

——T/CACM 1326.7　草豆蔻种子超低温保存技术规程；

——T/CACM 1326.8　化州柚种子超低温保存技术规程；

——T/CACM 1326.9　樟种子超低温保存技术规程；

——T/CACM 1326.10　两面针种子超低温保存技术规程；

…………

本标准按照 GB/T 1.1—2009《标准化工作导则　第 1 部分：标准的结构和编写》给出的规则起草。

本标准由中国医学科学院药用植物研究所海南分所提出。

本标准由中华中医药学会归口。

本标准起草单位：中国医学科学院药用植物研究所海南分所，中国医学科学院药用植物研究所。

本标准主要起草人：曾琳，魏建和，顾雅坤，符丽，谭红琼，郑希龙，李榕涛，王秋玲，何明军，金钺。

胖大海种子超低温保存技术规程

1 范围

本标准规定了胖大海（*Scaphium wallichii* Schott & Endl.）种子超低温保存过程中的术语和定义、种子采收及选择、种子前处理、种子保存量、种子冷冻方式、恢复培养等内容。

本标准适用于胖大海种子的液氮超低温长期贮藏。

2 规范性引用文件

下列文件对本文件的应用是必不可少的。凡是注日期的引用文件，仅注日期的版本适用于本文件。凡是不注日期的引用文件，其最新版本（包括所有的修改单）适用于本文件。

GB/T 3543.6　农作物种子检验规程　水分测定

GB/T 3543.7　农作物种子检验规程　其他项目检验

3 术语和定义

下列术语和定义适用于本文件。

3.1

胖大海　*Scaphium wallichii* Schott & Endl.

为锦葵科（Malvaceae）胖大海属（*Scaphium* Schott & Endl.）高大落叶乔木，又名大海子，因遇水膨大成海绵状而得名。其干燥成熟种子入药，味甘、性寒，具有清热润肺、润肠通便的功效，用于肺热声哑、干咳无痰、咽喉干痛等。收载于《中华人民共和国药典》（2015版）。

3.2

胖大海果实　*Scaphium wallichii* Schott & Endl. fruits

果实椭圆形或圆形，附有船形果荚，果实未成熟时其果荚为红色。

3.3

胖大海种子　*Scaphium wallichii* Schott & Endl. seeds

胖大海的播种材料为完整种子，贮藏特性判断为顽拗性种子。种子表面棕色或暗棕色，微有光泽，呈纺锤状或椭圆形，长 2 cm～3 cm，直径 1 cm～1.5 cm，先端钝圆，基部略尖，具有浅色的圆形种脐。具不规则的干缩皱纹，外层种皮极薄，质脆，易脱落。

3.4

种子超低温保存 seed of cryopreservation

将经过前处理的胖大海种子置于液氮（－196 ℃）中保存。

4　种子采收及选择

4.1　种子采收

1 月—3 月，当果荚颜色变为褐色，且果皮由青色变成褐色时即可采收。果熟时要及时采收，否则种皮遇水容易膨胀发芽。去除果皮和杂质，取出种子。

4.2　种子选择

挑选发育饱满、均匀、健康的种子，置于 4 ℃冰箱中保存备用（存放时间不超过 10 d）。

5　种子前处理

5.1　活力

5.1.1　检测

胖大海种子活力以种子生活力为判别标准。按照 GB/T 3543.7 中的 2,3,5-三苯基氯化四氮唑（TTC）法检测种子生活力。随机抽取 30 粒种子，剥去外层种皮，沿种脊小心将种子分成 2 片后放培养皿内，内侧面向下，滴入 TTC 溶液浸没种子，室温（25 ℃）避光放置 4 h 后观察染色结果。

TTC 溶液的配制和保存方法见附录 A。

5.1.2　鉴定及要求

直接用肉眼对染色结果进行观察鉴定。凡胚及胚乳全部染成有光泽的鲜红色，且组织状态正常的，为有活力的种子，否则为无生活力的种子。

待保存的胖大海种子生活力应≥90%。

5.1.3　计算

生活力按照公式（1）进行计算：

$$A = \frac{y}{x} \times 100\% \tag{1}$$

式中：A——生活力；

　　　y——有活力的种子数；

x——总的种子数。

5.2 含水量范围

用尼龙网袋包裹胖大海种子，置于盛有变色硅胶的干燥器内，硅胶与种子的体积比为 30:1，室温条件下干燥处理 4 h~8 h，在干燥过程中定期测定种子含水量，将种子含水量由 70%~75% 降至 45%~50%。

按照 GB/T 3543.6 中的高恒温烘干法（130 ℃烘干 1 h）测定种子含水量（W_0），并按照公式（2）进行计算：

$$W_0 = \frac{M_1 - M_2}{M_1} \times 100\% \tag{2}$$

式中：W_0——含水量，用百分数表示（%）；

M_1——种子鲜重，单位为克（g）；

M_2——种子烘后重量，单位为克（g）。

6 种子保存量

胖大海种子保存量不少于 300 粒，以便后期的活力检测使用。

7 种子冷冻方式

胖大海种子超低温保存的冷冻方式为直接冷冻法，即将待保存的胖大海种子放入 15 mL 冻存管（每管 7~8 粒种子）中，迅速投入液氮中保存。

8 恢复培养

8.1 种子解冻处理

液氮中至少冻存 24 h 后，取出 4 个冻存管，立即放入 40 ℃水浴中快速解冻 2 min。

8.2 冻后种子活力检测

取出 2 管解冻后的种子，按照 5.1 活力检测方法进行超低温保存后的初始生活力检测。当种子生活力≥65% 时视为保存成功。

8.3 萌芽成苗

将剩下 2 管解冻后的胖大海种子，播种到带有无菌滤纸的带盖发芽盒中，在温度 25 ℃~30 ℃、湿度 70%~85% 的条件下培养。

附　录　A

（规范性附录）

TTC/磷酸盐缓冲溶液的配制和保存方法

A.1　三苯基氯化四氮唑（TTC）溶液配制和保存方法

精密称取 TTC 1.00 g，溶于 100 mL 磷酸盐缓冲溶液中，制成浓度为 1% 的 TTC 溶液，调 pH 至 6.5~7.5，放于棕色瓶内，置于 4 ℃ 冰箱中备用。

A.2　磷酸盐缓冲溶液配制方法

溶液Ⅰ：9.08 g 磷酸二氢钾溶于 1 L 无菌水中；

溶液Ⅱ：35.81 g 磷酸二氢钠溶于 1 L 无菌水中；

按Ⅰ：Ⅱ = 2:3 的比例混合制成磷酸盐缓冲溶液。

参 考 文 献

［1］国家药典委员会. 中华人民共和国药典［M］. 北京：中国医药科技出版社，2015：261.

［2］张巧巧，PHAM V H，陈昌雄，等. 母树径级与贮藏对胖大海种子发芽率的影响［J］. 福建农林大学学报（自然科学版），2017，46（2）：159－165. DOI：10.13323/j.cnki.j.fafu（nat.sci.）.2017.02.007.

［3］傅家瑞，宋松泉. 顽拗性种子生物学［M］. 北京：中国科学文化出版社，2004：1.

［4］REED B M. Plant Cryopreservation: A Practical Guide［M］. Corvallis: Springer，2008：3.

ICS 11.120.01

C 23

团　体　标　准

T/CACM 1326.12—2019

白花树种子超低温保存技术规程

Technical code of practice for cryopreservation of
Styrax tonkinensis（Pierre）Craib ex Hartw. seeds

2019 –10 –17 发布　　　　　　　　　　　　　2019 –10 –17 实施

中 华 中 医 药 学 会 发布

目　　次

前言 ……………………………………………………………………………………………… 265

1　范围 ……………………………………………………………………………………… 266

2　规范性引用文件 ………………………………………………………………………… 266

3　术语和定义 ……………………………………………………………………………… 266

4　种子采收及选择 ………………………………………………………………………… 267

5　种子前处理 ……………………………………………………………………………… 267

6　种子保存量 ……………………………………………………………………………… 268

7　种子冷冻方式 …………………………………………………………………………… 268

8　恢复培养 ………………………………………………………………………………… 268

附录 A（规范性附录）　TTC/磷酸盐缓冲溶液的配制和保存方法 ……………………… 269

参考文献 ………………………………………………………………………………………… 270

前　言

本标准是药用植物顽拗性种子超低温保存系列标准之一，该系列标准结构和名称如下：

——T/CACM 1326.1　药用植物顽拗性种子超低温保存技术通则；

——T/CACM 1326.2　白木香种子超低温保存技术规程；

——T/CACM 1326.3　降香种子超低温保存技术规程；

——T/CACM 1326.4　益智种子超低温保存技术规程；

——T/CACM 1326.5　高良姜种子超低温保存技术规程；

——T/CACM 1326.6　朱砂根种子超低温保存技术规程；

——T/CACM 1326.7　草豆蔻种子超低温保存技术规程；

——T/CACM 1326.8　化州柚种子超低温保存技术规程；

——T/CACM 1326.9　樟种子超低温保存技术规程；

——T/CACM 1326.10　两面针种子超低温保存技术规程；

…………

本标准按照 GB/T 1.1—2009《标准化工作导则　第 1 部分：标准的结构和编写》给出的规则起草。

本标准由中国医学科学院药用植物研究所海南分所提出。

本标准由中华中医药学会归口。

本标准起草单位：中国医学科学院药用植物研究所海南分所，中国医学科学院药用植物研究所。

本标准主要起草人：曾琳，魏建和，郑希龙，李榕涛，王秋玲，何明军，金钺，顾雅坤，符丽。

白花树种子超低温保存技术规程

1 范围

本标准规定了白花树〔*Styrax tonkinensis*（Pierre）Craib ex Hartw.〕种子超低温保存过程中的术语和定义、种子采收及选择、种子前处理、种子保存量、种子冷冻方式、恢复培养等内容。

本标准适用于白花树种子的液氮超低温长期贮藏。

2 规范性引用文件

下列文件对本文件的应用是必不可少的。凡是注日期的引用文件，仅注日期的版本适用于本文件。凡是不注日期的引用文件，其最新版本（包括所有的修改单）适用于本文件。

GB/T 3543.6 农作物种子检验规程 水分测定

GB/T 3543.7 农作物种子检验规程 其他项目检验

3 术语和定义

下列术语和定义适用于本文件。

3.1

白花树 *Styrax tonkinensis*（Pierre）Craib ex Hartw.

为安息香科（Styracaceae）安息香属（*Styrax* Linn.）落叶乔木，其药用部位为干燥树脂。种子油称"白花油"，可供药用，治疥疮；树脂称"安息香"，含有较多香脂酸，是贵重药材，具有开窍醒神、行气活血、止痛的功效。收载于《中华人民共和国药典》（2015版）。

3.2

白花树果实 *Styrax tonkinensis*（Pierre）Craib ex Hartw. fruits

果实为蒴果，果实近球形，直径 10 mm～12 mm，顶端急尖或钝，外面密被灰色星状绒毛。

3.3

白花树种子 *Styrax tonkinensis*（Pierre）Craib ex Hartw. seeds

白花树的播种材料为完整种子，贮藏特性判断为顽拗性种子。种子栗褐色，卵形，密被小瘤状突起和星状毛。

3.4

种子超低温保存　seed of cryopreservation

将经过前处理的白花树种子置于液氮（ – 196 ℃ ）中保存。

4　种子采收及选择

4.1　种子采收

8 月—10 月，果实由灰绿色变为灰棕色，且种子呈褐色时，即可采收，去除果壳，取出种子。

4.2　种子选择

挑选发育饱满、均匀、健康的种子，置于 10 ℃ 冰箱中保存备用（存放时间不超过 2 个月）。

5　种子前处理

5.1　活力

5.1.1　检测

白花树种子活力以种子生活力为判别标准。按照 GB/T 3543.7 中的 2,3,5-三苯基氯化四氮唑（TTC）法检测种子生活力。随机抽取 30 粒种子，剥去外层种皮，沿种脊小心将种子分成 2 片后放培养皿内，内侧面向下，滴入 TTC 溶液浸没种子，室温（25 ℃）避光放置 4 h 后观察染色结果。

TTC 溶液的配制和保存方法见附录 A。

5.1.2　鉴定及要求

直接用肉眼对染色结果进行观察鉴定。凡胚及胚乳全部染成有光泽的鲜红色，且组织状态正常的，为有活力的种子，否则为无生活力的种子。

待保存的白花树种子生活力应 ≥70%。

5.1.3　计算

生活力按照公式（1）进行计算：

$$A = \frac{y}{x} \times 100\% \tag{1}$$

式中：A——生活力；

　　　y——有活力的种子数；

　　　x——总的种子数。

5.2 含水量范围

用尼龙网袋包裹白花树种子，置于盛有变色硅胶的干燥器内，硅胶与种子的体积比为 60 : 1，室温条件下干燥处理 0 h ~ 13 h，在干燥过程中定期测定种子含水量，将种子含水量由 35% ~ 40% 降至 24% ~ 35%。

按照 GB/T 3543.6 中的高恒温烘干法（130 ℃烘干 1 h）测定种子含水量（W_0），并按照公式（2）进行计算：

$$W_0 = \frac{M_1 - M_2}{M_1} \times 100\% \tag{2}$$

式中：W_0——含水量，用百分数表示（%）；

M_1——种子鲜重，单位为克（g）；

M_2——种子烘后重量，单位为克（g）。

6 种子保存量

白花树种子保存量不少于 600 粒，以便后期的活力检测使用。

7 种子冷冻方式

白花树种子超低温保存的冷冻方式为直接冷冻法，即将待保存的白花树种子放入 15 mL 冻存管（每管 28 ~ 30 粒种子）中，迅速投入液氮中保存。

8 恢复培养

8.1 种子解冻处理

液氮中至少冻存 24 h 后，取出 2 个冻存管，立即放入 40 ℃水浴中快速解冻 5 min。

8.2 冻后种子活力检测

取出 1 管解冻后的种子，按照 5.1 活力检测方法进行超低温保存后的初始生活力检测。当种子生活力≥40% 时视为保存成功。

8.3 萌芽成苗

将剩下 1 管解冻后的白花树种子，播种到带有无菌滤纸的带盖发芽盒中，在温度 25 ℃ ~ 30 ℃、湿度 70% ~ 85% 的条件下培养。白花树种子出芽周期大概 60 d。

附　录　A
（规范性附录）
TTC／磷酸盐缓冲溶液的配制和保存方法

A.1 三苯基氯化四氮唑（TTC）溶液配制和保存方法

精密称取 TTC 1.00 g，溶于 100 mL 磷酸盐缓冲溶液中，制成浓度为 1% 的 TTC 溶液，调 pH 至 6.5~7.5，放于棕色瓶内，置于 4 ℃冰箱中备用。

A.2 磷酸盐缓冲溶液配制方法

溶液 I：9.08 g 磷酸二氢钾溶于 1 L 无菌水中；

溶液 II：35.81 g 磷酸二氢钠溶于 1 L 无菌水中；

按 I：II = 2:3 的比例混合制成磷酸盐缓冲溶液。

参 考 文 献

[1] 中国科学院中国植物志编辑委员会. 中国植物志：第六十卷：第二分册 ［M］. 北京：科学出版社，1987：084.

[2] HWANG S M，GRIMES J. Styracaceae ［M］//WU Z Y，RAVEN P H. Flora of China. Beijing：Science Press，1996：253 – 271.

[3] 国家药典委员会. 中华人民共和国药典 ［M］. 北京：中国医药科技出版社，2015：148.

[4] 傅家瑞，宋松泉. 顽拗性种子生物学 ［M］. 北京：中国科学文化出版社，2004：1.

[5] REED B M. Plant Cryopreservation：A Practical Guide ［M］. Corvallis：Springer，2008：3.

ICS 11.120.01

C 23

团 体 标 准

T/CACM 1326.13—2019

马钱子种子超低温保存技术规程

Technical code of practice for cryopreservation of

Strychnos nux-vomica L. seeds

2019 –10 –17 发布   2019 –10 –17 实施

中华中医药学会 发布

目　次

前言 ……………………………………………………………………………………… 273

1　范围 ………………………………………………………………………………… 274

2　规范性引用文件 …………………………………………………………………… 274

3　术语和定义 ………………………………………………………………………… 274

4　种子采收及选择 …………………………………………………………………… 275

5　种子前处理 ………………………………………………………………………… 275

6　种子保存量 ………………………………………………………………………… 276

7　种子冷冻方式 ……………………………………………………………………… 276

8　恢复培养 …………………………………………………………………………… 276

附录 A（规范性附录）　TTC/磷酸盐缓冲溶液的配制和保存方法 ……………… 277

参考文献 ………………………………………………………………………………… 278

前　言

本标准是药用植物顽拗性种子超低温保存系列标准之一，该系列标准结构和名称如下：

——T/CACM 1326.1　药用植物顽拗性种子超低温保存技术通则；

——T/CACM 1326.2　白木香种子超低温保存技术规程；

——T/CACM 1326.3　降香种子超低温保存技术规程；

——T/CACM 1326.4　益智种子超低温保存技术规程；

——T/CACM 1326.5　高良姜种子超低温保存技术规程；

——T/CACM 1326.6　朱砂根种子超低温保存技术规程；

——T/CACM 1326.7　草豆蔻种子超低温保存技术规程；

——T/CACM 1326.8　化州柚种子超低温保存技术规程；

——T/CACM 1326.9　樟种子超低温保存技术规程；

——T/CACM 1326.10　两面针种子超低温保存技术规程；

…………

本标准按照 GB/T 1.1—2009《标准化工作导则　第 1 部分：标准的结构和编写》给出的规则起草。

本标准由中国医学科学院药用植物研究所海南分所提出。

本标准由中华中医药学会归口。

本标准起草单位：中国医学科学院药用植物研究所海南分所，中国医学科学院药用植物研究所。

本标准主要起草人：曾琳，魏建和，郑希龙，李榕涛，王秋玲，何明军，金钺，顾雅坤，符丽。

马钱子种子超低温保存技术规程

1 范围

本标准规定了马钱子（*Strychnos nux-vomica* L.）种子超低温保存过程中的术语和定义、种子采收及选择、种子前处理、种子保存量、种子冷冻方式、恢复培养等内容。

本标准适用于马钱子种子的液氮超低温长期贮藏。

2 规范性引用文件

下列文件对本文件的应用是必不可少的。凡是注日期的引用文件，仅注日期的版本适用于本文件。凡是不注日期的引用文件，其最新版本（包括所有的修改单）适用于本文件。

GB/T 3543.6 农作物种子检验规程 水分测定

GB/T 3543.7 农作物种子检验规程 其他项目检验

3 术语和定义

下列术语和定义适用于本文件。

3.1

马钱子 *Strychnos nux-vomica* L.

为马钱科（Loganiaceae）马钱属（*Strychnos* Linn.）常绿乔木，别称番木鳖。其干燥成熟种子为《中华人民共和国药典》（2015 版）收载药材，中医学上以炮制后的种子入药，种子性寒，味苦，有通络散结、消肿止痛之效。西医学上用种子提取物，作中枢神经兴奋剂。此外，木材灰白色，结构坚硬致密，可作车辆及农具用料。

3.2

马钱子果实 *Strychnos nux-vomica* L. fruits

浆果圆球状，直径 2 cm～4 cm，成熟时橘黄色，内有种子 1～4 颗。

3.3

马钱子种子 *Strychnos nux-vomica* L. seeds

马钱子的播种材料为完整种子，贮藏特性判断为顽拗性种子。种子表面灰黄色，密被银色绒毛，有丝样光泽。扁圆盘状，一面隆起，一面凹下，宽 2 cm～4 cm。质坚硬，平行剥开可见淡黄色胚乳，角质状，子叶心形。种子有毒。

3.4

种子超低温保存　seed of cryopreservation

将经过前处理的马钱子种子置于液氮（－196 ℃）中保存。

4　种子采收及选择

4.1　种子采收

8 月—翌年 1 月，当果皮颜色由绿色转为黄色时，即可采收，去除果皮和果肉，取出种子。

4.2　种子选择

挑选发育饱满、均匀、健康的种子，置于 10 ℃冰箱中保存备用（存放时间不超过 1 个月）。

5　种子前处理

5.1　活力

5.1.1　检测

马钱子种子活力以种子生活力为判别标准。按照 GB/T 3543.7 中的 2，3，5-三苯基氯化四氮唑（TTC）法检测种子生活力。随机抽取 30 粒种子，剥去外层种皮，沿种脊小心将种子分成 2 片后放培养皿内，内侧面向下，滴入 TTC 溶液浸没种子，室温（25 ℃）避光放置 4 h 后观察染色结果。

TTC 溶液的配制和保存方法见附录 A。

5.1.2　鉴定及要求

直接用肉眼对染色结果进行观察鉴定。凡胚及胚乳全部染成有光泽的鲜红色，且组织状态正常的，为有活力的种子，否则为无生活力的种子。

待保存的马钱子种子生活力应≥90%。

5.1.3　计算

生活力按照公式（1）进行计算：

$$A = \frac{y}{x} \times 100\% \qquad\qquad (1)$$

式中：A——生活力；

　　　y——有活力的种子数；

　　　x——总的种子数。

5.2 含水量范围

用尼龙网袋包裹马钱子种子，置于盛有变色硅胶的干燥器内，硅胶与种子的体积比为40∶1，室温条件下干燥处理0 h~100 h，在干燥过程中定期测定种子含水量，将种子含水量由32%~38%降至25%~32%。

按照GB/T 3543.6中的高恒温烘干法（130 ℃烘干1 h）测定种子含水量（W_0），并按照公式（2）进行计算：

$$W_0 = \frac{M_1 - M_2}{M_1} \times 100\%　　　　　　　　　　　　　　（2）$$

式中：W_0——含水量，用百分数表示（%）；

M_1——种子鲜重，单位为克（g）；

M_2——种子烘后重量，单位为克（g）。

6 种子保存量

马钱子种子保存量不少于400粒，以便后期的活力检测使用。

7 种子冷冻方式

马钱子种子超低温保存的冷冻方式为直接冷冻法，即将待保存的马钱子种子放入15 mL冻存管（每管8粒种子）中，迅速投入液氮中保存。

8 恢复培养

8.1 种子解冻处理

液氮中至少冻存24 h后，取出6个冻存管，立即放入40 ℃水浴中快速解冻2 min。

8.2 冻后种子活力检测

取出3管解冻后的种子，按照5.1活力检测方法进行超低温保存后的初始生活力检测。当种子生活力≥50%时视为保存成功。

8.3 萌芽成苗

将剩下3管解冻后的马钱子种子，播种到带有无菌滤纸的带盖发芽盒中，在温度25 ℃~30 ℃、湿度70%~85%的条件下培养。

附 录 A
（规范性附录）
TTC/磷酸盐缓冲溶液的配制和保存方法

A.1 三苯基氯化四氮唑（TTC）溶液配制和保存方法

精密称取 TTC 1.00 g，溶于 100 mL 磷酸盐缓冲溶液中，制成浓度为 1% 的 TTC 溶液，调 pH 至 6.5~7.5，放于棕色瓶内，置于 4 ℃冰箱中备用。

A.2 磷酸盐缓冲溶液配制方法

溶液Ⅰ：9.08 g 磷酸二氢钾溶于 1 L 无菌水中；

溶液Ⅱ：35.81 g 磷酸二氢钠溶于 1 L 无菌水中；

按Ⅰ：Ⅱ = 2：3 的比例混合制成磷酸盐缓冲溶液。

参 考 文 献

［1］国家药典委员会. 中华人民共和国药典［M］. 北京：中国医药科技出版社，2015：50－51.

［2］中国科学院中国植物志编辑委员会. 中国植物志：第六十一卷［M］. 北京：科学出版社，1992：230.

［3］LI P T, LEEUWENBERG A J M. Loganiaceae［M］//WU Z Y, RAVEN P H. Flora of China. Beijing: Science Press，1996：320－338.

［4］傅家瑞，宋松泉. 顽拗性种子生物学［M］. 北京：中国科学文化出版社，2004：1.

［5］REED B M. Plant Cryopreservation: A Practical Guide［M］. Corvallis: Springer，2008：3.

ICS 11.120.01

C 23

团 体 标 准

T/CACM 1326.14—2019

三七种子超低温保存技术规程

Technical code of practice for cryopreservation of *Panax notoginseng*

（Burkill）F. H. Chen ex C. Y. Wu & K. M. Feng seeds

2019 –10 –17 发布   2019 –10 –17 实施

中华中医药学会 发布

目　次

前言 ……………………………………………………………………… 281

1　范围 ………………………………………………………………… 282

2　规范性引用文件 …………………………………………………… 282

3　术语和定义 ………………………………………………………… 282

4　种子采收及选择 …………………………………………………… 283

5　种子前处理 ………………………………………………………… 283

6　种子保存量 ………………………………………………………… 284

7　种子冷冻方式 ……………………………………………………… 284

8　恢复培养 …………………………………………………………… 284

附录 A（规范性附录）　试剂的配制和保存方法 ……………………… 286

参考文献 ………………………………………………………………… 287

前　　言

本标准是药用植物顽拗性种子超低温保存系列标准之一，该系列标准结构和名称如下：

——T/CACM 1326.1　药用植物顽拗性种子超低温保存技术通则；

——T/CACM 1326.2　白木香种子超低温保存技术规程；

——T/CACM 1326.3　降香种子超低温保存技术规程；

——T/CACM 1326.4　益智种子超低温保存技术规程；

——T/CACM 1326.5　高良姜种子超低温保存技术规程；

——T/CACM 1326.6　朱砂根种子超低温保存技术规程；

——T/CACM 1326.7　草豆蔻种子超低温保存技术规程；

——T/CACM 1326.8　化州柚种子超低温保存技术规程；

——T/CACM 1326.9　樟种子超低温保存技术规程；

——T/CACM 1326.10　两面针种子超低温保存技术规程；

…………

本标准按照 GB/T 1.1—2009《标准化工作导则　第 1 部分：标准的结构和编写》给出的规则起草。

本标准由中国医学科学院药用植物研究所海南分所提出。

本标准由中华中医药学会归口。

本标准起草单位：中国医学科学院药用植物研究所海南分所，中国医学科学院药用植物研究所。

本标准主要起草人：曾琳，魏建和，郑希龙，李榕涛，王秋玲，何明军，金钺，谭红琼，顾雅坤，符丽。

三七种子超低温保存技术规程

1 范围

本标准规定了三七［*Panax notoginseng*（Burkill）F. H. Chen ex C. Y. Wu & K. M. Feng］种子超低温保存过程中的术语和定义、种子采收及选择、种子前处理、种子保存量、种子冷冻方式、恢复培养等内容。

本标准适用于三七种子的液氮超低温长期贮藏。

2 规范性引用文件

下列文件对本文件的应用是必不可少的。凡是注日期的引用文件，仅注日期的版本适用于本文件。凡是不注日期的引用文件，其最新版本（包括所有的修改单）适用于本文件。

GB/T 3543.6 农作物种子检验规程 水分测定

GB/T 3543.7 农作物种子检验规程 其他项目检验

3 术语和定义

下列术语和定义适用于本文件。

3.1

三七 *Panax notoginseng*（Burkill）**F. H. Chen ex C. Y. Wu & K. M. Feng**

为五加科（Araliaceae）人参属（*Panax* Linn.）多年生草本，别称田七。叶、果以及根状茎可入药，其纺锤根是著名跌打损伤特效药，具有很好的止血散瘀、定痛消肿功效，是《中华人民共和国药典》（2015 版）收载的常用药材。

3.2

三七果实 *Panax notoginseng*（Burkill）**F. H. Chen ex C. Y. Wu & K. M. Feng fruits**

球状果实，核果熟时红色，内有种子 1~3 颗。

3.3

三七种子 *Panax notoginseng*（Burkill）F. H. Chen ex C. Y. Wu & K. M. Feng seeds

三七的播种材料为完整种子，贮藏特性判断为顽拗性种子。种子黄白色，扁球状。质较软，易切开。

3.4

种子超低温保存 seed of cryopreservation

将经过前处理的三七种子置于液氮（–196 ℃）中保存。

4   种子采收及选择

4.1   种子采收

8 月—10 月，果皮颜色由绿转为红时即可采收，采收后去掉外层红色果皮、表面粘连物，取出种子。

4.2   种子选择

挑选发育饱满、均匀、健康的种子，置于 4 ℃冰箱中保存备用（存放时间不超过 1 个月）。

5   种子前处理

5.1   活力

5.1.1   检测

三七种子活力以种子生活力为判别标准。按照 GB/T 3543.7 中的 2, 3, 5-三苯基氯化四氮唑（TTC）法检测种子生活力。随机抽取 30 粒种子，水浸 20 h，剥去外层种皮，沿种脊小心将种子分成 2 爿后放培养皿内，内侧面向下，滴入 TTC 溶液浸没种子，室温（25 ℃）避光放置 4 h 后观察染色结果。

TTC 溶液的配制和保存方法见附录 A 的 A.1 和 A.2。

5.1.2   鉴定及要求

直接用肉眼对染色结果进行观察鉴定。凡胚及胚乳全部染成有光泽的鲜红色，且组织状态正常的，为有活力的种子，否则为无生活力的种子。

待保存的三七种子生活力应≥90%。

5.1.3   计算

生活力按照公式（1）进行计算：

$$A = \frac{y}{x} \times 100\% \tag{1}$$

式中：A——生活力；

y——有活力的种子数；

x——总的种子数。

5.2 含水量范围

用尼龙网袋包裹三七种子，置于盛有变色硅胶的干燥器内，硅胶与种子的体积比为 50∶1，室温条件下干燥处理 4 h~18 h，在干燥过程中定期测定种子含水量，将种子含水量由 53%~58% 降至 38%~48%。

按照 GB/T 3543.6 中的高恒温烘干法（130 ℃烘干 1 h）测定种子含水量（W_0），并按照公式（2）进行计算：

$$W_0 = \frac{M_1 - M_2}{M_1} \times 100\% \tag{2}$$

式中：W_0——含水量，用百分数表示（%）；

M_1——种子鲜重，单位为克（g）；

M_2——种子烘后重量，单位为克（g）。

6 种子保存量

三七种子保存量不少于 200 粒，以便后期的活力检测使用。

7 种子冷冻方式

三七种子超低温保存的冷冻方式为分步冷冻法，即将装有种子和玻璃化溶液（PVS2）的 5 mL 冻存管（每管 40 粒种子）置于 4 ℃冰箱中 0.5 h，取出立即放入 −20 ℃冰柜中 1 h，之后迅速投入液氮中保存。

PVS2 的配制及保存方法见附录 A 的 A.3。

8 恢复培养

8.1 种子解冻处理

液氮中至少冻存 24 h 后，取出 1 个冻存管，立即放入 40 ℃水浴中快速解冻 3 min，而后用洗涤液（DS）浸泡 3 次，每次 5 min，并用纯净水冲洗干净。

DS 的配制及保存方法见附录 A 的 A.4。

8.2　冻后种子活力检测

取出 20 粒解冻后的种子，按照 5.1 活力检测方法进行超低温保存后的初始生活力检测。当种子生活力≥85% 时视为保存成功。

8.3　萌芽成苗

将剩下 20 粒解冻后的三七种子，播种到带有无菌滤纸的带盖发芽盒中，在温度 25 ℃～30 ℃、湿度 70%～85% 的条件下培养。

附　录　A

（规范性附录）

试剂的配制和保存方法

A.1　三苯基氯化四氮唑（TTC）溶液配制和保存方法

精密称取 TTC 1.00 g，溶于 100 mL 磷酸盐缓冲溶液中，制成浓度为 1% 的 TTC 溶液，调 pH 至 6.5~7.5，放于棕色瓶内，置于 4 ℃冰箱中备用。

A.2　磷酸盐缓冲溶液配制方法

溶液 I：9.08 g 磷酸二氢钾溶于 1 L 无菌水中；

溶液 II：35.81 g 磷酸二氢钠溶于 1 L 无菌水中；

按 I：II ＝2:3 的比例混合制成磷酸盐缓冲溶液。

A.3　PVS2 的配制及保存方法

精密量取甘油 23.8 mL、乙二醇 13.6 mL、二甲基亚砜 13.6 mL，称取蔗糖 13.7 g，溶于 MS 溶液中，定容至 100 mL，调 pH 值至 5.8，高温高压灭菌，4 ℃冷藏。

注：配制时需戴手套，并在通风橱内操作。

A.4　DS 的配制及保存方法

精密称取蔗糖 41.1 g 溶于 MS 溶液中，定容至 100 mL，调 pH 值至 5.8，高温高压灭菌，4 ℃冷藏。

参 考 文 献

［1］国家药典委员会. 中华人民共和国药典［M］. 北京：中国医药科技出版社，2015：11 - 12.

［2］中国科学院中国植物志编辑委员会. 中国植物志：第五十四卷［M］. 北京：科学出版社，1978：183.

［3］SHANG C B，LOWRY P P II. Araliaceae［M］//WU Z Y，RAVEN P H. Flora of China. Beijing：Science Press，2007：489 - 491.

［4］傅家瑞，宋松泉. 顽拗性种子生物学［M］. 中国科学文化出版社，2004：1.

［5］REED B M. Plant Cryopreservation：A Practical Guide［M］. Corvallis：Springer，2008：3.

ICS　11.120.01
C 23

团　体　标　准

T/CACM 1326.15—2019

肉豆蔻种子超低温保存技术规程

Technical code of practice for cryopreservation of

Myristica fragrans Houtt. seeds

2019 –10 –17 发布　　　　　　　　　　　　　　　　2019 –10 –17 实施

中华中医药学会 发布

目　次

前言 ……………………………………………………………………………… 291

1　范围 …………………………………………………………………………… 292

2　规范性引用文件 ……………………………………………………………… 292

3　术语和定义 …………………………………………………………………… 292

4　种子采收及选择 ……………………………………………………………… 293

5　种子前处理 …………………………………………………………………… 293

6　种子保存量 …………………………………………………………………… 294

7　种子冷冻方式 ………………………………………………………………… 294

8　恢复培养 ……………………………………………………………………… 294

附录 A（规范性附录）　TTC/磷酸盐缓冲溶液的配制和保存方法 …………… 295

参考文献 ………………………………………………………………………… 296

前　言

本标准是药用植物顽拗性种子超低温保存系列标准之一，该系列标准结构和名称如下：

——T/CACM 1326.1　药用植物顽拗性种子超低温保存技术通则；

——T/CACM 1326.2　白木香种子超低温保存技术规程；

——T/CACM 1326.3　降香种子超低温保存技术规程；

——T/CACM 1326.4　益智种子超低温保存技术规程；

——T/CACM 1326.5　高良姜种子超低温保存技术规程；

——T/CACM 1326.6　朱砂根种子超低温保存技术规程；

——T/CACM 1326.7　草豆蔻种子超低温保存技术规程；

——T/CACM 1326.8　化州柚种子超低温保存技术规程；

——T/CACM 1326.9　樟种子超低温保存技术规程；

——T/CACM 1326.10　两面针种子超低温保存技术规程；

…………

本标准按照 GB/T 1.1—2009《标准化工作导则　第 1 部分：标准的结构和编写》给出的规则起草。

本标准由中国医学科学院药用植物研究所海南分所提出。

本标准由中华中医药学会归口。

本标准起草单位：中国医学科学院药用植物研究所海南分所，中国医学科学院药用植物研究所。

本标准主要起草人：曾琳，魏建和，郑希龙，李榕涛，王秋玲，何明军，金钺，顾雅坤，符丽。

肉豆蔻种子超低温保存技术规程

1 范围

本标准规定了肉豆蔻（*Myristica fragrans* Houtt.）种子超低温保存过程中的术语和定义、种子采收及选择、种子前处理、种子保存量、种子冷冻方式、恢复培养等内容。

本标准适用于肉豆蔻种子的液氮超低温长期贮藏。

2 规范性引用文件

下列文件对本文件的应用是必不可少的。凡是注日期的引用文件，仅注日期的版本适用于本文件。凡是不注日期的引用文件，其最新版本（包括所有的修改单）适用于本文件。

GB/T 3543.6　农作物种子检验规程　水分测定

GB/T 3543.7　农作物种子检验规程　其他项目检验

3 术语和定义

下列术语和定义适用于本文件。

3.1

肉豆蔻　*Myristica fragrans* Houtt.

为肉豆蔻科（Myristicaceae）肉豆蔻属（*Myristica* Gronov.）植物，是热带著名的香料和药用植物。种子含固体油，可做工业用油，其余供药用，治虚泻冷痢、脘腹冷痛、呕吐等；外用可作寄生虫驱除剂，治疗风湿痛。收载于《中华人民共和国药典》（2015 版）。

3.2

肉豆蔻果实　*Myristica fragrans* Houtt. fruits

肉豆蔻果通常单生，具短柄，有时具残存的花被片，成熟时果实自然开裂。

3.3

肉豆蔻种子　*Myristica fragrans* Houtt. seeds

肉豆蔻的播种材料为完整种子，贮藏特性判断为顽拗性种子。种子卵珠形或椭圆形，长

2 cm ~ 3 cm，直径 1.5 cm ~ 2.5 cm；表面灰棕色或灰黄色，有时外被白粉（石灰粉末）；种皮外有浅色纵行沟纹和不规则网状沟纹。种脐位于宽端，呈浅色圆形突起，合点呈暗凹陷。种脊呈纵沟状，连接两端。质坚，断面显棕黄色相杂的大理石花纹，宽端可见胚，富油性。

3.4

种子超低温保存 seed of cryopreservation

将经过前处理的肉豆蔻种子置于液氮（−196 ℃）中保存。

4 种子采收及选择

4.1 种子采收

9 月下旬—10 月上旬，果皮为蜡黄色、果肉自然开裂，假种皮全部深红色、种皮变硬呈黑褐色时，即可采收，去除果皮和红色假种皮，取出种子。

4.2 种子选择

挑选表面灰褐色或黑褐色、较光滑油亮、个大饱满、质地坚硬、健康的种子，置于 10 ℃ 种子低温低湿储藏柜中保存备用（存放时间不超过 15 天）。

5 种子前处理

5.1 活力

5.1.1 检测

肉豆蔻种子活力以种子生活力为判别标准。按照 GB/T 3543.7 中的 2,3,5-三苯基氯化四氮唑（TTC）法检测种子生活力。随机抽取 30 粒种子，剥去外层种皮，沿种脊小心将种子分成 2 片后放培养皿内，内侧面向下，滴入 TTC 溶液浸没种子，室温（25 ℃）避光放置 5 h 后观察染色结果。

TTC 溶液的配制和保存方法见附录 A。

5.1.2 鉴定及要求

直接用肉眼对染色结果进行观察鉴定。凡胚及胚乳全部染成有光泽的鲜红色，且组织状态正常的，为有活力的种子，否则为无生活力的种子。

待保存的肉豆蔻种子生活力应 ≥90%。

5.1.3 计算

生活力按照公式（1）进行计算：

$$A = \frac{y}{x} \times 100\%$$

（1）

式中：A——生活力；

y——有活力的种子数；

x——总的种子数。

5.2 含水量范围

用尼龙网袋包裹肉豆蔻种子，置于盛有变色硅胶的干燥器内，硅胶与种子的体积比为 30∶1，室温条件下干燥处理 10 h～30 h，在干燥过程中定期测定种子含水量，将种子含水量由 35%～45% 降至 26%～28%。

按照 GB/T 3543.6 中的高恒温烘干法（130 ℃烘干 1 h）测定种子含水量（W_0），并按照公式（2）进行计算：

$$W_0 = \frac{M_1 - M_2}{M_1} \times 100\% \tag{2}$$

式中：W_0——含水量，用百分数表示（%）；

M_1——种子鲜重，单位为克（g）；

M_2——种子烘后重量，单位为克（g）。

6 种子保存量

肉豆蔻种子保存量不少于 300 粒，以便后期的活力检测使用。

7 种子冷冻方式

肉豆蔻种子超低温保存的冷冻方式为直接冷冻法，即将待保存的肉豆蔻种子放入 15 mL 冻存管（每管 2 粒种子）中，迅速投入液氮中保存。

8 恢复培养

8.1 种子解冻处理

液氮中至少冻存 24 h 后，取出 10 个冻存管，立即放入 40 ℃水浴中快速解冻 5 min。

8.2 冻后种子活力检测

取出 5 管解冻后的种子，按照 5.1 活力检测方法进行超低温保存后的初始生活力检测。当种子生活力≥55% 时视为保存成功。

8.3 萌芽成苗

将剩下 5 管解冻后的肉豆蔻种子，播种到带有无菌滤纸的带盖发芽盒中，在温度 28 ℃～30 ℃、湿度 70%～85% 的条件下培养。肉豆蔻种子出芽周期 10 d～30 d。

附　录　A

（规范性附录）

TTC/磷酸盐缓冲溶液的配制和保存方法

A. 1　三苯基氯化四氮唑（TTC）溶液配制和保存方法

精密称取 TTC 1.00 g，溶于 100 mL 磷酸盐缓冲溶液中，制成浓度为 1% 的 TTC 溶液，调 pH 至 6.5~7.5，放于棕色瓶内，置于 4 ℃ 冰箱中备用。

A. 2　磷酸盐缓冲溶液配制方法

溶液 I：9.08 g 磷酸二氢钾溶于 1 L 无菌水中；

溶液 II：35.81 g 磷酸二氢钠溶于 1 L 无菌水中；

按 I：II = 2:3 的比例混合制成磷酸盐缓冲溶液。

参 考 文 献

［1］中国科学院中国植物志编辑委员会. 中国植物志：第三十卷：第二分册 ［M］. 北京：科学出版社，
　　1979：194.

［2］LI P T, WILSON T K. Myristicaceae ［M］//WU Z Y, RAVEN P H. Flora of China. Beijing：Science Press，
　　2008：99.

［3］国家药典委员会. 中华人民共和国药典 ［M］. 北京：中国医药科技出版社，2015：136.

［4］傅家瑞，宋松泉. 顽拗性种子生物学 ［M］. 北京：中国科学文化出版社，2004：1.

［5］REED B M. Plant Cryopreservation: A Practical Guide ［M］. Corvallis: Springer，2008：3.

［6］吴怡，顾雅坤，符丽，等. 肉豆蔻种子超低温保存技术及生理生化活性研究 ［J］. 中国农学通报，
　　2019，35（19）：78－82.

ICS 11.120.01
C 23

团 体 标 准

T/CACM 1326.16—2019

槟榔种子超低温保存技术规程

Technical code of practice for cryopreservation of

Areca catechu L. seeds

2019 –10 –17 发布   2019 –10 –17 实施

中华中医药学会 发布

目　次

前言 ……………………………………………………………………………………………… 299

1　范围 …………………………………………………………………………………………… 300

2　规范性引用文件 ……………………………………………………………………………… 300

3　术语和定义 …………………………………………………………………………………… 300

4　种子采收及选择 ……………………………………………………………………………… 301

5　种子前处理 …………………………………………………………………………………… 301

6　种子保存量 …………………………………………………………………………………… 302

7　种子冷冻方式 ………………………………………………………………………………… 302

8　恢复培养 ……………………………………………………………………………………… 302

附录 A（规范性附录）　TTC/磷酸盐缓冲溶液的配制和保存方法 ………………………… 303

参考文献 ………………………………………………………………………………………… 304

前　言

本标准是药用植物顽拗性种子超低温保存系列标准之一，该系列标准结构和名称如下：

——T/CACM 1326.1　药用植物顽拗性种子超低温保存技术通则；

——T/CACM 1326.2　白木香种子超低温保存技术规程；

——T/CACM 1326.3　降香种子超低温保存技术规程；

——T/CACM 1326.4　益智种子超低温保存技术规程；

——T/CACM 1326.5　高良姜种子超低温保存技术规程；

——T/CACM 1326.6　朱砂根种子超低温保存技术规程；

——T/CACM 1326.7　草豆蔻种子超低温保存技术规程；

——T/CACM 1326.8　化州柚种子超低温保存技术规程；

——T/CACM 1326.9　樟种子超低温保存技术规程；

——T/CACM 1326.10　两面针种子超低温保存技术规程；

…………

本标准按照 GB/T 1.1—2009《标准化工作导则　第 1 部分：标准的结构和编写》给出的规则起草。

本标准由中国医学科学院药用植物研究所海南分所提出。

本标准由中华中医药学会归口。

本标准起草单位：中国医学科学院药用植物研究所海南分所，中国医学科学院药用植物研究所。

本标准主要起草人：曾琳，魏建和，符丽，谭红琼，顾雅坤，郑希龙，李榕涛，王秋玲，何明军，金钺。

槟榔种子超低温保存技术规程

1 范围

本标准规定了槟榔（*Areca catechu* L.）种子超低温保存过程中的术语和定义、种子采收及选择、种子前处理、种子保存量、种子冷冻方式、恢复培养等内容。

本标准适用于槟榔种子的液氮超低温长期贮藏。

2 规范性引用文件

下列文件对本文件的应用是必不可少的。凡是注日期的引用文件，仅注日期的版本适用于本文件。凡是不注日期的引用文件，其最新版本（包括所有的修改单）适用于本文件。

GB/T 3543.6 农作物种子检验规程 水分测定

GB/T 3543.7 农作物种子检验规程 其他项目检验

3 术语和定义

下列术语和定义适用于本文件。

3.1

槟榔 *Areca catechu* L.

为棕榈科（Palmae）槟榔属（*Areca* Linn.）常绿乔木，别称大腹子，位列中国"四大南药"之首。其果实具有杀虫、消积等功效，主要用于治疗人体肠道寄生虫病、食积腹痛、水肿脚气等。收载于《中华人民共和国药典》（2015 版）。

3.2

槟榔果实 *Areca catechu* L. fruits

槟榔果实长圆形或卵球形，长 3 cm～5 cm，橙黄色，中果皮厚，纤维质。

3.3

槟榔种子 *Areca catechu* L. seeds

槟榔的播种材料为完整种子，贮藏特性判断为顽拗性种子。种子卵形，长 1.5 cm～3.5 cm，基部截平，淡黄棕色，底部中心具圆形凹陷的珠孔，种胚就在此处萌发，其旁有 1 条明显的瘢痕状种脐。质坚硬，不易破碎，断面可见棕色种皮与白色胚乳相间的大理石样花纹。

3. 4

种子超低温保存 seed of cryopreservation

将经过前处理的槟榔种子置于液氮（−196 ℃）中保存。

4　种子采收及选择

4.1　种子采收

11 月—次年 5 月，果皮颜色由绿转为黄时，即可采收，去除果皮，取出种子。

4.2　种子选择

挑选发育饱满、均匀、健康的种子，置于 4 ℃冰箱中保存备用（存放时间不超过 1 个月）。

5　种子前处理

5.1　活力

5.1.1　检测

槟榔种子活力以种子生活力为判别标准。按照 GB/T 3543.7 中的 2, 3, 5-三苯基氯化四氮唑（TTC）法检测种子生活力。随机选取 15 粒种子，取出种胚后放入培养皿内，滴入 TTC 溶液浸没种胚，室温（25 ℃）避光放置 4 h 后观察染色结果。

TTC 溶液的配制和保存方法见附录 A。

5.1.2　鉴定及要求

直接用肉眼对染色结果进行观察鉴定。凡胚及胚乳全部染成有光泽的鲜红色，且组织状态正常的，为有活力的种子，否则为无生活力的种子。

待保存的槟榔种子生活力应≥80%。

5.1.3　计算

生活力按照公式（1）进行计算：

$$A = \frac{y}{x} \times 100\% \tag{1}$$

式中：A——生活力；

y——有活力的种子数；

x——总的种子数。

5.2 含水量范围

用尼龙网袋包裹槟榔种子，置于盛有变色硅胶的干燥器内，硅胶与种子的体积比为30:1，室温条件下干燥处理3 h~6 h，在干燥过程中定期测定种子含水量，将种子含水量由45%~55%降至34%~36%。

按照GB/T 3543.6中的高恒温烘干法（130℃烘干1 h）测定种子含水量（W_0），并按照公式（2）进行计算：

$$W_0 = \frac{M_1 - M_2}{M_1} \times 100\% \tag{2}$$

式中：W_0——含水量，用百分数表示（%）；

M_1——种子鲜重，单位为克（g）；

M_2——种子烘后重量，单位为克（g）。

6 种子保存量

槟榔种子保存量不少于200粒，以便后期的活力检测使用。

7 种子冷冻方式

槟榔种子超低温保存的冷冻方式为直接冷冻法，即将待保存的槟榔种子放入15 mL冻存管（每管2~3粒种子）中，迅速投入液氮中保存。

8 恢复培养

8.1 种子解冻处理

液氮中至少冻存24 h后，取出10个冻存管，立即放入40℃水浴中快速解冻2 min。

8.2 冻后种子活力检测

取出5管解冻后的种子，按照5.1活力检测方法进行超低温保存后的初始生活力检测。当种子生活力≥75%时视为保存成功。

8.3 萌芽成苗

将剩下5管解冻后的槟榔种子，播种到带有无菌滤纸的带盖发芽盒中，在温度25℃~30℃、湿度70%~85%的条件下培养。

附 录 A

（规范性附录）

TTC/磷酸盐缓冲溶液的配制和保存方法

A.1 三苯基氯化四氮唑（TTC）溶液配制和保存方法

精密称取 TTC 1.00 g，溶于 100 mL 磷酸盐缓冲溶液中，制成浓度为 1% 的 TTC 溶液，调 pH 至 6.5~7.5，放于棕色瓶内，置于 4 ℃冰箱中备用。

A.2 磷酸盐缓冲溶液配制方法

溶液 I：9.08 g 磷酸二氢钾溶于 1 L 无菌水中；

溶液 II：35.81 g 磷酸二氢钠溶于 1 L 无菌水中；

按 I：II = 2:3 的比例混合制成磷酸盐缓冲溶液。

参 考 文 献

［1］国家药典委员会. 中华人民共和国药典［M］. 北京：中国医药科技出版社，2015：365－366.

［2］中国科学院中国植物志编辑委员会. 中国植物志：第十三卷：第一分册［M］. 北京：科学出版社，1991：133.

［3］PEI S J, CHEN S Y, GUO L X. et al. Arecaceaec (Palmae)［M］//WU Z Y, RAVEN P H. Flora of China. Beijing：Science Press，2010：154－155.

［4］傅家瑞，宋松泉. 顽拗性种子生物学［M］. 北京：中国科学文化出版社，2004：1.

［5］REED B M. Plant Cryopreservation: A Practical Guide［M］. Corvallis：Springer，2008：3.

［6］邵玉涛. 假槟榔种子发育过程中脱水耐性的变化及超低温保存的研究［D］. 北京：中国科学院研究生院（西双版纳热带植物园），2006.

ICS 11. 120. 01

C 23

团 体 标 准

T/CACM 1326. 17—2019

人参种子超低温保存技术规程

Technical code of practice for cryopreservation of

Panax ginseng C. A. Meyer seeds

2019 –10 –17 发布　　　　　　　　　　2019 –10 –17 实施

中华中医药学会 发布

目　次

前言 ………………………………………………………………………………………… 307

1　范围 …………………………………………………………………………………… 308

2　规范性引用文件 ……………………………………………………………………… 308

3　术语和定义 …………………………………………………………………………… 308

4　种子采收及选择 ……………………………………………………………………… 309

5　种子前处理 …………………………………………………………………………… 309

6　种子保存量 …………………………………………………………………………… 310

7　种子冷冻方式 ………………………………………………………………………… 310

8　恢复培养 ……………………………………………………………………………… 310

附录 A（规范性附录）　TTC/磷酸盐缓冲溶液的配制和保存方法 ………………… 311

参考文献 …………………………………………………………………………………… 312

前　言

本标准是药用植物顽拗性种子超低温保存系列标准之一，该系列标准结构和名称如下：

——T/CACM 1326.1　药用植物顽拗性种子超低温保存技术通则；

——T/CACM 1326.2　白木香种子超低温保存技术规程；

——T/CACM 1326.3　降香种子超低温保存技术规程；

——T/CACM 1326.4　益智种子超低温保存技术规程；

——T/CACM 1326.5　高良姜种子超低温保存技术规程；

——T/CACM 1326.6　朱砂根种子超低温保存技术规程；

——T/CACM 1326.7　草豆蔻种子超低温保存技术规程；

——T/CACM 1326.8　化州柚种子超低温保存技术规程；

——T/CACM 1326.9　樟种子超低温保存技术规程；

——T/CACM 1326.10　两面针种子超低温保存技术规程；

…………

本标准按照 GB/T 1.1—2009《标准化工作导则　第 1 部分：标准的结构和编写》给出的规则起草。

本标准由中国医学科学院药用植物研究所海南分所提出。

本标准由中华中医药学会归口。

本标准起草单位：中国医学科学院药用植物研究所海南分所，中国医学科学院药用植物研究所。

本标准主要起草人：曾琳，魏建和，顾雅坤，谭红琼，符丽，金钺，郑希龙，李榕涛，王秋玲，何明军。

人参种子超低温保存技术规程

1 范围

本标准规定了人参（*Panax ginseng* C. A. Meyer）种子超低温保存过程中的术语和定义、种子采收及选择、种子前处理、种子保存量、种子冷冻方式、恢复培养等内容。

本标准适用于人参种子的液氮超低温长期贮藏。

2 规范性引用文件

下列文件对本文件的应用是必不可少的。凡是注日期的引用文件，仅注日期的版本适用于本文件。凡是不注日期的引用文件，其最新版本（包括所有的修改单）适用于本文件。

GB/T 3543.6　农作物种子检验规程　水分测定

GB/T 3543.7　农作物种子检验规程　其他项目检验

3 术语和定义

下列术语和定义适用于本文件。

3.1

人参　*Panax ginseng* C. A. Meyer

为五加科（Araliaceae）人参属（*Panax* Linn.）多年生草本植物，中药名亦为人参，以根茎叶入药。人参的肉质根为著名强壮滋补药，适用于调整血压、恢复心脏功能、治疗神经衰弱及身体虚弱等症，也有祛痰、健胃、利尿、兴奋等功效。收载于《中华人民共和国药典》（2015 版）。

3.2

人参果实　*Panax ginseng* C. A. Meyer fruits

果实扁球形，鲜红色，长 4 mm～5 mm，宽 6 mm～7 mm。

3.3

人参种子　*Panax ginseng* C. A. Meyer seeds

人参的播种材料为完整种子，贮藏特性判断为中间性种子。种子乳白色，肾形，直径 4 mm～5 mm。

3.4

种子超低温保存　seed of cryopreservation

将经过前处理的人参种子置于液氮（−196 ℃）中保存。

4　种子采收及选择

4.1　种子采收

6 月—9 月，待果实种皮变成深红色时，即可采收，去除外种皮，取出种子。

4.2　种子选择

挑选发育饱满、成熟、健康的种子，置于 4 ℃冰箱中保存备用（存放时间不超过 3 个月）。

5　种子前处理

5.1　活力

5.1.1　检测

人参种子活力以种子生活力为判别标准。按照 GB/T 3543.7 中的 2, 3, 5-三苯基氯化四氮唑（TTC）法检测种子生活力。随机抽取 30 粒种子，沿种脊小心将种子分成 2 爿，放培养皿内，内侧面向下，滴入 TTC 溶液浸没种子，室温（25 ℃）避光放置 4 h 后观察染色结果。

TTC 溶液的配制和保存方法见附录 A。

5.1.2　鉴定及要求

直接用肉眼对染色结果进行观察鉴定。凡胚及胚乳全部染成有光泽的鲜红色，且组织状态正常的，为有活力的种子，否则为无生活力的种子。

待保存的人参种子生活力应≥80%。

5.1.3　计算

生活力按照公式（1）进行计算：

$$A = \frac{y}{x} \times 100\% \tag{1}$$

式中：A——生活力；

　　　y——有活力的种子数；

　　　x——总的种子数。

5.2　含水量范围

用尼龙网袋包裹人参种子，置于盛有变色硅胶的干燥器内，硅胶与种子的体积比为 50∶1，室温条件下干燥处理 2 h~20 h，在干燥过程中定期测定种子含水量，将种子含水量由 25%~30% 降至 15%~28%。

按照 GB/T 3543.6 中的高恒温烘干法（130 ℃烘干 1 h）测定种子含水量（W_0），并按照公式（2）进行计算：

$$W_0 = \frac{M_1 - M_2}{M_1} \times 100\% \tag{2}$$

式中：W_0——含水量，用百分数表示（%）；

M_1——种子鲜重，单位为克（g）；

M_2——种子烘后重量，单位为克（g）。

6 种子保存量

人参种子保存量不少于 300 粒，以便后期的活力检测使用。

7 种子冷冻方式

人参种子超低温保存的冷冻方式为直接冷冻法，即将待保存的人参种子放入 5 mL 冻存管（每管 50 粒种子）中，迅速投入液氮中保存。

8 恢复培养

8.1 种子解冻处理

液氮中至少冻存 24 h 后，取出 1 个冻存管，立即放入 40 ℃水浴中快速解冻 2 min。

8.2 冻后种子活力检测

取出 25 粒解冻后的种子，按照 5.1 活力检测方法进行超低温保存后的初始生活力检测。当种子生活力≥75% 时视为保存成功。

8.3 萌芽成苗

将剩下 25 粒解冻后的人参种子，播种到带有无菌滤纸的带盖发芽盒中，在温度 25 ℃~30 ℃、湿度 70%~85% 的条件下培养。

附　录　A
（规范性附录）
TTC/磷酸盐缓冲溶液的配制和保存方法

A.1　三苯基氯化四氮唑（TTC）溶液配制和保存方法

精密称取 TTC 1.00 g，溶于 100 mL 磷酸盐缓冲溶液中，制成浓度为 1% 的 TTC 溶液，调 pH 至 6.5~7.5，放于棕色瓶内，置于 4 ℃冰箱中备用。

A.2　磷酸盐缓冲溶液配制方法

溶液 I：9.08 g 磷酸二氢钾溶于 1 L 无菌水中；

溶液 II：35.81 g 磷酸二氢钠溶于 1 L 无菌水中；

按 I：II = 2:3 的比例混合制成磷酸盐缓冲溶液。

参 考 文 献

［1］国家药典委员会. 中华人民共和国药典［M］. 北京：中国医药科技出版社，2015：9.

［2］中国科学院中国植物志编辑委员会. 中国植物志：第五十四卷［M］. 北京：科学出版社，1978：180.

［3］SHANG C B，LOWRY P P II. Araliaceae［M］//WU Z Y，RAVEN P H. Flora of China. Beijing: Science Press，2007：489－491.

［4］傅家瑞，宋松泉. 顽拗性种子生物学［M］. 北京：中国科学文化出版社，2004：1.

［5］REED B M. Plant Cryopreservation: A Practical Guide［M］. Corvallis: Springer，2008：3.

ICS　11.120.01

C 23

团　体　标　准

T/CACM 1326.18—2019

黄连种子超低温保存技术规程

Technical code of practice for cryopreservation of

Coptis chinensis Franch. seeds

2019 –10 –17 发布　　　　　　　　　　2019 –10 –17 实施

中华中医药学会 发布

目　次

前言 ··· 315

  1　范围 ··· 316

  2　规范性引用文件 ··· 316

  3　术语和定义 ··· 316

  4　种子采收及选择 ··· 317

  5　种子前处理 ··· 317

  6　种子保存量 ··· 318

  7　种子冷冻方式 ·· 318

  8　恢复培养 ··· 318

附录 A（规范性附录）　试剂的配制和保存方法 ································· 319

参考文献 ··· 320

前　　言

本标准是药用植物顽拗性种子超低温保存系列标准之一，该系列标准结构和名称如下：

——T/CACM 1326.1　药用植物顽拗性种子超低温保存技术通则；

——T/CACM 1326.2　白木香种子超低温保存技术规程；

——T/CACM 1326.3　降香种子超低温保存技术规程；

——T/CACM 1326.4　益智种子超低温保存技术规程；

——T/CACM 1326.5　高良姜种子超低温保存技术规程；

——T/CACM 1326.6　朱砂根种子超低温保存技术规程；

——T/CACM 1326.7　草豆蔻种子超低温保存技术规程；

——T/CACM 1326.8　化州柚种子超低温保存技术规程；

——T/CACM 1326.9　樟种子超低温保存技术规程；

——T/CACM 1326.10　两面针种子超低温保存技术规程；

…………

本标准按照 GB/T 1.1—2009《标准化工作导则　第 1 部分：标准的结构和编写》给出的规则起草。

本标准由中国医学科学院药用植物研究所海南分所提出。

本标准由中华中医药学会归口。

本标准起草单位：中国医学科学院药用植物研究所海南分所，中国医学科学院药用植物研究所。

本标准主要起草人：曾琳，魏建和，郑希龙，李榕涛，王秋玲，何明军，金钺，顾雅坤，符丽，谭红琼。

黄连种子超低温保存技术规程

1　范围

本标准规定了黄连（*Coptis chinensis* Franch.）种子超低温保存过程中的术语和定义、种子采收及选择、种子前处理、种子保存量、种子冷冻方式、恢复培养等内容。

本标准适用于黄连种子的超低温长期贮藏。

2　规范性引用文件

下列文件对本文件的应用是必不可少的。凡是注日期的引用文件，仅注日期的版本适用于本文件。凡是不注日期的引用文件，其最新版本（包括所有的修改单）适用于本文件。

GB/T 3543.6　农作物种子检验规程　水分测定

GB/T 3543.7　农作物种子检验规程　其他项目检验

3　术语和定义

下列术语和定义适用于本文件。

3.1

黄连　*Coptis chinensis* Franch.

为毛茛科（Ranunculaceae）黄连属（*Coptis* Salisb.）多年生草本植物，又名味连，以干燥根茎入药，具有清热燥湿、泻火解毒的功效。在我国入药已有两千多年的历史，属国家Ⅱ级保护濒危物种。是收载于《中华人民共和国药典》（2015版）的名贵常用中药。

3.2

黄连果实　*Coptis chinensis* Franch. fruits

黄连蓇葖果6~12个，具柄，紫色。蓇葖长6 mm~8 mm，柄约与之等长，内含种子7~8粒。

3.3

黄连种子　*Coptis chinensis* Franch. seeds

黄连的播种材料为完整种子，贮藏特性判断为顽拗性种子。种子褐色，椭圆形，有纹理，胚乳黄色；长约 2.54 mm，宽约 0.81 mm，千粒重约 0.96 g。

3.4

种子超低温保存　seed of cryopreservation

将经过前处理的黄连种子置于液氮（−196 ℃）中保存。

4　种子采收及选择

4.1　种子采收

4月—6月，当蓇葖果由绿变为紫色，种子变为棕褐色时，即可采收，去除果肉和果皮，取出种子。

4.2　种子选择

挑选发育饱满、完整、健康的种子，置于 4 ℃ 冰箱中保存备用（存放时间不超过 3 个月）。

5　种子前处理

5.1　活力

5.1.1　检测

参照《中药材种子种苗标准研究》黄连篇中的电导率法测定种子活力。称取 0.5 g 种子浸泡在 75 mL 无离子水中，于 25 ℃~30 ℃ 环境放置 24 h，蒸馏水作对照。用电导仪测定浸出液和对照的电导率，然后将试样电导率减去对照电导率即为试样值。

5.1.2　鉴定及要求

电导率 = 试样值/试样种子质量。

待保存的黄连种子生活力应≥60%。

5.2　含水量范围

用尼龙网袋包裹黄连种子，置于盛有变色硅胶的干燥器内，硅胶与种子的体积比为 60∶1，室温条件下干燥处理 6 h~18 h，在干燥过程中定期测定种子含水量，将种子含水量由 35%~45% 降至 19%~26%。

按 GB/T 3543.6 中的高恒温烘干法（130 ℃ 烘干 1 h）测定种子含水量（W_0），并按照以下公式进行计算：

$$W_0 = \frac{M_1 - M_2}{M_1} \times 100\%$$

式中：W_0——种子含水量，用百分数表示（%）；

M_1——种子鲜重，单位为克（g）；

M_2——种子烘后重量，单位为克（g）。

6 种子保存量

黄连种子保存量不应少于 3 500 粒。

7 种子冷冻方式

黄连种子超低温保存的冷冻方式为分步冷冻法，即将待保存的黄连种子放入加有 PVS2（室温）的 1 mL 冻存管（每管 700 粒种子）中，置于 4 ℃冰箱中 0.5 h，取出立即放入 -20 ℃冰柜中 1 h，之后迅速投入液氮中保存。

PVS2 的配制方法见附录 A 的 A.1。

8 恢复培养

8.1 种子解冻处理

液氮中至少冻存 24 h 后，取出 1 个冻存管，立即放入 40 ℃水浴中快速解冻 2 min，之后用洗涤液（DS）浸泡 5 min，并用纯净水洗涤 3 次。

DS 的配制方法见附录 A 的 A.2。

8.2 冻后种子活力检测

取出 350 粒解冻后的种子，按照 5.1 活力检测方法，进行超低温保存后的初始生活力检测。当种子生活力≥50%时视为保存成功。

8.3 萌芽成苗

将剩下 350 粒解冻后的黄连种子，播种到带有无菌滤纸的带盖发芽盒中，在温度 10 ℃~15 ℃、湿度 70%~85% 的条件下培养。

附　录　A

（规范性附录）

试剂的配制和保存方法

A. 1　PVS2 的配制及保存方法

精密量取甘油 23. 8 mL、乙二醇 13. 6 mL、二甲基亚砜 13. 6 mL，称取蔗糖 13. 7 g，溶于 MS 溶液中，定容至 100 mL，调 pH 值至 5. 8，高温高压灭菌，4 ℃冷藏。

注：配制时需戴手套，并在通风橱内操作。

A. 2　DS 的配制及保存方法

精密称取蔗糖 41. 1 g 溶于 MS 溶液中，定容至 100 mL，调 pH 值至 5. 8，高温高压灭菌，4 ℃冷藏。

参 考 文 献

［1］国家药典委员会. 中华人民共和国药典［M］. 北京：中国医药科技出版社，2015：303－305.

［2］中国科学院中国植物志编辑委员会. 中国植物志：第二十七卷［M］. 北京：科学出版社，1979：593.

［3］WANG W T, FU D Z, LI L Q. Ranunculaceae［M］//WU Z Y, RAVEN P H. Flora of China. Beijing：Science Press，2001：133－438.

［4］傅家瑞，宋松泉. 顽拗性种子生物学［M］. 北京：中国科学文化出版社，2004：1.

［5］REED B M. Plant Cryopreservation: A Practical Guide［M］. Corvallis: Springer，2008：3.

［6］黄璐琦，陈敏，李先恩. 中药材种子种苗标准研究［M］. 北京：中国医药科技出版社，2019：771.

［7］罗婷婷，马云桐，裴瑾，等. 脱水处理对后熟黄连种子生活力及发芽率的影响［J］. 中药与临床，2017，8（2）：5－7，18.

ICS 11.120.01
C 23

团 体 标 准

T/CACM 1326.19—2019

七叶一枝花种子超低温保存技术规程

Technical code of practice for cryopreservation of

Paris polyphylla Smith seeds

2019 –10 –17 发布   2019 –10 –17 实施

中华中医药学会 发布

目　　次

前言 ……………………………………………………………………………………… 323

1　范围 ……………………………………………………………………………… 324

2　规范性引用文件 ………………………………………………………………… 324

3　术语和定义 ……………………………………………………………………… 324

4　种子采收及选择 ………………………………………………………………… 325

5　种子前处理 ……………………………………………………………………… 325

6　种子保存量 ……………………………………………………………………… 326

7　种子冷冻方式 …………………………………………………………………… 326

8　恢复培养 ………………………………………………………………………… 326

附录 A（规范性附录）　TTC/磷酸盐缓冲溶液的配制和保存方法及种子发芽处理 ………… 327

参考文献 ……………………………………………………………………………… 328

前　言

本标准是药用植物顽拗性种子超低温保存系列标准之一，该系列标准结构和名称如下：

——T/CACM 1326.1　药用植物顽拗性种子超低温保存技术通则；

——T/CACM 1326.2　白木香种子超低温保存技术规程；

——T/CACM 1326.3　降香种子超低温保存技术规程；

——T/CACM 1326.4　益智种子超低温保存技术规程；

——T/CACM 1326.5　高良姜种子超低温保存技术规程；

——T/CACM 1326.6　朱砂根种子超低温保存技术规程；

——T/CACM 1326.7　草豆蔻种子超低温保存技术规程；

——T/CACM 1326.8　化州柚种子超低温保存技术规程；

——T/CACM 1326.9　樟种子超低温保存技术规程；

——T/CACM 1326.10　两面针种子超低温保存技术规程；

…………

本标准按照 GB/T 1.1—2009《标准化工作导则　第 1 部分：标准的结构和编写》给出的规则起草。

本标准由中国医学科学院药用植物研究所海南分所提出。

本标准由中华中医药学会归口。

本标准起草单位：中国医学科学院药用植物研究所海南分所，中国医学科学院药用植物研究所。

本标准主要起草人：曾琳，魏建和，郑希龙，李榕涛，王秋玲，何明军，金钺，顾雅坤，符丽，谭红琼。

七叶一枝花种子超低温保存技术规程

1 范围

本标准规定了七叶一枝花（*Paris polyphylla* Smith）种子超低温保存过程中的术语和定义、种子采收及选择、种子前处理、种子保存量、种子冷冻方式、恢复培养等内容。

本标准适用于七叶一枝花种子的液氮超低温长期贮藏。

2 规范性引用文件

下列文件对本文件的应用是必不可少的。凡是注日期的引用文件，仅注日期的版本适用于本文件。凡是不注日期的引用文件，其最新版本（包括所有的修改单）适用于本文件。

GB/T 3543.6 农作物种子检验规程 水分测定

GB/T 3543.7 农作物种子检验规程 其他项目检验

3 术语和定义

下列术语和定义适用于本文件。

3.1

七叶一枝花 *Paris polyphylla* Smith

为百合科（Liliaceae）重楼属（*Paris* L.）多年生草本植物，中药名为重楼，以根茎入药，是"云南白药""宫血宁"等国家保护中成药的主要成分之一。有清热解毒、消肿止痛、凉肝定惊等功效，用于治疗咽喉肿痛、蛇虫咬伤、跌扑伤痛等症状。是《中华人民共和国药典》（2015 版）收载品种。

3.2

七叶一枝花果实 *Paris polyphylla* Smith fruits

果实为蒴果，球形，紫色，直径 1.5 cm～2.5 cm，3～6 瓣裂开。

3.3

七叶一枝花种子 *Paris polyphylla* Smith seeds

七叶一枝花的播种材料为完整种子，贮藏特性判断为中间性种子。种子黄白色，近球形。种子多数，具鲜红色多浆汁的外种皮。

3.4

种子超低温保存　seed of cryopreservation

将经过前处理的七叶一枝花种子置于液氮（-196 ℃）中保存。

4　种子采收及选择

4.1　种子采收

9 月—10 月，待果实开裂后假种皮变成深红色时，即可采收。因种子有明显的后熟现象，种胚需要休眠。去除外种皮，取出种子。

4.2　种子选择

挑选发育饱满、成熟、健康的种子，置于 4 ℃冰箱中保存备用（存放时间不超过 1 个月）。

5　种子前处理

5.1　活力

5.1.1　检测

七叶一枝花种子活力以种子生活力为判别标准。按照 GB/T 3543.7 中的 2, 3, 5-三苯基氯化四氮唑（TTC）法检测种子生活力。随机抽取 30 粒种子，沿种脊小心将种子分成 2 片后放培养皿内，内侧面向下，滴入 TTC 溶液浸没种子，室温（25 ℃）避光放置 4 h 后观察染色结果。

TTC 溶液的配制和保存方法见附录 A。

5.1.2　鉴定及要求

直接用肉眼对染色结果进行观察鉴定。凡胚及胚乳全部染成有光泽的鲜红色，且组织状态正常的，为有活力的种子，否则为无生活力的种子。

待保存的七叶一枝花种子生活力应≥90%。

5.1.3　计算

生活力按照公式（1）进行计算：

$$A = \frac{y}{x} \times 100\% \tag{1}$$

式中：A——生活力；

　　　 y——有活力的种子数；

　　　 x——总的种子数。

5.2 含水量范围

用尼龙网袋包裹七叶一枝花种子，置于盛有变色硅胶的干燥器内，硅胶与种子的体积比为60:1，室温条件下干燥处理 10 h~25 h，在干燥过程中定期测定种子含水量，将种子含水量由53%~58%降至30%~50%。

按照 GB/T 3543.6 中的高恒温烘干法（130 ℃烘干 1 h）测定种子含水量（W_0），并按照公式（2）进行计算：

$$W_0 = \frac{M_1 - M_2}{M_1} \times 100\%$$ (2)

式中：W_0——含水量，用百分数表示（%）；

M_1——种子鲜重，单位为克（g）；

M_2——种子烘后重量，单位为克（g）。

6 种子保存量

七叶一枝花种子保存量不少于 300 粒，以便后期的活力检测使用。

7 种子冷冻方式

七叶一枝花种子超低温保存的冷冻方式为直接冷冻法，即将待保存的七叶一枝花种子放入 2 mL 冻存管（每管 30 粒种子）中，迅速投入液氮中保存。

8 恢复培养

8.1 种子解冻处理

液氮中至少冻存 24 h 后，取出 1 个冻存管，立即放入 40 ℃水浴中快速解冻 2 min。

8.2 冻后种子活力检测

取出 15 粒解冻后的种子，按照 5.1 活力检测方法进行超低温保存后的初始生活力检测。当种子生活力≥60%时视为保存成功。

8.3 萌芽成苗

将剩下 15 粒解冻后的七叶一枝花种子，经过浸泡处理后，接种到 1/2 MS 培养基上，在温度 25 ℃~30 ℃、湿度 70%~85%的条件下培养。

附 录 A

（规范性附录）

TTC/磷酸盐缓冲溶液的配制和保存方法及种子发芽处理

A.1 三苯基氯化四氮唑（TTC）溶液配制和保存方法

精密称取 TTC 1.00 g，溶于 100 mL 磷酸盐缓冲溶液中，制成浓度为 1% 的 TTC 溶液，调 pH 至 6.5～7.5，放于棕色瓶内，置于 4 ℃冰箱中备用。

A.2 磷酸盐缓冲溶液配制方法

溶液 I：9.08 g 磷酸二氢钾溶于 1 L 无菌水中；

溶液 II：35.81 g 磷酸二氢钠溶于 1 L 无菌水中；

按 I：II ＝2：3 的比例混合制成磷酸盐缓冲溶液。

A.3 种子发芽处理

（1）种子的预处理：去种皮；（2）第一次浸泡：使用浓度为 0.05%～0.3% 的钨酸钠溶液，室温，浸泡种子 10 h～14 h，取出种子；（3）第二次浸泡：使用浓度为 1%～3% 的双氧水溶液，3 ℃～5 ℃，浸泡种子 6 h～10 h，取出种子；（4）第三次浸泡：使用浓度为 18 mmol/L～20 mmol/L 的硝酸钾溶液和浓度为 450 mg/L～550 mg/L 的赤霉素溶液，室温下，联合浸泡所述种子 36 h～48 h；（5）第四次浸泡：使用浓度为 1%～3% 的双氧水，3 ℃～5 ℃，浸泡所述种子 6 h～10 h，取出种子；（6）第五次浸泡：使用浓度为 18 mmol/L～20 mmol/L 的硝酸钾溶液和浓度为 450 mg/L～550 mg/L 的赤霉素溶液，室温，联合浸泡种子 36 h～48 h，取出种子，阴干，再用浓度为 70% 的酒精浸泡种子 25 s～30 s，随后立即洗净种子；（7）第六次浸泡：使用浓度为 0.05%～0.3% 的升汞溶液继续浸泡所述种子 6 min～10 min，取出种子，洗净，无菌环境晾干，接种至 1/2 MS 培养基上，接种面积≥0.09 cm²/颗。

参 考 文 献

［1］国家药典委员会. 中华人民共和国药典［M］. 北京：中国医药科技出版社，2015：260.

［2］中国科学院中国植物志编辑委员会. 中国植物志：第十五卷［M］. 北京：科学出版社，1978：92.

［3］CHEN S C, LIANG S J, XU J M, et al. Liliaceae［M］//WU Z Y, RAVEN P H. Flora of China. Beijing: Science Press, 2000：73 – 263.

［4］REED B M. Plant Cryopreservation: A Practical Guide［M］. Corvallis: Springer, 2008：3.

［5］樊小莉，王涛，刘琴，等. 一种促使重楼种子快速萌发的方法：201810666071.3［P］. 2018 – 11 – 16.

ICS 11.120.01
C 23

团 体 标 准

T/CACM 1326.20—2019

三桠苦种子超低温保存技术规程

Technical code of practice for cryopreservation of *Melicope pteleifolia*（Champion ex Bentham）T. G. Hartley seeds

2019－10－17 发布　　　　　　　　　　　　　　2019－10－17 实施

中华中医药学会 发布

目　次

前言 …………………………………………………………………………………………… 331

1　范围 …………………………………………………………………………………… 332

2　规范性引用文件 ……………………………………………………………………… 332

3　术语和定义 …………………………………………………………………………… 332

4　种子采收及选择 ……………………………………………………………………… 333

5　种子前处理 …………………………………………………………………………… 333

6　种子保存量 …………………………………………………………………………… 334

7　种子冷冻方式 ………………………………………………………………………… 334

8　恢复培养 ……………………………………………………………………………… 334

附录 A（规范性附录）　BTB 的配制和保存方法 …………………………………… 335

参考文献 ………………………………………………………………………………… 336

前　言

本标准是药用植物顽拙性种子超低温保存系列标准之一，该系列标准结构和名称如下：

——T/CACM 1326.1　药用植物顽拙性种子超低温保存技术通则；

——T/CACM 1326.2　白木香种子超低温保存技术规程；

——T/CACM 1326.3　降香种子超低温保存技术规程；

——T/CACM 1326.4　益智种子超低温保存技术规程；

——T/CACM 1326.5　高良姜种子超低温保存技术规程；

——T/CACM 1326.6　朱砂根种子超低温保存技术规程；

——T/CACM 1326.7　草豆蔻种子超低温保存技术规程；

——T/CACM 1326.8　化州柚种子超低温保存技术规程；

——T/CACM 1326.9　樟种子超低温保存技术规程；

——T/CACM 1326.10　两面针种子超低温保存技术规程；

…………

本标准按照 GB/T 1.1—2009《标准化工作导则　第 1 部分：标准的结构和编写》给出的规则起草。

本标准由中国医学科学院药用植物研究所海南分所提出。

本标准由中华中医药学会归口。

本标准起草单位：中国医学科学院药用植物研究所海南分所，中国医学科学院药用植物研究所。

本标准主要起草人：曾琳，魏建和，郑希龙，李榕涛，王秋玲，何明军，金钺，顾雅坤，符丽。

三桠苦种子超低温保存技术规程

1 范围

本标准规定了三桠苦 ［*Melicope pteleifolia*（Champion ex Bentham）T. G. Hartley］ 种子超低温保存过程中的术语和定义、种子采收及选择、种子前处理、种子保存量、种子冷冻方式、恢复培养等内容。

本标准适用于三桠苦种子的超低温长期贮藏。

2 规范性引用文件

下列文件对本文件的应用是必不可少的。凡是注日期的引用文件，仅注日期的版本适用于本文件。凡是不注日期的引用文件，其最新版本（包括所有的修改单）适用于本文件。

GB/T 3543.6　农作物种子检验规程　水分测定

GB/T 3543.7　农作物种子检验规程　其他项目检验

3 术语和定义

下列术语和定义适用于本文件。

3.1

三桠苦　*Melicope pteleifolia*（Champion ex Bentham）T. G. Hartley

为芸香科（Rutaceae）蜜茱萸属（*Melicope* J. R. et G. Forst.）乔木，其根、叶、果都可用作草药。在我国及越南、老挝、柬埔寨等地均用作清热解毒剂。广东"凉茶"中，多有此料，其根、茎枝可作消暑清热剂。收载于《广东省中药材标准第一册（2004）》《广西壮族自治区壮药质量标准第一卷（2008）》和《湖南省中药材标准（2009）》。

3.2

三桠苦果实　*Melicope pteleifolia*（Champion ex Bentham）T. G. Hartley fruits

分果瓣淡黄或茶褐色，散生肉眼可见的透明油点，每分果瓣有 1 颗种子。

3.3

三桠苦种子 *Melicope pteleifolia*（Champion ex Bentham）T. G. Hartley seeds

三桠苦的播种材料为完整种子，贮藏特性判断为顽拗性种子。种子蓝黑色，长 3 mm ~ 4 mm，厚 2 mm ~ 3 mm，有光泽。

3.4

种子超低温保存 seed of cryopreservation

将经过前处理的三桠苦种子置于液氮（−196 ℃）中保存。

4 种子采收及选择

4.1 种子采收

7 月—10 月间，果皮呈紫黑色时，即可采收，去除果皮，取出种子。

4.2 种子选择

挑选发育饱满、均匀、健康的种子，置于 10 ℃冰箱中保存备用（存放时间不超过 3 个月）。

5 种子前处理

5.1 活力

5.1.1 检测

三桠苦种子活力以种子生活力为判别标准。按照《植物生理学实验指导》中的溴麝香草酚蓝（BTB）法检测三桠苦种子生活力。待测种子在 30 ℃~ 35 ℃温水中浸种 2 h，随后取吸胀种子 20 粒，整齐地埋于备好的 1.5% BTB 琼脂凝胶中，注意要将胚埋入凝胶中。将培养皿置于 35 ℃温箱中 4 h 后观察结果。

BTB 的配制和保存方法见附录 A。

5.1.2 鉴定及要求

在光下用放大镜对染色结果进行观察鉴定。凡种胚周围出现黄色晕圈的种子为有活力的种子，否则为无活力的种子。

待保存的三桠苦种子生活力应≥60%。

5.1.3 计算

生活力按照公式（1）进行计算：

$$A = \frac{y}{x} \times 100\% \qquad (1)$$

式中：A——生活力；

y——有活力的种子数；

x——总的种子数。

5.2 含水量范围

用尼龙网袋包裹三桠苦种子，置于盛有变色硅胶的干燥器内，硅胶与种子的体积比为 60:1，室温条件下干燥处理 0 h~1 h，在干燥过程中定期测定种子含水量，将种子含水量由 20%~25% 降至 18%~21%。

按照 GB/T 3543.6 中的高恒温烘干法（130 ℃烘干 1 h）测定种子含水量（W_0），按照公式（2）进行计算：

$$W_0 = \frac{M_1 - M_2}{M_1} \times 100\% \tag{2}$$

式中：W_0——含水量，用百分数表示（%）；

M_1——种子鲜重，单位为克（g）；

M_2——种子烘后重量，单位为克（g）。

6 种子保存量

三桠苦种子保存量不少于 500 粒，以便后期的生活力检测使用。

7 种子冷冻方式

三桠苦种子超低温保存的冷冻方式为直接冷冻法，即将待保存的三桠苦种子放入 2 mL 冻存管（每管 50 粒种子）中，迅速投入液氮中保存。

8 恢复培养

8.1 种子解冻处理

液氮中至少冻存 24 h 后，取出 1 个冻存管，立即放入 40 ℃水浴中快速解冻 2 min。

8.2 冻后种子活力检测

取出 25 粒解冻后的种子，按照 5.1 活力检测方法，进行超低温保存后的初始生活力检测。当种子生活力≥50%时视为保存成功。

8.3 萌芽成苗

将剩下 25 粒解冻后的三桠苦种子，播种到带有无菌滤纸的发芽盒中，在温度 25 ℃~30 ℃、湿度 70%~85% 的条件下培养。三桠苦种子出芽周期为 10 d~40 d。

附　录　A
（规范性附录）
BTB 的配制和保存方法

A.1　0.1% BTB 溶液配制和保存方法

精密称取 BTB 0.1 g，溶解于煮沸过的 100 mL 纯水中，然后用滤纸去残渣。滤液若呈黄色，可加数滴氢氧化钠溶液，使之变为蓝色或蓝绿色，置于棕色瓶中长期贮存。

A.2　1.5%BTB 琼脂凝胶配制方法

称量 0.1% BTB 溶液 40 mL 置于烧杯中，称取 0.5 g 琼脂，将其剪碎后加入杯中，加热并不断搅拌使之完全溶解。待溶液稍稍冷却即可趁热倒入 9 cm 培养皿中，使之成一均匀的薄层，完全冷却后备用。

参 考 文 献

［1］中国科学院中国植物志编写委员会. 中国植物志：第四十三卷：第二分册［M］. 北京：科学出版社，1997：059.

［2］ZHANG D X, HARTLEY T G, MABBERLEY D J. Rutaceae［M］//WU Z Y, RAVEN P H. Flora of China. Beijing：Science Press，2008：70 – 73.

［3］湖南省食品药品监督管理局. 湖南省中药材标准［M］. 长沙：湖南科学技术出版社，2009.

［4］傅家瑞，宋松泉. 顽拗性种子生物学［M］. 北京：中国科学文化出版社，2004：1.

［5］REED B M. Plant Cryopreservation：A Practical Guide［M］. Corvallis：Springer，2008：3.

ICS 11.120.01

C 23

团 体 标 准

T/CACM 1326.21—2019

山牡荆种子超低温保存技术规程

Technical code of practice for cryopreservation of

Vitex quinata（Lour.）Will. seeds

2019 –10 –17 发布　　　　　　　　　　　　2019 –10 –17 实施

中华中医药学会 发布

目　次

前言 ……………………………………………………………………………………… 339

1　范围 ………………………………………………………………………………… 340

2　规范性引用文件 …………………………………………………………………… 340

3　术语和定义 ………………………………………………………………………… 340

4　种子采收及选择 …………………………………………………………………… 341

5　种子前处理 ………………………………………………………………………… 341

6　种子保存量 ………………………………………………………………………… 342

7　种子冷冻方式 ……………………………………………………………………… 342

8　恢复培养 …………………………………………………………………………… 342

附录 A（规范性附录）　试剂的配制和保存方法 …………………………………… 344

参考文献 ………………………………………………………………………………… 345

前　言

本标准是药用植物顽拗性种子超低温保存系列标准之一，该系列标准结构和名称如下：

——T/CACM 1326.1　药用植物顽拗性种子超低温保存技术通则；

——T/CACM 1326.2　白木香种子超低温保存技术规程；

——T/CACM 1326.3　降香种子超低温保存技术规程；

——T/CACM 1326.4　益智种子超低温保存技术规程；

——T/CACM 1326.5　高良姜种子超低温保存技术规程；

——T/CACM 1326.6　朱砂根种子超低温保存技术规程；

——T/CACM 1326.7　草豆蔻种子超低温保存技术规程；

——T/CACM 1326.8　化州柚种子超低温保存技术规程；

——T/CACM 1326.9　樟种子超低温保存技术规程；

——T/CACM 1326.10　两面针种子超低温保存技术规程；

…………

本标准按照 GB/T 1.1—2009《标准化工作导则　第 1 部分：标准的结构和编写》给出的规则起草。

本标准由中国医学科学院药用植物研究所海南分所提出。

本标准由中华中医药学会归口。

本标准起草单位：中国医学科学院药用植物研究所海南分所，中国医学科学院药用植物研究所。

本标准主要起草人：曾琳，魏建和，郑希龙，李榕涛，王秋玲，何明军，金钺，顾雅坤，符丽。

山牡荆种子超低温保存技术规程

1 范围

本标准规定了山牡荆 [*Vitex quinata* (Lour.) Will.] 种子超低温保存过程中的术语和定义、种子采收及选择、种子前处理、种子保存量、种子冷冻方式、恢复培养等内容。

本标准适用于山牡荆种子的超低温长期贮藏。

2 规范性引用文件

下列文件对本文件的应用是必不可少的。凡是注日期的引用文件，仅注日期的版本适用于本文件。凡是不注日期的引用文件，其最新版本（包括所有的修改单）适用于本文件。

GB/T 3543.6 农作物种子检验规程 水分测定

3 术语和定义

下列术语和定义适用于本文件。

3.1

山牡荆 *Vitex quinata* (**Lour.**) **Will.**

为马鞭草科（Verbenaceae）牡荆属（*Vitex* Linn.）常绿乔木，别称莺歌公、山布荆。是一种珍贵用材和景观绿化的多用途树种，根及树干心材均可入药，瑶医认为，山牡荆具有清热解毒、活血消肿、疏风通络等功效。收载于《广西壮族自治区瑶药材质量标准（2014）》。

3.2

山牡荆果实 *Vitex quinata* (**Lour.**) **Will. fruits**

核果球形或倒卵形，幼时绿色，成熟后呈黑色，宿萼呈圆盘状，顶端近截形。

3.3

山牡荆种子 *Vitex quinata* (**Lour.**) **Will. seeds**

山牡荆的播种材料为完整种子，贮藏特性判断为顽拗性种子。种子土黄色，倒卵形，质坚硬。表面具纵皱纹，胚乳白色。

3.4

种子超低温保存　seed of cryopreservation

将经过前处理的山牡荆种子置于液氮（ - 196 ℃ ）中保存。

4　种子采收及选择

4.1　种子采收

9 月份开始果实成熟，果皮由青绿色变成暗绿色时即可采收。果实成熟后极易脱落，应立即采收种子，否则易被鸟类取食，去除果皮和果肉，取出种子。

4.2　种子选择

挑选发育饱满、均匀、健康的种子，置于 4 ℃冰箱中保存备用（存放时间不超过 30 d）。

5　种子前处理

5.1　活力

5.1.1　检测

山牡荆种子活力以种子生活力为判别标准。按照《植物生理学实验指导》中的溴麝香草酚蓝（BTB）法测定山牡荆种子生活力。待测种子在 30 ℃~35 ℃温水中浸种 2 h，随后取吸胀种子 20 粒，整齐地埋于备好的 1.5% BTB 琼脂凝胶中，注意要将胚埋入凝胶中。将培养皿置于 35 ℃温箱中 5 h 后观察结果。

BTB 的配制和保存方法见附录 A 的 A.1。

5.1.2　鉴定及要求

在光下用放大镜对染色结果进行观察鉴定。凡种胚周围出现黄色晕圈的种子为有活力的种子，否则为无活力的种子。

待保存的山牡荆种子生活力应≥85%。

5.1.3　计算

生活力按照公式（1）进行计算：

$$A = \frac{y}{x} \times 100\% \tag{1}$$

式中：A——生活力；

y——有活力的种子数；

x——总的种子数。

5.2 含水量范围

用尼龙网袋包裹山牡荆种子，置于盛有变色硅胶的干燥器内，硅胶与种子的体积比为45∶1，室温条件下干燥处理5 h～10 h，在干燥过程中可定期测定种子含水量，将种子含水量由18%～20%降至10%～15%。

按照GB/T 3543.6中的高恒温烘干法（130 ℃烘干1 h）测定种子含水量（W_0），并按照公式（2）进行计算：

$$W_0 = \frac{M_1 - M_2}{M_1} \times 100\% \tag{2}$$

式中：W_0——种子含水量，用百分数表示（%）；

M_1——种子鲜重，单位为克（g）；

M_2——种子烘后重量，单位为克（g）。

6 种子保存量

山牡荆种子保存量不少于400粒，以便后期的活力检测使用。

7 种子冷冻方式

山牡荆种子超低温保存的冷冻方式为玻璃化冷冻法，即将装有种子的15 mL冻存管（每管60粒种子）置于装载液（LS）中并于25 ℃处理种子20 min，再用玻璃化溶液（PVS2）冰浴处理种子30 min，换上预冷新鲜的PVS2后迅速投入液氮中进行超低温保存。

LS和PVS2的配制及保存方法见附录A的A.2和A.3。

8 恢复培养

8.1 种子解冻处理

液氮中至少冻存24 h后，取出1个冻存管，立即放入40 ℃水浴中快速解冻2 min，而后用洗涤液（DS）浸泡15 min，并用纯净水洗涤3次。

DS的配制及保存方法见附录A的A.4。

8.2 冻后种子活力检测

取出30粒解冻后的种子，按照5.1活力检测方法，进行超低温保存后的初始生活力检测。当种子生活力≥50%时视为保存成功。

8.3　萌芽成苗

　　将剩下 30 粒解冻后的山牡荆种子，50 ℃温水浸泡至冷却后加 0.5% 高锰酸钾溶液浸泡 2 h 后，播种到带有无菌滤纸的带盖发芽盒中，在温度 25 ℃~30 ℃、湿度 70%~85% 的条件下培养。

附　录　A
（规范性附录）
试剂的配制和保存方法

A.1　BTB 的配制和保存方法

精密称取 BTB 0.1 g，溶解于煮沸过的 100 mL 纯水中，然后用滤纸去残渣。滤液若呈黄色，可加数滴氢氧化钠溶液，使之变为蓝色或蓝绿色，置于棕色瓶中长期贮存。

1.5% BTB 琼脂凝胶：称量 0.1% BTB 溶液 40 mL 置于烧杯中，称取 0.5 g 琼脂，将其剪碎后加入杯中，加热并不断搅拌使之完全溶解。待溶液稍稍冷却即可趁热倒入 9 cm 培养皿中，使之成一均匀的薄层，完全冷却后备用。

A.2　装载液（LS）的配制及保存方法

精密称取蔗糖 13.7 g，称量甘油 11.9 mL，溶于液体 MS 培养基中，调 pH 至 5.8，并定容至 100 mL，高温高压灭菌，4 ℃冷藏。

A.3　玻璃化溶液（PVS2）的配制及保存方法

精密量取甘油 23.8 mL、乙二醇 13.6 mL、二甲基亚砜 13.6 mL，称取蔗糖 13.7 g，溶于 MS 溶液中，调 pH 至 5.8 后，定容至 100 mL，高温高压灭菌，4 ℃冷藏。

注：配制时需戴手套，并在通风橱内操作。

A.4　洗涤液（DS）的配制及保存方法

精密称取蔗糖 41.1 g 溶于 MS 溶液中，调 pH 至 5.8 后，定容至 100 mL，高温高压灭菌，4 ℃冷藏。

参 考 文 献

［1］广西壮族自治区食品药品监督管理局. 广西壮族自治区瑶药材质量标准（第一卷）［M］. 南宁：广西
    科学技术出版社，2014：27－28.

［2］中国科学院中国植物志编辑委员会. 中国植物志：第六十五卷：第一分册［M］. 北京：科学出版社，
    1982：135.

［3］CHEN S L, GILBERT M G. Verbenaceae［M］//WU Z Y, RAVEN P H. Flora of China. Beijing：Science
    Press，1994：1－49.

［4］傅家瑞，宋松泉. 顽拗性种子生物学［M］. 北京：中国科学文化出版社，2004：1.

［5］REED B M. Plant Cryopreservation：A Practical Guide［M］. Corvallis：Springer，2008：3.

［6］蔡益航. 山牡荆实生苗培育技术［J］. 现代农业科技，2019（2）：107－109.

ICS 11. 120. 01

C 23

团 体 标 准

T/CACM 1326. 22—2019

黄皮种子超低温保存技术规程

Technical code of practice for cryopreservation of

Clausena lansium （Lour. ）Skeels seeds

2019 –10 –17 发布   2019 –10 –17 实施

中华中医药学会 发布

目　　次

前言 ·· 349

1　范围 ·· 350

2　规范性引用文件 ·· 350

3　术语和定义 ·· 350

4　种子采收及选择 ·· 351

5　种子前处理 ·· 351

6　种子保存量 ·· 352

7　种子冷冻方式 ··· 352

8　恢复培养 ··· 352

附录 A（规范性附录）　TTC/磷酸盐缓冲溶液的配制和保存方法 ·················· 353

参考文献 ·· 354

前　言

本标准是药用植物顽拗性种子超低温保存系列标准之一，该系列标准结构和名称如下：

——T/CACM 1326.1　药用植物顽拗性种子超低温保存技术通则；

——T/CACM 1326.2　白木香种子超低温保存技术规程；

——T/CACM 1326.3　降香种子超低温保存技术规程；

——T/CACM 1326.4　益智种子超低温保存技术规程；

——T/CACM 1326.5　高良姜种子超低温保存技术规程；

——T/CACM 1326.6　朱砂根种子超低温保存技术规程；

——T/CACM 1326.7　草豆蔻种子超低温保存技术规程；

——T/CACM 1326.8　化州柚种子超低温保存技术规程；

——T/CACM 1326.9　樟种子超低温保存技术规程；

——T/CACM 1326.10　两面针种子超低温保存技术规程；

…………

本标准按照 GB/T 1.1—2009《标准化工作导则　第 1 部分：标准的结构和编写》给出的规则起草。

本标准由中国医学科学院药用植物研究所海南分所提出。

本标准由中华中医药学会归口。

本标准起草单位：中国医学科学院药用植物研究所海南分所，中国医学科学院药用植物研究所。

本标准主要起草人：曾琳，魏建和，郑希龙，李榕涛，王秋玲，何明军，金钺，顾雅坤，符丽。

黄皮种子超低温保存技术规程

1 范围

本标准规定了黄皮［*Clausena lansium*（Lour.）Skeels］种子超低温保存过程中的术语和定义、种子采收及选择、种子前处理、种子保存量、种子冷冻方式、恢复培养等内容。

本标准适用于黄皮种子的液氮超低温长期贮藏。

2 规范性引用文件

下列文件对本文件的应用是必不可少的。凡是注日期的引用文件，仅注日期的版本适用于本文件。凡是不注日期的引用文件，其最新版本（包括所有的修改单）适用于本文件。

GB/T 3543.6　农作物种子检验规程　水分测定

GB/T 3543.7　农作物种子检验规程　其他项目检验

3 术语和定义

下列术语和定义适用于本文件。

3.1

黄皮　*Clausena lansium*（Lour.）Skeels

为芸香科（Rutaceae）黄皮属（*Clausena* Burm. f.）植物，根、叶、果实、种子均可入药，叶用于流感、疟疾，根和种子用于胃痛、腹痛、风湿骨痛，果实用于食积胀满。收载于《广东省中药材标准（2011）》和《广西壮族自治区壮药质量标准第一卷（2008）》。

3.2

黄皮果实　*Clausena lansium*（Lour.）Skeels fruits

黄皮的成熟浆果球形，肉质果皮，表面有腺点并密被短绒毛，内有种子2~5粒。

3.3

黄皮种子　*Clausena lansium*（Lour.）Skeels seeds

黄皮的播种材料为完整种子，贮藏特性判断为顽拗性种子。种子灰白色，扁平，稍宽一端浅黄色分层，种脐位于较尖一端侧面。

3.4

种子超低温保存 seed of cryopreservation

将经过前处理的黄皮种子置于液氮（-196 ℃）中保存。

4 种子采收及选择

4.1 种子采收

7 月—8 月，产自海南的其花果期均提早 1~2 个月。待果皮呈淡黄至暗黄色时，即可采收，将果肉去除干净，取出种子。

4.2 种子选择

挑选发育饱满、均匀、健康的种子，置于 4 ℃冰箱中保存备用（存放时间不超过 30 d）。

5 种子前处理

5.1 活力

5.1.1 检测

黄皮种子活力以种子生活力为判别标准。按照 GB/T 3543.7 中的 2,3,5-三苯基氯化四氮唑（TTC）法检测种子生活力。随机抽取 30 粒种子，剥去外层种皮，沿种脊小心将种子分成 2 片后放培养皿内，内侧面向下，滴入 TTC 溶液浸没种子，室温（25 ℃）避光放置 4 h 后观察染色结果。

TTC 溶液的配制和保存方法见附录 A。

5.1.2 鉴定及要求

直接用肉眼对染色结果进行观察鉴定。凡胚及胚乳全部染成有光泽的鲜红色，且组织状态正常的，为有活力的种子，否则为无生活力的种子。

待保存的黄皮种子生活力应≥85%。

5.1.3 计算

生活力按照公式（1）进行计算：

$$A = \frac{y}{x} \times 100\% \tag{1}$$

式中：A——生活力；

　　　y——有活力的种子数；

　　　x——总的种子数。

5.2 含水量范围

用尼龙网袋包裹黄皮种子，置于盛有变色硅胶的干燥器内，硅胶与种子的体积比为 40∶1，室温条件下干燥处理 0 h～20 h，在干燥过程中定期测定种子含水量，将种子含水量由 45%～55% 降至 35%～45%。

按照 GB/T 3543.6 中的高恒温烘干法（130 ℃烘干 1 h）测定种子含水量（W_0），并按照公式（2）进行计算：

$$W_0 = \frac{M_1 - M_2}{M_1} \times 100\% \tag{2}$$

式中：W_0——含水量，用百分数表示（%）；

M_1——种子鲜重，单位为克（g）；

M_2——种子烘后重量，单位为克（g）。

6 种子保存量

黄皮种子保存量不少于 240 粒，以便后期的活力检测使用。

7 种子冷冻方式

黄皮种子超低温保存的冷冻方式为直接冷冻法，即将待保存的黄皮种子放入 15 mL 冻存管（每管 30～35 粒种子）中，迅速投入液氮中保存。

8 恢复培养

8.1 种子解冻处理

液氮中至少冻存 24 h 后，取出 1 个冻存管，立即放入 40 ℃水浴中快速解冻 2 min。

8.2 冻后种子活力检测

取出 15 粒解冻后的种子，按照 5.1 活力检测方法进行超低温保存后的初始生活力检测。当种子生活力≥80% 时视为保存成功。

8.3 萌芽成苗

将剩下解冻后的黄皮种子，播种到带有无菌滤纸的带盖发芽盒中，在温度 28 ℃～30 ℃、湿度 70%～85% 的条件下培养。黄皮种子出芽周期为 10 d～20 d。

附 录 A
（规范性附录）
TTC/磷酸盐缓冲溶液的配制和保存方法

A.1 三苯基氯化四氮唑（TTC）溶液配制和保存方法

精密称取 TTC 1.00 g，溶于 100 mL 磷酸盐缓冲溶液中，制成浓度为 1% 的 TTC 溶液，调 pH 至 6.5～7.5，放于棕色瓶内，置于 4 ℃冰箱中备用。

A.2 磷酸盐缓冲溶液配制方法

溶液 I：9.08 g 磷酸二氢钾溶于 1 L 无菌水中；

溶液 II：35.81 g 磷酸二氢钠溶于 1 L 无菌水中；

按 I : II = 2 : 3 的比例混合制成磷酸盐缓冲溶液。

参 考 文 献

［1］中国科学院中国植物志编辑委员会. 中国植物志：第四十三卷：第二分册 ［M］. 北京：科学出版社，1997：132.

［2］ZHANG D X, HARTLEY T G, MABBERLEY D J. Rutaceae ［M］//WU Z Y, RAVEN P H. Flora of China. Beijing：Science Press，2008：83 – 85.

［3］广东省食品药品监督管理局. 广东省中药材标准 ［M］. 广州：广东科技出版社，2011.

［4］傅家瑞，宋松泉. 顽拗性种子生物学 ［M］. 北京：中国科学文化出版社，2004：1.

［5］REED B M. Plant Cryopreservation：A Practical Guide ［M］. Corvallis：Springer，2008：3.

ICS 11.120.01
C 23

团 体 标 准

T/CACM 1326.23—2019

牛耳枫种子超低温保存技术规程

Technical code of practice for cryopreservation of
Daphniphyllum calycinum Benth. seeds

2019 –10 –17 发布　　　　　　　　　　　2019 –10 –17 实施

中华中医药学会 发布

目　次

前言 ……………………………………………………………………………………………………… 357

1　范围 …………………………………………………………………………………………… 358

2　规范性引用文件 ……………………………………………………………………………… 358

3　术语和定义 …………………………………………………………………………………… 358

4　种子采收及选择 ……………………………………………………………………………… 359

5　种子前处理 …………………………………………………………………………………… 359

6　种子保存量 …………………………………………………………………………………… 360

7　种子冷冻方式 ………………………………………………………………………………… 360

8　恢复培养 ……………………………………………………………………………………… 360

附录 A（规范性附录）　试剂的配制和保存方法 ……………………………………………… 362

参考文献 ………………………………………………………………………………………… 363

前　言

本标准是药用植物顽拗性种子超低温保存系列标准之一，该系列标准结构和名称如下：

——T/CACM 1326.1　药用植物顽拗性种子超低温保存技术通则；

——T/CACM 1326.2　白木香种子超低温保存技术规程；

——T/CACM 1326.3　降香种子超低温保存技术规程；

——T/CACM 1326.4　益智种子超低温保存技术规程；

——T/CACM 1326.5　高良姜种子超低温保存技术规程；

——T/CACM 1326.6　朱砂根种子超低温保存技术规程；

——T/CACM 1326.7　草豆蔻种子超低温保存技术规程；

——T/CACM 1326.8　化州柚种子超低温保存技术规程；

——T/CACM 1326.9　樟种子超低温保存技术规程；

——T/CACM 1326.10　两面针种子超低温保存技术规程；

…………

本标准按照 GB/T 1.1—2009《标准化工作导则　第 1 部分：标准的结构和编写》给出的规则起草。

本标准由中国医学科学院药用植物研究所海南分所提出。

本标准由中华中医药学会归口。

本标准起草单位：中国医学科学院药用植物研究所海南分所，中国医学科学院药用植物研究所。

本标准主要起草人：曾琳，魏建和，郑希龙，李榕涛，王秋玲，何明军，金钺，顾雅坤，符丽。

牛耳枫种子超低温保存技术规程

1　范围

本标准规定了牛耳枫（*Daphniphyllum calycinum* Benth.）种子超低温保存过程中的术语和定义、种子采收及选择、种子前处理、种子保存量、种子冷冻方式、恢复培养等内容。

本标准适用于牛耳枫种子的超低温长期贮藏。

2　规范性引用文件

下列文件对本文件的应用是必不可少的。凡是注日期的引用文件，仅注日期的版本适用于本文件。凡是不注日期的引用文件，其最新版本（包括所有的修改单）适用于本文件。

GB/T 3543.6　农作物种子检验规程　水分测定

GB/T 3543.7　农作物种子检验规程　其他项目检验

3　术语和定义

下列术语和定义适用于本文件。

3.1

牛耳枫　*Daphniphyllum calycinum* Benth.

为虎皮楠科（Daphniphyllaceae）虎皮楠属（*Daphniphyllum* Bl.）灌木，别称南岭虎皮楠。是我国有名的南药品种，其根和叶可入药，有清热解毒、活血散瘀之效，是枫蓼肠胃康系列产品的主要原材料，对急、慢性胃肠炎有较好的疗效。收载于《广东省中药材标准（2011）》和《广西壮族自治区壮药质量标准第一卷（2008）》。

3.2

牛耳枫果实　*Daphniphyllum calycinum* Benth. fruits

果实卵圆形，较小，长约 7 mm，被白粉，具小疣状突起，先端具宿存柱头，基部具宿萼。种子 1 个。

3.3

牛耳枫种子 *Daphniphyllum calycinum* Benth. seeds

牛耳枫的播种材料为完整种子，贮藏特性判断为顽拗性种子。种子淡黄色，椭圆形，种脐位于基端腹侧，圆形。内果皮骨质，表面有突起的大网格。

3.4

种子超低温保存 **seed of cryopreservation**

将经过前处理的牛耳枫种子置于液氮（−196 ℃）中保存。

4 种子采收及选择

4.1 种子采收

8 月—11 月，当果皮颜色由绿色转为紫黑色时，即可采收，去除果肉，取出种子。

4.2 种子选择

挑选发育饱满、均匀、健康的种子，置于 4 ℃冰箱中保存备用（存放时间不超过 30 d）。

5 种子前处理

5.1 活力

5.1.1 检测

牛耳枫种子活力以种子生活力为判别标准。按照 GB/T 3543.7 中的 2, 3, 5-三苯基氯化四氮唑（TTC）法检测种子生活力。随机抽取 30 粒种子，剥去外层种皮，沿种脊小心将种子分成 2 爿后放培养皿内，内侧面向下，滴入 TTC 溶液浸没种子，室温（25 ℃）避光放置 4 h 后观察染色结果。

TTC 溶液的配制和保存方法见附录 A 的 A.1 和 A.2。

5.1.2 鉴定及要求

直接用肉眼对染色结果进行观察鉴定。凡胚及胚乳全部染成有光泽的鲜红色，且组织状态正常的，为有活力的种子，否则为无生活力的种子。

待保存的牛耳枫种子生活力应≥90%。

5.1.3 计算

生活力按照公式（1）进行计算：

$$A = \frac{y}{x} \times 100\% \tag{1}$$

式中：A——生活力；

    y——有活力的种子数；

    x——总的种子数。

5.2 含水量范围

用尼龙网袋包裹牛耳枫种子，置于盛有变色硅胶的干燥器内，硅胶与种子的体积比为 50∶1，室温条件下干燥处理 20 h ~ 26 h，在干燥过程中可定期测定种子含水量，将种子含水量由 45% ~ 50% 降至 13% ~ 17%。

按照 GB/T 3543.6 中的高恒温烘干法（130 ℃烘干 1 h）测定种子含水量（W_0），并按照公式（2）进行计算：

$$W_0 = \frac{M_1 - M_2}{M_1} \times 100\% \tag{2}$$

式中：W_0——种子含水量，用百分数表示（%）；

    M_1——种子鲜重，单位为克（g）；

    M_2——种子烘后重量，单位为克（g）。

6 种子保存量

牛耳枫种子保存量不少于 400 粒，以便后期的活力检测使用。

7 种子冷冻方式

牛耳枫种子超低温保存的冷冻方式为玻璃化冷冻法，即将装有种子的 5 mL 冻存管（每管 50 粒种子）置于装载液（LS）中并于 25 ℃处理种子 20 min，再用玻璃化溶液（PVS2）冰浴处理种子 30 min，换上预冷新鲜的 PVS2 后迅速投入液氮中进行超低温保存。

LS 和 PVS2 的配制及保存方法见附录 A 的 A.3 和 A.4。

8 恢复培养

8.1 种子解冻处理

液氮中至少冻存 24 h 后，取出 1 个冻存管，立即放入 40 ℃水浴中快速解冻 5 min，而后用洗涤液（DS）浸泡 15 min，并用纯净水洗涤 3 次。

DS 的配制及保存方法见附录 A 的 A.5。

8.2 冻后种子活力检测

取出 25 粒解冻后的种子，按照 5.1 活力检测方法，进行超低温保存后的初始生活力检测。当

种子生活力≥75%时视为保存成功。

8.3　萌芽成苗

将剩下 25 粒解冻后的牛耳枫种子，50 ℃温水浸种 24 h 后，播种到带有无菌滤纸的带盖发芽盒中，在温度 25 ℃~30 ℃、湿度 70%~85% 的条件下培养。牛耳枫种子出芽周期大概 35 d。

附　录　A
（规范性附录）
试剂的配制和保存方法

A.1　三苯基氯化四氮唑（TTC）溶液配制和保存方法

精密称取 TTC 1.00 g，溶于 100 mL 磷酸盐缓冲溶液中，制成浓度为 1% 的 TTC 溶液，调 pH 至 6.5~7.5，放入棕色瓶内，置于 4 ℃冰箱备用。

A.2　磷酸盐缓冲溶液配制方法

溶液 I：9.08 g 磷酸二氢钾溶于 1 L 无菌水中。

溶液 II：35.81 g 磷酸二氢钠溶于 1 L 无菌水中。

按 I∶II＝2∶3 的比例混合制成磷酸盐缓冲溶液。

A.3　装载液（LS）的配制及保存方法

精密称取蔗糖 13.7 g，称量甘油 11.9 mL，溶于液体 MS 培养基中，调 pH 至 5.8，并定容至 100 mL，高温高压灭菌，4 ℃冷藏。

A.4　玻璃化溶液（PVS2）的配制及保存方法

精密量取甘油 23.8 mL、乙二醇 13.6 mL、二甲基亚砜 13.6 mL，称取蔗糖 13.7 g，溶于 MS 溶液中，调 pH 至 5.8 后，定容至 100 mL，高温高压灭菌，4 ℃冷藏。

注：配制时需戴手套，并在通风橱内操作。

A.5　洗涤液（DS）的配制及保存方法

精密称取蔗糖 41.1 g 溶于 MS 溶液中，调 pH 至 5.8 后，定容至 100 mL，高温高压灭菌，4 ℃冷藏。

参 考 文 献

［1］中国科学院中国植物志编辑委员会. 中国植物志：第四十五卷：第一分册［M］. 北京：科学出版社，1980：008.

［2］MING T L, KUBITZKI K. Daphniphyllaceae［M］//WU Z Y, RAVEN P H. Flora of China. Beijing：Science Press，2008：315 – 317.

［3］广东省食品药品监督管理局. 广东省中药材标准［M］. 广州：广东科技出版社，2011.

［4］傅家瑞，宋松泉. 顽拗性种子生物学［M］. 北京：中国科学文化出版社，2004：1.

［5］REED B M. Plant Cryopreservation: A Practical Guide［M］. Corvallis: Springer，2008：3.

［6］李晓斌，林梅，陆文，等. 牛耳枫种子育苗及栽培技术研究［J］. 热带林业，2015，43（1）：12 – 15.

ICS 11.120.01

C 23

团　体　标　准

T/CACM 1326.24—2019

倒地铃种子超低温保存技术规程

Technical code of practice for cryopreservation of

Cardiospermum halicacabum L. seeds

2019 −10 −17 发布　　　　　　　　　　　2019 −10 −17 实施

中华中医药学会 发布

目　次

前言 ……………………………………………………………………………………… 367

1　范围 …………………………………………………………………………………… 368

2　规范性引用文件 ……………………………………………………………………… 368

3　术语和定义 …………………………………………………………………………… 368

4　种子采收及选择 ……………………………………………………………………… 369

5　种子前处理 …………………………………………………………………………… 369

6　种子保存量 …………………………………………………………………………… 370

7　种子冷冻方式 ………………………………………………………………………… 370

8　恢复培养 ……………………………………………………………………………… 370

附录 A（规范性附录）　试剂的配制和保存方法 …………………………………… 372

参考文献 ………………………………………………………………………………… 373

前　言

本标准是药用植物顽拗性种子超低温保存系列标准之一，该系列标准结构和名称如下：

——T/CACM 1326.1　药用植物顽拗性种子超低温保存技术通则；

——T/CACM 1326.2　白木香种子超低温保存技术规程；

——T/CACM 1326.3　降香种子超低温保存技术规程；

——T/CACM 1326.4　益智种子超低温保存技术规程；

——T/CACM 1326.5　高良姜种子超低温保存技术规程；

——T/CACM 1326.6　朱砂根种子超低温保存技术规程；

——T/CACM 1326.7　草豆蔻种子超低温保存技术规程；

——T/CACM 1326.8　化州柚种子超低温保存技术规程；

——T/CACM 1326.9　樟种子超低温保存技术规程；

——T/CACM 1326.10　两面针种子超低温保存技术规程；

…………

本标准按照 GB/T 1.1—2009《标准化工作导则　第 1 部分：标准的结构和编写》给出的规则起草。

本标准由中国医学科学院药用植物研究所海南分所提出。

本标准由中华中医药学会归口。

本标准起草单位：中国医学科学院药用植物研究所海南分所，中国医学科学院药用植物研究所。

本标准主要起草人：曾琳，魏建和，郑希龙，李榕涛，王秋玲，何明军，金钺，顾雅坤，符丽。

倒地铃种子超低温保存技术规程

1 范围

本标准规定了倒地铃（*Cardiospermum halicacabum* L.）种子超低温保存过程中的术语和定义、种子采收及选择、种子前处理、种子保存量、种子冷冻方式、恢复培养等内容。

本标准适用于倒地铃种子的超低温长期贮藏。

2 规范性引用文件

下列文件对本文件的应用是必不可少的。凡是注日期的引用文件，仅注日期的版本适用于本文件。凡是不注日期的引用文件，其最新版本（包括所有的修改单）适用于本文件。

GB/T 3543.6 农作物种子检验规程 水分测定

3 术语和定义

下列术语和定义适用于本文件。

3.1

倒地铃 *Cardiospermum halicacabum* L.

为无患子科（Sapindaceae）倒地铃属（*Cardiospermum* L.）草质攀缘藤本，全株可药用，味苦、辛，性寒，具有清热、利尿、凉血、祛瘀、解毒等功效。收载于《中华人民共和国卫生部药品标准·中药成方制剂·第九册》。

3.2

倒地铃果实 *Cardiospermum halicacabum* L. fruits

果实为蒴果，梨形、陀螺状倒三角形或近长球形，高 1.5 cm～3 cm，宽 2 cm～4 cm，褐色，被短柔毛。

3.3

倒地铃种子 *Cardiospermum halicacabum* L. seeds

倒地铃的播种材料为完整种子，贮藏特性判断为顽拗性种子。种子黑色，有光泽，直径约

5 mm，种脐心形，鲜时绿色，干时白色。

3.4

种子超低温保存 seed of cryopreservation

将经过前处理的倒地铃种子置于液氮（－196 ℃）中保存。

4 种子采收及选择

4.1 种子采收

8 月—12 月，果皮由绿色变褐色时，即可采收，去除果皮，取出种子。

4.2 种子选择

去除果皮，挑选发育饱满、均匀、健康的种子，置于 4 ℃冰箱中保存备用（存放时间不超过 2 个月）。

5 种子前处理

5.1 活力

5.1.1 检测

倒地铃种子活力以种子生活力为判别标准。按照《植物生理学实验指导》中的溴麝香草酚蓝（BTB）法测定倒地铃种子生活力。待测种子在 30 ℃～35 ℃温水中浸种 2 h，随后取吸胀种子 20 粒，整齐地埋于备好的 1.5%BTB 琼脂凝胶中，注意要将胚埋入凝胶中。将培养皿置于 35 ℃温箱中 12 h 后观察结果。

BTB 的配制和保存方法见附录 A 的 A.1。

5.1.2 鉴定及要求

在光下用放大镜对染色结果进行观察鉴定。凡种胚周围出现黄色晕圈的种子为有活力的种子，否则为无活力的种子。

待保存的倒地铃种子生活力应≥70%。

5.1.3 计算

生活力按照公式（1）进行计算：

$$A = \frac{y}{x} \times 100\% \tag{1}$$

式中：A——生活力；

　　　y——有活力的种子数；

x——总的种子数。

5.2 含水量范围

用尼龙网袋包裹倒地铃种子，置于盛有变色硅胶的干燥器内，硅胶与种子的体积比为60∶1，室温条件下干燥处理0 h～18 h，在干燥过程中可定期测定种子含水量，将种子含水量由25%～30%降至20%～25%。

按照GB/T 3543.6中的高恒温烘干法（130 ℃烘干1 h）测定种子含水量（W_0），并按照公式（2）进行计算：

$$W_0 = \frac{M_1 - M_2}{M_1} \times 100\% \tag{2}$$

式中：W_0——种子含水量，用百分数表示（%）；

M_1——种子鲜重，单位为克（g）；

M_2——种子烘后重量，单位为克（g）。

6 种子保存量

倒地铃种子保存量不少于500粒，以便后期的活力检测使用。

7 种子冷冻方式

倒地铃种子超低温保存的冷冻方式为玻璃化冷冻法，即将装有种子的5 mL冻存管（每管90粒种子）置于装载液（LS）中并于25 ℃处理种子20 min，再用玻璃化溶液（PVS2）冰浴处理种子30 min，换上预冷新鲜的PVS2后迅速投入液氮中进行超低温保存。

LS和PVS2的配制及保存方法见附录A的A.2和A.3。

8 恢复培养

8.1 种子解冻处理

液氮中至少冻存24 h后，取出1个冻存管，立即放入40 ℃水浴中快速解冻5 min，而后用洗涤液（DS）浸泡15 min，并用纯净水洗涤3次。

DS的配制及保存方法见附录A的A.4。

8.2 冻后种子活力检测

取出45粒解冻后的种子，按照5.1活力检测方法，进行超低温保存后的初始生活力检测。当种子生活力≥60%时视为保存成功。

8.3 萌芽成苗

将剩下 45 粒解冻后的倒地铃种子，播种到带有无菌滤纸的带盖发芽盒中，在温度 25 ℃~30 ℃、湿度 70%~85% 的条件下培养。倒地铃种子出芽周期为 15 d~35 d。

附　录　A

（规范性附录）

试剂的配制和保存方法

A.1　BTB 的配制和保存方法

精密称取 BTB 0.1 g，溶解于煮沸过的 100 mL 纯水中，然后用滤纸去残渣。滤液若呈黄色，可加数滴氢氧化钠溶液，使之变为蓝色或蓝绿色，置于棕色瓶中长期贮存。

1.5% BTB 琼脂凝胶：称量 0.1% BTB 溶液 40 mL 置于烧杯中，称取 0.5 g 琼脂，将其剪碎后加入杯中，加热并不断搅拌使之完全溶解。待溶液稍稍冷却即可趁热倒入 9 cm 培养皿中，使之成一均匀的薄层，完全冷却后备用。

A.2　装载液（LS）的配制及保存方法

精密称取蔗糖 13.7 g，称量甘油 11.9 mL，溶于液体 MS 培养基中，调 pH 至 5.8，并定容至 100 mL，高温高压灭菌，4 ℃冷藏。

A.3　玻璃化溶液（PVS2）的配制及保存方法

精密量取甘油 23.8 mL、乙二醇 13.6 mL、二甲基亚砜 13.6 mL，称取蔗糖 13.7 g，溶于 MS 溶液中，调 pH 至 5.8 后，定容至 100 mL，高温高压灭菌，4 ℃冷藏。

注：配制时需戴手套，并在通风橱内操作。

A.4　洗涤液（DS）的配制及保存方法

精密称取蔗糖 41.1 g 溶于 MS 溶液中，调 pH 至 5.8 后，定容至 100 mL，高温高压灭菌，4 ℃冷藏。

参 考 文 献

［1］中国科学院中国植物志编辑委员会. 中国植物志：第四十七卷：第一分册［M］. 北京：科学出版社，1985：004.

［2］XIA N H, GADEK P A. Sapindaceae［M］//WU Z Y, RAVEN P H. Flora of China. Beijing：Science Press, 2007：24.

［3］中华人民共和国卫生部药典委员会. 中华人民共和国卫生部药品标准：中药成方制剂：第九册［S］. 1994.

［4］傅家瑞，宋松泉. 顽拗性种子生物学［M］. 北京：中国科学文化出版社，2004：1.

［5］REED B M. Plant Cryopreservation: A Practical Guide［M］. Corvallis: Springer, 2008：3.

ICS 11.120.01

C 23

团 体 标 准

T/CACM 1326.25—2019

匍匐滨藜种子超低温保存技术规程

Technical code of practice for cryopreservation of

Atriplex repens Roth seeds

2019 –10 –17 发布 　　　　　　　　　　　　　　2019 –10 –17 实施

中华中医药学会 发布

目　次

前言 ……………………………………………………………………………………………… 377

　1　范围 ………………………………………………………………………………………… 378

　2　规范性引用文件 …………………………………………………………………………… 378

　3　术语和定义 ………………………………………………………………………………… 378

　4　种子采收及选择 …………………………………………………………………………… 379

　5　种子前处理 ………………………………………………………………………………… 379

　6　种子保存量 ………………………………………………………………………………… 380

　7　种子冷冻方式 ……………………………………………………………………………… 380

　8　恢复培养 …………………………………………………………………………………… 380

附录 A（规范性附录）　BTB 的配制和保存方法 …………………………………………… 381

参考文献 ………………………………………………………………………………………… 382

前 言

本标准是药用植物顽拗性种子超低温保存系列标准之一，该系列标准结构和名称如下：

——T/CACM 1326.1 药用植物顽拗性种子超低温保存技术通则；

——T/CACM 1326.2 白木香种子超低温保存技术规程；

——T/CACM 1326.3 降香种子超低温保存技术规程；

——T/CACM 1326.4 益智种子超低温保存技术规程；

——T/CACM 1326.5 高良姜种子超低温保存技术规程；

——T/CACM 1326.6 朱砂根种子超低温保存技术规程；

——T/CACM 1326.7 草豆蔻种子超低温保存技术规程；

——T/CACM 1326.8 化州柚种子超低温保存技术规程；

——T/CACM 1326.9 樟种子超低温保存技术规程；

——T/CACM 1326.10 两面针种子超低温保存技术规程；

…………

本标准按照 GB/T 1.1—2009《标准化工作导则 第 1 部分：标准的结构和编写》给出的规则起草。

本标准由中国医学科学院药用植物研究所海南分所提出。

本标准由中华中医药学会归口。

本标准起草单位：中国医学科学院药用植物研究所海南分所，中国医学科学院药用植物研究所。

本标准主要起草人：曾琳，魏建和，郑希龙，李榕涛，王秋玲，何明军，金钺，顾雅坤，符丽。

匍匐滨藜种子超低温保存技术规程

1 范围

本标准规定了匍匐滨藜（*Atriplex repens* Roth）种子超低温保存过程中的术语和定义、种子采收及选择、种子前处理、种子保存量、种子冷冻方式、恢复培养等内容。

本标准适用于匍匐滨藜种子的超低温长期贮藏。

2 规范性引用文件

下列文件对本文件的应用是必不可少的。凡是注日期的引用文件，仅注日期的版本适用于本文件。凡是不注日期的引用文件，其最新版本（包括所有的修改单）适用于本文件。

GB/T 3543.6 农作物种子检验规程 水分测定

GB/T 3543.7 农作物种子检验规程 其他项目检验

3 术语和定义

下列术语和定义适用于本文件。

3.1

匍匐滨藜 *Atriplex repens* **Roth**

为藜科（Chenopodiaceae）滨藜属（*Atriplex* L.）中的一种南药植物，产海南岛，生于海滨空旷沙地，分布于印度、阿富汗及伊朗。全草具有祛风行湿、固肾、消肿解毒之功效。收载于《福建药物志（1983）》。

3.2

匍匐滨藜果实 *Atriplex repens* **Roth fruits**

果实为胞果，胞果扁，卵形，果皮膜质。

3.3

匍匐滨藜种子 *Atriplex repens* **Roth seeds**

匍匐滨藜的播种材料为完整种子，贮藏特性判断为顽拗性种子。种子红褐色至黑色，扁球形，两面微凸起，宽约 1.5 mm。

3.4

种子超低温保存　seed of cryopreservation

将经过前处理的匍匐滨藜种子置于液氮（−196 ℃）中保存。

4　种子采收及选择

4.1　种子采收

12 月—翌年 1 月间，果皮转为棕色或红褐色时，即可采收，去除杂质和果皮，取出种子。

4.2　种子选择

挑选发育饱满、均匀、健康的种子，置于 10 ℃冰箱中保存备用（存放时间不超过 3 个月）。

5　种子前处理

5.1　活力

5.1.1　检测

匍匐滨藜种子活力以种子生活力为判别标准。按照《植物生理学实验指导》中的溴麝香草酚蓝（BTB）法检测匍匐滨藜种子生活力。待测种子在 30 ℃~35 ℃温水中浸种 2 h，随后取吸胀种子 20 粒，整齐地埋于备好的 1.5% BTB 琼脂凝胶中，注意要将胚埋入凝胶中。将培养皿置于 35 ℃温箱中 6 h 后观察结果。

BTB 的配制和保存方法见附录 A。

5.1.2　鉴定及要求

在光下用放大镜对染色结果进行观察鉴定。凡种胚周围出现黄色晕圈的种子为有活力的种子，否则为无活力的种子。

待保存的匍匐滨藜种子生活力应≥70%。

5.1.3　计算

生活力按照公式（1）进行计算：

$$A = \frac{y}{x} \times 100\% \tag{1}$$

式中：A——生活力；

y——有活力的种子数；

x——总的种子数。

5.2 含水量范围

用尼龙网袋包裹匍匐滨藜种子，置于盛有变色硅胶的干燥器内，硅胶与种子的体积比为60∶1，室温条件下干燥处理12 h～25 h，在干燥过程中定期测定种子含水量，将种子含水量由20%～25%降至12%～16%。

按照GB/T 3543.6中的高恒温烘干法（130 ℃烘干1 h）测定种子含水量（W_0），按照公式（2）进行计算：

$$W_0 = \frac{M_1 - M_2}{M_1} \times 100\% \tag{2}$$

式中：W_0——含水量，用百分数表示（%）；

M_1——种子鲜重，单位为克（g）；

M_2——种子烘后重量，单位为克（g）。

6 种子保存量

匍匐滨藜种子保存量不少于500粒，以便后期的生活力检测使用。

7 种子冷冻方式

匍匐滨藜种子超低温保存的冷冻方式为直接冷冻法，即将待保存的匍匐滨藜种子放入5 mL冻存管（每管45粒种子）中，迅速投入液氮中保存。

8 恢复培养

8.1 种子解冻处理

液氮中至少冻存24 h后，取出1个冻存管，立即放入40 ℃水浴中快速解冻2 min。

8.2 冻后种子活力检测

取出20粒解冻后的种子，按照5.1活力检测方法，进行超低温保存后的初始生活力检测。当种子生活力≥60%时视为保存成功。

8.3 萌芽成苗

将剩下25粒解冻后的匍匐滨藜种子，播种到带有无菌滤纸的发芽盒中，在温度25 ℃～30 ℃、湿度70%～85%的条件下培养。匍匐滨藜种子出芽周期为10 d～60 d。

附 录 A
（规范性附录）
BTB 的配制和保存方法

A.1　0.1% BTB 溶液配制和保存方法

精密称取 BTB 0.1 g，溶解于煮沸过的 100 mL 纯水中，然后用滤纸去残渣。滤液若呈黄色，可加数滴氢氧化钠溶液，使之变为蓝色或蓝绿色，置于棕色瓶中长期贮存。

A.2　1.5%BTB 琼脂凝胶配制方法

称量 0.1% BTB 溶液 40 mL 置于烧杯中，称取 0.5 g 琼脂，将其剪碎后加入杯中，加热并不断搅拌使之完全溶解。待溶液稍稍冷却即可趁热倒入 9 cm 培养皿中，使之成一均匀的薄层，完全冷却后备用。

参 考 文 献

[1] 中国科学院中国植物志编辑委员会. 中国植物志：第二十五卷：第二分册［M］. 北京：科学出版社，1979：036.

[2] CHU G L, MOSYAKIN S L, CLEMANTS S E. Chenopodiaceae［M］//WU Z Y, RAVEN P H. Flora of China. Beijing：Science Press，2003：351－414.

[3] 福建省中医研究所. 福建药物志［M］. 福州：福建科学技术出版社，1983.

[4] 傅家瑞，宋松泉. 顽拗性种子生物学［M］. 北京：中国科学文化出版社，2004：1.

[5] REED B M. Plant Cryopreservation: A Practical Guide［M］. Corvallis：Springer，2008：3.

ICS 11. 120. 01
C 23

团 体 标 准

T/CACM 1326. 26—2019

秋枫种子超低温保存技术规程

Technical code of practice for cryopreservation of

Bischofia javanica Bl. seeds

2019 –10 –17 发布　　　　　　　　　　　　　　　　2019 –10 –17 实施

中华中医药学会 发布

目　　次

前言 …………………………………………………………………………………………… 385

1　范围 ……………………………………………………………………………………… 386

2　规范性引用文件 ………………………………………………………………………… 386

3　术语和定义 ……………………………………………………………………………… 386

4　种子采收及选择 ………………………………………………………………………… 387

5　种子前处理 ……………………………………………………………………………… 387

6　种子保存量 ……………………………………………………………………………… 388

7　种子冷冻方式 …………………………………………………………………………… 388

8　恢复培养 ………………………………………………………………………………… 388

附录 A（规范性附录）　BTB 的配制和保存方法 ……………………………………… 389

参考文献 …………………………………………………………………………………… 390

前　言

本标准是药用植物顽拗性种子超低温保存系列标准之一，该系列标准结构和名称如下：

——T/CACM 1326.1　药用植物顽拗性种子超低温保存技术通则；

——T/CACM 1326.2　白木香种子超低温保存技术规程；

——T/CACM 1326.3　降香种子超低温保存技术规程；

——T/CACM 1326.4　益智种子超低温保存技术规程；

——T/CACM 1326.5　高良姜种子超低温保存技术规程；

——T/CACM 1326.6　朱砂根种子超低温保存技术规程；

——T/CACM 1326.7　草豆蔻种子超低温保存技术规程；

——T/CACM 1326.8　化州柚种子超低温保存技术规程；

——T/CACM 1326.9　樟种子超低温保存技术规程；

——T/CACM 1326.10　两面针种子超低温保存技术规程；

…………

本标准按照 GB/T 1.1—2009《标准化工作导则　第 1 部分：标准的结构和编写》给出的规则起草。

本标准由中国医学科学院药用植物研究所海南分所提出。

本标准由中华中医药学会归口。

本标准起草单位：中国医学科学院药用植物研究所海南分所，中国医学科学院药用植物研究所。

本标准主要起草人：曾琳，魏建和，郑希龙，李榕涛，王秋玲，何明军，金钺，顾雅坤，符丽。

秋枫种子超低温保存技术规程

1 范围

本标准规定了秋枫（*Bischofia javanica* Bl.）种子超低温保存过程中的术语和定义、种子采收及选择、种子前处理、种子保存量、种子冷冻方式、恢复培养等内容。

本标准适用于秋枫种子的超低温长期贮藏。

2 规范性引用文件

下列文件对本文件的应用是必不可少的。凡是注日期的引用文件，仅注日期的版本适用于本文件。凡是不注日期的引用文件，其最新版本（包括所有的修改单）适用于本文件。

GB/T 3543.6　农作物种子检验规程　水分测定

GB/T 3543.7　农作物种子检验规程　其他项目检验

3 术语和定义

下列术语和定义适用于本文件。

3.1

秋枫　*Bischofia javanica* Bl.

为大戟科（Euphorbiaceae）秋枫属（*Bischofia* Bl.）常绿乔木，别称万年青树、重阳木，是热带和亚热带常绿季雨林中的主要树种。根有祛风消肿作用，主治风湿骨痛、痢疾等。收载于《全国中草药汇编（卷二）（2014）》。

3.2

秋枫果实　*Bischofia javanica* Bl. fruits

果实浆果状，圆球形或近圆球形，直径 6 mm～13 mm，淡褐色，内有种子 3～6 粒。

3.3

秋枫种子　*Bischofia javanica* Bl. seeds

秋枫的播种材料为完整种子，贮藏特性判断为顽拗性种子。种子淡黄色，长圆形，长约

5 mm。

3.4

种子超低温保存　seed of cryopreservation

将经过前处理的秋枫种子置于液氮（－196 ℃）中保存。

4　种子采收及选择

4.1　种子采收

8 月—10 月间，待果皮呈棕褐色时即可采收。采收后，堆沤 4 d ~ 5 d，待种皮软化，洗去皮肉，选出种子晾干。

4.2　种子选择

挑选发育饱满、均匀、健康的种子，置于 10 ℃冰箱中保存备用（存放时间不超过 3 个月）。

5　种子前处理

5.1　活力

5.1.1　检测

秋枫种子活力以种子生活力为判别标准。按照《植物生理学实验指导》中的溴麝香草酚蓝（BTB）法检测秋枫种子生活力。待测种子在 30 ℃~ 35 ℃温水中浸种 2 h，随后取吸胀种子 20 粒，整齐地埋于备好的 1.5% BTB 琼脂凝胶中，注意要将胚埋入凝胶中。将培养皿置于 35 ℃温箱中 18 h 后观察结果。

BTB 的配制和保存方法见附录 A。

5.1.2　鉴定及要求

在光下用放大镜对染色结果进行观察鉴定。凡种胚周围出现黄色晕圈的种子为有活力的种子，否则为无活力的种子。

待保存的秋枫种子生活力应≥70%。

5.1.3　计算

生活力按照公式（1）进行计算：

$$A = \frac{y}{x} \times 100\% \tag{1}$$

式中：A——生活力；

　　　y——有活力的种子数；

x——总的种子数。

5.2 含水量范围

用尼龙网袋包裹秋枫种子，置于盛有变色硅胶的干燥器内，硅胶与种子的体积比为60:1，室温条件下干燥处理 0 h~8 h，在干燥过程中定期测定种子含水量，将种子含水量由 18%~25% 降至 14%~18%。

按照 GB/T 3543.6 中的高恒温烘干法（130 ℃烘干 1 h）测定种子含水量（W_0），按照公式（2）进行计算：

$$W_0 = \frac{M_1 - M_2}{M_1} \times 100\% \tag{2}$$

式中：W_0——含水量，用百分数表示（%）；

M_1——种子鲜重，单位为克（g）；

M_2——种子烘后重量，单位为克（g）。

6 种子保存量

秋枫种子保存量不少于 500 粒，以便后期的生活力检测使用。

7 种子冷冻方式

秋枫种子超低温保存的冷冻方式为直接冷冻法，即将待保存的秋枫种子放入 2 mL 冻存管（每管 50 粒种子）中，迅速投入液氮中保存。

8 恢复培养

8.1 种子解冻处理

液氮中至少冻存 24 h 后，取出 1 个冻存管，立即放入 40 ℃水浴中快速解冻 2 min。

8.2 冻后种子活力检测

取出 25 粒解冻后的种子，按照 5.1 活力检测方法，进行超低温保存后的初始生活力检测。当种子生活力≥50% 时视为保存成功。

8.3 萌芽成苗

将剩下 25 粒解冻后的秋枫种子，播种到带有无菌滤纸的发芽盒中，在温度 25 ℃~30 ℃、湿度 70%~85% 的条件下培养。秋枫种子出芽周期大概 25 d。

附　录　A
（规范性附录）
BTB 的配制和保存方法

A. 1　0.1% BTB 溶液配制和保存方法

精密称取 BTB 0.1 g，溶解于煮沸过的 100 mL 纯水中，然后用滤纸去残渣。滤液若呈黄色，可加数滴氢氧化钠溶液，使之变为蓝色或蓝绿色，置于棕色瓶中长期贮存。

A. 2　1.5% BTB 琼脂凝胶配制方法

称量 0.1% BTB 溶液 40 mL 置于烧杯中，称取 0.5 g 琼脂，将其剪碎后加入杯中，加热并不断搅拌使之完全溶解。待溶液稍稍冷却即可趁热倒入 9 cm 培养皿中，使之成一均匀的薄层，完全冷却后备用。

参 考 文 献

［1］王国强. 全国中草药汇编（卷二）［M］. 3 版. 北京：人民卫生出版社，2014：741.

［2］中国科学院中国植物志编辑委员会. 中国植物志：第四十四卷：第一分册［M］. 北京：科学出版社，
　　1994：185.

［3］LI P T, CHIU H H, VORONTSOVA M, et al. Euphorbiaceae［M］//WU Z Y, RAVEN P H. Flora of China.
　　Beijing：Science Press，2008：217 – 218.

［4］傅家瑞，宋松泉. 顽拗性种子生物学［M］. 北京：中国科学文化出版社，2004：1.

［5］REED B M. Plant Cryopreservation: A Practical Guide［M］. Corvallis: Springer，2008：3.

ICS 11.120.01
C 23

团 体 标 准

T/CACM 1326.27—2019

猪屎豆种子超低温保存技术规程

Technical code of practice for cryopreservation of

Crotalaria pallida Ait. seeds

2019 -10 -17 发布　　　　　　　　　　　　　　2019 -10 -17 实施

中华中医药学会 发布

目　次

前言 ……………………………………………………………………………………………… 393

　1　范围 …………………………………………………………………………………………… 394

　2　规范性引用文件 ……………………………………………………………………………… 394

　3　术语和定义 …………………………………………………………………………………… 394

　4　种子采收及选择 ……………………………………………………………………………… 395

　5　种子前处理 …………………………………………………………………………………… 395

　6　种子保存量 …………………………………………………………………………………… 396

　7　种子冷冻方式 ………………………………………………………………………………… 396

　8　恢复培养 ……………………………………………………………………………………… 396

附录 A（规范性附录）　种子发芽测试方法及试剂的配制和保存方法 ……………………… 397

参考文献 ………………………………………………………………………………………… 398

前　言

本标准是药用植物顽拗性种子超低温保存系列标准之一，该系列标准结构和名称如下：

——T/CACM 1326.1　药用植物顽拗性种子超低温保存技术通则；

——T/CACM 1326.2　白木香种子超低温保存技术规程；

——T/CACM 1326.3　降香种子超低温保存技术规程；

——T/CACM 1326.4　益智种子超低温保存技术规程；

——T/CACM 1326.5　高良姜种子超低温保存技术规程；

——T/CACM 1326.6　朱砂根种子超低温保存技术规程；

——T/CACM 1326.7　草豆蔻种子超低温保存技术规程；

——T/CACM 1326.8　化州柚种子超低温保存技术规程；

——T/CACM 1326.9　樟种子超低温保存技术规程；

——T/CACM 1326.10　两面针种子超低温保存技术规程；

…………

本标准按照 GB/T 1.1—2009《标准化工作导则　第 1 部分：标准的结构和编写》给出的规则起草。

本标准由中国医学科学院药用植物研究所海南分所提出。

本标准由中华中医药学会归口。

本标准起草单位：中国医学科学院药用植物研究所海南分所，中国医学科学院药用植物研究所。

本标准主要起草人：曾琳，魏建和，郑希龙，李榕涛，王秋玲，何明军，金钺，顾雅坤，符丽。

猪屎豆种子超低温保存技术规程

1 范围

本标准规定了猪屎豆（*Crotalaria pallida* Ait.）种子超低温保存过程中的术语和定义、种子采收及选择、种子前处理、种子保存量、种子冷冻方式、恢复培养等内容。

本标准适用于猪屎豆种子的超低温长期贮藏。

2 规范性引用文件

下列文件对本文件的应用是必不可少的。凡是注日期的引用文件，仅注日期的版本适用于本文件。凡是不注日期的引用文件，其最新版本（包括所有的修改单）适用于本文件。

GB/T 3543.4 农作物种子检验规程 发芽试验

GB/T 3543.6 农作物种子检验规程 水分测定

GB/T 3543.7 农作物种子检验规程 其他项目检验

3 术语和定义

下列术语和定义适用于本文件。

3.1

猪屎豆 *Crotalaria pallida* Ait.

为豆科（Leguminosae）猪屎豆属（*Crotalaria* Linn.）多年生草本或直立矮小灌木，全草和根可供药用，具有散结、清湿热等作用，现代临床试用于抗肿瘤效果较好，主要对鳞状上皮癌、基底细胞癌有疗效。收载于《全国中草药汇编（卷二）（2014）》。

3.2

猪屎豆果实 *Crotalaria pallida* Ait. fruits

果实为荚果，荚果长圆形，幼时被毛，成熟后脱落，果瓣开裂后扭转，内有种子20～30颗。

3.3

猪屎豆种子 *Crotalaria pallida* Ait. seeds

猪屎豆的播种材料为完整种子，贮藏特性判断为顽拗性种子。种子棕红色或紫黑色，肾形或马蹄形。

3.4

种子超低温保存 seed of cryopreservation

将经过前处理的猪屎豆种子置于液氮（－196℃）中保存。

4 种子采收及选择

4.1 种子采收

9 月—12 月，果荚颜色由灰绿色变为棕色或黑棕色时，即可采收，去除果荚，取出种子。

4.2 种子选择

挑选发育饱满、均匀、健康的种子，置于 10℃冰箱中保存备用（存放时间不超过 3 个月）。

5 种子前处理

5.1 活力

5.1.1 检测

猪屎豆种子活力以种子发芽率为判别标准。

种子发芽测试方法见附录 A 的 A.1。

5.1.2 鉴定及要求

按照 GB/T 3543.4 的规定，确定正常幼苗数。计算出种子的发芽率。

待保存的猪屎豆种子发芽率应≥65%。

5.1.3 计算

生活力按照公式（1）进行计算：

$$A = \frac{y}{x} \times 100\% \tag{1}$$

式中：A——生活力；

$\qquad y$——有活力的种子数；

$\qquad x$——总的种子数。

5.2 含水量范围

用尼龙网袋包裹猪屎豆种子，置于盛有变色硅胶的干燥器内，硅胶与种子的体积比为 60∶1，室温条件下干燥处理 2 h～10 h，在干燥过程中可定期测定种子含水量，将种子含水量由 15%～20%降至 12%～14%。

按照 GB/T 3543.6 中的高恒温烘干法（130℃烘干 1 h）测定种子含水量（W_0），并按照公式（2）进行计算：

$$W_0 = \frac{M_1 - M_2}{M_1} \times 100\%$$ （2）

式中：W_0——种子含水量，用百分数表示（%）；

M_1——种子鲜重，单位为克（g）；

M_2——种子烘后重量，单位为克（g）。

6 种子保存量

猪屎豆种子保存量不少于 500 粒，以便后期的活力检测使用。

7 种子冷冻方式

猪屎豆种子超低温保存的冷冻方式为分步冷冻法，即将装有种子和玻璃化溶液（PVS2）的 1 mL 冻存管（每管 60 粒种子）置于 4℃冰箱中 0.5 h，取出立即放入 -20℃冰柜中 1 h，之后迅速投入液氮中保存。

PVS2 的配制及保存方法见附录 A 的 A.2。

8 恢复培养

8.1 种子解冻处理

液氮中至少冻存 24 h 后，取出 1 个冻存管，立即放入 40℃水浴中快速解冻 3 min，而后用洗涤液（DS）浸泡 3 次，每次 5 min，并用纯净水冲洗干净。

DS 的配制及保存方法见附录 A 的 A.3。

8.2 冻后种子活力检测

取出 30 粒解冻后的种子，按照 5.1 活力检测方法，进行超低温保存后的初始生活力检测。当种子生活力≥60% 时视为保存成功。

8.3 萌芽成苗

将剩下 30 粒解冻后的猪屎豆种子，播种到带有无菌滤纸的带盖发芽盒中，在温度 25℃~30℃、湿度 70%~85% 的条件下培养。猪屎豆种子出芽周期为 3 d~10 d。

附 录 A

（规范性附录）

种子发芽测试方法及试剂的配制和保存方法

A.1 猪屎豆种子发芽测试方法

猪屎豆种子硬实率较高，不能直接播种。发芽测试前应用 75 ℃的恒温水浴箱中热水浸泡种子 5 min，取一定量的种子放入 25 mL 试管中，加水淹过种子，加热过程中同时用玻璃棒不断搅动。5 min后取出试管，自然冷却至室温后取出种子，置于带有无菌滤纸的发芽盒中，在温度 25 ℃～28 ℃、湿度 70%～85% 的条件下培养。

测试 4 个重复，每重复 30 粒种子。

A.2 玻璃化溶液（PVS2）的配制及保存方法

精密量取甘油 23.8 mL、乙二醇 13.6 mL、二甲基亚砜 13.6 mL，称取蔗糖 13.7 g，溶于 MS 溶液中，调 pH 至 5.8 后，定容至 100 mL，高温高压灭菌，4 ℃冷藏。

注：配制时需戴手套，并在通风橱内操作。

A.3 洗涤液（DS）的配制及保存方法

精密称取蔗糖 41.1 g 溶于 MS 溶液中，调 pH 至 5.8 后，定容至 100 mL，高温高压灭菌，4 ℃冷藏。

参 考 文 献

［1］中国科学院中国植物志编辑委员会．中国植物志：第四十七卷：第一分册［M］．北京：科学出版社，1985：004．

［2］XU L R, CHEN D Z, ZHU X Y, et al. Fabaceae (Leguminosae) ［M］//WU Z Y, RAVEN P H. Flora of China. Beijing：Science Press, 2010：108 – 109.

［3］中华人民共和国卫生部药典委员会．中华人民共和国卫生部药品标准：中药成方制剂：第九册［S］．1994．

［4］傅家瑞，宋松泉．顽拗性种子生物学［M］．北京：中国科学文化出版社，2004：1．

［5］REED B M. Plant Cryopreservation：A Practical Guide［M］．Corvallis：Springer, 2008：3．

ICS　11. 120. 01
C 23

团　体　标　准

T/CACM 1326. 28—2019

过江藤种子超低温保存技术规程

Technical code of practice for cryopreservation of

Phyla nodiflora（L.）Greene seeds

2019 -10 -17 发布　　　　　　　　　　　　2019 -10 -17 实施

中华中医药学会 发布

目　次

前言 ……………………………………………………………………………………………… 401

1　范围 ……………………………………………………………………………………… 402

2　规范性引用文件 ………………………………………………………………………… 402

3　术语和定义 ……………………………………………………………………………… 402

4　种子采收及选择 ………………………………………………………………………… 403

5　种子前处理 ……………………………………………………………………………… 403

6　种子保存量 ……………………………………………………………………………… 404

7　种子冷冻方式 …………………………………………………………………………… 404

8　恢复培养 ………………………………………………………………………………… 404

附录 A（规范性附录）　试剂的配制和保存方法 ………………………………………… 406

参考文献 ……………………………………………………………………………………… 407

前　言

本标准是药用植物顽拗性种子超低温保存系列标准之一，该系列标准结构和名称如下：

——T/CACM 1326.1　药用植物顽拗性种子超低温保存技术通则；

——T/CACM 1326.2　白木香种子超低温保存技术规程；

——T/CACM 1326.3　降香种子超低温保存技术规程；

——T/CACM 1326.4　益智种子超低温保存技术规程；

——T/CACM 1326.5　高良姜种子超低温保存技术规程；

——T/CACM 1326.6　朱砂根种子超低温保存技术规程；

——T/CACM 1326.7　草豆蔻种子超低温保存技术规程；

——T/CACM 1326.8　化州柚种子超低温保存技术规程；

——T/CACM 1326.9　樟种子超低温保存技术规程；

——T/CACM 1326.10　两面针种子超低温保存技术规程；

…………

本标准按照 GB/T 1.1—2009《标准化工作导则　第 1 部分：标准的结构和编写》给出的规则起草。

本标准由中国医学科学院药用植物研究所海南分所提出。

本标准由中华中医药学会归口。

本标准起草单位：中国医学科学院药用植物研究所海南分所，中国医学科学院药用植物研究所。

本标准主要起草人：曾琳，魏建和，郑希龙，李榕涛，王秋玲，何明军，金钺，顾雅坤，符丽。

过江藤种子超低温保存技术规程

1 范围

本标准规定了过江藤〔*Phyla nodiflora*（L.）Greene〕种子超低温保存过程中的术语和定义、种子采收及选择、种子前处理、种子保存量、种子冷冻方式、恢复培养等内容。

本标准适用于过江藤种子的超低温长期贮藏。

2 规范性引用文件

下列文件对本文件的应用是必不可少的。凡是注日期的引用文件，仅注日期的版本适用于本文件。凡是不注日期的引用文件，其最新版本（包括所有的修改单）适用于本文件。

GB/T 3543.6　农作物种子检验规程　水分测定

GB/T 3543.7　农作物种子检验规程　其他项目检验

3 术语和定义

下列术语和定义适用于本文件。

3.1

过江藤　*Phyla nodiflora*（L.）Greene

为马鞭草科（Verbenaceae）过江藤属（*Phyla* Lour.）单属种多年生匍匐草本植物，有木质宿根，多分枝，全体有紧贴丁字状短毛。全草入药，能破瘀生新，通利小便，治咳嗽、吐血、痢疾、牙痛、疔毒、枕痛、带状疱疹及跌打损伤等症。收载于《全国中草药汇编（卷二）（2014）》。

3.2

过江藤果实　*Phyla nodiflora*（L.）Greene fruits

果实淡黄色，长约 1.5 mm，内藏于膜质的花萼内。

3.3

过江藤种子　*Phyla nodiflora*（L.）Greene seeds

过江藤的播种材料为完整种子，贮藏特性判断为顽拗性种子。种子黄褐色。

3.4

种子超低温保存 seed of cryopreservation

将经过前处理的过江藤种子置于液氮（−196 ℃）中保存。

4 种子采收及选择

4.1 种子采收

6 月—10 月，果实由淡黄色变为棕色时，即可采收，去除果皮，取出种子。

4.2 种子选择

挑选发育饱满、均匀、健康的种子，置于 4 ℃冰箱中保存备用（存放时间不超过 3 个月）。

5 种子前处理

5.1 活力

5.1.1 检测

过江藤种子活力以种子生活力为判别标准。按照《植物生理学实验指导》中的溴麝香草酚蓝（BTB）法测定过江藤种子生活力。待测种子在 30 ℃~35 ℃温水中浸种 2 h，随后取吸胀种子 20 粒，整齐地埋于备好的 1.5% BTB 琼脂凝胶中，注意要将胚埋入凝胶中。将培养皿置于 35 ℃温箱中 8 h 后观察结果。

BTB 的配制和保存方法见附录 A 的 A.1。

5.1.2 鉴定及要求

在光下用放大镜对染色结果进行观察鉴定。凡种胚周围出现黄色晕圈的种子为有活力的种子，否则为无活力的种子。

待保存的过江藤种子生活力应≥70%。

5.1.3 计算

生活力按照公式（1）进行计算：

$$A = \frac{y}{x} \times 100\% \tag{1}$$

式中：A——生活力；

　　　y——有活力的种子数；

　　　x——总的种子数。

5.2 含水量范围

用尼龙网袋包裹过江藤种子，置于盛有变色硅胶的干燥器内，硅胶与种子的体积比为60∶1，室温条件下干燥处理2 h~8 h，在干燥过程中可定期测定种子含水量，将种子含水量由15%~20%降至11%~12%。

按照GB/T 3543.6中的高恒温烘干法（130 ℃烘干1 h）测定种子含水量（W_0），并按照公式（2）进行计算：

$$W_0 = \frac{M_1 - M_2}{M_1} \times 100\%$$
（2）

式中：W_0——种子含水量，用百分数表示（%）；

M_1——种子鲜重，单位为克（g）；

M_2——种子烘后重量，单位为克（g）。

6 种子保存量

过江藤种子保存量不少于500粒，以便后期的活力检测使用。

7 种子冷冻方式

过江藤种子超低温保存的冷冻方式为玻璃化冷冻法，即将装有种子的1 mL冻存管（每管100粒种子）置于装载液（LS）中并于25 ℃处理种子20 min，再用玻璃化溶液（PVS2）冰浴处理种子30 min，换上预冷新鲜的PVS2后迅速投入液氮中进行超低温保存。

LS和PVS2的配制及保存方法见附录A的A.2和A.3。

8 恢复培养

8.1 种子解冻处理

液氮中至少冻存24 h后，取出1个冻存管，立即放入40 ℃水浴中快速解冻3 min，而后用洗涤液（DS）浸泡15 min，并用纯净水洗涤3次。

DS的配制及保存方法见附录A的A.4。

8.2 冻后种子活力检测

取出50粒解冻后的种子，按照5.1活力检测方法，进行超低温保存后的初始生活力检测。当种子生活力≥70%时视为保存成功。

8.3 萌芽成苗

将剩下 50 粒解冻后的过江藤种子，播种到带有无菌滤纸的带盖发芽盒中，在温度 25 ℃~ 30 ℃、湿度 70%~85% 的条件下培养。过江藤种子出芽周期为 10 d~60 d。

附　录　A
（规范性附录）
试剂的配制和保存方法

A.1　BTB 的配制和保存方法

精密称取 BTB 0.1 g，溶解于煮沸过的 100 mL 纯水中，然后用滤纸去残渣。滤液若呈黄色，可加数滴氢氧化钠溶液，使之变为蓝色或蓝绿色，置于棕色瓶中长期贮存。

1.5% BTB 琼脂凝胶：称量 0.1% BTB 溶液 40 mL 置于烧杯中，称取 0.5 g 琼脂，将其剪碎后加入杯中，加热并不断搅拌使之完全溶解。待溶液稍稍冷却即可趁热倒入 9 cm 培养皿中，使之成一均匀的薄层，完全冷却后备用。

A.2　装载液（LS）的配制及保存方法

精密称取蔗糖 13.7 g，称量甘油 11.9 mL，溶于液体 MS 培养基中，调 pH 至 5.8，并定容至 100 mL，高温高压灭菌，4 ℃冷藏。

A.3　玻璃化溶液（PVS2）的配制及保存方法

精密量取甘油 23.8 mL、乙二醇 13.6 mL、二甲基亚砜 13.6 mL，称取蔗糖 13.7 g，溶于 MS 溶液中，调 pH 至 5.8 后，定容至 100 mL，高温高压灭菌，4 ℃冷藏。

注：配制时需戴手套，并在通风橱内操作。

A.4　洗涤液（DS）的配制及保存方法

精密称取蔗糖 41.1 g 溶于 MS 溶液中，调 pH 至 5.8 后，定容至 100 mL，高温高压灭菌，4 ℃冷藏。

参 考 文 献

［1］中国科学院中国植物志编辑委员会. 中国植物志：第六十五卷：第一分册［M］. 北京：科学出版社，
1982：019.

［2］CHEN S L, GILBERT M G. Verbenaceae［M］//WU Z Y, RAVEN P H. Flora of China. Beijing：Science
Press, 1994：1-49.

［3］王国强. 全国中草药汇编（卷二）［M］. 3 版. 北京：人民卫生出版社，2014：425.

［4］傅家瑞，宋松泉. 顽拗性种子生物学［M］. 北京：中国科学文化出版社，2004：1.

［5］REED B M. Plant Cryopreservation：A Practical Guide［M］. Corvallis：Springer, 2008：3.

ICS 11.120.01

C 23

团 体 标 准

T/CACM 1326.29—2019

羯布罗香种子超低温保存技术规程

Technical code of practice for cryopreservation of

Dipterocarpus turbinatus Gaertn. f. seeds

2019 –10 –17 发布 　　　　　　　　　　　　2019 –10 –17 实施

中华中医药学会 发布

目　　次

前言 …………………………………………………………………………………………… 411

　　1　范围 …………………………………………………………………………………… 412

　　2　规范性引用文件 ……………………………………………………………………… 412

　　3　术语和定义 …………………………………………………………………………… 412

　　4　种子采收及选择 ……………………………………………………………………… 413

　　5　种子前处理 …………………………………………………………………………… 413

　　6　种子保存量 …………………………………………………………………………… 414

　　7　种子冷冻方式 ………………………………………………………………………… 414

　　8　恢复培养 ……………………………………………………………………………… 414

附录 A（规范性附录）　TTC/磷酸盐缓冲溶液的配制和保存方法 ……………………… 415

参考文献 …………………………………………………………………………………………… 416

前　　言

本标准是药用植物顽拗性种子超低温保存系列标准之一，该系列标准结构和名称如下：

——T/CACM 1326.1　药用植物顽拗性种子超低温保存技术通则；

——T/CACM 1326.2　白木香种子超低温保存技术规程；

——T/CACM 1326.3　降香种子超低温保存技术规程；

——T/CACM 1326.4　益智种子超低温保存技术规程；

——T/CACM 1326.5　高良姜种子超低温保存技术规程；

——T/CACM 1326.6　朱砂根种子超低温保存技术规程；

——T/CACM 1326.7　草豆蔻种子超低温保存技术规程；

——T/CACM 1326.8　化州柚种子超低温保存技术规程；

——T/CACM 1326.9　樟种子超低温保存技术规程；

——T/CACM 1326.10　两面针种子超低温保存技术规程；

…………

本标准按照 GB/T 1.1—2009《标准化工作导则　第 1 部分：标准的结构和编写》给出的规则起草。

本标准由中国医学科学院药用植物研究所海南分所提出。

本标准由中华中医药学会归口。

本标准起草单位：中国医学科学院药用植物研究所海南分所，中国医学科学院药用植物研究所。

本标准主要起草人：曾琳，魏建和，郑希龙，李榕涛，王秋玲，何明军，金钺，顾雅坤，符丽。

羯布罗香种子超低温保存技术规程

1　范围

本标准规定了羯布罗香（*Dipterocarpus turbinatus* Gaertn. f.）种子超低温保存过程中的术语和定义、种子采收及选择、种子前处理、种子保存量、种子冷冻方式、恢复培养等内容。

本标准适用于羯布罗香种子的液氮超低温长期贮藏。

2　规范性引用文件

下列文件对本文件的应用是必不可少的。凡是注日期的引用文件，仅注日期的版本适用于本文件。凡是不注日期的引用文件，其最新版本（包括所有的修改单）适用于本文件。

GB/T 3543.6　农作物种子检验规程　水分测定

GB/T 3543.7　农作物种子检验规程　其他项目检验

3　术语和定义

下列术语和定义适用于本文件。

3.1

羯布罗香　*Dipterocarpus turbinatus* Gaertn. f.

为龙脑香科（Dipterocarpaceae）龙脑香属（*Dipterocarpus* Gaertn. f.）高大乔木，为珍贵用材树种，从树脂提出的油，商品名为羯布罗香油，可作调香剂和定香剂，树脂可作药用，叶用于过敏性皮炎、刀伤出血。收载于《中华本草第三册（1999）》。

3.2

羯布罗香果实　*Dipterocarpus turbinatus* Gaertn. f. fruits

羯布罗香的坚果卵形或长卵形，密被贴生绒毛；果萼管无毛，被白色粉霜，增大的 2 枚花萼裂片为线状披针形，长 12 cm～15 cm，宽约 3 cm，具 1 条多分枝的中脉，沿中脉附近具小突起，无毛。

3.3

羯布罗香种子　*Dipterocarpus turbinatus* Gaertn. f. seeds

羯布罗香的播种材料为完整种子，贮藏特性判断为顽拗性种子。种子褐色，宽卵形，表面粗糙。

3.4

种子超低温保存　seed of cryopreservation

将经过前处理的羯布罗香种子置于液氮（–196 ℃）中保存。

4　种子采收及选择

4.1　种子采收

5 月下旬—6 月上旬，花萼变为棕色时即可采收，成熟期较短，于一周内采收完，去除果翅，取出种子。

4.2　种子选择

挑选发育饱满、均匀、健康的种子，置于 10 ℃冰箱中保存备用（存放时间不超过 15 d）。切取羯布罗香种胚为保存材料。

5　种子前处理

5.1　活力

5.1.1　检测

羯布罗香种子活力以种子生活力为判别标准。按照 GB/T 3543.7 中的 2,3,5-三苯基氯化四氮唑（TTC）法检测种子生活力。随机抽取 30 粒种子，剥去外层种皮，沿种脊小心将种子分成 2 片后放培养皿内，内侧面向下，滴入 TTC 溶液浸没种子，室温（25 ℃）避光放置 4 h 后观察染色结果。

TTC 溶液的配制和保存方法见附录 A。

5.1.2　鉴定及要求

直接用肉眼对染色结果进行观察鉴定。凡胚及胚乳全部染成有光泽的鲜红色，且组织状态正常的，为有活力的种子，否则为无生活力的种子。

待保存的羯布罗香种子生活力应≥90%。

5.1.3　计算

生活力按照公式（1）进行计算：

$$A = \frac{y}{x} \times 100\% \tag{1}$$

式中：A——生活力；

    y——有活力的种子数；

    x——总的种子数。

5.2　含水量范围

  用尼龙网袋包裹羯布罗香种子，置于盛有变色硅胶的干燥器内，硅胶与种子的体积比为30：1，室温条件下干燥处理12 h～26 h，在干燥过程中定期测定种子含水量，将种子含水量由50%～60%降至45%。

  按照GB/T 3543.6中的高恒温烘干法（130 ℃烘干1 h）测定种子含水量（W_0），并按照公式（2）进行计算：

$$W_0 = \frac{M_1 - M_2}{M_1} \times 100\% \tag{2}$$

  式中：W_0——含水量，用百分数表示（%）；

    M_1——种子鲜重，单位为克（g）；

    M_2——种子烘后重量，单位为克（g）。

6　种子保存量

  羯布罗香种子保存量不少于300粒，以便后期的活力检测使用。

7　种子冷冻方式

  羯布罗香种子超低温保存的冷冻方式为直接冷冻法，即将待保存的羯布罗香种子放入15 mL冻存管（每管2粒种子）中，迅速投入液氮中保存。

8　恢复培养

8.1　种子解冻处理

  液氮中至少冻存24 h后，取出10个冻存管，立即放入40 ℃水浴中快速解冻2 min。

8.2　冻后种子活力检测

  取出5管解冻后的种子，按照5.1活力检测方法进行超低温保存后的初始生活力检测。当种子生活力≥60%时视为保存成功。

8.3　萌芽成苗

  将剩下5管解冻后的羯布罗香种胚，播种到MS固体培养基中，在温度28 ℃～30 ℃、湿度70%～85%的条件下培养。羯布罗香种胚出芽周期为10 d～20 d。

附　录　A

（规范性附录）

TTC/磷酸盐缓冲溶液的配制和保存方法

A.1　三苯基氯化四氮唑（TTC）溶液配制和保存方法

精密称取 TTC 1.00 g，溶于 100 mL 磷酸盐缓冲溶液中，制成浓度为 1% 的 TTC 溶液，调 pH 至 6.5~7.5，放于棕色瓶内，置于 4 ℃ 冰箱中备用。

A.2　磷酸盐缓冲溶液配制方法

溶液Ⅰ：9.08 g 磷酸二氢钾溶于 1 L 无菌水中；

溶液Ⅱ：35.81 g 磷酸二氢钠溶于 1 L 无菌水中；

按Ⅰ∶Ⅱ = 2∶3 的比例混合制成磷酸盐缓冲溶液。

参 考 文 献

［1］中国科学院中国植物志编辑委员会. 中国植物志：第五十卷：第二分册［M］. 北京：科学出版社，1990：118.

［2］LI H W, LI J, ASHTON P S. Dipterocarpaceae［M］//WU Z Y, RAVEN P H. Flora of China. Beijing：Science Press，2007：48.

［3］国家中医药管理局《中华本草》编委会. 中华本草：第三册［M］. 上海：上海科学技术出版社，1999：550.

［4］傅家瑞，宋松泉. 顽拗性种子生物学［M］. 北京：中国科学文化出版社，2004：1.

［5］REED B M. Plant Cryopreservation: A Practical Guide［M］. Corvallis: Springer，2008：3.

［6］曾琳，顾雅坤，吴怡，等. 超低温冷冻对羯布罗香种子结构和生理生化特性的影响［J］. 热带亚热带植物学报，2018，26（3）：249－254.

ICS　11.120.01
C 23

团　体　标　准

T/CACM 1326.30—2019

苍白秤钩风种子超低温保存技术规程

Technical code of practice for cryopreservation of

Diploclisia glaucescens（Bl.）Diels seeds

2019－10－17 发布　　　　　　　　　　　2019－10－17 实施

中华中医药学会 发布

目　　次

前言 ·· 419

1　范围 ·· 420

2　规范性引用文件 ··· 420

3　术语和定义 ··· 420

4　种子采收及选择 ··· 421

5　种子前处理 ··· 421

6　种子保存量 ··· 422

7　种子冷冻方式 ·· 422

8　恢复培养 ·· 422

附录 A（规范性附录）　BTB 的配制和保存方法 ································ 423

参考文献 ·· 424

前　言

本标准是药用植物顽拗性种子超低温保存系列标准之一，该系列标准结构和名称如下：

——T/CACM 1326.1　药用植物顽拗性种子超低温保存技术通则；

——T/CACM 1326.2　白木香种子超低温保存技术规程；

——T/CACM 1326.3　降香种子超低温保存技术规程；

——T/CACM 1326.4　益智种子超低温保存技术规程；

——T/CACM 1326.5　高良姜种子超低温保存技术规程；

——T/CACM 1326.6　朱砂根种子超低温保存技术规程；

——T/CACM 1326.7　草豆蔻种子超低温保存技术规程；

——T/CACM 1326.8　化州柚种子超低温保存技术规程；

——T/CACM 1326.9　樟种子超低温保存技术规程；

——T/CACM 1326.10　两面针种子超低温保存技术规程；

…………

本标准按照 GB/T 1.1—2009《标准化工作导则　第 1 部分：标准的结构和编写》给出的规则起草。

本标准由中国医学科学院药用植物研究所海南分所提出。

本标准由中华中医药学会归口。

本标准起草单位：中国医学科学院药用植物研究所海南分所，中国医学科学院药用植物研究所。

本标准主要起草人：曾琳，魏建和，郑希龙，李榕涛，王秋玲，何明军，金钺，顾雅坤，符丽。

苍白秤钩风种子超低温保存技术规程

1 范围

本标准规定了苍白秤钩风［*Diploclisia glaucescens*（Bl.）Diels］种子超低温保存过程中的术语和定义、种子采收及选择、种子前处理、种子保存量、种子冷冻方式、恢复培养等内容。

本标准适用于苍白秤钩风种子的超低温长期贮藏。

2 规范性引用文件

下列文件对本文件的应用是必不可少的。凡是注日期的引用文件，仅注日期的版本适用于本文件。凡是不注日期的引用文件，其最新版本（包括所有的修改单）适用于本文件。

GB/T 3543.6 农作物种子检验规程 水分测定

GB/T 3543.7 农作物种子检验规程 其他项目检验

3 术语和定义

下列术语和定义适用于本文件。

3.1

苍白秤钩风 *Diploclisia glaucescens*（Bl.）Diels

为防己科（Menispermaceae）秤钩风属（*Diploclisia* Miers）木质大藤本，俗称电藤。其藤茎、根及叶具有清热解毒、祛风除湿的功效，民间常用于治疗风湿骨痛、尿路感染、毒蛇咬伤等症。收载于《中华本草（1999）》。

3.2

苍白秤钩风果实 *Diploclisia glaucescens*（Bl.）Diels fruits

苍白秤钩风的核果长圆状狭倒卵圆形，未成熟时绿色。

3.3

苍白秤钩风种子 *Diploclisia glaucescens*（Bl.）Diels seeds

苍白秤钩风的播种材料为完整种子，贮藏特性判断为顽拗性种子。种子淡黄色，狭倒卵圆形，下部微弯，长 1.3 cm～3 cm。

3.4

种子超低温保存　seed of cryopreservation

将经过前处理的苍白秤钩风种子置于液氮（－196 ℃）中保存。

4　种子采收及选择

4.1　种子采收

8 月，待果实呈黄红色时，即可采收，去除果肉，取出种子。

4.2　种子选择

挑选发育饱满、均匀、健康的种子，置于 10 ℃冰箱中保存备用（存放时间不超过 3 个月）。

5　种子前处理

5.1　活力

5.1.1　检测

苍白秤钩风种子活力以种子生活力为判别标准。按照《植物生理学实验指导》中的溴麝香草酚蓝（BTB）法检测苍白秤钩风种子生活力。待测种子在 30 ℃～35 ℃温水中浸种 2 h，随后取吸胀种子 60 粒，整齐地埋于备好的 1.5% BTB 琼脂凝胶中，注意要将胚埋入凝胶中。将培养皿置于 25 ℃温箱中 4 h 后观察结果。

BTB 的配制和保存方法见附录 A。

5.1.2　鉴定及要求

在光下用放大镜对染色结果进行观察鉴定。凡种胚周围出现黄色晕圈的种子为有活力的种子，否则为无活力的种子。

待保存的苍白秤钩风种子生活力应≥90%。

5.1.3　计算

生活力按照公式（1）进行计算：

$$A = \frac{y}{x} \times 100\% \tag{1}$$

式中：A——生活力；

　　　y——有活力的种子数；

　　　x——总的种子数。

5.2 含水量范围

用尼龙网袋包裹苍白秤钩风种子，置于盛有变色硅胶的干燥器内，硅胶与种子的体积比为40：1，室温条件下干燥处理 5 h~35 h，在干燥过程中定期测定种子含水量，将种子含水量由 40%~45% 降至 13%~35%。

按照 GB/T 3543.6 中的高恒温烘干法（130 ℃烘干 1 h）测定种子含水量（W_0），按照公式（2）进行计算：

$$W_0 = \frac{M_1 - M_2}{M_1} \times 100\%\qquad(2)$$

式中：W_0——含水量，用百分数表示（%）；

$\quad\quad M_1$——种子鲜重，单位为克（g）；

$\quad\quad M_2$——种子烘后重量，单位为克（g）。

6　种子保存量

苍白秤钩风种子保存量不少于 300 粒，以便后期的生活力检测使用。

7　种子冷冻方式

苍白秤钩风种子超低温保存的冷冻方式为直接冷冻法，即将待保存的苍白秤钩风种子放入 15 mL 冻存管（每管 40 粒种子）中，迅速投入液氮中保存。

8　恢复培养

8.1　种子解冻处理

液氮中至少冻存 24 h 后，取出 1 个冻存管，立即放入 40 ℃水浴中快速解冻 3 min。

8.2　冻后种子活力检测

取出 15 粒解冻后的种子，按照 5.1 活力检测方法，进行超低温保存后的初始生活力检测。当种子生活力≥75% 时视为保存成功。

8.3　萌芽成苗

将剩下 25 粒解冻后的苍白秤钩风种子，播种到带有无菌滤纸的发芽盒中，在温度 25 ℃~30 ℃、湿度 70%~85% 的条件下培养。苍白秤钩风种子出芽周期大概 25 d。

附 录 A
（规范性附录）
BTB 的配制和保存方法

A.1 0.1% BTB 溶液配制和保存方法

精密称取 BTB 0.1 g，溶解于煮沸过的 100 mL 纯水中，然后用滤纸去残渣。滤液若呈黄色，可加数滴氢氧化钠溶液，使之变为蓝色或蓝绿色，置于棕色瓶中长期贮存。

A.2 1.5% BTB 琼脂凝胶配制方法

称量 0.1% BTB 溶液 40 mL 置于烧杯中，称取 0.5 g 琼脂，将其剪碎后加入杯中，加热并不断搅拌使之完全溶解。待溶液稍稍冷却即可趁热倒入 9 cm 培养皿中，使之成一均匀的薄层，完全冷却后备用。

参 考 文 献

［1］国家中医药管理局《中华本草》编委会. 中华本草：第三册［M］. 上海：上海科学技术出版社，1999：
　　356.

［2］中国科学院中国植物志编辑委员会. 中国植物志：第三十卷：第一分册［M］. 北京：科学出版社，
　　1996：1－31.

［3］LO H S, CHEN T, GILBERT M G. Menispermaceae［M］//WU Z Y, RAVEN P H. Flora of China. Beijing：
　　Science Press，2008：11－12.

［4］傅家瑞，宋松泉. 顽拗性种子生物学［M］. 北京：中国科学文化出版社，2004：1.

［5］REED B M. Plant Cryopreservation: A Practical Guide［M］. Corvallis：Springer，2008：3.

ICS 11.120.01
C 23

团 体 标 准

T/CACM 1326.31—2019

见血封喉种子超低温保存技术规程

Technical code of practice for cryopreservation of

Antiaris toxicaria Lesch. seeds

2019 - 10 - 17 发布

2019 - 10 - 17 实施

中华中医药学会 发布

目　次

前言 ………………………………………………………………………………………… 427

　1　范围 …………………………………………………………………………………… 428

　2　规范性引用文件 ……………………………………………………………………… 428

　3　术语和定义 …………………………………………………………………………… 428

　4　种子采收及选择 ……………………………………………………………………… 429

　5　种子前处理 …………………………………………………………………………… 429

　6　种子保存量 …………………………………………………………………………… 430

　7　种子冷冻方式 ………………………………………………………………………… 430

　8　恢复培养 ……………………………………………………………………………… 430

附录 A（规范性附录）　试剂的配制和保存方法 …………………………………………… 432

参考文献 …………………………………………………………………………………… 433

前　言

本标准是药用植物顽拗性种子超低温保存系列标准之一，该系列标准结构和名称如下：

——T/CACM 1326.1　药用植物顽拗性种子超低温保存技术通则；

——T/CACM 1326.2　白木香种子超低温保存技术规程；

——T/CACM 1326.3　降香种子超低温保存技术规程；

——T/CACM 1326.4　益智种子超低温保存技术规程；

——T/CACM 1326.5　高良姜种子超低温保存技术规程；

——T/CACM 1326.6　朱砂根种子超低温保存技术规程；

——T/CACM 1326.7　草豆蔻种子超低温保存技术规程；

——T/CACM 1326.8　化州柚种子超低温保存技术规程；

——T/CACM 1326.9　樟种子超低温保存技术规程；

——T/CACM 1326.10　两面针种子超低温保存技术规程；

…………

本标准按照 GB/T 1.1—2009《标准化工作导则　第 1 部分：标准的结构和编写》给出的规则起草。

本标准由中国医学科学院药用植物研究所海南分所提出。

本标准由中华中医药学会归口。

本标准起草单位：中国医学科学院药用植物研究所海南分所，中国医学科学院药用植物研究所。

本标准主要起草人：曾琳，魏建和，郑希龙，李榕涛，王秋玲，何明军，金钺，顾雅坤，符丽。

见血封喉种子超低温保存技术规程

1 范围

本标准规定了见血封喉（*Antiaris toxicaria* Lesch.）种子超低温保存过程中的术语和定义、种子采收及选择、种子前处理、种子保存量、种子冷冻方式、恢复培养等内容。

本标准适用于见血封喉种子的超低温长期贮藏。

2 规范性引用文件

下列文件对本文件的应用是必不可少的。凡是注日期的引用文件，仅注日期的版本适用于本文件。凡是不注日期的引用文件，其最新版本（包括所有的修改单）适用于本文件。

GB/T 3543.6　农作物种子检验规程　水分测定

GB/T 3543.7　农作物种子检验规程　其他项目检验

3 术语和定义

下列术语和定义适用于本文件。

3.1

见血封喉　*Antiaris toxicaria* Lesch.

为桑科（Moraceae）见血封喉属（*Antiaris* Lesch.）常绿乔木，又名箭毒木。树皮灰色，具有乳白色液汁，是一种剧毒植物和药用植物，同时也是国家Ⅲ级保护植物。其鲜树汁和种子入药，鲜树汁有强心、催吐、泻下、麻醉之功效；种子有解热功效。收载于《中华本草（1999）》。

3.2

见血封喉果实　*Antiaris toxicaria* Lesch. fruits

见血封喉的核果梨形、肉质，具宿存苞片，成熟的核果，直径2 cm，鲜红至紫红色。

3.3

见血封喉种子　*Antiaris toxicaria* Lesch. seeds

见血封喉的播种材料为完整种子，贮藏特性判断为顽拗性种子。种子灰白色，近卵形，背面凸，腹部平。种子无胚乳，外种皮坚硬，胚根小。

3.4

种子超低温保存　seed of cryopreservation

将经过前处理的见血封喉种子置于液氮（−196 ℃）中保存。

4　种子采收及选择

4.1　种子采收

5 月—6 月，待果实的表皮变红至紫黑色，大量果实脱落掉地时，即可采收。结果的见血封喉树龄大都在 100 年，树干高大，上树采集果实较难，因此需脱落时在地上收集。将果肉去除干净，取出种子清洗干净。

4.2　种子选择

挑选发育饱满、均匀、健康的种子，置于 10 ℃冰箱中保存备用（存放时间不超过 2 个月）。

5　种子前处理

5.1　活力

5.1.1　检测

见血封喉种子活力以种子生活力为判别标准。按照 GB/T 3543.7 中的 2, 3, 5-三苯基氯化四氮唑（TTC）法检测种子生活力。随机抽取 30 粒种子，剥去外层种皮，沿种脊小心将种子分成 2 片后放培养皿内，内侧面向下，滴入 TTC 溶液浸没种子，室温（25 ℃）避光放置 4 h 后观察染色结果。

TTC 溶液的配制和保存方法见附录 A 的 A.1 和 A.2。

5.1.2　鉴定及要求

直接用肉眼对染色结果进行观察鉴定。凡胚及胚乳全部染成有光泽的鲜红色，且组织状态正常的，为有活力的种子，否则为无生活力的种子。

待保存的见血封喉种子生活力应≥60%。

5.1.3　计算

生活力按照公式（1）进行计算：

$$A = \frac{y}{x} \times 100\% \tag{1}$$

式中：A——生活力；

y——有活力的种子数；

x——总的种子数。

5.2 含水量范围

用尼龙网袋包裹见血封喉种子，置于盛有变色硅胶的干燥器内，硅胶与种子的体积比为40∶1，室温条件下干燥处理 20 h ~ 40 h，在干燥过程中可定期测定种子含水量，将种子含水量由 45% ~ 55% 降至 20% ~ 30%。

按照 GB/T 3543.6 中的高恒温烘干法（130 ℃烘干 1 h）测定种子含水量（W_0），并按照公式（2）进行计算：

$$W_0 = \frac{M_1 - M_2}{M_1} \times 100\% \tag{2}$$

式中：W_0——种子含水量，用百分数表示（%）；

M_1——种子鲜重，单位为克（g）；

M_2——种子烘后重量，单位为克（g）。

6 种子保存量

见血封喉种子保存量不少于 360 粒，以便后期的活力检测使用。

7 种子冷冻方式

见血封喉种子超低温保存的冷冻方式为玻璃化冷冻法，即将装有种子的 15 mL 冻存管（每管 15 粒种子）置于装载液（LS）中并于 25 ℃处理种子 20 min，再用玻璃化溶液（PVS2）冰浴处理种子 30 min，换上预冷新鲜的 PVS2 后迅速投入液氮中进行超低温保存。

LS 和 PVS2 的配制及保存方法见附录 A 的 A.3 和 A.4。

8 恢复培养

8.1 种子解冻处理

液氮中至少冻存 24 h 后，取出 2 个冻存管，立即放入 40 ℃水浴中快速解冻 3 min，而后用洗涤液（DS）浸泡 15 min，并用纯净水洗涤 3 次。

DS 的配制及保存方法见附录 A 的 A.5。

8.2 冻后种子活力检测

取出 1 管解冻后的种子，按照 5.1 活力检测方法，进行超低温保存后的初始生活力检测。当

种子生活力≥60% 时视为保存成功。

8.3　萌芽成苗

将剩下 1 管解冻后的见血封喉种子，播种到带有无菌滤纸的带盖发芽盒中，在温度 25 ℃~30 ℃、湿度 70%~85% 的条件下培养。见血封喉种子出芽周期为 25 d~40 d。

附　录　A

（规范性附录）

试剂的配制和保存方法

A.1　三苯基氯化四氮唑（TTC）溶液配制和保存方法

精密称取 TTC 1.00 g，溶于 100 mL 磷酸盐缓冲溶液中，制成浓度为 1% 的 TTC 溶液，调 pH 至 6.5~7.5，放入棕色瓶内，置于 4 ℃冰箱备用。

A.2　磷酸盐缓冲溶液配制方法

溶液 I：9.08 g 磷酸二氢钾溶于 1 L 无菌水中。

溶液 II：35.81 g 磷酸二氢钠溶于 1 L 无菌水中。

按 I∶II = 2∶3 的比例混合制成磷酸盐缓冲溶液。

A.3　装载液（LS）的配制及保存方法

精密称取蔗糖 13.7 g，称量甘油 11.9 mL，溶于液体 MS 培养基中，调 pH 至 5.8，并定容至 100 mL，高温高压灭菌，4 ℃冷藏。

A.4　玻璃化溶液（PVS2）的配制及保存方法

精密量取甘油 23.8 mL、乙二醇 13.6 mL、二甲基亚砜 13.6 mL，称取蔗糖 13.7 g，溶于 MS 溶液中，调 pH 至 5.8 后，定容至 100 mL，高温高压灭菌，4 ℃冷藏。

注：配制时需戴手套，并在通风橱内操作。

A.5　洗涤液（DS）的配制及保存方法

精密称取蔗糖 41.1 g 溶于 MS 溶液中，调 pH 至 5.8 后，定容至 100 mL，高温高压灭菌，4 ℃冷藏。

参 考 文 献

［1］中国科学院中国植物志编辑委员会. 中国植物志：第二十三卷：第一分册［M］. 北京：科学出版社，1998：064.

［2］ZHOU Z K，GILBERT M G. Moraceae［M］//WU Z Y，RAVEN P H. Flora of China. Beijing：Science Press，2003：21 – 73.

［3］国家中医药管理局《中华本草》编委会. 中华本草：第二册［M］. 上海：上海科学技术出版社，1999：464.

［4］傅家瑞，宋松泉. 顽拗性种子生物学［M］. 北京：中国科学文化出版社，2004：1.

［5］REED B M. Plant Cryopreservation：A Practical Guide［M］. Corvallis：Springer，2008：3.

［6］管志斌，彭朝忠，管松山. 见血封喉的生物学特性［J］. 南京林业大学学报（自然科学版），2003，27（5）：77 – 79.

ICS　11.120.01
C 23

团　体　标　准

T/CACM 1326.32—2019

泰国大风子种子超低温保存技术规程

Technical code of practice for cryopreservation of
Hydnocarpus anthelminthicus Pierre seeds

2019 –10 –17 发布　　　　　　　　　　　　2019 –10 –17 实施

中华中医药学会 发布

目　　次

前言 ……………………………………………………………………………………… 437

1　范围 …………………………………………………………………………………… 438

2　规范性引用文件 ……………………………………………………………………… 438

3　术语和定义 …………………………………………………………………………… 438

4　种子采收及选择 ……………………………………………………………………… 439

5　种子前处理 …………………………………………………………………………… 439

6　种子保存量 …………………………………………………………………………… 440

7　种子冷冻方式 ………………………………………………………………………… 440

8　恢复培养 ……………………………………………………………………………… 440

附录 A（规范性附录）　TTC/磷酸盐缓冲溶液的配制和保存方法 …………………… 442

参考文献 ………………………………………………………………………………… 443

前 言

本标准是药用植物顽拗性种子超低温保存系列标准之一，该系列标准结构和名称如下：

——T/CACM 1326.1　药用植物顽拗性种子超低温保存技术通则；

——T/CACM 1326.2　白木香种子超低温保存技术规程；

——T/CACM 1326.3　降香种子超低温保存技术规程；

——T/CACM 1326.4　益智种子超低温保存技术规程；

——T/CACM 1326.5　高良姜种子超低温保存技术规程；

——T/CACM 1326.6　朱砂根种子超低温保存技术规程；

——T/CACM 1326.7　草豆蔻种子超低温保存技术规程；

——T/CACM 1326.8　化州柚种子超低温保存技术规程；

——T/CACM 1326.9　樟种子超低温保存技术规程；

——T/CACM 1326.10　两面针种子超低温保存技术规程；

…………

本标准按照 GB/T 1.1—2009《标准化工作导则　第 1 部分：标准的结构和编写》给出的规则起草。

本标准由中国医学科学院药用植物研究所海南分所提出。

本标准由中华中医药学会归口。

本标准起草单位：中国医学科学院药用植物研究所海南分所，中国医学科学院药用植物研究所。

本标准主要起草人：曾琳，魏建和，郑希龙，李榕涛，王秋玲，何明军，金钺，顾雅坤，符丽。

泰国大风子种子超低温保存技术规程

1　范围

本标准规定了泰国大风子（*Hydnocarpus anthelminthicus* Pierre）种子超低温保存过程中的术语和定义、种子采收及选择、种子前处理、种子保存量、种子冷冻方式、恢复培养等内容。

本标准适用于泰国大风子种子的液氮超低温长期贮藏。

2　规范性引用文件

下列文件对本文件的应用是必不可少的。凡是注日期的引用文件，仅注日期的版本适用于本文件。凡是不注日期的引用文件，其最新版本（包括所有的修改单）适用于本文件。

GB/T 3543.6　农作物种子检验规程　水分测定

GB/T 3543.7　农作物种子检验规程　其他项目检验

3　术语和定义

下列术语和定义适用于本文件。

3.1

泰国大风子　*Hydnocarpus anthelminthicus* Pierre

为大风子科（Flacourtiaceae）大风子属（*Hydnocarpus* Gaertn.）常绿大乔木，木材供建筑、家具等用，种子含油，药用，具有祛风燥湿、攻毒杀虫的功效，主要用于麻风、疥癣和淋病等。收载于《中华本草（1999）》。

3.2

泰国大风子果实　*Hydnocarpus anthelminthicus* Pierre fruits

果实为浆果，浆果球形，果肉白色，直径 8 cm～12 cm，果梗初期密被黑色毛，逐渐脱落近无毛，外果皮木质，性脆；种子 30～40 粒。

3.3

泰国大风子种子　*Hydnocarpus anthelminthicus* Pierre seeds

泰国大风子的播种材料为完整种子，贮藏特性判断为中间性种子。种子表面灰褐色至黑棕色，略呈不规则卵圆形，或带三面体形或四面体形，稍有钝棱；较小一端有凹纹射出至种子 1/3 处，全体有细的纵纹。长 1 cm～2.5 cm，直径 1 cm～2 cm。种皮坚硬，厚 1.5 mm～2 mm，内表面浅黄色至黄棕色，与外表面凹纹末端相应处有一棕色圆形环纹。种仁外被红棕色或黑棕色薄膜，较小一端略皱缩，并有一环纹，与种皮内表面圆形环纹相吻合。

3.4

种子超低温保存　seed of cryopreservation

将经过前处理的泰国大风子种子置于液氮（–196 ℃）中保存。

4　种子采收及选择

4.1　种子采收

11 月—次年 6 月，果皮呈棕色时，即可采收，去除果肉和果皮，取出种子。

4.2　种子选择

挑选发育饱满、均匀、健康的种子，置于 10 ℃冰箱中保存备用（存放时间不超过 3 个月）。

5　种子前处理

5.1　活力

5.1.1　检测

泰国大风子种子活力以种子生活力为判别标准。按照 GB/T 3543.7 中的 2,3,5-三苯基氯化四氮唑（TTC）法检测种子生活力。随机抽取 30 粒种子，剥去外层种皮，沿种脊小心将种子分成 2 片后放培养皿内，内侧面向下，滴入 TTC 溶液浸没种子，室温（25 ℃）避光放置 4 h 后观察染色结果。

TTC 溶液的配制和保存方法见附录 A。

5.1.2　鉴定及要求

直接用肉眼对染色结果进行观察鉴定。凡胚及胚乳全部染成有光泽的鲜红色，且组织状态正常的，为有活力的种子，否则为无生活力的种子。

待保存的泰国大风子种子生活力应≥90%。

5.1.3 计算

生活力按照公式（1）进行计算：

$$A = \frac{y}{x} \times 100\% \tag{1}$$

式中：A——生活力；

y——有活力的种子数；

x——总的种子数。

5.2 含水量范围

用尼龙网袋包裹泰国大风子种子，置于盛有变色硅胶的干燥器内，硅胶与种子的体积比为35:1，室温条件下干燥处理 30 h ~ 60 h，在干燥过程中定期测定种子含水量，将种子含水量由23% ~ 28%降至7% ~ 14%。

按照 GB/T 3543.6 中的高恒温烘干法（130 ℃烘干 1 h）测定种子含水量（W_0），并按照公式（2）进行计算：

$$W_0 = \frac{M_1 - M_2}{M_1} \times 100\% \tag{2}$$

式中：W_0——含水量，用百分数表示（%）；

M_1——种子鲜重，单位为克（g）；

M_2——种子烘后重量，单位为克（g）。

6 种子保存量

泰国大风子种子保存量不少于200粒，以便后期的活力检测使用。

7 种子冷冻方式

泰国大风子种子超低温保存的冷冻方式为直接冷冻法，即将待保存的泰国大风子种子放入15 mL 冻存管（每管 5 粒种子）中，迅速投入液氮中保存。

8 恢复培养

8.1 种子解冻处理

液氮中至少冻存 24 h 后，取出 6 个冻存管，立即放入 40 ℃水浴中快速解冻 2 min。

8.2 冻后种子活力检测

取出 3 管解冻后的种子，按照 5.1 活力检测方法进行超低温保存后的初始生活力检测。当种子生活力≥70%时视为保存成功。

8.3　萌芽成苗

将剩下 3 管解冻后的泰国大风子种子，播种到带有无菌滤纸的带盖发芽盒中，在温度 25 ℃~30 ℃、湿度 70%~85% 的条件下培养。泰国大风子种子出芽周期大概 28 d。

附　录　A

（规范性附录）

TTC/磷酸盐缓冲溶液的配制和保存方法

A.1　三苯基氯化四氮唑（TTC）溶液配制和保存方法

精密称取 TTC 1.00 g，溶于 100 mL 磷酸盐缓冲溶液中，制成浓度为1%的 TTC 溶液，调 pH 至 6.5~7.5，放于棕色瓶内，置于 4 ℃冰箱中备用。

A.2　磷酸盐缓冲溶液配制方法

溶液Ⅰ：9.08 g 磷酸二氢钾溶于 1 L 无菌水中；

溶液Ⅱ：35.81 g 磷酸二氢钠溶于 1 L 无菌水中；

按Ⅰ∶Ⅱ=2∶3 的比例混合制成磷酸盐缓冲溶液。

参 考 文 献

［1］国家中医药管理局《中华本草》编委会. 中华本草：傣药卷 ［M］. 上海：上海科学技术出版社，1999：195.

［2］中国科学院中国植物志编辑委员会. 中国植物志：第五十二卷：第一分册 ［M］. 北京：科学出版社，1999：115.

［3］YANG Q E, ZMARZTY S. Flacourtiaceae ［M］//WU Z Y, RAVEN P H. Flora of China. Beijing：Science Press，2007：114 – 116.

［4］傅家瑞，宋松泉. 顽拗性种子生物学 ［M］. 北京：中国科学文化出版社，2004：1.

［5］REED B M. Plant Cryopreservation: A Practical Guide ［M］. Corvallis: Springer，2008：3.

ICS 11.120.01
C 23

团　体　标　准

T/CACM 1326.33—2019

假鹰爪种子超低温保存技术规程

Technical code of practice for cryopreservation of

Desmos chinensis Lour. seeds

2019 −10 −17 发布　　　　　　　　　　　2019 −10 −17 实施

中华中医药学会 发布

目　次

前言 ………………………………………………………………………………………… 447

1　范围 …………………………………………………………………………………… 448

2　规范性引用文件 ……………………………………………………………………… 448

3　术语和定义 …………………………………………………………………………… 448

4　种子采收及选择 ……………………………………………………………………… 449

5　种子前处理 …………………………………………………………………………… 449

6　种子保存量 …………………………………………………………………………… 450

7　种子冷冻方式 ………………………………………………………………………… 450

8　恢复培养 ……………………………………………………………………………… 450

附录 A（规范性附录）　试剂的配制和保存方法 ……………………………………… 452

参考文献 …………………………………………………………………………………… 453

前　言

本标准是药用植物顽拗性种子超低温保存系列标准之一，该系列标准结构和名称如下：

——T/CACM 1326.1　药用植物顽拗性种子超低温保存技术通则；

——T/CACM 1326.2　白木香种子超低温保存技术规程；

——T/CACM 1326.3　降香种子超低温保存技术规程；

——T/CACM 1326.4　益智种子超低温保存技术规程；

——T/CACM 1326.5　高良姜种子超低温保存技术规程；

——T/CACM 1326.6　朱砂根种子超低温保存技术规程；

——T/CACM 1326.7　草豆蔻种子超低温保存技术规程；

——T/CACM 1326.8　化州柚种子超低温保存技术规程；

——T/CACM 1326.9　樟种子超低温保存技术规程；

——T/CACM 1326.10　两面针种子超低温保存技术规程；

…………

本标准按照 GB/T 1.1—2009《标准化工作导则　第 1 部分：标准的结构和编写》给出的规则起草。

本标准由中国医学科学院药用植物研究所海南分所提出。

本标准由中华中医药学会归口。

本标准起草单位：中国医学科学院药用植物研究所海南分所，中国医学科学院药用植物研究所。

本标准主要起草人：曾琳，魏建和，郑希龙，李榕涛，王秋玲，何明军，金钺，顾雅坤，符丽。

假鹰爪种子超低温保存技术规程

1 范围

本标准规定了假鹰爪（*Desmos chinensis* Lour.）种子超低温保存过程中的术语和定义、种子采收及选择、种子前处理、种子保存量、种子冷冻方式、恢复培养等内容。

本标准适用于假鹰爪种子的超低温长期贮藏。

2 规范性引用文件

下列文件对本文件的应用是必不可少的。凡是注日期的引用文件，仅注日期的版本适用于本文件。凡是不注日期的引用文件，其最新版本（包括所有的修改单）适用于本文件。

GB/T 3543.6 农作物种子检验规程 水分测定

3 术语和定义

下列术语和定义适用于本文件。

3.1

假鹰爪 *Desmos chinensis* Lour.

为番荔枝科（Annonaceae）假鹰爪属（*Desmos* Lour.）灌木，在我国南部山丘上常见，花美丽，海南民间有用其叶制酒饼，故也有"酒饼叶"之称。其根在广西壮药中称"棵漏挪"，在瑶药中称"鸡爪风"，具有祛风利湿、健脾和胃、化瘀止痛等功效，用于水肿、风湿痹痛、烂脚等。收载于《中华本草（1999）》。

3.2

假鹰爪果实 *Desmos chinensis* Lour. fruits

假鹰爪果实为浆果，有柄，呈念珠状连接成串，每串长 2 cm～5 cm，聚生于果梗上，子房柄明显。内有种子 1～7 颗。

3.3

假鹰爪种子　*Desmos chinensis* Lour. seeds

假鹰爪的播种材料为完整种子，贮藏特性判断为顽拗性种子。种子淡黄色，球状，直径约5 mm。

3.4

种子超低温保存　seed of cryopreservation

将经过前处理的假鹰爪种子置于液氮（−196 ℃）中保存。

4　种子采收及选择

4.1　种子采收

6月—翌年春季，果实呈红色时，即可采收，去除果肉和果柄，取出种子。

4.2　种子选择

挑选发育饱满、均匀、健康的种子，置于4 ℃冰箱中保存备用（存放时间不超过2个月）。

5　种子前处理

5.1　活力

5.1.1　检测

假鹰爪种子活力以种子生活力为判别标准。按照《植物生理学实验指导》中的溴麝香草酚蓝（BTB）法测定假鹰爪种子生活力。待测种子在30 ℃~35 ℃温水中浸种2 h，随后取吸胀种子20粒，整齐地埋于备好的1.5% BTB琼脂凝胶中，注意要将胚埋入凝胶中。将培养皿置于35 ℃温箱中26 h后观察结果。

BTB的配制和保存方法见附录A的A.1。

5.1.2　鉴定及要求

在光下用放大镜对染色结果进行观察鉴定。凡种胚周围出现黄色晕圈的种子为有活力的种子，否则为无活力的种子。

待保存的假鹰爪种子生活力应≥70%。

5.1.3　计算

生活力按照公式（1）进行计算：

$$A = \frac{y}{x} \times 100\%$$

（1）

式中：A——生活力；

y——有活力的种子数；

x——总的种子数。

5.2 含水量范围

用尼龙网袋包裹假鹰爪种子，置于盛有变色硅胶的干燥器内，硅胶与种子的体积比为 60∶1，室温条件下干燥处理 0 h ~ 22 h，在干燥过程中可定期测定种子含水量，将种子含水量由 15% ~ 20% 降至 14% ~ 15%。

按照 GB/T 3543.6 中的高恒温烘干法（130 ℃烘干 1 h）测定种子含水量（W_0），并按照公式（2）进行计算：

$$W_0 = \frac{M_1 - M_2}{M_1} \times 100\% \tag{2}$$

式中：W_0——种子含水量，用百分数表示（%）；

M_1——种子鲜重，单位为克（g）；

M_2——种子烘后重量，单位为克（g）。

6 种子保存量

假鹰爪种子保存量不少于 900 粒，以便后期的活力检测使用。

7 种子冷冻方式

假鹰爪种子超低温保存的冷冻方式为玻璃化冷冻法，即将装有种子的 5 mL 冻存管（每管 45 粒种子）置于装载液（LS）中并于 25 ℃处理种子 20 min，再用玻璃化溶液（PVS2）冰浴处理种子 30 min，换上预冷新鲜的 PVS2 后迅速投入液氮中进行超低温保存。

LS 和 PVS2 的配制及保存方法见附录 A 的 A.2 和 A.3。

8 恢复培养

8.1 种子解冻处理

液氮中至少冻存 24 h 后，取出 2 个冻存管，立即放入 40 ℃水浴中快速解冻 2 min，而后用洗涤液（DS）浸泡 15 min，并用纯净水洗涤 3 次。

DS 的配制及保存方法见附录 A 的 A.4。

8.2 冻后种子活力检测

取出 1 管解冻后的种子，按照 5.1 活力检测方法，进行超低温保存后的初始生活力检测。当

种子生活力≥50%时视为保存成功。

8.3 萌芽成苗

将剩下 1 管解冻后的假鹰爪种子，播种到带有无菌滤纸的带盖发芽盒中，在温度25 ℃~30 ℃、湿度70%~85%的条件下培养。

附 录 A

（规范性附录）

试剂的配制和保存方法

A.1 BTB 的配制和保存方法

精密称取 BTB 0.1 g，溶解于煮沸过的 100 mL 纯水中，然后用滤纸去残渣。滤液若呈黄色，可加数滴氢氧化钠溶液，使之变为蓝色或蓝绿色，置于棕色瓶中长期贮存。

1.5% BTB 琼脂凝胶：称量 0.1% BTB 溶液 40 mL 置于烧杯中，称取 0.5 g 琼脂，将其剪碎后加入杯中，加热并不断搅拌使之完全溶解。待溶液稍稍冷却即可趁热倒入 9 cm 培养皿中，使之成一均匀的薄层，完全冷却后备用。

A.2 装载液（LS）的配制及保存方法

精密称取蔗糖 13.7 g，称量甘油 11.9 mL，溶于液体 MS 培养基中，调 pH 至 5.8，并定容至 100 mL，高温高压灭菌，4 ℃冷藏。

A.3 玻璃化溶液（PVS2）的配制及保存方法

精密量取甘油 23.8 mL、乙二醇 13.6 mL、二甲基亚砜 13.6 mL，称取蔗糖 13.7 g，溶于 MS 溶液中，调 pH 至 5.8 后，定容至 100 mL，高温高压灭菌，4 ℃冷藏。

注：配制时需戴手套，并在通风橱内操作。

A.4 洗涤液（DS）的配制及保存方法

精密称取蔗糖 41.1 g 溶于 MS 溶液中，调 pH 至 5.8 后，定容至 100 mL，高温高压灭菌，4 ℃冷藏。

参 考 文 献

［1］国家中医药管理局《中华本草》编委会. 中华本草：第三册［M］. 上海：上海科学技术出版社，1999：6.

［2］LI P T, GILBERT M G. Annonaceae［M］//WU Z Y, RAVEN P H. Flora of China. Beijing：Science Press，2011：681 –682.

［3］中国科学院中国植物志编辑委员会. 中国植物志：第三十卷：第二分册［M］. 北京：科学出版社，1979：026.

［4］傅家瑞，宋松泉. 顽拗性种子生物学［M］. 北京：中国科学文化出版社，2004：1.

［5］REED B M. Plant Cryopreservation: A Practical Guide［M］. Corvallis: Springer，2008：3.

ICS 11.120.01

C 23

团 体 标 准

T/CACM 1326.34—2019

姜花种子超低温保存技术规程

Technical code of practice for cryopreservation of

Hedychium coronarium Koen. seeds

2019 –10 –17 发布
2019 –10 –17 实施

中华中医药学会 发布

目　　次

前言 …………………………………………………………………………………… 457

1　范围 ………………………………………………………………………………… 458

2　规范性引用文件 …………………………………………………………………… 458

3　术语和定义 ………………………………………………………………………… 458

4　种子采收及选择 …………………………………………………………………… 459

5　种子前处理 ………………………………………………………………………… 459

6　种子保存量 ………………………………………………………………………… 460

7　种子冷冻方式 ……………………………………………………………………… 460

8　恢复培养 …………………………………………………………………………… 460

附录 A（规范性附录）　试剂的配制和保存方法 ………………………………… 462

参考文献 ……………………………………………………………………………… 463

前　言

本标准是药用植物顽拗性种子超低温保存系列标准之一，该系列标准结构和名称如下：

——T/CACM 1326.1　药用植物顽拗性种子超低温保存技术通则；

——T/CACM 1326.2　白木香种子超低温保存技术规程；

——T/CACM 1326.3　降香种子超低温保存技术规程；

——T/CACM 1326.4　益智种子超低温保存技术规程；

——T/CACM 1326.5　高良姜种子超低温保存技术规程；

——T/CACM 1326.6　朱砂根种子超低温保存技术规程；

——T/CACM 1326.7　草豆蔻种子超低温保存技术规程；

——T/CACM 1326.8　化州柚种子超低温保存技术规程；

——T/CACM 1326.9　樟种子超低温保存技术规程；

——T/CACM 1326.10　两面针种子超低温保存技术规程；

…………

本标准按照 GB/T 1.1—2009《标准化工作导则　第 1 部分：标准的结构和编写》给出的规则起草。

本标准由中国医学科学院药用植物研究所海南分所提出。

本标准由中华中医药学会归口。

本标准起草单位：中国医学科学院药用植物研究所海南分所，中国医学科学院药用植物研究所。

本标准主要起草人：曾琳，魏建和，郑希龙，李榕涛，王秋玲，何明军，金钺，顾雅坤，符丽。

姜花种子超低温保存技术规程

1 范围

本标准规定了姜花（*Hedychium coronarium* Koen.）种子超低温保存过程中的术语和定义、种子采收及选择、种子前处理、种子保存量、种子冷冻方式、恢复培养等内容。

本标准适用于姜花种子的液氮超低温长期贮藏。

2 规范性引用文件

下列文件对本文件的应用是必不可少的。凡是注日期的引用文件，仅注日期的版本适用于本文件。凡是不注日期的引用文件，其最新版本（包括所有的修改单）适用于本文件。

GB/T 3543.6　农作物种子检验规程　水分测定

GB/T 3543.7　农作物种子检验规程　其他项目检验

3 术语和定义

下列术语和定义适用于本文件。

3.1

姜花　*Hedychium coronarium* Koen.

为姜科（Zingiberaceae）姜花属（*Hedychium* Koen.）草本植物，别称蝴蝶花，花有清新的香味，放于室内可作天然的空气清新剂。主要分布在亚热带地区，其根茎具有温中散寒、解表发汗、治头痛和跌打损伤等功效。收载于《四川中药志（第二卷)》和《中华本草（1999)》。

3.2

姜花果实　*Hedychium coronarium* Koen. fruits

果实为蒴果，球形。

3.3

姜花种子　*Hedychium coronarium* Koen. seeds

姜花的播种材料为完整种子，贮藏特性判断为顽拗性种子。种子黑色、椭圆形，表面光滑，具假种皮。种脐位于种子一端，胚位于胚乳中央，圆柱形，白色。

3.4

种子超低温保存　seed of cryopreservation

将经过前处理的姜花种子置于液氮（－196℃）中保存。

4　种子采收及选择

4.1　种子采收

果实秋、冬两季采收，开裂果实有种子脱落现象，去除果皮和假种皮，取出种子。

4.2　种子选择

挑选发育饱满、均匀、健康的种子，置于 4℃冰箱中保存备用（存放时间不超过 1 个月）。

5　种子前处理

5.1　活力

5.1.1　检测

姜花种子活力以种子生活力为判别标准。按照 GB/T 3543.7 中的 2,3,5-三苯基氯化四氮唑（TTC）法检测种子生活力。随机抽取 30 粒种子，剥去外层种皮，沿种脊小心将种子分成 2 斤后放培养皿内，内侧面向下，滴入 TTC 溶液浸没种子，室温（25℃）避光放置 4 h 后观察染色结果。

TTC 溶液的配制和保存方法见附录 A 的 A.1 和 A.2。

5.1.2　鉴定及要求

直接用肉眼对染色结果进行观察鉴定。凡胚及胚乳全部染成有光泽的鲜红色，且组织状态正常的，为有活力的种子，否则为无生活力的种子。

待保存的姜花种子生活力应≥70%。

5.1.3　计算

生活力按照公式（1）进行计算：

$$A = \frac{y}{x} \times 100\% \tag{1}$$

式中：A——生活力；

　　　y——有活力的种子数；

　　　x——总的种子数。

5.2 含水量范围

用尼龙网袋包裹姜花种子，置于盛有变色硅胶的干燥器内，硅胶与种子的体积比为 60∶1，室温条件下干燥处理 3 h~6 h，在干燥过程中定期测定种子含水量，将种子含水量由 75%~80% 降至 45%~65%。

按照 GB/T 3543.6 中的高恒温烘干法（130 ℃烘干 1 h）测定种子含水量（W_0），并按照公式（2）进行计算：

$$W_0 = \frac{M_1 - M_2}{M_1} \times 100\% \tag{2}$$

式中：W_0——含水量，用百分数表示（%）；

M_1——种子鲜重，单位为克（g）；

M_2——种子烘后重量，单位为克（g）。

6 种子保存量

姜花种子保存量不少于 900 粒，以便后期的活力检测使用。

7 种子冷冻方式

姜花种子超低温保存的冷冻方式为分步冷冻法，即将装有种子和玻璃化溶液（PVS2）的 2 mL 冻存管（每管 50 粒种子）置于 4 ℃冰箱中 0.5 h，取出立即放入 -20 ℃冰柜中 1 h，之后迅速投入液氮中保存。

PVS2 的配制方法见附录 A 的 A.3。

8 恢复培养

8.1 种子解冻处理

液氮中至少冻存 24 h 后，取出 2 个冻存管，立即放入 40 ℃水浴中快速解冻 2 min，而后用洗涤液（DS）浸泡 3 次，每次 5 min，并用纯净水冲洗干净。

DS 的配制方法见附录 A 的 A.4。

8.2 冻后种子活力检测

取出 1 管解冻后的种子，按照 5.1 活力检测方法进行超低温保存后的初始生活力检测。当种子生活力≥40% 时视为保存成功。

8.3 萌芽成苗

将剩下 1 管解冻后的姜花种子，播种到带有无菌滤纸的带盖发芽盒中，在温度 25 ℃～30 ℃、湿度 70%～85% 的条件下培养。

附 录 A

（规范性附录）

试剂的配制和保存方法

A.1 三苯基氯化四氮唑（TTC）溶液配制和保存方法

精密称取 TTC 1.00 g，溶于 100 mL 磷酸盐缓冲溶液中，制成浓度为1%的 TTC 溶液，调 pH 至 6.5~7.5，放于棕色瓶内，置于4 ℃冰箱中备用。

A.2 磷酸盐缓冲溶液配制方法

溶液 I：9.08 g 磷酸二氢钾溶于 1 L 无菌水中；

溶液 II：35.81 g 磷酸二氢钠溶于 1 L 无菌水中；

按 I：II ＝2:3 的比例混合制成磷酸盐缓冲溶液。

A.3 PVS2 的配制及保存方法

精密量取甘油 23.8 mL、乙二醇 13.6 mL、二甲基亚砜 13.6 mL，称取蔗糖 13.7 g，溶于 MS 溶液中，定容至 100 mL，调 pH 值至 5.8，高温高压灭菌，4 ℃冷藏。

注：配制时需戴手套，并在通风橱内操作。

A.4 DS 的配制及保存方法

精密称取蔗糖 41.1 g 溶于 MS 溶液中，定容至 100 mL，调 pH 值至 5.8，高温高压灭菌，4 ℃冷藏。

参 考 文 献

［1］国家中医药管理局《中华本草》编委会. 中华本草：苗药卷［M］. 上海：上海科学技术出版社，1999：435.

［2］中国科学院中国植物志编辑委员会. 中国植物志：第十六卷：第二分册［M］. 北京：科学出版社，1981：026.

［3］WU T L，LARSEN K. Zingiberaceae［M］//WU Z Y，RAVEN P H. Flora of China. Beijing：Science Press，2000：322 – 377.

［4］傅家瑞，宋松泉. 顽拗性种子生物学［M］. 北京：中国科学文化出版社，2004：1.

［5］REED B M. Plant Cryopreservation：A Practical Guide［M］. Corvallis：Springer，2008：3.

ICS　11.120.01
C 23

团　体　标　准

T/CACM 1326.35—2019

疣果豆蔻种子超低温保存技术规程

Technical code of practice for cryopreservation of

Amomum muricarpum Elm. seeds

2019 –10 –17 发布　　　　　　　　　　　　　　2019 –10 –17 实施

中华中医药学会 发布

目　　次

前言 ……………………………………………………………………………………… 467

1　范围 ………………………………………………………………………………… 468

2　规范性引用文件 …………………………………………………………………… 468

3　术语和定义 ………………………………………………………………………… 468

4　种子采收及选择 …………………………………………………………………… 469

5　种子前处理 ………………………………………………………………………… 469

6　种子保存量 ………………………………………………………………………… 470

7　种子冷冻方式 ……………………………………………………………………… 470

8　恢复培养 …………………………………………………………………………… 470

附录 A（规范性附录）　试剂的配制和保存方法 …………………………………… 472

参考文献 ………………………………………………………………………………… 473

前　言

本标准是药用植物顽拗性种子超低温保存系列标准之一，该系列标准结构和名称如下：

——T/CACM 1326.1　药用植物顽拗性种子超低温保存技术通则；

——T/CACM 1326.2　白木香种子超低温保存技术规程；

——T/CACM 1326.3　降香种子超低温保存技术规程；

——T/CACM 1326.4　益智种子超低温保存技术规程；

——T/CACM 1326.5　高良姜种子超低温保存技术规程；

——T/CACM 1326.6　朱砂根种子超低温保存技术规程；

——T/CACM 1326.7　草豆蔻种子超低温保存技术规程；

——T/CACM 1326.8　化州柚种子超低温保存技术规程；

——T/CACM 1326.9　樟种子超低温保存技术规程；

——T/CACM 1326.10　两面针种子超低温保存技术规程；

…………

本标准按照 GB/T 1.1—2009《标准化工作导则　第 1 部分：标准的结构和编写》给出的规则起草。

本标准由中国医学科学院药用植物研究所海南分所提出。

本标准由中华中医药学会归口。

本标准起草单位：中国医学科学院药用植物研究所海南分所，中国医学科学院药用植物研究所。

本标准主要起草人：曾琳，魏建和，李榕涛，郑希龙，王秋玲，何明军，金钺，顾雅坤，符丽。

疣果豆蔻种子超低温保存技术规程

1 范围

本标准规定了疣果豆蔻（*Amomum muricarpum* Elm.）种子超低温保存过程中的术语和定义、种子采收及选择、种子前处理、种子保存量、种子冷冻方式、恢复培养等内容。

本标准适用于疣果豆蔻种子的液氮超低温长期贮藏。

2 规范性引用文件

下列文件对本文件的应用是必不可少的。凡是注日期的引用文件，仅注日期的版本适用于本文件。凡是不注日期的引用文件，其最新版本（包括所有的修改单）适用于本文件。

GB/T 3543.6 农作物种子检验规程 水分测定

GB/T 3543.7 农作物种子检验规程 其他项目检验

3 术语和定义

下列术语和定义适用于本文件。

3.1

疣果豆蔻 *Amomum muricarpum* Elm.

为姜科（Zingiberaceae）豆蔻属（*Amomum* Roxb.）植物，中药名为大豆蔻，果实供药用，用于湿阻中焦证、脾胃气滞证、食积、妊娠恶阻、胎动不安。收载于《中华本草第八册（1999）》。

3.2

疣果豆蔻果实 *Amomum muricarpum* Elm. fruits

果实呈类球形，具不明显 3 钝棱，长 1.5 cm ~ 2 cm，宽 1.2 cm ~ 2 cm，果皮较厚，质坚硬，内表面棕黄色。

3.3

疣果豆蔻种子 *Amomum muricarpum* Elm. seeds

疣果豆蔻的播种材料为完整种子，贮藏特性判断为顽拗性种子。种子多角形，具浓郁香气，种子团椭圆形或卵圆形，长 1. 2 cm～2. 2 cm，直径 l cm～2. 2 cm，每室含种子 11～25 粒。种子直径 3 mm～4 mm，表面棕褐色，外被淡棕色膜质假种皮。

3. 4

种子超低温保存　seed of cryopreservation

将经过前处理的疣果豆蔻种子置于液氮（－196 ℃）中保存。

4　种子采收及选择

4.1　种子采收

6 月—12 月，当果皮颜色变为紫红色时，即可采收，去除外果皮，取出种子。

4.2　种子选择

挑选发育饱满、均匀、健康的种子，置于 4 ℃冰箱中保存备用（存放时间不超过 2 个月）。

5　种子前处理

5.1　活力

5.1.1　检测

疣果豆蔻种子活力以种子生活力为判别标准。按照《植物生理学实验指导》中的溴麝香草酚蓝（BTB）法测定疣果豆蔻种子生活力。待测种子在 30 ℃～35 ℃温水中浸种 2 h，随后取吸胀种子 50 粒，整齐地埋于备好的 1.5% BTB 琼脂凝胶中，注意要将胚埋入凝胶中。将培养皿置于 35 ℃温箱中 8 h 后观察结果。

BTB 的配制和保存方法见附录 A 的 A.1。

5.1.2　鉴定及要求

在光下用放大镜对染色结果进行观察鉴定。凡种胚周围出现黄色晕圈的种子为有活力的种子，否则为无活力的种子。

待保存的疣果豆蔻种子生活力应≥65%。

5.1.3　计算

生活力按照公式（1）进行计算：

$$A = \frac{y}{x} \times 100\% \tag{1}$$

式中：A——生活力；

　　　　y——有活力的种子数；

x——总的种子数。

5.2 含水量范围

用尼龙网袋包裹疣果豆蔻种子，置于盛有变色硅胶的干燥器内，硅胶与种子的体积比为 60∶1，室温条件下干燥处理 2 h~16 h，在干燥过程中定期测定种子含水量，将种子含水量由 15%~20% 降至 10%~15%。

按照 GB/T 3543.6 中的高恒温烘干法（130 ℃烘干 1 h）测定种子含水量（W_0），并按照公式（2）进行计算：

$$W_0 = \frac{M_1 - M_2}{M_1} \times 100\% \tag{2}$$

式中：W_0——含水量，用百分数表示（%）；

M_1——种子鲜重，单位为克（g）；

M_2——种子烘后重量，单位为克（g）。

6 种子保存量

疣果豆蔻种子保存量不少于 500 粒，以便后期的活力检测使用。

7 种子冷冻方式

疣果豆蔻种子超低温保存的冷冻方式为分步冷冻法，即将装有种子和玻璃化溶液（PVS2）的 10 mL 冻存管（每管 50 粒种子）置于 4 ℃冰箱中 0.5 h，取出立即放入 −20 ℃冰柜中 1 h，之后迅速投入液氮中保存。

PVS2 的配制方法见附录 A 的 A.2。

8 恢复培养

8.1 种子解冻处理

液氮中至少冻存 24 h 后，取出 1 个冻存管，立即放入 40 ℃水浴中快速解冻 3 min，而后用洗涤液（DS）浸泡 3 次，每次 5 min，并用纯净水冲洗干净。

DS 的配制方法见附录 A 的 A.3。

8.2 冻后种子活力检测

取出 25 粒解冻后的种子，按照 5.1 活力检测方法进行超低温保存后的初始生活力检测。当种子生活力≥60%时视为保存成功。

8.3 萌芽成苗

将剩下 25 粒解冻后的疣果豆蔻种子，播种到带有无菌滤纸的带盖发芽盒中，在温度 25 ℃~30 ℃、湿度 70%~85% 的条件下培养。

附 录 A
（规范性附录）
试剂的配制和保存方法

A.1 BTB 的配制和保存方法

精密称取 BTB 0.1 g，溶解于煮沸过的 100 mL 纯水中，然后用滤纸去残渣。滤液若呈黄色，可加数滴氢氧化钠溶液，使之变为蓝色或蓝绿色，置于棕色瓶中长期贮存。

1.5% BTB 琼脂凝胶：称量 0.1% BTB 溶液 40 mL 置于烧杯中，称取 0.5 g 琼脂，将其剪碎后加入杯中，加热并不断搅拌使之完全溶解。待溶液稍稍冷却即可趁热倒入 9 cm 培养皿中，使之成一均匀的薄层，完全冷却后备用。

A.2 PVS2 的配制及保存方法

精密量取甘油 23.8 mL、乙二醇 13.6 mL、二甲基亚砜 13.6 mL，称取蔗糖 13.7 g，溶于 MS 溶液中，定容至 100 mL，调 pH 值至 5.8，高温高压灭菌，4 ℃冷藏。

注：配制时需戴手套，并在通风橱内操作。

A.3 DS 的配制及保存方法

精密称取蔗糖 41.1 g 溶于 MS 溶液中，定容至 100 mL，调 pH 值至 5.8，高温高压灭菌，4 ℃冷藏。

参 考 文 献

［1］国家中医药管理局《中华本草》编委会. 中华本草：苗药卷［M］. 上海：上海科学技术出版社，
　　1999：435.

［2］中国科学院中国植物志编辑委员会. 中国植物志：第十六卷：第二分册［M］. 北京：科学出版社，
　　1981：134.

［3］WU T L，LARSEN K. Zingiberaceae［M］//WU Z Y，RAVEN P H. Flora of China. Beijing：Science Press，
　　2000：322 – 377.

［4］傅家瑞，宋松泉. 顽拗性种子生物学［M］. 北京：中国科学文化出版社，2004：1.

［5］REED B M. Plant Cryopreservation：A Practical Guide［M］. Corvallis：Springer，2008：3.

ICS 11.120.01

C 23

团 体 标 准

T/CACM 1326.36—2019

假苹婆种子超低温保存技术规程

Technical code of practice for cryopreservation of

Sterculia lanceolata Cav. seeds

2019 -10 -17 发布

2019 -10 -17 实施

中 华 中 医 药 学 会 发布

目　　次

前言 ……………………………………………………………………………………… 477

1　范围 ………………………………………………………………………………… 478

2　规范性引用文件 …………………………………………………………………… 478

3　术语和定义 ………………………………………………………………………… 478

4　种子采收及选择 …………………………………………………………………… 479

5　种子前处理 ………………………………………………………………………… 479

6　种子保存量 ………………………………………………………………………… 480

7　种子冷冻方式 ……………………………………………………………………… 480

8　恢复培养 …………………………………………………………………………… 480

参考文献 ……………………………………………………………………………… 481

前　言

本标准是药用植物顽拗性种子超低温保存系列标准之一，该系列标准结构和名称如下：

——T/CACM 1326.1　药用植物顽拗性种子超低温保存技术通则；

——T/CACM 1326.2　白木香种子超低温保存技术规程；

——T/CACM 1326.3　降香种子超低温保存技术规程；

——T/CACM 1326.4　益智种子超低温保存技术规程；

——T/CACM 1326.5　高良姜种子超低温保存技术规程；

——T/CACM 1326.6　朱砂根种子超低温保存技术规程；

——T/CACM 1326.7　草豆蔻种子超低温保存技术规程；

——T/CACM 1326.8　化州柚种子超低温保存技术规程；

——T/CACM 1326.9　樟种子超低温保存技术规程；

——T/CACM 1326.10　两面针种子超低温保存技术规程；

…………

本标准按照 GB/T 1.1—2009《标准化工作导则　第 1 部分：标准的结构和编写》给出的规则起草。

本标准由中国医学科学院药用植物研究所海南分所提出。

本标准由中华中医药学会归口。

本标准起草单位：中国医学科学院药用植物研究所海南分所，中国医学科学院药用植物研究所。

本标准主要起草人：曾琳，魏建和，郑希龙，李榕涛，王秋玲，何明军，金钺，顾雅坤，符丽。

假苹婆种子超低温保存技术规程

1 范围

本标准规定了假苹婆（*Sterculia lanceolata* Cav.）种子超低温保存过程中的术语和定义、种子采收及选择、种子前处理、种子保存量、种子冷冻方式、恢复培养等内容。

本标准适用于假苹婆种子的液氮超低温长期贮藏。

2 规范性引用文件

下列文件对本文件的应用是必不可少的。凡是注日期的引用文件，仅注日期的版本适用于本文件。凡是不注日期的引用文件，其最新版本（包括所有的修改单）适用于本文件。

GB/T 3543.4　农作物种子检验规程　发芽试验

GB/T 3543.6　农作物种子检验规程　水分测定

GB/T 3543.7　农作物种子检验规程　其他项目检验

3 术语和定义

下列术语和定义适用于本文件。

3.1

假苹婆· *Sterculia lanceolata* **Cav.**

为梧桐科（Sterculiaceae）苹婆属（*Sterculia* Linn.）常绿小乔木，是中国广东南部的乡土树种，树冠浓密，树形优美，宜作庭院风景树和行道树。根叶入药，具有舒筋通络、祛风活血之功效。收载于《中国中药资源志要（1994）》。

3.2

假苹婆果实 *Sterculia lanceolata* **Cav. fruits**

假苹婆的蓇葖果鲜红色，长卵形或长椭圆形，长 5 cm～7 cm，宽 2 cm～2.5 cm，顶端有喙，基部渐狭，密被短柔毛。

3.3

假苹婆种子 *Sterculia lanceolata* **Cav. seeds**

假苹婆的播种材料为完整种子，贮藏特性判断为顽拗性种子。种子黑褐色，椭圆状卵形，直径约 1 cm。

3.4

种子超低温保存 **seed of cryopreservation**

将经过前处理的假苹婆种子置于液氮（−196 ℃）中保存。

4 种子采收及选择

4.1 种子采收

7 月—8 月，果皮颜色呈鲜红色、果壳微裂时，即可采收，去除果皮和果肉，取出种子。

4.2 种子选择

挑选发育饱满、均匀、健康的种子，置于 10 ℃冰箱中保存备用（存放时间不超过 6 个月）。

5 种子前处理

5.1 活力

5.1.1 检测

假苹婆种子活力以种子发芽率为判别标准。

5.1.2 鉴定及要求

按照 GB/T 3543.4 的规定，确定正常幼苗数。计算出种子的发芽率。

待保存的假苹婆种子发芽率应≥85%。

5.1.3 计算

生活力按照公式（1）进行计算：

$$A = \frac{y}{x} \times 100\% \tag{1}$$

式中：A——生活力；

y——有活力的种子数；

x——总的种子数。

5.2 含水量范围

用尼龙网袋包裹假苹婆种子，置于盛有变色硅胶的干燥器内，硅胶与种子的体积比为 40:1，室温条件下干燥处理 10 h~72 h，在干燥过程中定期测定种子含水量，将种子含水量由 25%~35% 降至 12%~14%。

按照 GB/T 3543.6 中的高恒温烘干法（130 ℃烘干 1 h）测定种子含水量（W_0），并按照公式（2）进行计算：

$$W_0 = \frac{M_1 - M_2}{M_1} \times 100\%　\qquad (2)$$

式中：W_0——含水量，用百分数表示（%）；

M_1——种子鲜重，单位为克（g）；

M_2——种子烘后重量，单位为克（g）。

6 种子保存量

假苹婆种子保存量不少于 500 粒，以便后期的活力检测使用。

7 种子冷冻方式

假苹婆种子超低温保存的冷冻方式为直接冷冻法，即将待保存的假苹婆种子放入 15 mL 冻存管（每管 45 粒种子）中，迅速投入液氮中保存。

8 恢复培养

8.1 种子解冻处理

液氮中至少冻存 24 h 后，取出 1 个冻存管，立即放入 40 ℃水浴中快速解冻 2 min。

8.2 冻后种子活力检测

取出 20 粒解冻后的种子，按照 5.1 活力检测方法进行超低温保存后的初始生活力检测。当种子生活力≥50%时视为保存成功。

8.3 萌芽成苗

将剩下 25 粒解冻后的假苹婆种子，播种到带有无菌滤纸的带盖发芽盒中，在温度 25 ℃~30 ℃、湿度 70%~85%的条件下培养。假苹婆种子出芽周期为 3 d~10 d。

参 考 文 献

［1］中国科学院中国植物志编辑委员会. 中国植物志：第四十九卷：第二分册［M］. 北京：科学出版社，1984：130.

［2］TANG Y, GILBERT M G, DORR L J. Sterculiaceae［M］//WU Z Y, RAVEN P H. Flora of China. Beijing：Science Press，2007：303－310.

［3］中国药材公司. 中国中药资源志要［M］. 北京：科学出版社，1994.

［4］傅家瑞，宋松泉. 顽拗性种子生物学［M］. 北京：中国科学文化出版社，2004：1.

［5］REED B M. Plant Cryopreservation：A Practical Guide［M］. Corvallis：Springer，2008：3.

ICS　11.120.01
C 23

团 体 标 准

T/CACM 1326.37—2019

黑嘴蒲桃种子超低温保存技术规程

Technical code of practice for cryopreservation of
Syzygium bullockii（Hance）Merr. et Perry seeds

2019 –10 –17 发布　　　　　　　　　　　2019 –10 –17 实施

中华中医药学会 发布

目　次

前言 ……………………………………………………………………………………… 485

1　范围 ……………………………………………………………………………… 486

2　规范性引用文件 ………………………………………………………………… 486

3　术语和定义 ……………………………………………………………………… 486

4　种子采收及选择 ………………………………………………………………… 487

5　种子前处理 ……………………………………………………………………… 487

6　种子保存量 ……………………………………………………………………… 488

7　种子冷冻方式 …………………………………………………………………… 488

8　恢复培养 ………………………………………………………………………… 488

附录 A（规范性附录）　试剂的配制和保存方法 ……………………………… 490

参考文献 ……………………………………………………………………………… 491

前　言

本标准是药用植物顽拗性种子超低温保存系列标准之一，该系列标准结构和名称如下：

——T/CACM 1326.1　药用植物顽拗性种子超低温保存技术通则；

——T/CACM 1326.2　白木香种子超低温保存技术规程；

——T/CACM 1326.3　降香种子超低温保存技术规程；

——T/CACM 1326.4　益智种子超低温保存技术规程；

——T/CACM 1326.5　高良姜种子超低温保存技术规程；

——T/CACM 1326.6　朱砂根种子超低温保存技术规程；

——T/CACM 1326.7　草豆蔻种子超低温保存技术规程；

——T/CACM 1326.8　化州柚种子超低温保存技术规程；

——T/CACM 1326.9　樟种子超低温保存技术规程；

——T/CACM 1326.10　两面针种子超低温保存技术规程；

…………

本标准按照 GB/T 1.1—2009《标准化工作导则　第 1 部分：标准的结构和编写》给出的规则起草。

本标准由中国医学科学院药用植物研究所海南分所提出。

本标准由中华中医药学会归口。

本标准起草单位：中国医学科学院药用植物研究所海南分所，中国医学科学院药用植物研究所。

本标准主要起草人：曾琳，魏建和，顾雅坤，符丽，李榕涛，郑希龙，王秋玲，何明军，金钺。

黑嘴蒲桃种子超低温保存技术规程

1 范围

本标准规定了黑嘴蒲桃 [*Syzygium bullockii*（Hance）Merr. et Perry] 种子超低温保存过程中的术语和定义、种子采收及选择、种子前处理、种子保存量、种子冷冻方式、恢复培养等内容。

本标准适用于黑嘴蒲桃种子的液氮超低温长期贮藏。

2 规范性引用文件

下列文件对本文件的应用是必不可少的。凡是注日期的引用文件，仅注日期的版本适用于本文件。凡是不注日期的引用文件，其最新版本（包括所有的修改单）适用于本文件。

GB/T 3543.6　农作物种子检验规程　水分测定

3 术语和定义

下列术语和定义适用于本文件。

3.1

黑嘴蒲桃　*Syzygium bullockii*（Hance）Merr. et Perry

为桃金娘科（Myrtaceae）蒲桃属（*Syzygium* Gaertn.）常绿灌木至小乔木，圆锥花序顶生，多花，植株和番石榴一样带有桃金娘科特有的桉油味。以果实、根入药，用于治疗痨伤咯血、风火牙痛、湿热腹泻、肝炎、风湿痛、胃痛等。收载于《中国中药资源志要（1994）》。

3.2

黑嘴蒲桃果实　*Syzygium bullockii*（Hance）Merr. et Perry fruits

大型果序，浆果或核果状，椭圆形，紫黑色，长约 1 cm，宽 8 mm。

3.3

黑嘴蒲桃种子　*Syzygium bullockii*（Hance）Merr. et Perry seeds

黑嘴蒲桃的播种材料为完整种子，贮藏特性判断为顽拗性种子。种子黑褐色，椭圆状卵形，表面光滑。

3.4

种子超低温保存　seed of cryopreservation

将经过前处理的黑嘴蒲桃种子置于液氮（−196℃）中保存。

4　种子采收及选择

4.1　种子采收

9月—11月，当果皮颜色由绿转为紫黑色时，即可采收，成熟的黑嘴蒲桃成一串串的，口味酸甜，汁多。去除果皮，取出种子。

4.2　种子选择

挑选发育饱满、均匀、健康的种子，置于4℃冰箱中保存备用（存放时间不超过3个月）。

5　种子前处理

5.1　活力

5.1.1　检测

黑嘴蒲桃种子活力以种子生活力为判别标准。按照《植物生理学实验指导》中的溴麝香草酚蓝（BTB）法测定黑嘴蒲桃种子生活力。待测种子在30℃~35℃温水中浸种2 h，随后取吸胀种子50粒，整齐地埋于备好的1.5% BTB琼脂凝胶中，注意要将胚埋入凝胶中。将培养皿置于35℃温箱中6 h后观察结果。

BTB的配制和保存方法见附录 A 的 A.1。

5.1.2　鉴定及要求

在光下用放大镜对染色结果进行观察鉴定。凡种胚周围出现黄色晕圈的种子为有活力的种子，否则为无活力的种子。

待保存的黑嘴蒲桃种子生活力应≥70%。

5.1.3　计算

生活力按照公式（1）进行计算：

$$A = \frac{y}{x} \times 100\% \tag{1}$$

式中：A——生活力；

　　　y——有活力的种子数；

　　　x——总的种子数。

5.2 含水量范围

用尼龙网袋包裹黑嘴蒲桃种子，置于盛有变色硅胶的干燥器内，硅胶与种子的体积比为 40∶1，室温条件下干燥处理 0 h~80 h，在干燥过程中定期测定种子含水量，将种子含水量由 45%~55% 降至 38%~45%。

按照 GB/T 3543.6 中的高恒温烘干法（130 ℃烘干 1 h）测定种子含水量（W_0），并按照公式（2）进行计算：

$$W_0 = \frac{M_1 - M_2}{M_1} \times 100\% \tag{2}$$

式中：W_0——含水量，用百分数表示（%）；

　　　M_1——种子鲜重，单位为克（g）；

　　　M_2——种子烘后重量，单位为克（g）。

6　种子保存量

黑嘴蒲桃种子保存量不少于 360 粒，以便后期的活力检测使用。

7　种子冷冻方式

黑嘴蒲桃种子超低温保存的冷冻方式为分步冷冻法，即将装有种子和玻璃化溶液（PVS2）的 15 mL 冻存管（每管 30 粒种子）置于 4 ℃冰箱中 0.5 h，取出立即放入 −20 ℃冰柜中 1 h，之后迅速投入液氮中保存。

PVS2 的配制方法见附录 A 的 A.2。

8　恢复培养

8.1　种子解冻处理

液氮中至少冻存 24 h 后，取出 2 个冻存管，立即放入 40 ℃水浴中快速解冻 3 min，而后用洗涤液（DS）浸泡 3 次，每次 5 min，并用纯净水冲洗干净。

DS 的配制方法见附录 A 的 A.3。

8.2　冻后种子活力检测

取出 1 管解冻后的种子，按照 5.1 活力检测方法进行超低温保存后的初始生活力检测。当种子生活力≥65% 时视为保存成功。

8.3 萌芽成苗

将剩下 1 管解冻后的黑嘴蒲桃种子，播种到带有无菌滤纸的带盖发芽盒中，在温度 25 ℃~30 ℃、湿度 70%~85% 的条件下培养。

附　录　A
（规范性附录）
试剂的配制和保存方法

A.1　BTB 的配制和保存方法

精密称取 BTB 0.1 g，溶解于煮沸过的 100 mL 纯水中，然后用滤纸去残渣。滤液若呈黄色，可加数滴氢氧化钠溶液，使之变为蓝色或蓝绿色，置于棕色瓶中长期贮存。

1.5% BTB 琼脂凝胶：称量 0.1% BTB 溶液 40 mL 置于烧杯中，称取 0.5 g 琼脂，将其剪碎后加入杯中，加热并不断搅拌使之完全溶解。待溶液稍稍冷却即可趁热倒入 9 cm 培养皿中，使之成一均匀的薄层，完全冷却后备用。

A.2　PVS2 的配制及保存方法

精密量取甘油 23.8 mL、乙二醇 13.6 mL、二甲基亚砜 13.6 mL，称取蔗糖 13.7 g，溶于 MS 溶液中，定容至 100 mL，调 pH 值至 5.8，高温高压灭菌，4 ℃冷藏。

注：配制时需戴手套，并在通风橱内操作。

A.3　DS 的配制及保存方法

精密称取蔗糖 41.1 g 溶于 MS 溶液中，定容至 100 mL，调 pH 值至 5.8，高温高压灭菌，4 ℃冷藏。

参 考 文 献

［1］中国药材公司. 中国中药资源志要［M］. 北京：科学出版社，1994.

［2］中国科学院中国植物志编辑委员会. 中国植物志：第五十三卷：第一分册［M］. 北京：科学出版社，
1984：097.

［3］CHEN C，CRAVEN L A. Myrtaceae［M］//WU Z Y，RAVEN P H. Flora of China. Beijing：Science Press，
2007：335 − 359.

［4］傅家瑞，宋松泉. 顽拗性种子生物学［M］. 北京：中国科学文化出版社，2004：1.

［5］REED B M. Plant Cryopreservation：A Practical Guide［M］. Corvallis：Springer，2008：3.

ICS 11.120.01

C 23

团 体 标 准

T/CACM 1326.38—2019

银柴种子超低温保存技术规程

Technical code of practice for cryopreservation of

Aporosa dioica（Roxb.）Müll. Arg. seeds

2019 - 10 - 17 发布   2019 - 10 - 17 实施

中华中医药学会 发布

目　　次

前言 ……………………………………………………………………………………… 495

1　范围 ………………………………………………………………………………… 496

2　规范性引用文件 …………………………………………………………………… 496

3　术语和定义 ………………………………………………………………………… 496

4　种子采收及选择 …………………………………………………………………… 497

5　种子前处理 ………………………………………………………………………… 497

6　种子保存量 ………………………………………………………………………… 498

7　种子冷冻方式 ……………………………………………………………………… 498

8　恢复培养 …………………………………………………………………………… 498

附录 A（规范性附录）　试剂的配制和保存方法 ……………………………………… 500

参考文献 ………………………………………………………………………………… 501

前　言

本标准是药用植物顽拗性种子超低温保存系列标准之一，该系列标准结构和名称如下：

——T/CACM 1326.1　药用植物顽拗性种子超低温保存技术通则；

——T/CACM 1326.2　白木香种子超低温保存技术规程；

——T/CACM 1326.3　降香种子超低温保存技术规程；

——T/CACM 1326.4　益智种子超低温保存技术规程；

——T/CACM 1326.5　高良姜种子超低温保存技术规程；

——T/CACM 1326.6　朱砂根种子超低温保存技术规程；

——T/CACM 1326.7　草豆蔻种子超低温保存技术规程；

——T/CACM 1326.8　化州柚种子超低温保存技术规程；

——T/CACM 1326.9　樟种子超低温保存技术规程；

——T/CACM 1326.10　两面针种子超低温保存技术规程；

…………

本标准按照GB/T 1.1—2009《标准化工作导则　第1部分：标准的结构和编写》给出的规则起草。

本标准由中国医学科学院药用植物研究所海南分所提出。

本标准由中华中医药学会归口。

本标准起草单位：中国医学科学院药用植物研究所海南分所，中国医学科学院药用植物研究所。

本标准主要起草人：曾琳，魏建和，郑希龙，李榕涛，王秋玲，何明军，金钺，顾雅坤，符丽，谭红琼。

银柴种子超低温保存技术规程

1 范围

本标准规定了银柴 [*Aporosa dioica* (Roxb.) Müll. Arg.] 种子超低温保存过程中的术语和定义、种子采收及选择、种子前处理、种子保存量、种子冷冻方式、恢复培养等内容。

本标准适用于银柴种子的超低温长期贮藏。

2 规范性引用文件

下列文件对本文件的应用是必不可少的。凡是注日期的引用文件，仅注日期的版本适用于本文件。凡是不注日期的引用文件，其最新版本（包括所有的修改单）适用于本文件。

GB/T 3543.6 农作物种子检验规程 水分测定

3 术语和定义

下列术语和定义适用于本文件。

3.1

银柴 *Aporosa dioica* (Roxb.) Müll. Arg.

为大戟科（Euphorbiaceae）银柴属（*Aporosa* Bl.）常绿乔木，在海拔 1000 m 以下的森林群落中常为伴生树种，也是南方地区常见的乡土阔叶树种。药材具有清热解毒、活血祛瘀的功效。收载于《中国中药资源志要（1994）》。

3.2

银柴果实 *Aporosa dioica* (Roxb.) Müll. Arg. fruits

蒴果核果状，椭圆形，长 1 cm～1.3 cm，黄绿色，被短柔毛，内有种子 2 颗。

3.3

银柴种子 *Aporosa dioica* (Roxb.) Müll. Arg. seeds

银柴的播种材料为完整种子，贮藏特性判断为顽拗性种子。种子近卵圆形，淡黄色，长约 9 mm，宽约 5.5 mm，千粒重为 96.94 g。

3.4

种子超低温保存　seed of cryopreservation

将经过前处理的银柴种子置于液氮（－196 ℃）中保存。

4　种子采收及选择

4.1　种子采收

6 月—9 月，当果皮颜色由绿转为黄绿色，果实自然开裂，种子呈淡黄色时，即可采收，去除外果皮，取出种子。

4.2　种子选择

挑选发育饱满、完整、健康的种子，置于 4 ℃冰箱中保存备用（存放时间不超过 2 个月）。

5　种子前处理

5.1　活力

5.1.1　检测

银柴种子活力以种子生活力为判别标准。按照《植物生理学实验指导》中的溴麝香草酚蓝（BTB）法测定银柴种子生活力。待测种子在 30 ℃~35 ℃温水中浸种 2 h，随后取吸胀种子 50 粒，整齐地埋于备好的 1.5% BTB 琼脂凝胶中，注意要将胚埋入凝胶中。将培养皿置于 35 ℃温箱中 7 h 后观察结果。

BTB 的配制和保存方法见附录 A 的 A.1。

5.1.2　鉴定及要求

在光下用放大镜对染色结果进行观察鉴定。凡种胚周围出现黄色晕圈的种子为有活力的种子，否则为无活力的种子。

待保存的银柴种子生活力应≥60%。

5.1.3　计算

生活力按照公式（1）进行计算：

$$A = \frac{y}{x} \times 100\% \tag{1}$$

式中：A——生活力；

　　　y——有活力的种子数；

　　　x——总的种子数。

5.2 含水量范围

用尼龙网袋包裹银柴种子，置于盛有变色硅胶的干燥器内，硅胶与种子的体积比为 60:1，室温条件下干燥处理 2 h~8 h，在干燥过程中可定期测定种子含水量，将种子含水量由 15%~20% 降至 11%~12%。

按照 GB/T 3543.6 中的高恒温烘干法（130 ℃烘干 1 h）测定种子含水量（W_0），并按照公式（2）进行计算：

$$W_0 = \frac{M_1 - M_2}{M_1} \times 100\% \tag{2}$$

式中：W_0——种子含水量，用百分数表示（%）；

M_1——种子鲜重，单位为克（g）；

M_2——种子烘后重量，单位为克（g）。

6 种子保存量

银柴种子保存量不少于 500 粒，以便后期的活力检测使用。

7 种子冷冻方式

银柴种子超低温保存的冷冻方式为玻璃化冷冻法，即将装有种子的 15 mL 冻存管（每管 40 粒种子）置于装载液（LS）中并于 25 ℃处理种子 25 min，再用玻璃化溶液（PVS2）冰浴处理种子 30 min，换上预冷新鲜的 PVS2 后迅速投入液氮中进行超低温保存。

LS 和 PVS2 的配制及保存方法见附录 A 的 A.2 和 A.3。

8 恢复培养

8.1 种子解冻处理

液氮中至少冻存 24 h 后，取出 1 个冻存管，立即放入 40 ℃水浴中快速解冻 2 min，而后用洗涤液（DS）浸泡 15 min，并用纯净水洗涤 3 次。

DS 的配制及保存方法见附录 A 的 A.4。

8.2 冻后种子活力检测

取出 20 粒解冻后的种子，按照 5.1 活力检测方法，进行超低温保存后的初始生活力检测。当种子生活力≥50% 时视为保存成功。

8.3 萌芽成苗

将剩下 20 粒解冻后的银柴种子，播种到带有无菌滤纸的带盖发芽盒中，在温度 25 ℃~30 ℃、湿度 70%~85% 的条件下培养。

附 录 A

（规范性附录）

试剂的配制和保存方法

A.1 BTB 的配制和保存方法

精密称取 BTB 0.1 g，溶解于煮沸过的 100 mL 纯水中，然后用滤纸去残渣。滤液若呈黄色，可加数滴氢氧化钠溶液，使之变为蓝色或蓝绿色，置于棕色瓶中长期贮存。

1.5% BTB 琼脂凝胶：称量 0.1% BTB 溶液 40 mL 置于烧杯中，称取 0.5 g 琼脂，将其剪碎后加入杯中，加热并不断搅拌使之完全溶解。待溶液稍稍冷却即可趁热倒入 9 cm 培养皿中，使之成一均匀的薄层，完全冷却后备用。

A.2 装载液（LS）的配制及保存方法

精密称取蔗糖 13.7 g，称量甘油 11.9 mL，溶于液体 MS 培养基中，调 pH 至 5.8，并定容至 100 mL，高温高压灭菌，4 ℃冷藏。

A.3 玻璃化溶液（PVS2）的配制及保存方法

精密量取甘油 23.8 mL、乙二醇 13.6 mL、二甲基亚砜 13.6 mL，称取蔗糖 13.7 g，溶于 MS 溶液中，调 pH 至 5.8 后，定容至 100 mL，高温高压灭菌，4 ℃冷藏。

注：配制时需戴手套，并在通风橱内操作。

A.4 洗涤液（DS）的配制及保存方法

精密称取蔗糖 41.1 g 溶于 MS 溶液中，调 pH 至 5.8 后，定容至 100 mL，高温高压灭菌，4 ℃冷藏。

参 考 文 献

［1］中国药材公司. 中国中药资源志要［M］. 北京：科学出版社，1994.

［2］中国科学院中国植物志编辑委员会. 中国植物志：第四十四卷：第一分册［M］. 北京：科学出版社，1994：126.

［3］LI P T，CHIU H H，VORONTSOVA M，et al. Euphorbiaceae［M］//WU Z Y，RAVEN P H. Flora of China. Beijing：Science Press，2008：217－218.

［4］傅家瑞，宋松泉. 顽拗性种子生物学［M］. 北京：中国科学文化出版社，2004：1.

［5］REED B M. Plant Cryopreservation：A Practical Guide［M］. Corvallis：Springer，2008：3.

ICS 11.120.01
C 23

团 体 标 准

T/CACM 1326.39—2019

金凤花种子超低温保存技术规程

Technical code of practice for cryopreservation of

Caesalpinia pulcherrima（L.）Sw. seeds

2019 –10 –17 发布　　　　　　　　　　2019 –10 –17 实施

中华中医药学会 发布

目　次

前言 …………………………………………………………………………………………… 505

1　范围 …………………………………………………………………………………… 506

2　规范性引用文件 ……………………………………………………………………… 506

3　术语和定义 …………………………………………………………………………… 506

4　种子采收及选择 ……………………………………………………………………… 507

5　种子前处理 …………………………………………………………………………… 507

6　种子保存量 …………………………………………………………………………… 508

7　种子冷冻方式 ………………………………………………………………………… 508

8　恢复培养 ……………………………………………………………………………… 508

附录 A（规范性附录）　试剂的配制和保存方法 …………………………………… 510

参考文献 ………………………………………………………………………………… 511

前　言

本标准是药用植物顽拗性种子超低温保存系列标准之一，该系列标准结构和名称如下：

——T/CACM 1326.1　药用植物顽拗性种子超低温保存技术通则；

——T/CACM 1326.2　白木香种子超低温保存技术规程；

——T/CACM 1326.3　降香种子超低温保存技术规程；

——T/CACM 1326.4　益智种子超低温保存技术规程；

——T/CACM 1326.5　高良姜种子超低温保存技术规程；

——T/CACM 1326.6　朱砂根种子超低温保存技术规程；

——T/CACM 1326.7　草豆蔻种子超低温保存技术规程；

——T/CACM 1326.8　化州柚种子超低温保存技术规程；

——T/CACM 1326.9　樟种子超低温保存技术规程；

——T/CACM 1326.10　两面针种子超低温保存技术规程；

…………

本标准按照 GB/T 1.1—2009《标准化工作导则　第 1 部分：标准的结构和编写》给出的规则起草。

本标准由中国医学科学院药用植物研究所海南分所提出。

本标准由中华中医药学会归口。

本标准起草单位：中国医学科学院药用植物研究所海南分所，中国医学科学院药用植物研究所。

本标准主要起草人：曾琳，魏建和，李榕涛，郑希龙，王秋玲，何明军，金钺，顾雅坤，符丽。

金凤花种子超低温保存技术规程

1 范围

本标准规定了金凤花 ［*Caesalpinia pulcherrima*（L.）Sw.］ 种子超低温保存过程中的术语和定义、种子采收及选择、种子前处理、种子保存量、种子冷冻方式、恢复培养等内容。

本标准适用于金凤花种子的液氮超低温长期贮藏。

2 规范性引用文件

下列文件对本文件的应用是必不可少的。凡是注日期的引用文件，仅注日期的版本适用于本文件。凡是不注日期的引用文件，其最新版本（包括所有的修改单）适用于本文件。

GB/T 3543.4　农作物种子检验规程　发芽试验

GB/T 3543.6　农作物种子检验规程　水分测定

GB/T 3543.7　农作物种子检验规程　其他项目检验

3 术语和定义

下列术语和定义适用于本文件。

3.1

金凤花　*Caesalpinia pulcherrima*（L.）Sw.

为豆科（Leguminosae）云实属（*Caesalpinia* Linn.）常绿小乔木，是一种观赏性药用植物，别称洋金凤、黄蝴蝶。以根、茎皮入药，有解表、发汗之功效。此外，其花冠橙红色，边缘金黄色，如火焰蝴蝶般常年于枝头盛开，常用作园林栽培。收载于《中国中药资源志要（1994）》。

3.2

金凤花果实　*Caesalpinia pulcherrima*（L.）Sw. fruits

荚果扁长圆形，基部稍弯，长 6 cm～10 cm，宽 1.5 cm～2 cm，果荚木质，花果期几乎全年，成熟时为浅褐色至黑褐色。内含 6～9 颗种子。

3.3

金凤花种子 *Caesalpinia pulcherrima*（**L.**）**Sw. seeds**

金凤花的播种材料为完整种子，贮藏特性判断为顽拗性种子。种子黄绿色，倒卵形或三角状倒卵形，扁平；表面具水纹状横向网纹，种脐位于种子基部顶端，为灰白色长卵形小点，周围具黑褐色晕圈。

3.4

种子超低温保存 **seed of cryopreservation**

将经过前处理的金凤花种子置于液氮（-196 ℃）中保存。

4 种子采收及选择

4.1 种子采收

花果期几乎全年，当果荚为浅褐色至黑褐色时，即可采收，去除果荚，取出种子。

4.2 种子选择

挑选发育饱满、完整、健康的种子，置于 4 ℃冰箱中保存备用（存放时间不超过 2 个月）。

5 种子前处理

5.1 活力

5.1.1 检测

金凤花种子活力以种子发芽率为判别标准。清洗干净发芽盒，内铺一层滤纸，纯净水浸湿。随机选取 50 粒种子，清水洗净，整齐安放于发芽盒内，种粒之间保持一定距离以减少霉菌蔓延感染，定期观察发芽情况并记录。

5.1.2 鉴定及要求

按照 GB/T 3543.4 的规定，确定正常幼苗数。计算出种子的发芽率。

待保存的金凤花种子发芽率应≥80%。

5.1.3 计算

生活力按照公式（1）进行计算：

$$A = \frac{y}{x} \times 100\% \qquad\qquad (1)$$

式中：A——生活力；

　　　y——有活力的种子数；

x——总的种子数。

5.2　含水量范围

用尼龙网袋包裹金凤花种子，置于盛有变色硅胶的干燥器内，硅胶与种子的体积比为40∶1，室温条件下干燥处理1 h~35 h，在干燥过程中定期测定种子含水量，将种子含水量由20%~25%降至15%~20%。

按照GB/T 3543.6中的高恒温烘干法（130℃烘干1 h）测定种子含水量（W_0），并按照公式（2）进行计算：

$$W_0 = \frac{M_1 - M_2}{M_1} \times 100\% \tag{2}$$

式中：W_0——含水量，用百分数表示（%）；

　　　M_1——种子鲜重，单位为克（g）；

　　　M_2——种子烘后重量，单位为克（g）。

6　种子保存量

金凤花种子保存量不少于300粒，以便后期的活力检测使用。

7　种子冷冻方式

金凤花种子超低温保存的冷冻方式为分步冷冻法，即将装有种子和玻璃化溶液（PVS2）的5 mL冻存管（每管25粒种子）置于4℃冰箱中0.5 h，取出立即放入−20℃冰柜中1 h，之后迅速投入液氮中保存。

PVS2的配制方法见附录A的A.1。

8　恢复培养

8.1　种子解冻处理

液氮中至少冻存24 h后，取出2个冻存管，立即放入40℃水浴中快速解冻2 min，然后用洗涤液（DS）浸泡5 min，并用无菌水洗涤3次。

DS的配制方法见附录A的A.2。

8.2　冻后种子活力检测

取出25粒解冻后的种子，按照5.1活力检测方法进行超低温保存后的初始生活力检测。当种子生活力≥75%时视为保存成功。

8.3 萌芽成苗

将剩下 25 粒解冻后的金凤花种子，播种到带有无菌滤纸的带盖发芽盒中，在温度 25 ℃~30 ℃、湿度 70%~85% 的条件下培养。

附 录 A

（规范性附录）

试剂的配制和保存方法

A.1 PVS2 的配制及保存方法

精密量取甘油 23.8 mL、乙二醇 13.6 mL、二甲基亚砜 13.6 mL，称取蔗糖 13.7 g，溶于 MS 溶液中，定容至 100 mL，调 pH 值至 5.8，高温高压灭菌，4 ℃冷藏。

注：配制时需戴手套，并在通风橱内操作。

A.2 DS 的配制及保存方法

精密称取蔗糖 41.1 g 溶于 MS 溶液中，定容至 100 mL，调 pH 值至 5.8，高温高压灭菌，4 ℃冷藏。

参 考 文 献

［1］中国药材公司. 中国中药资源志要［M］. 北京：科学出版社，1994.

［2］中国科学院中国植物志编辑委员会. 中国植物志：第三十九卷［M］. 北京：科学出版社，1988：107.

［3］XU L R，CHEN D Z，ZHU X Y，et al. Fabaceae（Leguminosae）［M］//WU Z Y，RAVEN P H. Flora of China. Beijing：Science Press，2010：121 –130.

［4］郭巧生，王庆亚，刘丽. 中国药用植物种子原色图鉴［M］. 北京：中国农业出版社，2009：135.

［5］傅家瑞，宋松泉. 顽拗性种子生物学［M］. 北京：中国科学文化出版社，2004：1.

［6］REED B M. Plant Cryopreservation：A Practical Guide［M］. Corvallis：Springer，2008：3.

ICS 11.120.01

C 23

团 体 标 准

T/CACM 1326.40—2019

水黄皮种子超低温保存技术规程

Technical code of practice for cryopreservation of

Pongamia pinnata（L.）Pierre seeds

2019 -10 -17 发布   2019 -10 -17 实施

中 华 中 医 药 学 会 发布

目　次

前言 ……………………………………………………………………………………………… 515

1 范围 …………………………………………………………………………………………… 516

2 规范性引用文件 …………………………………………………………………………… 516

3 术语和定义 ………………………………………………………………………………… 516

4 种子采收及选择 …………………………………………………………………………… 517

5 种子前处理 ………………………………………………………………………………… 517

6 种子保存量 ………………………………………………………………………………… 518

7 种子冷冻方式 ……………………………………………………………………………… 518

8 恢复培养 …………………………………………………………………………………… 518

附录 A（规范性附录）　TTC/磷酸盐缓冲溶液的配制和保存方法 ………………… 519

参考文献 ……………………………………………………………………………………… 520

前　言

本标准是药用植物顽拗性种子超低温保存系列标准之一，该系列标准结构和名称如下：

——T/CACM 1326.1　药用植物顽拗性种子超低温保存技术通则；

——T/CACM 1326.2　白木香种子超低温保存技术规程；

——T/CACM 1326.3　降香种子超低温保存技术规程；

——T/CACM 1326.4　益智种子超低温保存技术规程；

——T/CACM 1326.5　高良姜种子超低温保存技术规程；

——T/CACM 1326.6　朱砂根种子超低温保存技术规程；

——T/CACM 1326.7　草豆蔻种子超低温保存技术规程；

——T/CACM 1326.8　化州柚种子超低温保存技术规程；

——T/CACM 1326.9　樟种子超低温保存技术规程；

——T/CACM 1326.10　两面针种子超低温保存技术规程；

…………

本标准按照 GB/T 1.1—2009《标准化工作导则　第 1 部分：标准的结构和编写》给出的规则起草。

本标准由中国医学科学院药用植物研究所海南分所提出。

本标准由中华中医药学会归口。

本标准起草单位：中国医学科学院药用植物研究所海南分所，中国医学科学院药用植物研究所。

本标准主要起草人：曾琳，魏建和，李榕涛，郑希龙，王秋玲，何明军，金钺，顾雅坤，符丽，谭红琼。

水黄皮种子超低温保存技术规程

1 范围

本标准规定了水黄皮［*Pongamia pinnata*（L.）Pierre］种子超低温保存过程中的术语和定义、种子采收及选择、种子前处理、种子保存量、种子冷冻方式、恢复培养等内容。

本标准适用于水黄皮种子的液氮超低温长期贮藏。

2 规范性引用文件

下列文件对本文件的应用是必不可少的。凡是注日期的引用文件，仅注日期的版本适用于本文件。凡是不注日期的引用文件，其最新版本（包括所有的修改单）适用于本文件。

GB/T 3543.6　农作物种子检验规程　水分测定

GB/T 3543.7　农作物种子检验规程　其他项目检验

3 术语和定义

下列术语和定义适用于本文件。

3.1

水黄皮　*Pongamia pinnata*（L.）Pierre

为豆科（Leguminosae）水黄皮属（*Pongamia* Vent.）单种属乔木，高 8 m～15 m。总状花序腋生，花冠白色或粉红色；耐海水浸泡，果实能在水面上漂浮传播，也称"水流豆"，有"半红树"之誉，是热带地区沿海防护林和行道树种。木材纹理致密，可制作各种器具；种子油可作燃料；全株入药，可作催吐剂和杀虫剂；水黄皮素具有微弱的抗结核杆菌作用。收载于《中国中药资源志要（1994）》。

3.2

水黄皮果实　*Pongamia pinnata*（L.）Pierre fruits

荚果长 4 cm～5 cm，宽 1.5 cm～2.5 cm，表面有不甚明显的小疣凸，顶端有微弯曲的短喙，不开裂，沿缝线处无隆起的边或翅，有种子 1 粒；种子肾形。

3.3

水黄皮种子　*Pongamia pinnata*（L.）Pierre seeds

水黄皮的播种材料为完整种子，贮藏特性判断为顽拗性种子。种子黄色，肾形，通常 1 颗。

3.4

种子超低温保存　seed of cryopreservation

将经过前处理的水黄皮种子置于液氮（-196 ℃）中保存。

4　种子采收及选择

4.1　种子采收

8 月—10 月，当荚果由绿色变为褐色时，即可采收，可在树上采摘或在林下收集，果实晾晒后脱荚，取出种子。

4.2　种子选择

挑选发育饱满、均匀、健康的种子，置于 4 ℃冰箱中保存备用（存放时间不超过 2 个月）。

5　种子前处理

5.1　活力

5.1.1　检测

水黄皮种子活力以种子生活力为判别标准。按照 GB/T 3543.7 中的 2,3,5-三苯基氯化四氮唑（TTC）法检测种子生活力。随机抽取 30 粒种子，沿种脊小心将种子分成 2 片后放培养皿内，内侧面向下，滴入 TTC 溶液浸没种子，室温（25 ℃）避光放置 4 h 后观察染色结果。

TTC 溶液的配制和保存方法见附录 A。

5.1.2　鉴定及要求

直接用肉眼对染色结果进行观察鉴定。凡胚及胚乳全部染成有光泽的鲜红色，且组织状态正常的，为有活力的种子，否则为无生活力的种子。

待保存的水黄皮种子生活力应≥90%。

5.1.3　计算

生活力按照公式（1）进行计算：

$$A = \frac{y}{x} \times 100\% \tag{1}$$

式中：*A*——生活力；

y——有活力的种子数；

x——总的种子数。

5.2 含水量范围

用尼龙网袋包裹水黄皮种子，置于盛有变色硅胶的干燥器内，硅胶与种子的体积比为35∶1，室温条件下干燥处理0 h～60 h，在干燥过程中定期测定种子含水量，将种子含水量由40%～45%降至15%～40%。

按照GB/T 3543.6中的高恒温烘干法（130 ℃烘干1 h）测定种子含水量（W_0），并按照公式（2）进行计算：

$$W_0 = \frac{M_1 - M_2}{M_1} \times 100\% \tag{2}$$

式中：W_0——含水量，用百分数表示（%）；

M_1——种子鲜重，单位为克（g）；

M_2——种子烘后重量，单位为克（g）。

6 种子保存量

水黄皮种子保存量不少于240粒，以便后期的活力检测使用。

7 种子冷冻方式

水黄皮种子超低温保存的冷冻方式为直接冷冻法，即将待保存的水黄皮种子放入15 mL冻存管（每管6粒种子）中，迅速投入液氮中保存。

8 恢复培养

8.1 种子解冻处理

液氮中至少冻存24 h后，取出5个冻存管，立即放入40 ℃水浴中快速解冻2 min。

8.2 冻后种子活力检测

取出15粒解冻后的种子，按照5.1活力检测方法进行超低温保存后的初始生活力检测。当种子生活力≥75%时视为保存成功。

8.3 萌芽成苗

将剩下15粒解冻后的水黄皮种子，40 ℃浸泡12 h～24 h，待种子软化膨胀后去掉种皮，播种到带有无菌滤纸的带盖发芽盒中，在温度20 ℃～25 ℃、湿度70%～85%的条件下培养。

附 录 A

（规范性附录）

TTC/磷酸盐缓冲溶液的配制和保存方法

A.1 三苯基氯化四氮唑（TTC）溶液配制和保存方法

精密称取 TTC 1.00 g，溶于 100 mL 磷酸盐缓冲溶液中，制成浓度为 1% 的 TTC 溶液，调 pH 至 6.5～7.5，放于棕色瓶内，置于 4 ℃ 冰箱中备用。

A.2 磷酸盐缓冲溶液配制方法

溶液 I：9.08 g 磷酸二氢钾溶于 1 L 无菌水中；

溶液 II：35.81 g 磷酸二氢钠溶于 1 L 无菌水中；

按 I：II ＝ 2:3 的比例混合制成磷酸盐缓冲溶液。

参 考 文 献

［1］中国药材公司. 中国中药资源志要［M］. 北京：科学出版社，1994.

［2］中国科学院中国植物志编辑委员会. 中国植物志：第四十卷［M］. 北京：科学出版社，1994：183.

［3］XU L R, CHEN D Z, ZHU X Y, et al. Fabaceae（Leguminosae）［M］//WU Z Y, RAVEN P H. Flora of China. Beijing：Science Press，2010：121 – 130.

［4］REED B M. Plant Cryopreservation: A Practical Guide［M］. Corvallis: Springer，2008：3.

［5］陈文山. 半红树植物水黄皮特征特性及培育技术［J］. 安徽农学通报，2017，23（12）：102 – 105.

ICS 11.120.01

C 23

团 体 标 准

T/CACM 1326.41—2019

铜盆花种子超低温保存技术规程

Technical code of practice for cryopreservation of

Ardisia obtusa Mez seeds

2019－10－17 发布　　　　　　　　　　　　　　　2019－10－17 实施

中 华 中 医 药 学 会 发布

目　　次

前言 ……………………………………………………………………………………… 523

1　范围 ………………………………………………………………………………… 524

2　规范性引用文件 …………………………………………………………………… 524

3　术语和定义 ………………………………………………………………………… 524

4　种子采收及选择 …………………………………………………………………… 525

5　种子前处理 ………………………………………………………………………… 525

6　种子保存量 ………………………………………………………………………… 526

7　种子冷冻方式 ……………………………………………………………………… 526

8　恢复培养 …………………………………………………………………………… 526

附录 A（规范性附录）　试剂的配制和保存方法 …………………………………… 528

参考文献 ………………………………………………………………………………… 529

前　言

本标准是药用植物顽拗性种子超低温保存系列标准之一，该系列标准结构和名称如下：

——T/CACM 1326.1　药用植物顽拗性种子超低温保存技术通则；

——T/CACM 1326.2　白木香种子超低温保存技术规程；

——T/CACM 1326.3　降香种子超低温保存技术规程；

——T/CACM 1326.4　益智种子超低温保存技术规程；

——T/CACM 1326.5　高良姜种子超低温保存技术规程；

——T/CACM 1326.6　朱砂根种子超低温保存技术规程；

——T/CACM 1326.7　草豆蔻种子超低温保存技术规程；

——T/CACM 1326.8　化州柚种子超低温保存技术规程；

——T/CACM 1326.9　樟种子超低温保存技术规程；

——T/CACM 1326.10　两面针种子超低温保存技术规程；

…………

本标准按照 GB/T 1.1—2009《标准化工作导则　第 1 部分：标准的结构和编写》给出的规则起草。

本标准由中国医学科学院药用植物研究所海南分所提出。

本标准由中华中医药学会归口。

本标准起草单位：中国医学科学院药用植物研究所海南分所，中国医学科学院药用植物研究所。

本标准主要起草人：曾琳，魏建和，李榕涛，郑希龙，王秋玲，何明军，金钺，顾雅坤，符丽。

铜盆花种子超低温保存技术规程

1 范围

本标准规定了铜盆花（*Ardisia obtusa* Mez）种子超低温保存过程中的术语和定义、种子采收及选择、种子前处理、种子保存量、种子冷冻方式、恢复培养等内容。

本标准适用于铜盆花种子的液氮超低温长期贮藏。

2 规范性引用文件

下列文件对本文件的应用是必不可少的。凡是注日期的引用文件，仅注日期的版本适用于本文件。凡是不注日期的引用文件，其最新版本（包括所有的修改单）适用于本文件。

GB/T 3543.6 农作物种子检验规程 水分测定

GB/T 3543.7 农作物种子检验规程 其他项目检验

3 术语和定义

下列术语和定义适用于本文件。

3.1

铜盆花 *Ardisia obtusa* Mez

为紫金牛科（Myrsinaceae）紫金牛属（*Ardisia* Swartz）常绿灌木，因叶尖钝圆又名钝叶紫金牛。株型优美，圆锥花序顶生，花瓣淡紫色或粉红色，花色艳丽，是该科植物中具有较高观赏价值的树种。紫金牛属是我国的药用植物大属，已有几百年的利用历史。民间多用于清热利湿、消肿止痛、活血化瘀，对治疗跌打、风湿及各种炎症有良效。收载于《世界药用植物速查辞典（2015）》。

3.2

铜盆花果实 *Ardisia obtusa* Mez fruits

果实球形，黑色，径约 0.4 cm，具不明显的纵肋，内有种子 1 颗。

3.3

铜盆花种子 *Ardisia obtusa* **Mez seeds**

铜盆花的播种材料为完整种子，贮藏特性判断为顽拗性种子。种子球形，直径为 4 mm ~ 6 mm，外种皮棕色，具不明显的纵肋；内种皮红棕色，质地较硬。种子切面呈棕褐色蜡样光泽，胚为白色，圆柱状。

3.4

种子超低温保存 **seed of cryopreservation**

将经过前处理的铜盆花种子置于液氮（-196 ℃）中保存。

4 种子采收及选择

4.1 种子采收

4 月—7 月，当果皮由绿色变成紫黑色时，即可采收，待果肉软后，用手搓捏，使得种子与果肉分离，清洗果肉，取出种子。

4.2 种子选择

挑选发育饱满、完整、健康的种子，置于 4 ℃冰箱中保存备用（存放时间不超过 2 个月）。

5 种子前处理

5.1 活力

5.1.1 检测

铜盆花种子活力以种子生活力为判别标准。按照《植物生理学实验指导》中的溴麝香草酚蓝（BTB）法测定铜盆花种子生活力。待测种子在 30 ℃~ 35 ℃温水中浸种 2 h，随后取吸胀种子 50 粒，整齐地埋于备好的 1.5% BTB 琼脂凝胶中，注意要将胚埋入凝胶中。将培养皿置于 35 ℃温箱中 5 h 后观察结果。

BTB 的配制和保存方法见附录 A 的 A.1。

5.1.2 鉴定及要求

在光下用放大镜对染色结果进行观察鉴定。凡种胚周围出现黄色晕圈的种子为有活力的种子，否则为无活力的种子。

待保存的铜盆花种子生活力应≥85%。

5.1.3 计算

生活力按照公式（1）进行计算：

$$A = \frac{y}{x} \times 100\% \tag{1}$$

式中：A——生活力；

y——有活力的种子数；

x——总的种子数。

5.2 含水量范围

用尼龙网袋包裹铜盆花种子，置于盛有变色硅胶的干燥器内，硅胶与种子的体积比为 60∶1，室温条件下干燥处理 0 h~6 h，在干燥过程中定期测定种子含水量，将种子含水量由 30%~35% 降至 19%~30%。

按照 GB/T 3543.6 中的高恒温烘干法（130 ℃烘干 1 h）测定种子含水量（W_0），并按照公式（2）进行计算：

$$W_0 = \frac{M_1 - M_2}{M_1} \times 100\% \tag{2}$$

式中：W_0——含水量，用百分数表示（%）；

M_1——种子鲜重，单位为克（g）；

M_2——种子烘后重量，单位为克（g）。

6 种子保存量

铜盆花种子保存量不少于 200 粒，以便后期的活力检测使用。

7 种子冷冻方式

铜盆花种子超低温保存的冷冻方式为分步冷冻法，即将装有种子和玻璃化溶液（PVS2）的 2 mL 冻存管（每管 20 粒种子）置于 4 ℃冰箱中 0.5 h，取出立即放入 –20 ℃冰柜中 1 h，之后迅速投入液氮中保存。

PVS2 的配制方法见附录 A 的 A.2。

8 恢复培养

8.1 种子解冻处理

液氮中至少冻存 24 h 后，取出 2 个冻存管，立即放入 40 ℃水浴中快速解冻 2 min，而后用洗涤液（DS）浸泡 3 次，每次 5 min，并用纯净水冲洗干净。

DS 的配制方法见附录 A 的 A.3。

8.2 冻后种子活力检测

取出 1 管解冻后的种子，按照 5.1 活力检测方法进行超低温保存后的初始生活力检测。当种子生活力≥85% 时视为保存成功。

8.3 萌芽成苗

将剩下 1 管解冻后的铜盆花种子，放入 40 ℃温水中水浸催芽，注意边倒水边搅拌，自然冷却，浸泡 24 h 后，去掉外种皮，播种到带有无菌滤纸的带盖发芽盒中，在温度 20 ℃~25 ℃、湿度 70%~85% 的条件下培养。

附　录　A

（规范性附录）

试剂的配制和保存方法

A. 1　BTB 的配制和保存方法

精密称取 BTB 0. 1 g，溶解于煮沸过的 100 mL 纯水中，然后用滤纸去残渣。滤液若呈黄色，可加数滴氢氧化钠溶液，使之变为蓝色或蓝绿色，置于棕色瓶中长期贮存。

1. 5% BTB 琼脂凝胶：称量 0. 1% BTB 溶液 40 mL 置于烧杯中，称取 0. 5 g 琼脂，将其剪碎后加入杯中，加热并不断搅拌使之完全溶解。待溶液稍稍冷却即可趁热倒入 9 cm 培养皿中，使之成一均匀的薄层，完全冷却后备用。

A. 2　PVS2 的配制及保存方法

精密量取甘油 23. 8 mL、乙二醇 13. 6 mL、二甲基亚砜 13. 6 mL，称取蔗糖 13. 7 g，溶于 MS 溶液中，定容至 100 mL，调 pH 值至 5. 8，高温高压灭菌，4 ℃冷藏。

注：配制时需戴手套，并在通风橱内操作。

A. 3　DS 的配制及保存方法

精密称取蔗糖 41. 1 g 溶于 MS 溶液中，定容至 100 mL，调 pH 值至 5. 8，高温高压灭菌，4 ℃冷藏。

参 考 文 献

［1］江纪武. 世界药用植物速查辞典［M］. 北京：中国医药科技出版社，2015.

［2］中国科学院中国植物志编辑委员会. 中国植物志：第五十八卷［M］. 北京：科学出版社，1979：48.

［3］CHEN J，PIPOLY J J Ⅲ. Myrsinaceae［M］//WU Z Y，RAVEN P H. Flora of China. Beijing：Science Press，1996：1 - 38.

［4］REED B M. Plant Cryopreservation：A Practical Guide［M］. Corvallis：Springer，2008：3.

［5］刘华. 铜盆花的播种繁殖及开发利用［J］. 中国园艺文摘，2013，29（10）：144 - 145，155.

ICS 11.120.01
C 23

团 体 标 准

T/CACM 1326.42—2019

细叶黄皮种子超低温保存技术规程

Technical code of practice for cryopreservation of

Clausena anisum-olens（Blanco）Merr. seeds

2019 –10 –17 发布　　　　　　　　　　　　2019 –10 –17 实施

中华中医药学会 发布

目　次

前言 ………………………………………………………………………………………… 533

1　范围 …………………………………………………………………………………… 534

2　规范性引用文件 ……………………………………………………………………… 534

3　术语和定义 …………………………………………………………………………… 534

4　种子采收及选择 ……………………………………………………………………… 535

5　种子前处理 …………………………………………………………………………… 535

6　种子保存量 …………………………………………………………………………… 536

7　种子冷冻方式 ………………………………………………………………………… 536

8　恢复培养 ……………………………………………………………………………… 536

附录 A（规范性附录）　试剂的配制和保存方法 …………………………………… 538

参考文献 …………………………………………………………………………………… 539

前　言

本标准是药用植物顽拗性种子超低温保存系列标准之一，该系列标准结构和名称如下：

——T/CACM 1326.1　药用植物顽拗性种子超低温保存技术通则；

——T/CACM 1326.2　白木香种子超低温保存技术规程；

——T/CACM 1326.3　降香种子超低温保存技术规程；

——T/CACM 1326.4　益智种子超低温保存技术规程；

——T/CACM 1326.5　高良姜种子超低温保存技术规程；

——T/CACM 1326.6　朱砂根种子超低温保存技术规程；

——T/CACM 1326.7　草豆蔻种子超低温保存技术规程；

——T/CACM 1326.8　化州柚种子超低温保存技术规程；

——T/CACM 1326.9　樟种子超低温保存技术规程；

——T/CACM 1326.10　两面针种子超低温保存技术规程；

…………

本标准按照 GB/T 1.1—2009《标准化工作导则　第 1 部分：标准的结构和编写》给出的规则起草。

本标准由中国医学科学院药用植物研究所海南分所提出。

本标准由中华中医药学会归口。

本标准起草单位：中国医学科学院药用植物研究所海南分所，中国医学科学院药用植物研究所。

本标准主要起草人：曾琳，魏建和，郑希龙，李榕涛，王秋玲，何明军，金钺，顾雅坤，符丽。

细叶黄皮种子超低温保存技术规程

1 范围

本标准规定了细叶黄皮 ［*Clausena anisum-olens*（Blanco）Merr.］种子超低温保存过程中的术语和定义、种子采收及选择、种子前处理、种子保存量、种子冷冻方式、恢复培养等内容。

本标准适用于细叶黄皮种子的液氮超低温长期贮藏。

2 规范性引用文件

下列文件对本文件的应用是必不可少的。凡是注日期的引用文件，仅注日期的版本适用于本文件。凡是不注日期的引用文件，其最新版本（包括所有的修改单）适用于本文件。

GB/T 3543.6 农作物种子检验规程 水分测定

GB/T 3543.7 农作物种子检验规程 其他项目检验

3 术语和定义

下列术语和定义适用于本文件。

3.1

细叶黄皮 *Clausena anisum-olens*（Blanco）Merr.

为芸香科（Rutaceae）黄皮属（*Clausena* Burm. f.）常绿小乔木，又名鸡皮果、山黄皮，其果实、花、叶具有香气。枝、叶作草药，祛风除湿。鲜果可食用，味酸甜，但多食可致轻度麻舌感。民间将熟果晒干，用酒浸泡，谓有化痰止咳功效。收载于《世界药用植物速查辞典（2015）》。

3.2

细叶黄皮果实 *Clausena anisum-olens*（Blanco）Merr. fruits

果实圆球形，偶有阔卵形，径 1 cm ~ 2 cm，淡黄色，偶有淡朱红色，半透明，果皮有多数肉眼可见的半透明油点，果肉味甜或偏酸，有种子 1 ~ 2 粒。

3. 3

细叶黄皮种子　*Clausena anisum-olens*（Blanco）Merr. seeds

细叶黄皮的播种材料为完整种子，贮藏特性判断为顽拗性种子。种子暗黄色，扁平，子叶深绿色。种皮膜质，基部褐色。

3. 4

种子超低温保存　**seed of cryopreservation**

将经过前处理的细叶黄皮种子置于液氮（ -196 ℃）中保存。

4　种子采收及选择

4.1　种子采收

6 月份成熟，当果皮变成黄色，质软时，即可采收，去除果肉，取出种子。

4.2　种子选择

挑选发育饱满、完整、健康的种子，置于 4 ℃冰箱中保存备用（存放时间不超过 1 个月）。

5　种子前处理

5.1　活力

5.1.1　检测

细叶黄皮种子活力以种子生活力为判别标准。按照《植物生理学实验指导》中的溴麝香草酚蓝（BTB）法测定细叶黄皮种子生活力。待测种子在 30 ℃~35 ℃温水中浸种 2 h，随后取吸胀种子50 粒，整齐地埋于备好的 1.5% BTB 琼脂凝胶中，注意要将胚埋入凝胶中。将培养皿置于 35 ℃温箱中 4 h 后观察结果。

BTB 的配制和保存方法见附录 A 的 A.1。

5.1.2　鉴定及要求

在光下用放大镜对染色结果进行观察鉴定。凡种胚周围出现黄色晕圈的种子为有活力的种子，否则为无活力的种子。

待保存的细叶黄皮种子生活力应≥95%。

5.1.3　计算

生活力按照公式（1）进行计算：

$$A = \frac{y}{x} \times 100\% \tag{1}$$

式中：A——生活力；

y——有活力的种子数；

x——总的种子数。

5.2 含水量范围

用尼龙网袋包裹细叶黄皮种子，置于盛有变色硅胶的干燥器内，硅胶与种子的体积比为 60∶1，室温条件下干燥处理 2 h~16 h，在干燥过程中定期测定种子含水量，将种子含水量由 15%~20% 降至 10%~15%。

按照 GB/T 3543.6 中的高恒温烘干法（130 ℃烘干 1 h）测定种子含水量（W_0），并按照公式（2）进行计算：

$$W_0 = \frac{M_1 - M_2}{M_1} \times 100\% \tag{2}$$

式中：W_0——含水量，用百分数表示（%）；

M_1——种子鲜重，单位为克（g）；

M_2——种子烘后重量，单位为克（g）。

6 种子保存量

细叶黄皮种子保存量不少于 300 粒，以便后期的活力检测使用。

7 种子冷冻方式

细叶黄皮种子超低温保存的冷冻方式为分步冷冻法，即将装有种子和玻璃化溶液（PVS2）的 15 mL 冻存管（每管 30 粒种子）置于 4 ℃冰箱中 0.5 h，取出立即放入 -20 ℃冰柜中 1 h，之后迅速投入液氮中保存。

PVS2 的配制方法见附录 A 的 A.2。

8 恢复培养

8.1 种子解冻处理

液氮中至少冻存 24 h 后，取出 1 个冻存管，立即放入 40 ℃水浴中快速解冻 3 min，而后用洗涤液（DS）浸泡 3 次，每次 5 min，并用纯净水冲洗干净。

DS 的配制方法见附录 A 的 A.3。

8.2 冻后种子活力检测

取出 15 粒解冻后的种子，按照 5.1 活力检测方法进行超低温保存后的初始生活力检测。当种子生活力≥80%时视为保存成功。

8.3 萌芽成苗

将剩下15粒解冻后的细叶黄皮种子，播种到带有无菌滤纸的带盖发芽盒中，在温度25 ℃~30 ℃、湿度70%~85%的条件下培养。

附 录 A

（规范性附录）

试剂的配制和保存方法

A.1 BTB 的配制和保存方法

精密称取 BTB 0.1 g，溶解于煮沸过的 100 mL 纯水中，然后用滤纸去残渣。滤液若呈黄色，可加数滴氢氧化钠溶液，使之变为蓝色或蓝绿色，置于棕色瓶中长期贮存。

1.5% BTB 琼脂凝胶：称量 0.1% BTB 溶液 40 mL 置于烧杯中，称取 0.5 g 琼脂，将其剪碎后加入杯中，加热并不断搅拌使之完全溶解。待溶液稍稍冷却即可趁热倒入 9 cm 培养皿中，使之成一均匀的薄层，完全冷却后备用。

A.2 PVS2 的配制及保存方法

精密量取甘油 23.8 mL、乙二醇 13.6 mL、二甲基亚砜 13.6 mL，称取蔗糖 13.7 g，溶于 MS 溶液中，定容至 100 mL，调 pH 值至 5.8，高温高压灭菌，4 ℃冷藏。

注：配制时需戴手套，并在通风橱内操作。

A.3 DS 的配制及保存方法

精密称取蔗糖 41.1 g 溶于 MS 溶液中，定容至 100 mL，调 pH 值至 5.8，高温高压灭菌，4 ℃冷藏。

参 考 文 献

［1］江纪武. 世界药用植物速查辞典［M］. 北京：中国医药科技出版社，2015.

［2］中国科学院中国植物志编辑委员会. 中国植物志：第四十三卷：第二分册［M］. 北京：科学出版社，1997：138.

［3］ZHANG D X, HARTLEY T G, MABBERLEY D J. Rutaceae［M］//WU Z Y, RAVEN P H. Flora of China. Beijing：Science Press，2008：83 − 85.

［4］傅家瑞，宋松泉. 顽拗性种子生物学［M］. 北京：中国科学文化出版社，2004：1.

［5］REED B M. Plant Cryopreservation：A Practical Guide［M］. Corvallis：Springer，2008：3.

ICS 11.120.01
C 23

团 体 标 准

T/CACM 1326.43—2019

黄斑姜种子超低温保存技术规程

Technical code of practice for cryopreservation of
Zingiber flavomaculosum S. Q. Tong seeds

2019 –10 –17 发布　　　　　　　　　　2019 –10 –17 实施

中华中医药学会 发布

目　次

前言 ……………………………………………………………………………………………… 543

1　范围 ………………………………………………………………………………………… 544

2　规范性引用文件 …………………………………………………………………………… 544

3　术语和定义 ………………………………………………………………………………… 544

4　种子采收及选择 …………………………………………………………………………… 545

5　种子前处理 ………………………………………………………………………………… 545

6　种子保存量 ………………………………………………………………………………… 546

7　种子冷冻方式 ……………………………………………………………………………… 546

8　恢复培养 …………………………………………………………………………………… 546

附录 A（规范性附录）　TTC/磷酸盐缓冲溶液的配制和保存方法 ……………………… 547

参考文献 ………………………………………………………………………………………… 548

前　言

本标准是药用植物顽拗性种子超低温保存系列标准之一，该系列标准结构和名称如下：

——T/CACM 1326.1　药用植物顽拗性种子超低温保存技术通则；

——T/CACM 1326.2　白木香种子超低温保存技术规程；

——T/CACM 1326.3　降香种子超低温保存技术规程；

——T/CACM 1326.4　益智种子超低温保存技术规程；

——T/CACM 1326.5　高良姜种子超低温保存技术规程；

——T/CACM 1326.6　朱砂根种子超低温保存技术规程；

——T/CACM 1326.7　草豆蔻种子超低温保存技术规程；

——T/CACM 1326.8　化州柚种子超低温保存技术规程；

——T/CACM 1326.9　樟种子超低温保存技术规程；

——T/CACM 1326.10　两面针种子超低温保存技术规程；

…………

本标准按照 GB/T 1.1—2009《标准化工作导则　第 1 部分：标准的结构和编写》给出的规则起草。

本标准由中国医学科学院药用植物研究所海南分所提出。

本标准由中华中医药学会归口。

本标准起草单位：中国医学科学院药用植物研究所海南分所，中国医学科学院药用植物研究所。

本标准主要起草人：曾琳，魏建和，郑希龙，李榕涛，王秋玲，何明军，金钺，顾雅坤，符丽。

黄斑姜种子超低温保存技术规程

1 范围

本标准规定了黄斑姜（*Zingiber flavomaculosum* S. Q. Tong）种子超低温保存过程中的术语和定义、种子采收及选择、种子前处理、种子保存量、种子冷冻方式、恢复培养等内容。

本标准适用于黄斑姜种子的液氮超低温长期贮藏。

2 规范性引用文件

下列文件对本文件的应用是必不可少的。凡是注日期的引用文件，仅注日期的版本适用于本文件。凡是不注日期的引用文件，其最新版本（包括所有的修改单）适用于本文件。

GB/T 3543.6 农作物种子检验规程 水分测定

GB/T 3543.7 农作物种子检验规程 其他项目检验

3 术语和定义

下列术语和定义适用于本文件。

3.1

黄斑姜 *Zingiber flavomaculosum* S. Q. Tong

为姜科（Zingiberaceae）姜属（*Zingiber* Boehm.）多年生草本植物，植株具香气。用途广泛，是中国特有的重要的中药材和食材，具有消肿、解毒等功效。收载于《世界药用植物速查辞典（2015）》。

3.2

黄斑姜果实 *Zingiber flavomaculosum* S. Q. Tong fruits

果实为蒴果，椭圆形，红色，成熟时间为 9~12 月。

3.3

黄斑姜种子 *Zingiber flavomaculosum* S. Q. Tong seeds

黄斑姜的播种材料为完整种子，贮藏特性判断为顽拗性种子。种子黑色，卵圆形，具红色假种皮，种皮薄。表面光滑，质地较软。

3.4

种子超低温保存 seed of cryopreservation

将经过前处理的黄斑姜种子置于液氮（−196 ℃）中保存。

4 种子采收及选择

4.1 种子采收

9 月—12 月，果皮颜色变为红色时，即可采收，去除外果皮，取出种子。

4.2 种子选择

挑选发育饱满、均匀、健康的种子，置于 4 ℃冰箱中保存备用（存放时间不超过 1 个月）。

5 种子前处理

5.1 活力

5.1.1 检测

黄斑姜种子活力以种子生活力为判别标准。按照 GB/T 3543.7 中的 2,3,5-三苯基氯化四氮唑（TTC）法检测种子生活力。随机抽取 30 粒种子，沿种脊小心将种子分成 2 片后放培养皿内，内侧面向下，滴入 TTC 溶液浸没种子，室温（25 ℃）避光放置 4 h 后观察染色结果。

TTC 溶液的配制和保存方法见附录 A。

5.1.2 鉴定及要求

直接用肉眼对染色结果进行观察鉴定。凡胚及胚乳全部染成有光泽的鲜红色，且组织状态正常的，为有活力的种子，否则为无生活力的种子。

待保存的黄斑姜种子生活力应≥90%。

5.1.3 计算

生活力按照公式（1）进行计算：

$$A = \frac{y}{x} \times 100\% \tag{1}$$

式中：A——生活力；

y——有活力的种子数；

x——总的种子数。

5.2 含水量范围

用尼龙网袋包裹黄斑姜种子，置于盛有变色硅胶的干燥器内，硅胶与种子的体积比为 60:1，室温条件下干燥处理 2 h~12 h，在干燥过程中定期测定种子含水量，将种子含水量由 15%~20% 降至 11%~13%。

按照 GB/T 3543.6 中的高恒温烘干法（130 ℃烘干 1 h）测定种子含水量（W_0），并按照公式（2）进行计算：

$$W_0 = \frac{M_1 - M_2}{M_1} \times 100\% \tag{2}$$

式中：W_0——含水量，用百分数表示（%）；

M_1——种子鲜重，单位为克（g）；

M_2——种子烘后重量，单位为克（g）。

6 种子保存量

黄斑姜种子保存量不少于 200 粒，以便后期的活力检测使用。

7 种子冷冻方式

黄斑姜种子超低温保存的冷冻方式为直接冷冻法，即将待保存的黄斑姜种子放入 1 mL 冻存管（每管 30 粒种子）中，迅速投入液氮中保存。

8 恢复培养

8.1 种子解冻处理

液氮中至少冻存 24 h 后，取出 1 个冻存管，立即放入 40 ℃水浴中快速解冻 2 min。

8.2 冻后种子活力检测

取出 15 粒解冻后的种子，按照 5.1 活力检测方法进行超低温保存后的初始生活力检测。当种子生活力≥85% 时视为保存成功。

8.3 萌芽成苗

将剩下 15 粒解冻后的黄斑姜种子，播种到带有无菌滤纸的带盖发芽盒中，在温度 25 ℃~30 ℃、湿度 70%~85% 的条件下培养。

附　录　A

（规范性附录）

TTC/磷酸盐缓冲溶液的配制和保存方法

A.1　三苯基氯化四氮唑（TTC）溶液配制和保存方法

精密称取 TTC 1.00 g，溶于 100 mL 磷酸盐缓冲溶液中，制成浓度为 1% 的 TTC 溶液，调 pH 至 6.5~7.5，放于棕色瓶内，置于 4 ℃冰箱中备用。

A.2　磷酸盐缓冲溶液配制方法

溶液 I：9.08 g 磷酸二氢钾溶于 1 L 无菌水中；

溶液 II：35.81 g 磷酸二氢钠溶于 1 L 无菌水中；

按 I∶II ＝ 2∶3 的比例混合制成磷酸盐缓冲溶液。

参　考　文　献

［1］中国药材公司. 中国中药资源志要［M］. 北京：科学出版社，1994.

［2］中国科学院中国植物志编辑委员会. 中国植物志：第十六卷：第二分册［M］. 北京：科学出版社，1981：139.

［3］WU T L, LARSEN K. Zingiberaceae［M］//WU Z Y, RAVEN P H. Flora of China. Beijing：Science Press，2000：322 - 377.

［4］傅家瑞，宋松泉. 顽拗性种子生物学［M］. 北京：中国科学文化出版社，2004：1.

［5］REED B M. Plant Cryopreservation：A Practical Guide［M］. Corvallis：Springer，2008：3.

ICS　11.120.01

C 23

团　体　标　准

T/CACM 1326.44—2019

大苞闭鞘姜种子超低温保存技术规程

Technical code of practice for cryopreservation of

Costus dubius（Afzel.）K. Schum. seeds

2019 –10 –17 发布　　　　　　　　　　　　　　2019 –10 –17 实施

中华中医药学会 发布

目　　次

前言 ·· 551

1　范围 ·· 552

2　规范性引用文件 ·· 552

3　术语和定义 ·· 552

4　种子采收及选择 ·· 553

5　种子前处理 ·· 553

6　种子保存量 ·· 554

7　种子冷冻方式 ··· 554

8　恢复培养 ··· 554

附录 A（规范性附录）试剂的配制和保存方法 ································· 556

参考文献 ·· 557

前　言

本标准是药用植物顽拗性种子超低温保存系列标准之一，该系列标准结构和名称如下：

——T/CACM 1326.1　药用植物顽拗性种子超低温保存技术通则；

——T/CACM 1326.2　白木香种子超低温保存技术规程；

——T/CACM 1326.3　降香种子超低温保存技术规程；

——T/CACM 1326.4　益智种子超低温保存技术规程；

——T/CACM 1326.5　高良姜种子超低温保存技术规程；

——T/CACM 1326.6　朱砂根种子超低温保存技术规程；

——T/CACM 1326.7　草豆蔻种子超低温保存技术规程；

——T/CACM 1326.8　化州柚种子超低温保存技术规程；

——T/CACM 1326.9　樟种子超低温保存技术规程；

——T/CACM 1326.10　两面针种子超低温保存技术规程；

…………

本标准按照 GB/T 1.1—2009《标准化工作导则　第 1 部分：标准的结构和编写》给出的规则起草。

本标准由中国医学科学院药用植物研究所海南分所提出。

本标准由中华中医药学会归口。

本标准起草单位：中国医学科学院药用植物研究所海南分所，中国医学科学院药用植物研究所。

本标准主要起草人：曾琳，魏建和，郑希龙，李榕涛，王秋玲，何明军，金钺，顾雅坤，符丽。

大苞闭鞘姜种子超低温保存技术规程

1 范围

本标准规定了大苞闭鞘姜［*Costus dubius*（Afzel.）K. Schum.］种子超低温保存过程中的术语和定义、种子采收及选择、种子前处理、种子保存量、种子冷冻方式、恢复培养等内容。

本标准适用于大苞闭鞘姜种子的超低温长期贮藏。

2 规范性引用文件

下列文件对本文件的应用是必不可少的。凡是注日期的引用文件，仅注日期的版本适用于本文件。凡是不注日期的引用文件，其最新版本（包括所有的修改单）适用于本文件。

GB/T 3543.6 农作物种子检验规程 水分测定

GB/T 3543.7 农作物种子检验规程 其他项目检验

3 术语和定义

下列术语和定义适用于本文件。

3.1

大苞闭鞘姜 *Costus dubius*（Afzel.）K. Schum.

为姜科（Zingiberaceae）闭鞘姜属（*Costus* L.）草本植物，有消炎利尿、散瘀消肿的功效。闭鞘姜属植物不仅具有药用和食用价值，还可做切花、盆栽供观赏。收载于《世界药用植物速查辞典（2015）》。

3.2

大苞闭鞘姜果实 *Costus dubius*（Afzel.）K. Schum. fruits

果实为蒴果，稍木质，长 1.3 cm，红色，圆形或卵圆形。室背开裂，顶端冠以宿存的花萼。

3.3

大苞闭鞘姜种子 *Costus dubius*（Afzel.）K. Schum. seeds

大苞闭鞘姜的播种材料为完整种子，贮藏特性判断为顽拗性种子。种子黑色，光亮，多数，具白色撕裂状假种皮。

3.4

种子超低温保存　seed of cryopreservation

将经过前处理的大苞闭鞘姜种子置于液氮（ −196 ℃）中保存。

4　种子采收及选择

4.1　种子采收

9 月份开始果实成熟，果皮由青绿色变成暗绿色时即可采收。果实成熟后极易脱落，应立即采收种子，否则易被鸟类取食，去除果皮和果肉，取出种子。

4.2　种子选择

挑选发育饱满、均匀、健康的种子，置于 4 ℃冰箱中保存备用（存放时间不超过 2 个月）。

5　种子前处理

5.1　活力

5.1.1　检测

大苞闭鞘姜种子活力以种子生活力为判别标准。按照《植物生理学实验指导》中的溴麝香草酚蓝（BTB）法测定大苞闭鞘姜种子生活力。待测种子在 30 ℃~35 ℃ 温水中浸种 2 h，随后取吸胀种子 50 粒，整齐地埋于备好的 1.5% BTB 琼脂凝胶中，注意要将胚埋入凝胶中。将培养皿置于 35 ℃温箱中 10 h 后观察结果。

BTB 的配制和保存方法见附录 A 的 A.1。

5.1.2　鉴定及要求

在光下用放大镜对染色结果进行观察鉴定。凡种胚周围出现黄色晕圈的种子为有活力的种子，否则为无活力的种子。

待保存的大苞闭鞘姜种子生活力应≥65%。

5.1.3　计算

生活力按照公式（1）进行计算：

$$A = \frac{y}{x} \times 100\% \tag{1}$$

式中：A——生活力；

　　　y——有活力的种子数；

x——总的种子数。

5.2 含水量范围

用尼龙网袋包裹大苞闭鞘姜种子，置于盛有变色硅胶的干燥器内，硅胶与种子的体积比为60:1，室温条件下干燥处理 0 h～10 h，在干燥过程中可定期测定种子含水量，将种子含水量由15%～20%降至13%～15%。

按照 GB/T 3543.6 中的高恒温烘干法（130 ℃烘干 1 h）测定种子含水量（W_0），并按照公式（2）进行计算：

$$W_0 = \frac{M_1 - M_2}{M_1} \times 100\% \tag{2}$$

式中：W_0——种子含水量，用百分数表示（%）；

M_1——种子鲜重，单位为克（g）；

M_2——种子烘后重量，单位为克（g）。

6 种子保存量

大苞闭鞘姜种子保存量不少于 500 粒，以便后期的活力检测使用。

7 种子冷冻方式

大苞闭鞘姜种子超低温保存的冷冻方式为玻璃化冷冻法，即将装有种子的 1 mL 冻存管（每管50 粒种子）置于装载液（LS）中并于 25 ℃处理种子 20 min，再用玻璃化溶液（PVS2）冰浴处理种子 30 min，换上预冷新鲜的 PVS2 后迅速投入液氮中进行超低温保存。

LS 和 PVS2 的配制及保存方法见附录 A 的 A.2 和 A.3。

8 恢复培养

8.1 种子解冻处理

液氮中至少冻存 24 h 后，取出 1 个冻存管，立即放入 40 ℃水浴中快速解冻 2 min，而后用洗涤液（DS）浸泡 15 min，并用纯净水洗涤 3 次。

DS 的配制及保存方法见附录 A 的 A.4。

8.2 冻后种子活力检测

取出 25 粒解冻后的种子，按照 5.1 活力检测方法，进行超低温保存后的初始生活力检测。当种子生活力≥50%时视为保存成功。

8.3 萌芽成苗

将剩下 25 粒解冻后的大苞闭鞘姜种子，播种到带有无菌滤纸的带盖发芽盒中，在温度 25 ℃~30 ℃、湿度 70%~85% 的条件下培养。

附　录　A

（规范性附录）

试剂的配制和保存方法

A.1　BTB 的配制和保存方法

精密称取 BTB 0.1 g，溶解于煮沸过的 100 mL 纯水中，然后用滤纸去残渣。滤液若呈黄色，可加数滴氢氧化钠溶液，使之变为蓝色或蓝绿色，置于棕色瓶中长期贮存。

1.5% BTB 琼脂凝胶：称量 0.1% BTB 溶液 40 mL 置于烧杯中，称取 0.5 g 琼脂，将其剪碎后加入杯中，加热并不断搅拌使之完全溶解。待溶液稍稍冷却即可趁热倒入 9 cm 培养皿中，使之成一均匀的薄层，完全冷却后备用。

A.2　装载液（LS）的配制及保存方法

精密称取蔗糖 13.7 g，称量甘油 11.9 mL，溶于液体 MS 培养基中，调 pH 至 5.8，并定容至 100 mL，高温高压灭菌，4 ℃冷藏。

A.3　玻璃化溶液（PVS2）的配制及保存方法

精密量取甘油 23.8 mL、乙二醇 13.6 mL、二甲基亚砜 13.6 mL，称取蔗糖 13.7 g，溶于 MS 溶液中，调 pH 至 5.8 后，定容至 100 mL，高温高压灭菌，4 ℃冷藏。

注：配制时需戴手套，并在通风橱内操作。

A.4　洗涤液（DS）的配制及保存方法

精密称取蔗糖 41.1 g 溶于 MS 溶液中，调 pH 至 5.8 后，定容至 100 mL，高温高压灭菌，4 ℃冷藏。

参 考 文 献

［1］江纪武. 世界药用植物速查辞典［M］. 北京：中国医药科技出版社，2015.

［2］中国科学院中国植物志编辑委员会. 中国植物志：第十六卷：第二分册［M］. 北京：科学出版社，
1981：149.

［3］傅家瑞，宋松泉. 顽拗性种子生物学［M］. 北京：中国科学文化出版社，2004：1.

［4］REED B M. Plant Cryopreservation: A Practical Guide［M］. Corvallis: Springer，2008：3.

ICS　11.120.01
C 23

团　体　标　准

T/CACM 1326.45—2019

神秘果种子超低温保存技术规程

Technical code of practice for cryopreservation of
Synsepalum dulcificum Daniell seeds

2019 –10 –17 发布　　　　　　　　　　　2019 –10 –17 实施

中华中医药学会 发布

目　次

前言 ……………………………………………………………………………………… 561

　1　范围 ………………………………………………………………………………… 562

　2　规范性引用文件 …………………………………………………………………… 562

　3　术语和定义 ………………………………………………………………………… 562

　4　种子采收及选择 …………………………………………………………………… 563

　5　种子前处理 ………………………………………………………………………… 563

　6　种子保存量 ………………………………………………………………………… 564

　7　种子冷冻方式 ……………………………………………………………………… 564

　8　恢复培养 …………………………………………………………………………… 564

附录 A（规范性附录）　　试剂的配制和保存方法 …………………………………… 566

参考文献 ………………………………………………………………………………… 567

前　言

本标准是药用植物顽拗性种子超低温保存系列标准之一，该系列标准结构和名称如下：

——T/CACM 1326.1　药用植物顽拗性种子超低温保存技术通则；

——T/CACM 1326.2　白木香种子超低温保存技术规程；

——T/CACM 1326.3　降香种子超低温保存技术规程；

——T/CACM 1326.4　益智种子超低温保存技术规程；

——T/CACM 1326.5　高良姜种子超低温保存技术规程；

——T/CACM 1326.6　朱砂根种子超低温保存技术规程；

——T/CACM 1326.7　草豆蔻种子超低温保存技术规程；

——T/CACM 1326.8　化州柚种子超低温保存技术规程；

——T/CACM 1326.9　樟种子超低温保存技术规程；

——T/CACM 1326.10　两面针种子超低温保存技术规程；

…………

本标准按照 GB/T 1.1—2009《标准化工作导则　第 1 部分：标准的结构和编写》给出的规则起草。

本标准由中国医学科学院药用植物研究所海南分所提出。

本标准由中华中医药学会归口。

本标准起草单位：中国医学科学院药用植物研究所海南分所，中国医学科学院药用植物研究所。

本标准主要起草人：曾琳，魏建和，郑希龙，李榕涛，王秋玲，何明军，金钺，顾雅坤，符丽。

神秘果种子超低温保存技术规程

1 范围

本标准规定了神秘果（*Synsepalum dulcificum* Daniell）种子超低温保存过程中的术语和定义、种子采收及选择、种子前处理、种子保存量、种子冷冻方式、恢复培养等内容。

本标准适用于神秘果种子的超低温长期贮藏。

2 规范性引用文件

下列文件对本文件的应用是必不可少的。凡是注日期的引用文件，仅注日期的版本适用于本文件。凡是不注日期的引用文件，其最新版本（包括所有的修改单）适用于本文件。

GB/T 3543.6 农作物种子检验规程 水分测定

GB/T 3543.7 农作物种子检验规程 其他项目检验

3 术语和定义

下列术语和定义适用于本文件。

3.1

神秘果 *Synsepalum dulcificum* Daniell

为山榄科（Sapotaceae）神秘果属（*Synsepalum*）常绿灌木植物。果肉中含有被称为神秘果素（Miraculin）的糖蛋白，能催化苹果酸、柠檬酸类物质转化为果糖，改变人的味觉，使酸的食物变甜。在加纳、刚果等西非热带地区常用来调节食物味道。20世纪60年代，周恩来总理到西非访问时，加纳把神秘果作为国礼送给周总理；此后，神秘果开始在我国栽培。神秘果是一种集趣味性、观赏性和食用性于一体的珍贵植物。收载于《世界药用植物速查辞典（2015）》。

3.2

神秘果果实 *Synsepalum dulcificum* Daniell fruits

果实为浆果，椭圆形，长1.5 cm～2 cm，果肉近果皮处有厚壁组织而成薄革质至骨质外皮。果皮成熟前绿色，成熟后鲜红色，果肉较薄。

3.3

神秘果种子 *Synsepalum dulcificum Daniell seeds*

神秘果的播种材料为完整种子，贮藏特性判断为顽拗性种子。种子1至数枚，种皮褐色，具油质胚乳或没有，硬而光亮，富含单宁，有各种各样的疤痕，子叶薄或厚，有时叶状。

3.4

种子超低温保存 **seed of cryopreservation**

将经过前处理的神秘果种子置于液氮（-196℃）中保存。

4 种子采收及选择

4.1 种子采收

6月—7月以及11月—12月，当果皮变为鲜红色，果肉变软后，即可采收，去除果皮和果肉，取出种子。

4.2 种子选择

挑选发育饱满、结实、健康的种子，置于4℃冰箱中保存备用（存放时间不超过1个月）。

5 种子前处理

5.1 活力

5.1.1 检测

神秘果种子活力以种子生活力为判别标准。按照GB/T 3543.7中的2,3,5-三苯基氯化四氮唑（TTC）法检测种子生活力。随机抽取30粒种子，沿种脊小心将种子分成2片后放培养皿内，内侧面向下，滴入TTC溶液浸没种子，室温（25℃）避光放置4h后观察染色结果。

TTC溶液的配制和保存方法见附录A的A.1和A.2。

5.1.2 鉴定及要求

直接用肉眼对染色结果进行观察鉴定。凡胚及胚乳全部染成有光泽的鲜红色，且组织状态正常的，为有活力的种子，否则为无生活力的种子。

待保存的神秘果种子生活力应≥90%。

5.1.3 计算

生活力按照公式（1）进行计算：

$$A = \frac{y}{x} \times 100\%$$

（1）

式中：A——生活力；

y——有活力的种子数；

x——总的种子数。

5.2 含水量范围

用尼龙网袋包裹神秘果种子，置于盛有变色硅胶的干燥器内，硅胶与种子的体积比为 40∶1，室温条件下干燥处理 0 h~40 h，在干燥过程中可定期测定种子含水量，将种子含水量由 35%~40% 降至 23%~35%。

按照 GB/T 3543.6 中的高恒温烘干法（130 ℃烘干 1 h）测定种子含水量（W_0），并按照公式（2）进行计算：

$$W_0 = \frac{M_1 - M_2}{M_1} \times 100\% \tag{2}$$

式中：W_0——种子含水量，用百分数表示（%）；

M_1——种子鲜重，单位为克（g）；

M_2——种子烘后重量，单位为克（g）。

6 种子保存量

神秘果种子保存量不少于 240 粒，以便后期的活力检测使用。

7 种子冷冻方式

神秘果种子超低温保存的冷冻方式为玻璃化冷冻法，即将装有种子的 15 mL 冻存管（每管 12 粒种子）置于装载液（LS）中并于 25 ℃处理种子 25 min，再用玻璃化溶液（PVS2）冰浴处理种子 30 min，换上预冷新鲜的 PVS2 后迅速投入液氮中进行超低温保存。

LS 和 PVS2 的配制及保存方法见附录 A 的 A.3 和 A.4。

8 恢复培养

8.1 种子解冻处理

液氮中至少冻存 24 h 后，取出 2 个冻存管，立即放入 40 ℃水浴中快速解冻 5 min，而后用洗涤液（DS）浸泡 15 min，并用纯净水洗涤 3 次。

DS 的配制及保存方法见附录 A 的 A.5。

8.2 冻后种子活力检测

取出 1 管解冻后的种子，按照 5.1 活力检测方法，进行超低温保存后的初始生活力检测。当

种子生活力≥75%时视为保存成功。

8.3　萌芽成苗

将剩下 1 管解冻后的神秘果种子，播种到带有无菌滤纸的带盖发芽盒中，在温度 25 ℃～30 ℃、湿度 70%～85% 的条件下培养。神秘果种子出芽周期大概 30 d。

附 录 A
（规范性附录）
试剂的配制和保存方法

A.1 三苯基氯化四氮唑（TTC）溶液配制和保存方法

精密称取 TTC 1.00 g，溶于 100 mL 磷酸盐缓冲溶液中，制成浓度为 1% 的 TTC 溶液，调 pH 至 6.5~7.5，放入棕色瓶内，置于 4 ℃冰箱备用。

A.2 磷酸盐缓冲溶液配制方法

溶液 I：9.08 g 磷酸二氢钾溶于 1 L 无菌水中。

溶液 II：35.81 g 磷酸二氢钠溶于 1 L 无菌水中。

按 I：II ＝2：3 的比例混合制成磷酸盐缓冲溶液。

A.3 装载液（LS）的配制及保存方法

精密称取蔗糖 13.7 g，称量甘油 11.9 mL，溶于液体 MS 培养基中，调 pH 至 5.8，并定容至 100 mL，高温高压灭菌，4 ℃冷藏。

A.4 玻璃化溶液（PVS2）的配制及保存方法

精密量取甘油 23.8 mL、乙二醇 13.6 mL、二甲基亚砜 13.6 mL，称取蔗糖 13.7 g，溶于 MS 溶液中，调 pH 至 5.8 后，定容至 100 mL，高温高压灭菌，4 ℃冷藏。

注：配制时需戴手套，并在通风橱内操作。

A.5 洗涤液（DS）的配制及保存方法

精密称取蔗糖 41.1 g 溶于 MS 溶液中，调 pH 至 5.8 后，定容至 100 mL，高温高压灭菌，4 ℃冷藏。

参 考 文 献

［1］江纪武. 世界药用植物速查辞典［M］. 北京：中国医药科技出版社，2015.

［2］中国科学院中国植物志编辑委员会. 中国植物志：第六十卷：第一分册［M］. 北京：科学出版社，1987：047.

［3］傅家瑞，宋松泉. 顽拗性种子生物学［M］. 北京：中国科学文化出版社，2004：1.

［4］REED B M. Plant Cryopreservation: A Practical Guide［M］. Corvallis: Springer，2008：3.

［5］马艺丹，刘红，闫瑞昕，等. 神秘果种子营养成分分析与评价［J］. 食品工业科技，2016，37（13）：346 - 351.

ICS 11.120.01
C 23

团 体 标 准

T/CACM 1326.46—2019

青梅种子超低温保存技术规程

Technical code of practice for cryopreservation of

Vatica mangachapoi Blanco seeds

2019 –10 –17 发布　　　　　　　　　　　　2019 –10 –17 实施

中华中医药学会 发布

目　次

前言 ⋯⋯⋯⋯⋯⋯⋯⋯⋯⋯⋯⋯⋯⋯⋯⋯⋯⋯⋯⋯⋯⋯⋯⋯⋯⋯⋯⋯⋯⋯⋯⋯⋯⋯⋯⋯⋯ 571

1　范围 ⋯⋯⋯⋯⋯⋯⋯⋯⋯⋯⋯⋯⋯⋯⋯⋯⋯⋯⋯⋯⋯⋯⋯⋯⋯⋯⋯⋯⋯⋯⋯⋯⋯⋯ 572

2　规范性引用文件 ⋯⋯⋯⋯⋯⋯⋯⋯⋯⋯⋯⋯⋯⋯⋯⋯⋯⋯⋯⋯⋯⋯⋯⋯⋯⋯⋯⋯ 572

3　术语和定义 ⋯⋯⋯⋯⋯⋯⋯⋯⋯⋯⋯⋯⋯⋯⋯⋯⋯⋯⋯⋯⋯⋯⋯⋯⋯⋯⋯⋯⋯⋯ 572

4　种子采收及选择 ⋯⋯⋯⋯⋯⋯⋯⋯⋯⋯⋯⋯⋯⋯⋯⋯⋯⋯⋯⋯⋯⋯⋯⋯⋯⋯⋯⋯ 573

5　种子前处理 ⋯⋯⋯⋯⋯⋯⋯⋯⋯⋯⋯⋯⋯⋯⋯⋯⋯⋯⋯⋯⋯⋯⋯⋯⋯⋯⋯⋯⋯⋯ 573

6　种子保存量 ⋯⋯⋯⋯⋯⋯⋯⋯⋯⋯⋯⋯⋯⋯⋯⋯⋯⋯⋯⋯⋯⋯⋯⋯⋯⋯⋯⋯⋯⋯ 574

7　种子冷冻方式 ⋯⋯⋯⋯⋯⋯⋯⋯⋯⋯⋯⋯⋯⋯⋯⋯⋯⋯⋯⋯⋯⋯⋯⋯⋯⋯⋯⋯⋯ 574

8　恢复培养 ⋯⋯⋯⋯⋯⋯⋯⋯⋯⋯⋯⋯⋯⋯⋯⋯⋯⋯⋯⋯⋯⋯⋯⋯⋯⋯⋯⋯⋯⋯⋯ 574

附录 A（规范性附录）　TTC/磷酸盐缓冲溶液的配制和保存方法 ⋯⋯⋯⋯⋯⋯⋯⋯ 575

参考文献 ⋯⋯⋯⋯⋯⋯⋯⋯⋯⋯⋯⋯⋯⋯⋯⋯⋯⋯⋯⋯⋯⋯⋯⋯⋯⋯⋯⋯⋯⋯⋯⋯⋯ 576

前　　言

本标准是药用植物顽拗性种子超低温保存系列标准之一，该系列标准结构和名称如下：

——T/CACM 1326.1　药用植物顽拗性种子超低温保存技术通则；

——T/CACM 1326.2　白木香种子超低温保存技术规程；

——T/CACM 1326.3　降香种子超低温保存技术规程；

——T/CACM 1326.4　益智种子超低温保存技术规程；

——T/CACM 1326.5　高良姜种子超低温保存技术规程；

——T/CACM 1326.6　朱砂根种子超低温保存技术规程；

——T/CACM 1326.7　草豆蔻种子超低温保存技术规程；

——T/CACM 1326.8　化州柚种子超低温保存技术规程；

——T/CACM 1326.9　樟种子超低温保存技术规程；

——T/CACM 1326.10　两面针种子超低温保存技术规程；

…………

本标准按照 GB/T 1.1—2009《标准化工作导则　第 1 部分：标准的结构和编写》给出的规则起草。

本标准由中国医学科学院药用植物研究所海南分所提出。

本标准由中华中医药学会归口。

本标准起草单位：中国医学科学院药用植物研究所海南分所，中国医学科学院药用植物研究所。

本标准主要起草人：曾琳，魏建和，李榕涛，郑希龙，王秋玲，何明军，金钺，顾雅坤，符丽。

青梅种子超低温保存技术规程

1 范围

本标准规定了青梅（*Vatica mangachapoi* Blanco）种子超低温保存过程中的术语和定义、种子采收及选择、种子前处理、种子保存量、种子冷冻方式、恢复培养等内容。

本标准适用于青梅种子的液氮超低温长期贮藏。

2 规范性引用文件

下列文件对本文件的应用是必不可少的。凡是注日期的引用文件，仅注日期的版本适用于本文件。凡是不注日期的引用文件，其最新版本（包括所有的修改单）适用于本文件。

GB/T 3543.6 农作物种子检验规程 水分测定

GB/T 3543.7 农作物种子检验规程 其他项目检验

3 术语和定义

下列术语和定义适用于本文件。

3.1

青梅 *Vatica mangachapoi* Blanco

为龙脑香科（Dipterocarpaceae）青梅属（*Vatica* Linn.）常绿植物，集观赏与药用于一身，为国家Ⅱ级保护树种，梅果具有很高的药用价值。其木材心材比较大，耐腐、耐湿，用途近似同科坡垒属树种坡垒（*Hopea hainanensis* Merr. et Chun），为优良的渔轮材之一。收载于《世界药用植物速查辞典（2015）》。

3.2

青梅果实 *Vatica mangachapoi* Blanco fruits

果实球形，直径约6 mm，下托以增大的宿萼，萼片不等大，其中2片最大，长达4 cm，先端圆形，具5条纵脉。

3.3

青梅种子　*Vatica mangachapoi* Blanco seeds

青梅的播种材料为完整种子，贮藏特性判断为顽拗性种子。种子 1 枚，褐色、球形。

3.4

种子超低温保存　seed of cryopreservation

将经过前处理的青梅种子置于液氮（−196 ℃）中保存。

4　种子采收及选择

4.1　种子采收

8 月—9 月，当果皮和萼片变成褐红色时，即可采收，去除萼片，取出种子。

4.2　种子选择

挑选发育饱满、均匀、健康的种子，置于 4 ℃冰箱中保存备用（存放时间不超过 1 个月）。

5　种子前处理

5.1　活力

5.1.1　检测

青梅种子活力以种子生活力为判别标准。按照 GB/T 3543.7 中的 2, 3, 5-三苯基氯化四氮唑（TTC）法检测种子生活力。随机抽取 30 粒种子，分别切开取出含胚部分，放培养皿内，滴入 TTC 溶液浸没种胚，室温（25 ℃）避光放置 4 h 后观察染色结果。

TTC 溶液的配制和保存方法见附录 A。

5.1.2　鉴定及要求

直接用肉眼对染色结果进行观察鉴定。凡胚及胚乳全部染成有光泽的鲜红色，且组织状态正常的，为有活力的种子，否则为无生活力的种子。

待保存的青梅种子生活力应≥75%。

5.1.3　计算

生活力按照公式（1）进行计算：

$$A = \frac{y}{x} \times 100\% \tag{1}$$

式中：A——生活力；

　　　y——有活力的种子数；

x——总的种子数。

5.2 含水量范围

用尼龙网袋包裹青梅种子，置于盛有变色硅胶的干燥器内，硅胶与种子的体积比为 60∶1，室温条件下干燥处理 8 h~36 h，在干燥过程中定期测定种子含水量，将种子含水量由 25%~30% 降至 19%~22%。

按照 GB/T 3543.6 中的高恒温烘干法（130 ℃烘干 1 h）测定种子含水量（W_0），并按照公式（2）进行计算：

$$W_0 = \frac{M_1 - M_2}{M_1} \times 100\% \tag{2}$$

式中：W_0——含水量，用百分数表示（%）；

M_1——种子鲜重，单位为克（g）；

M_2——种子烘后重量，单位为克（g）。

6 种子保存量

青梅种子保存量不少于 500 粒，以便后期的活力检测使用。

7 种子冷冻方式

青梅种子超低温保存的冷冻方式为直接冷冻法，即将待保存的青梅种子放入 5 mL 冻存管（每管 50 粒种子）中，迅速投入液氮中保存。

8 恢复培养

8.1 种子解冻处理

液氮中至少冻存 24 h 后，取出 1 个冻存管，立即放入 40 ℃水浴中快速解冻 2 min。

8.2 冻后种子活力检测

取出 25 粒解冻后的种子，按照 5.1 活力检测方法进行超低温保存后的初始生活力检测。当种子生活力≥50%时视为保存成功。

8.3 萌芽成苗

将剩下 25 粒解冻后的青梅种子，播种到带有无菌滤纸的带盖发芽盒中，在温度 25 ℃~30 ℃、湿度 70%~85% 的条件下培养。

附　录　A

（规范性附录）

TTC/磷酸盐缓冲溶液的配制和保存方法

A.1　三苯基氯化四氮唑（TTC）溶液配制和保存方法

精密称取 TTC 1.00 g，溶于 100 mL 磷酸盐缓冲溶液中，制成浓度为1%的 TTC 溶液，调 pH 至 6.5~7.5，放于棕色瓶内，置于 4 ℃冰箱中备用。

A.2　磷酸盐缓冲溶液配制方法

溶液 I：9.08 g 磷酸二氢钾溶于 1 L 无菌水中；

溶液 II：35.81 g 磷酸二氢钠溶于 1 L 无菌水中；

按 I∶II = 2∶3 的比例混合制成磷酸盐缓冲溶液。

参 考 文 献

［1］江纪武. 世界药用植物速查辞典 ［M］. 北京：中国医药科技出版社，2015.

［2］中国科学院中国植物志编辑委员会. 中国植物志：第五十卷：第二分册 ［M］. 北京：科学出版社，1990：130.

［3］LI H W, LI J, ASHTON P S. Dipterocarpaceae ［M］//WU Z Y, RAVEN P H. Flora of China. Beijing: Science Press, 2007：53 - 54.

［4］傅家瑞，宋松泉. 顽拗性种子生物学 ［M］. 北京：中国科学文化出版社，2004：1.

［5］REED B M. Plant Cryopreservation: A Practical Guide ［M］. Corvallis: Springer, 2008：3.

ICS 11.120.01
C 23

团 体 标 准

T/CACM 1326.47—2019

洋苏木种子超低温保存技术规程

Technical code of practice for cryopreservation of

Haematoxylum campechianum L. seeds

2019 –10 –17 发布 　　　　　　　　2019 –10 –17 实施

中华中医药学会 发布

目　次

前言 ……………………………………………………………………………………………………… 579

1　范围 …………………………………………………………………………………………… 580

2　规范性引用文件 …………………………………………………………………………… 580

3　术语和定义 ………………………………………………………………………………… 580

4　种子采收及选择 …………………………………………………………………………… 581

5　种子前处理 ………………………………………………………………………………… 581

6　种子保存量 ………………………………………………………………………………… 582

7　种子冷冻方式 ……………………………………………………………………………… 582

8　恢复培养 …………………………………………………………………………………… 582

附录 A（规范性附录）　试剂的配制和保存方法 ………………………………………… 584

参考文献 …………………………………………………………………………………………… 585

前　言

本标准是药用植物顽拗性种子超低温保存系列标准之一，该系列标准结构和名称如下：

——T/CACM 1326.1　药用植物顽拗性种子超低温保存技术通则；

——T/CACM 1326.2　白木香种子超低温保存技术规程；

——T/CACM 1326.3　降香种子超低温保存技术规程；

——T/CACM 1326.4　益智种子超低温保存技术规程；

——T/CACM 1326.5　高良姜种子超低温保存技术规程；

——T/CACM 1326.6　朱砂根种子超低温保存技术规程；

——T/CACM 1326.7　草豆蔻种子超低温保存技术规程；

——T/CACM 1326.8　化州柚种子超低温保存技术规程；

——T/CACM 1326.9　樟种子超低温保存技术规程；

——T/CACM 1326.10　两面针种子超低温保存技术规程；

…………

本标准按照 GB/T 1.1—2009《标准化工作导则　第 1 部分：标准的结构和编写》给出的规则起草。

本标准由中国医学科学院药用植物研究所海南分所提出。

本标准由中华中医药学会归口。

本标准起草单位：中国医学科学院药用植物研究所海南分所，中国医学科学院药用植物研究所。

本标准主要起草人：曾琳，魏建和，郑希龙，李榕涛，王秋玲，何明军，金钺，顾雅坤，符丽。

洋苏木种子超低温保存技术规程

1 范围

本标准规定了洋苏木（*Haematoxylum campechianum* L.）种子超低温保存过程中的术语和定义、种子采收及选择、种子前处理、种子保存量、种子冷冻方式、恢复培养等内容。

本标准适用于洋苏木种子的超低温长期贮藏。

2 规范性引用文件

下列文件对本文件的应用是必不可少的。凡是注日期的引用文件，仅注日期的版本适用于本文件。凡是不注日期的引用文件，其最新版本（包括所有的修改单）适用于本文件。

GB/T 3543.6 农作物种子检验规程 水分测定

GB/T 3543.7 农作物种子检验规程 其他项目检验

3 术语和定义

下列术语和定义适用于本文件。

3.1

洋苏木 *Haematoxylum campechianum* L.

为豆科（Leguminosae）采木属（*Haematoxylum* Linn.）常绿小乔木，别称采木，为珍贵用材树种。原产中美洲、南美洲和西印度群岛等热带地区。木材的边材黄白色，心材鲜红色；木材和花可提取苏木精。采木又供药用，为收敛剂，用于治疗痢疾和腹泻。收载于《世界药用植物速查辞典（2015）》。

3.2

洋苏木果实 *Haematoxylum campechianum* L. fruits

荚果披针状长圆形，长 2 cm～5 cm，宽 8 mm～12 mm，果片薄，具细脉纹。

3.3

洋苏木种子 *Haematoxylum campechianum* **L. seeds**

洋苏木的播种材料为完整种子，贮藏特性判断为顽拗性种子。种子黄褐色，长圆状肾形，扁平，表面平滑，种脐位于种腹侧凹陷处，种皮硬而脆。

3.4

种子超低温保存　seed of cryopreservation

将经过前处理的洋苏木种子置于液氮（ –196 ℃）中保存。

4　种子采收及选择

4.1　种子采收

3 月下旬—4 月下旬，种子呈橘黄色时，即可采收，去除荚果，取出种子。

4.2　种子选择

挑选发育饱满、均匀、健康的种子，置于 4 ℃冰箱中保存备用（存放时间不超过 2 个月）。

5　种子前处理

5.1　活力

5.1.1　检测

洋苏木种子活力以种子生活力为判别标准。按照《植物生理学实验指导》中的溴麝香草酚蓝（BTB）法测定洋苏木种子生活力。待测种子在 30 ℃~35 ℃温水中浸种 2 h，随后取吸胀种子 50 粒，整齐地埋于备好的 1.5% BTB 琼脂凝胶中，注意要将胚埋入凝胶中。将培养皿置于 35 ℃温箱中 8 h 后观察结果。

BTB 的配制和保存方法见附录 A 的 A.1。

5.1.2　鉴定及要求

在光下用放大镜对染色结果进行观察鉴定。凡种胚周围出现黄色晕圈的种子为有活力的种子，否则为无活力的种子。

待保存的洋苏木种子生活力应≥50%。

5.1.3　计算

生活力按照公式（1）进行计算：

$$A = \frac{y}{x} \times 100\%$$ 　　　　　　　　　（1）

式中：A——生活力；

$\quad\quad y$——有活力的种子数；

$\quad\quad x$——总的种子数。

5.2 含水量范围

用尼龙网袋包裹洋苏木种子，置于盛有变色硅胶的干燥器内，硅胶与种子的体积比为 60∶1，室温条件下干燥处理 8 h ~ 16 h，在干燥过程中可定期测定种子含水量，将种子含水量由 15% ~ 20% 降至 10% ~ 12%。

按照 GB/T 3543.6 中的高恒温烘干法（130 ℃烘干 1 h）测定种子含水量（W_0），并按照公式（2）进行计算：

$$W_0 = \frac{M_1 - M_2}{M_1} \times 100\% \tag{2}$$

式中：W_0——种子含水量，用百分数表示（%）；

$\quad\quad M_1$——种子鲜重，单位为克（g）；

$\quad\quad M_2$——种子烘后重量，单位为克（g）。

6 种子保存量

洋苏木种子保存量不少于 350 粒，以便后期的活力检测使用。

7 种子冷冻方式

洋苏木种子超低温保存的冷冻方式为玻璃化冷冻法，即将装有种子的 5 mL 冻存管（每管 50 粒种子）置于装载液（LS）中并于 25 ℃处理种子 20 min，再用玻璃化溶液（PVS2）冰浴处理种子 30 min，换上预冷新鲜的 PVS2 后迅速投入液氮中进行超低温保存。

LS 和 PVS2 的配制及保存方法见附录 A 的 A.2 和 A.3。

8 恢复培养

8.1 种子解冻处理

液氮中至少冻存 24 h 后，取出 1 个冻存管，立即放入 40 ℃水浴中快速解冻 2 min，而后用洗涤液（DS）浸泡 15 min，并用纯净水洗涤 3 次。

DS 的配制及保存方法见附录 A 的 A.4。

8.2 冻后种子活力检测

取出 25 粒解冻后的种子，按照 5.1 活力检测方法，进行超低温保存后的初始生活力检测。当

种子生活力≥70%时视为保存成功。

8.3 萌芽成苗

将剩下 25 粒解冻后的洋苏木种子，播种到带有无菌滤纸的带盖发芽盒中，在温度 25 ℃~30 ℃、湿度 70%~85% 的条件下培养。

附 录 A

（规范性附录）

试剂的配制和保存方法

A.1 BTB 的配制和保存方法

精密称取 BTB 0.1 g，溶解于煮沸过的 100 mL 纯水中，然后用滤纸去残渣。滤液若呈黄色，可加数滴氢氧化钠溶液，使之变为蓝色或蓝绿色，置于棕色瓶中长期贮存。

1.5% BTB 琼脂凝胶：称量 0.1% BTB 溶液 40 mL 置于烧杯中，称取 0.5 g 琼脂，将其剪碎后加入杯中，加热并不断搅拌使之完全溶解。待溶液稍稍冷却即可趁热倒入 9 cm 培养皿中，使之成一均匀的薄层，完全冷却后备用。

A.2 装载液（LS）的配制及保存方法

精密称取蔗糖 13.7 g，称量甘油 11.9 mL，溶于液体 MS 培养基中，调 pH 至 5.8，并定容至 100 mL，高温高压灭菌，4 ℃冷藏。

A.3 玻璃化溶液（PVS2）的配制及保存方法

精密量取甘油 23.8 mL、乙二醇 13.6 mL、二甲基亚砜 13.6 mL，称取蔗糖 13.7 g，溶于 MS 溶液中，调 pH 至 5.8 后，定容至 100 mL，高温高压灭菌，4 ℃冷藏。

注：配制时需戴手套，并在通风橱内操作。

A.4 洗涤液（DS）的配制及保存方法

精密称取蔗糖 41.1 g 溶于 MS 溶液中，调 pH 至 5.8 后，定容至 100 mL，高温高压灭菌，4 ℃冷藏。

前　言

本标准是药用植物顽拗性种子超低温保存系列标准之一，该系列标准结构和名称如下：

——T/CACM 1326.1　药用植物顽拗性种子超低温保存技术通则；

——T/CACM 1326.2　白木香种子超低温保存技术规程；

——T/CACM 1326.3　降香种子超低温保存技术规程；

——T/CACM 1326.4　益智种子超低温保存技术规程；

——T/CACM 1326.5　高良姜种子超低温保存技术规程；

——T/CACM 1326.6　朱砂根种子超低温保存技术规程；

——T/CACM 1326.7　草豆蔻种子超低温保存技术规程；

——T/CACM 1326.8　化州柚种子超低温保存技术规程；

——T/CACM 1326.9　樟种子超低温保存技术规程；

——T/CACM 1326.10　两面针种子超低温保存技术规程；

…………

本标准按照 GB/T 1.1—2009《标准化工作导则　第 1 部分：标准的结构和编写》给出的规则起草。

本标准由中国医学科学院药用植物研究所海南分所提出。

本标准由中华中医药学会归口。

本标准起草单位：中国医学科学院药用植物研究所海南分所，中国医学科学院药用植物研究所。

本标准主要起草人：曾琳，魏建和，李榕涛，郑希龙，王秋玲，何明军，金钺，顾雅坤，符丽，谭红琼。

海滨木巴戟种子超低温保存技术规程

1 范围

本标准规定了海滨木巴戟（*Morinda citrifolia* L.）种子超低温保存过程中的术语和定义、种子采收及选择、种子前处理、种子保存量、种子冷冻方式、恢复培养等内容。

本标准适用于海滨木巴戟种子的超低温长期贮藏。

2 规范性引用文件

下列文件对本文件的应用是必不可少的。凡是注日期的引用文件，仅注日期的版本适用于本文件。凡是不注日期的引用文件，其最新版本（包括所有的修改单）适用于本文件。

GB/T 3543.6 农作物种子检验规程 水分测定

GB/T 3543.7 农作物种子检验规程 其他项目检验

3 术语和定义

下列术语和定义适用于本文件。

3.1

海滨木巴戟 *Morinda citrifolia* L.

为茜草科（Rubiaceae）巴戟天属（*Morinda* L.）灌木或小乔木，也称海巴戟、海巴戟天，生于热带地区海滨平地和疏林中，树冠优雅，东南亚常种于庭园。其果实可食，果实、叶子、枝干、根部均可入药，具有抗细菌、抗病毒、抗真菌、抗寄生虫、镇痛、降压、消炎和提高免疫力的作用。全株含蒽醌类化合物，波利尼西亚将其应用于医药已有2000多年的历史。收载于《世界药用植物速查辞典（2015）》。

3.2

海滨木巴戟果实 *Morinda citrifolia* L. fruits

聚合果浆果状，长卵形或球形，径约2.5 cm；幼时绿色，熟时白色或黄色。有时最下部的小核果的宿存花萼扩大成叶状，核果卵形，扁平，边缘具翅；二室，上侧室大而空，下侧室狭，具1

种子。

3.3

海滨木巴戟种子 _Morinda citrifolia_ L. seeds

海滨木巴戟的播种材料为完整种子，贮藏特性判断为顽拗性种子。种子黑褐色，长圆形，小，扁，下部有翅；胚直，胚根下位，子叶长圆形；胚乳丰富，质脆。

3.4

种子超低温保存 seed of cryopreservation

将经过前处理的海滨木巴戟种子置于液氮（−196 ℃）中保存。

4 种子采收及选择

4.1 种子采收

花果期全年，全果变奶黄或金黄色时，即可采收，去除果肉，取出种子。

4.2 种子选择

挑选发育饱满、均匀、健康的种子，置于 4 ℃ 冰箱中保存备用（存放时间不超过 2 个月）。

5 种子前处理

5.1 活力

5.1.1 检测

海滨木巴戟种子活力以种子生活力为判别标准。按照《植物生理学实验指导》中的溴麝香草酚蓝（BTB）法检测海滨木巴戟种子生活力。待测种子在 30 ℃~35 ℃ 温水中浸种 2 h，随后取吸胀种子 50 粒，整齐地埋于备好的 1.5% BTB 琼脂凝胶中，注意要将胚埋入凝胶中。将培养皿置于 35 ℃ 温箱中 5 h 后观察结果。

BTB 的配制和保存方法见附录 A。

5.1.2 鉴定及要求

在光下用放大镜对染色结果进行观察鉴定。凡种胚周围出现黄色晕圈的种子为有活力的种子，否则为无活力的种子。

待保存的海滨木巴戟种子生活力应≥90%。

5.1.3 计算

生活力按照公式（1）进行计算：

$$A = \frac{y}{x} \times 100\% \tag{1}$$

式中：A——生活力；

　　　y——有活力的种子数；

　　　x——总的种子数。

5.2　含水量范围

用尼龙网袋包裹海滨木巴戟种子，置于盛有变色硅胶的干燥器内，硅胶与种子的体积比为60：1，室温条件下干燥处理 1 h~5 h，在干燥过程中定期测定种子含水量，将种子含水量由18%~25%降至10%~15%。

按照 GB/T 3543.6 中的高恒温烘干法（130 ℃烘干 1 h）测定种子含水量（W_0），按照公式（2）进行计算：

$$W_0 = \frac{M_1 - M_2}{M_1} \times 100\% \tag{2}$$

式中：W_0——含水量，用百分数表示（%）；

　　　M_1——种子鲜重，单位为克（g）；

　　　M_2——种子烘后重量，单位为克（g）。

6　种子保存量

海滨木巴戟种子保存量不少于350粒，以便后期的生活力检测使用。

7　种子冷冻方式

海滨木巴戟种子超低温保存的冷冻方式为直接冷冻法，即将待保存的海滨木巴戟种子放入 5 mL冻存管（每管50粒种子）中，迅速投入液氮中保存。

8　恢复培养

8.1　种子解冻处理

液氮中至少冻存24 h后，取出 1 个冻存管，立即放入40 ℃水浴中快速解冻 2 min。

8.2　冻后种子活力检测

取出25粒解冻后的种子，按照5.1活力检测方法，进行超低温保存后的初始生活力检测。当种子生活力≥60%时视为保存成功。

8.3　萌芽成苗

将剩下 25 粒解冻后的海滨木巴戟种子，经 50 ℃热水浸泡 8 h 后，播种到带有无菌滤纸的发芽盒中，在温度 28 ℃~35 ℃、湿度 70%~85% 的条件下培养。

附　录　A

（规范性附录）

BTB 的配制和保存方法

A.1　0.1% BTB 溶液配制和保存方法

精密称取 BTB 0.1 g，溶解于煮沸过的 100 mL 纯水中，然后用滤纸去残渣。滤液若呈黄色，可加数滴氢氧化钠溶液，使之变为蓝色或蓝绿色，置于棕色瓶中长期贮存。

A.2　1.5%BTB 琼脂凝胶配制方法

称量 0.1% BTB 溶液 40 mL 置于烧杯中，称取 0.5 g 琼脂，将其剪碎后加入杯中，加热并不断搅拌使之完全溶解。待溶液稍稍冷却即可趁热倒入 9 cm 培养皿中，使之成一均匀的薄层，完全冷却后备用。

参 考 文 献

［1］江纪武. 世界药用植物速查辞典 ［M］. 北京：中国医药科技出版社，2015.

［2］中国科学院中国植物志编辑委员会. 中国植物志：第七十一卷：第二分册 ［M］. 北京：科学出版社，1999：182.

［3］CHEN T，ZHU H，CHEN C J. Rubiaceae ［M］//WU Z Y，RAVEN P H. Flora of China. Beijing：Science Press，2011：220－230.

［4］REED B M. Plant Cryopreservation：A Practical Guide ［M］. Corvallis：Springer，2008：3.

［5］张志强，李永成. 海巴戟天悬浮细胞合成蒽醌类物质的研究 ［J］. 中草药，2014，45（22）：3327－3331.

［6］邢诒旺，符懋修，李承武，等. 海巴戟的种子结构及发芽试验 ［J］. 海南大学学报（自然科学版），2007，25（2）：156－162.

ICS 11. 120. 01

C 23

团 体 标 准

T/CACM 1326. 49—2019

海人树种子超低温保存技术规程

Technical code of practice for cryopreservation of

Suriana maritima L. seeds

2019 –10 –17 发布   2019 –10 –17 实施

中 华 中 医 药 学 会 发布

目　次

前言 ··· 599

1　范围 ·· 600

2　规范性引用文件 ·· 600

3　术语和定义 ·· 600

4　种子采收及选择 ·· 601

5　种子前处理 ·· 601

6　种子保存量 ·· 602

7　种子冷冻方式 ··· 602

8　恢复培养 ·· 602

附录 A（规范性附录）　BTB 的配制和保存方法及种子萌发方法 ······························· 603

参考文献 ·· 604

前　言

本标准是药用植物顽拗性种子超低温保存系列标准之一，该系列标准结构和名称如下：

——T/CACM 1326.1　药用植物顽拗性种子超低温保存技术通则；

——T/CACM 1326.2　白木香种子超低温保存技术规程；

——T/CACM 1326.3　降香种子超低温保存技术规程；

——T/CACM 1326.4　益智种子超低温保存技术规程；

——T/CACM 1326.5　高良姜种子超低温保存技术规程；

——T/CACM 1326.6　朱砂根种子超低温保存技术规程；

——T/CACM 1326.7　草豆蔻种子超低温保存技术规程；

——T/CACM 1326.8　化州柚种子超低温保存技术规程；

——T/CACM 1326.9　樟种子超低温保存技术规程；

——T/CACM 1326.10　两面针种子超低温保存技术规程；

…………

本标准按照 GB/T 1.1—2009《标准化工作导则　第 1 部分：标准的结构和编写》给出的规则起草。

本标准由中国医学科学院药用植物研究所海南分所提出。

本标准由中华中医药学会归口。

本标准起草单位：中国医学科学院药用植物研究所海南分所，中国医学科学院药用植物研究所。

本标准主要起草人：曾琳，魏建和，郑希龙，李榕涛，王秋玲，何明军，金钺，顾雅坤，谭红琼，符丽。

海人树种子超低温保存技术规程

1 范围

本标准规定了海人树（*Suriana maritima* L.）种子超低温保存过程中的术语和定义、种子采收及选择、种子前处理、种子保存量、种子冷冻方式、恢复培养等内容。

本标准适用于海人树种子的超低温长期贮藏。

2 规范性引用文件

下列文件对本文件的应用是必不可少的。凡是注日期的引用文件，仅注日期的版本适用于本文件。凡是不注日期的引用文件，其最新版本（包括所有的修改单）适用于本文件。

GB/T 3543.6 农作物种子检验规程 水分测定

GB/T 3543.7 农作物种子检验规程 其他项目检验

3 术语和定义

下列术语和定义适用于本文件。

3.1

海人树 *Suriana maritima* L.

为海人树科（Surianaceae）的单种属海人树属（*Suriana* Linn.）常绿灌木或小乔木，曾归于商陆科（Phytolaccaceae）和苦木科（Simaroubaceae），在我国仅分布于西沙群岛少数岛屿边缘的沙地或石缝中，是亟需保护的重要的海滨植物，对盐碱、干旱等极端环境有很好的适应性，是研究植物适应珊瑚砂环境的重要物种，在海岛植被恢复中有重要应用价值。根和树皮入药，可治疗皮肤溃疡与抑制癌细胞活性。收载于《世界药用植物速查辞典（2015）》。

3.2

海人树果实 *Suriana maritima* L. fruits

核果近球形，被毛，长约3.5 mm，具宿存花柱。

3.3

海人树种子 *Suriana maritima* L. seeds

海人树的播种材料为完整种子，需置于干燥通风处4 d～5 d进行后熟处理，贮藏特性判断为顽拗性种子。海人树种子褐色，近球形，有被毛。

3.4

种子超低温保存　seed of cryopreservation

将经过前处理的海人树种子置于液氮（－196 ℃）中保存。

4　种子采收及选择

4.1　种子采收

花果期在夏、秋季，当果实呈黄色时即可采收，去除果皮，取出种子。

4.2　种子选择

挑选发育饱满、均匀、健康的种子，置于 4 ℃冰箱中保存备用（存放时间不超过 2 个月）。

5　种子前处理

5.1　活力

5.1.1　检测

海人树种子活力以种子生活力为判别标准。按照《植物生理学实验指导》中的溴麝香草酚蓝（BTB）法检测海人树种子生活力。待测种子在 30 ℃~35 ℃温水中浸种 2 h，随后取吸胀种子 50 粒，整齐地于备好的 1.5% BTB 琼脂凝胶中，注意要将胚埋入凝胶中。将培养皿置于 35 ℃温箱中 5 h 后观察结果。

BTB 的配制和保存方法见附录 A 的 A.1 和 A.2。

5.1.2　鉴定及要求

在光下用放大镜对染色结果进行观察鉴定。凡种胚周围出现黄色晕圈的种子为有活力的种子，否则为无活力的种子。

待保存的海人树种子生活力应≥90%。

5.1.3　计算

生活力按照公式（1）进行计算：

$$A = \frac{y}{x} \times 100\% \tag{1}$$

式中：A——生活力；

　　　y——有活力的种子数；

　　　x——总的种子数。

5.2 含水量范围

用尼龙网袋包裹海人树种子，置于盛有变色硅胶的干燥器内，硅胶与种子的体积比为60∶1，室温条件下干燥处理0 h~10 h，在干燥过程中定期测定种子含水量，将种子含水量由35%~40%降至30%~35%。

按照GB/T 3543.6中的高恒温烘干法（130 ℃烘干1 h）测定种子含水量（W_0），按照公式（2）进行计算：

$$W_0 = \frac{M_1 - M_2}{M_1} \times 100\% \tag{2}$$

式中：W_0——含水量，用百分数表示（%）；

M_1——种子鲜重，单位为克（g）；

M_2——种子烘后重量，单位为克（g）。

6 种子保存量

海人树种子保存量不少于400粒，以便后期的生活力检测使用。

7 种子冷冻方式

海人树种子超低温保存的冷冻方式为直接冷冻法，即将待保存的海人树种子放入1 mL冻存管（每管40粒种子）中，迅速投入液氮中保存。

8 恢复培养

8.1 种子解冻处理

液氮中至少冻存24 h后，取出1个冻存管，立即放入40 ℃水浴中快速解冻2 min。

8.2 冻后种子活力检测

取出20粒解冻后的种子，按照5.1活力检测方法，进行超低温保存后的初始生活力检测。当种子生活力≥55%时视为保存成功。

8.3 萌芽成苗

将剩下20粒解冻后的海人树种子，浸泡处理后，播种到培养基质中，在温度25 ℃~32 ℃、湿度70%~85%的条件下培养。

萌发方法见附录A的A.3。

附　录　A

（规范性附录）

BTB 的配制和保存方法及种子萌发方法

A.1　0.1% BTB 溶液配制和保存方法

精密称取 BTB 0.1 g，溶解于煮沸过的 100 mL 纯水中，然后用滤纸去残渣。滤液若呈黄色，可加数滴氢氧化钠溶液，使之变为蓝色或蓝绿色，置于棕色瓶中长期贮存。

A.2　1.5% BTB 琼脂凝胶配制方法

称量 0.1% BTB 溶液 40 mL 置于烧杯中，称取 0.5 g 琼脂，将其剪碎后加入杯中，加热并不断搅拌使之完全溶解。待溶液稍稍冷却即可趁热倒入 9 cm 培养皿中，使之成一均匀的薄层，完全冷却后备用。

A.3　海人树种子萌发方法

将待萌发的种子浸泡于 60 ℃ 热水中 12 h，取出置于质量分数 95%～98% 的硫酸水溶液中浸泡 20 min～60 min，再取出置于质量分数 0.1% 赤霉素水溶液中 48 h～72 h，得到预处理好的种子，然后将预处理好的种子播种于消毒过的培养基质中，控制萌发温度为 25 ℃～32 ℃，浇水或喷雾保湿，在培养基质上方还设有一层遮阳网。所述的培养基质为珊瑚砂、泥炭土、珍珠岩、陶粒、鸟粪土、草木灰按质量比为 4∶2∶1∶1∶1∶1 的混合物。

参 考 文 献

［1］王国强. 全国中草药汇编（卷二）［M］. 3 版. 北京：人民卫生出版社，2014：741.

［2］中国科学院中国植物志编辑委员会. 中国植物志：第四十四卷：第一分册［M］. 北京：科学出版社，1994：185.

［3］PENG H，THOMS W W，YU H P. Surianaceae［M］//WU Z Y，RAVEN P H. Flora of China. Beijing：Science Press，2008：105.

［4］傅家瑞，宋松泉. 顽拗性种子生物学［M］. 北京：中国科学文化出版社，2004：1.

［5］REED B M. Plant Cryopreservation：A Practical Guide［M］. Corvallis：Springer，2008：3.

药用植物顽拗性（中间性）种子参考名录

药用植物名	果实/种子特点	分布情况	药用部位/来源	药材名	药用出处	超低温保存类型	备注
凹叶厚朴 Magnolia officinalis Rehd. et Wils. var. biloba Rehd. et Wils.	种子有红色假种皮, 去除假种皮后为觅状卵形	分布于我国福建、浙江、安徽、江西、湖南、广西、广东等	果实、种子、干皮、根皮、枝皮、花蕾	厚朴、厚朴花、厚朴子	①④⑦	种子 [0]	顽拗性
白花树 Styrax tonkinensis (Pierre) Craib ex Hartw.	种子卵形, 栗褐色, 密被小瘤状突起和星状毛	分布于我国云南、贵州、广西、广东、福建、湖南、江西	树脂	安息香, 越南安息香	①②④⑦	种子 [0]	顽拗性
白茅 Imperata cylindrica (L.) Beauv.	种子小穗披针形或长圆形, 2颖略等长	分布于我国辽宁、河北、山西、山东、陕西、新疆等。非洲北部、中亚、高加索地区、地中海区域及伊拉克、伊朗也有分布	根茎、初生未放花序、花穗	白茅 (印度白茅)、白茅根、白茅针、白茅花	①②④⑥⑦	种子 [0]	顽拗性
白木香 Aquilaria sinensis (Lour.) Spreng.	种子褐色, 卵球形, 疏被毛, 基部附属体长约1.5 cm, 先端具短尖头	分布于我国广东、海南、广西、福建	含树脂的心材	沉香、土沉香	①③⑥⑦	种子 [0] [39]	顽拗性
槟榔 Areca catechu L.	种子圆锥形, 外被纤维状果皮, 浅棕色, 有不规则明显纵脉纹, 横切面有明显棕白相间的花纹	分布于我国云南、海南、台湾等的热带地区。亚洲其他热带地区也有分布	种子、果实、果皮、花	槟榔、大腹皮	①②④⑥⑦	种子 [0] [125]	顽拗性
草豆蔻 Alpinia katsumadai Hayata	蒴果球形, 直径约3 cm, 成熟时金黄色	分布于我国海南	种子、果实	草豆蔻	①②④⑥⑦	种子 [0]	顽拗性
川牛膝 Cyathula officinalis Kuan	种子卵圆形, 表面赤褐色, 有光泽, 无毛	分布于我国四川、云南、贵州	根	川牛膝	①②③④⑥⑦	无	顽拗性
丁香蒲桃 Syzygium aromaticum (L.) Merr. & L. M. Perry	浆果卵圆形, 红色或深紫色, 内有种子1; 种子呈椭圆形	分布于我国广东西部、海南、广西西部。越南也有分布	花蕾、果实、根、树皮、树枝	丁香、母丁香、丁香露、丁香枝、丁香树皮、丁香油	①②④⑦	种子 [0]	顽拗性

续表

药用植物名	果实/种子特点	分布情况	药用部位/来源	药材名	药用出处	超低温保存类型	备注
冬青 Ilex chinensis Sims	种脐淡褐色，菱形；种皮栗褐色，膜质	分布于我国江苏、安徽、浙江、江西、福建、台湾、河南（信阳）、湖北、广东（阳山、乐昌、乳源）、广西、云南（腾冲）等	根皮、树皮、叶、果实、种子	冬青、四季青	①②③④⑤⑥⑦	无	顽拗性
橄榄 Canarium album (Lour.) Rauesch.	种子梭形，有3发芽孔；外种皮木质，坚硬	分布于我国福建、台湾、广东、广西、云南等。越南北部至中部，日本（长崎及冲绳）及马来半岛也有分布	果实、根、种仁、果核	橄榄、橄榄根、橄榄露、橄榄仁、橄榄核、青果	①②④⑤⑥⑦	种子 [0]	顽拗性
高良姜 Alpinia officinarum Hance	果实球形，直径约1 cm，成熟时红色	分布于我国广东、广西、海南	根茎	高良姜	①②④⑥⑦	种子 [0] [82]	顽拗性
广寄生 Taxillus chinensis (DC.) Danse.	果实椭圆状或近球形，果皮密生小瘤体，具疏毛，成熟时浅黄色，长8~10 mm，直径5~6 mm，果皮变平滑	分布于我国广西、广东、福建部。越南、老挝、柬埔寨、泰国、马来西亚、印度尼西亚（加里曼丹岛）、菲律宾等也有分布	枝叶	广寄生、桑寄生	①②④⑤⑥⑦	无	顽拗性
何首乌 Pleuropterus multiflorus (Thunb.) Nakai	瘦果呈卵形，具3棱，表面略粗糙	分布于我国华东、华中、华南地区及陕西南部、甘肃南部、四川、云南、贵州。日本也有分布	块根、藤茎、叶	何首乌、夜交藤	①②④⑤⑥⑦	种子 [0]	顽拗性
胡椒 Piper nigrum L.	浆果球形，无柄，成熟时红色，未成熟时干后变黑色	分布于我国台湾、福建、广东、广西、云南等。东南亚以及世界其他热带地区也有分布	果实	胡椒	①②④⑤⑥⑦	种子 [0]	顽拗性
槲寄生 Viscum coloratum (Kom.) Nakai	果实球形，直径6~8 mm，具宿存花柱，成熟时淡黄色或橙红色，果皮平滑	分布于我国除新疆、西藏、云南、广东以外的其他地区	枝叶	槲寄生	①②⑥⑦	无	顽拗性

续表

药用植物名	果实、种子特点	分布情况	药用部位/来源	药材名	药用出处	超低温保存类型	备注
黄花蒿 Artemisia annua Linnaeus	瘦果表面银白色,略闪光,具10余纵棱,棱间具横纹	分布于我国各地	全草或地上部分、根、果实	黄花蒿、青蒿、青蒿根、青蒿子	①②④⑤⑥⑦	种子[0]	顽拗性
黄连 Coptis chinensis Franch.	种皮长椭圆形,背面隆起,略呈弧面,腹面扁,中线明显凹,先端圆形,基部平截	分布于我国四川、贵州、湖南、湖北、陕西南部	根茎	味连、黄连	①②④⑥⑦	种子[0]	顽拗性
降香 Dalbergia odorifera T. Chen	种皮黄褐色,内壁亮褐色,子叶充满种皮,深绿色	分布于我国海南中部和南部	根、茎、心材	降香、降香檀	①②④⑤⑥⑦	种子[0]、[84],离体胚[98]	顽拗性
辣椒 Capsicum annuum L.	种子扁肾形,长3~5 mm,淡黄色	分布于我国各地。南美洲、欧洲及印度也有分布	根、茎枝、叶、果实、种子	辣椒	①②③④⑥⑦	种子[0],花粉[28]	顽拗性
鳢肠 Eclipta prostrata (L.) L.	种子棍棒状,灰黑色,表面具细皱纹;种子无胚乳	分布于我国各地。世界其他热带、亚热带地区也有分布	全草	鳢肠、墨旱莲	①②④⑤⑥⑦	种子[0]	顽拗性
荔枝 Lichi chinensis Sonn.	外种皮革质,表面光滑,有光泽,成熟时暗红色,内种皮膜质	分布于我国西南部,南部和东南部。东南亚、非洲、美洲、大洋洲也有分布	果实、种子、根、叶、外果皮、假种皮	荔枝、荔枝核	①②③④⑤⑥⑦	种子[0],胚性培养物[21],胚性悬浮细胞[9],体胚[70]	顽拗性
龙眼 Dimocarpus longan Lour.	种子茶褐色,全部被肉质的假种皮包裹;种壳紧密,坚硬	分布于我国西南部至东南部。亚洲其他南部和东南部地区也有分布	根、叶、假种皮、种子	龙眼、龙眼肉	①④⑤⑥⑦	种子[0],胚性培养物[21]	顽拗性
马钱子 Strychnos nux-vomica L.	种子扁圆形,似纽扣,灰黄色;种皮表面密被贴伏的银灰色毛,有光泽,坚硬	分布于我国台湾、广西、海南、广东、云南南部等。印度、斯里兰卡、缅甸、泰国、越南、老挝、柬埔寨、马来西亚、印度尼西亚、菲律宾等也有分布	种子	马钱子	①②③④⑤⑦	种子[0]	顽拗性

续表

药用植物名	果实/种子特点	分布情况	药用部位/来源	药材名	药用出处	超低温保存类型	备注
麦冬 *Ophiopogon japonicus* (L. f.) Ker-Gawl.	种子表面绿蓝色或黄褐色，基端有略凸起的深褐色圆盖状种阜，先端呈针尖状	分布于我国广东、广西、福建、台湾、浙江、江苏、江西、湖南、湖北、四川、云南、贵州、安徽、河南、陕西南部、河北（北京以南地区）。日本、越南、印度也有分布	块根	麦冬、沿阶草	①④⑥⑦	种子 [0]	顽拗性
牡荆 *Vitex negundo* L. var. *cannabifolia* (Sieb. et Zucc.) Hand.-Mazz.	种子长卵形，种皮土黄色，薄膜质，表面具纵皱纹	分布于我国华东地区及河北、湖南、湖北、广东、广西、四川、贵州、云南	果实、叶	牡荆、牡荆叶	①④⑥⑦	种子 [0]	顽拗性
木芙蓉 *Hibiscus mutabilis* L.	种子肾形，背面被长柔毛	分布于我国辽宁、河北、山东、陕西、安徽、江苏、浙江、江西、福建、台湾、广东、广西、湖南、湖北、四川、贵州、云南等。日本和东南亚各国也有分布	根、叶、花、树皮	木芙蓉、芙蓉花、芙蓉叶、芙蓉根	①③④⑤⑥⑦	种子 [0]	顽拗性
南酸枣 *Choerospondias axillaris* (Roxb.) B. L. Burtt & A. W. Hill	种子长椭圆形，种皮膜质，褐色	分布于我国西藏、云南、贵州、广西、广东、湖南、湖北、江西、福建、浙江、安徽、海南。印度、中南半岛、日本也有分布	果实、果核、树皮	南酸枣、五眼果、五眼果树皮	①②③④⑤⑥⑦	种子 [0]	顽拗性
胖大海 *Scaphium wallichii* Schott & Endl.	种皮共3层，外层极薄，中层质疏松，内层硬	分布于我国广东、广西、云南、海南。越南、印度、马来西亚等也有分布	种子、果实	胖大海	①②④⑤⑥⑦	种子 [0]	顽拗性
枇杷 *Eriobotrya japonica* (Thunb.) Lindl.	种子近圆形，略扁，棕褐色；种皮光滑，较薄膜质，干时易开裂剥落	分布于我国甘肃、陕西、河南、江苏、安徽、浙江、江西、湖北、湖南、四川、云南、贵州、广西、广东、福建、台湾。日本、印度、越南、缅甸、泰国、印度尼西亚也有分布	根、果实、果壳、种仁、花、叶	枇杷、枇杷叶	①②④⑥⑦	种子 [0]	顽拗性

续表

药用植物名	果实/种子特点	分布情况	药用部位/来源	药材名	药用出处	超低温保存类型	备注
芡 Euryale ferox Salisb. ex Konig & Sims	种子球形，直径超过10 mm，黑色	分布于我国南北各省区，从黑龙江至云南、广东	种仁、叶、花茎、根	芡实	①②④⑤⑥⑦	种子 [0]	顽拗性
青葙 Celosia argentea L.	种子呈双凸透镜状；种皮坚硬	分布于我国各地。非洲热带地区及朝鲜、日本、苏联、印度、越南、缅甸、泰国、菲律宾、马来西亚也有分布	种子、花、花序、茎叶、根	青葙	①②④⑤⑥⑦	种子 [0]	顽拗性
肉豆蔻 Myristica fragrans Houtt.	种子具有绯红色假种皮；种皮质脆，胚乳丰富	分布于我国台湾、广东、云南、海南等。世界其他热带地区也有分布	果实、种子、种仁	肉豆蔻	①②④⑥⑦	种子 [0] [68]	顽拗性
三七 Panax notoginseng (Burkill) F. H. Chen ex C. Y. Wu & K. M. Feng	种子椭圆形或三角状卵形，黄白色，表面粗糙；种脐凸出成小嘴	分布于我国云南、广西、广东（乐昌、南雄、信宜）、福建（长泰、南靖、连城）、江西（庐山）、浙江等	根、根茎、叶、花	三七、筋条、剪口	①②③⑥⑦	种子 [0]、愈伤组织 [56]	顽拗性
山鸡椒 Litsea cubeba (Lour.) Pers.	种皮白色，透明，薄，膜质，紧贴着胚	分布于我国广东、广西、福建、台湾、浙江、江苏、安徽、湖南、湖北、江西、贵州、四川、云南、西藏	全株或根、叶、果实	山鸡椒、荜澄茄、澄茄子、豆豉姜、山苍子叶	①②④⑤⑥⑦	种子 [0]	顽拗性
山茱萸 Cornus officinalis Sieb. et Zucc.	种子表面黄棕色，骨质，有若干条不明显纵棱	分布于我国山西、陕西、甘肃、山东、江苏、浙江、安徽、江西、河南、湖南等。朝鲜、日本也有分布	果肉	山茱萸	①②③④⑥⑦	种子 [0]	顽拗性
益智 Alpinia oxyphylla Miq.	假种皮膜质，种皮硬角质	分布于我国广东、海南、广西、云南、福建	果实	益智	①⑥⑦	种子 [0] [86]	顽拗性
樟 Camphora officinarum Nees	果实卵球形或近球形，直径6~8 mm，紫黑色	分布于我国南部。越南、朝鲜、日本也有分布，其他各国常有引种栽培	全株或新鲜枝叶、病态木、果实、根、树皮、枝叶、干	天然冰片（右旋龙脑）、樟梨子、樟木、香樟树、樟树根、樟树叶、樟木子、樟脑	①②⑤⑥⑦	种子 [0] [22]	顽拗性

续表

药用植物名	果实/种子特点	分布情况	药用部位/来源	药材名	药用出处	超低温保存类型	备注
朱砂根 Ardisia crenata Sims	果实球形，直径 6～8 mm，鲜红色，具腺点	分布于我国西藏东南部至台湾，湖北至海南等。印度、缅甸经马来半岛，印度尼西亚至日本也有分布	根	朱砂根	①②③④⑤⑥⑦	种子 [0]	顽拗性
白桂木 Artocarpus hypargyreus Hance	聚花果近球形，浅黄色至橙黄色，表面被褐色柔毛，微具乳头状突起	分布于我国广东、海南、福建、江西（崇义、会昌、大余）、湖南和云南东南部（屏边、麻栗坡、广南）	根、果实	白桂木、白桂木根、将军树	②③⑤⑥⑦	无	顽拗性
白睡莲 Nymphaea alba L.	浆果扁平至半球形，长 2.5～3 cm；种子椭圆形，长 2～3 cm	分布于欧洲，非洲北部和中东地区	根茎、花、种子	白睡莲、睡莲	②④⑦	无	顽拗性
白藤 Calamus tetradactylus Hance	种子卵状椭圆形，腹面平凹，背面凸起，具蜂窝状沟纹	分布于我国福建、广东南部和西南部、香港、海南、广西南部。越南也有分布	全株	白藤	②⑥⑦	种子 [0]	顽拗性
波罗蜜 Artocarpus heterophyllus Lam.	种子外被以稍厚种皮，乳黄色，常有条纹	分布于我国广东、海南、广西、云南南部。尼泊尔、印度、不丹、马来西亚也有分布	茎皮、果实、树汁、果仁、叶	波罗蜜、波罗蜜	②③④⑥⑦	种子 [0]	顽拗性
苍白秤钩风 Diploclisia glaucescens (Bl.) Diels	核果黄红色，长圆状狭倒卵圆形，下部微弯，长 1.3～2（～3）cm	分布于我国云南南部至东南部，广西西北部、西部至南部，广东东部和海南，海南	茎叶、藤茎、根	苍白秤钩风、秤钩风	②③④⑤⑦	种子 [0]	顽拗性
大叶藻 Zostera marina L.	果实椭圆形或长圆形，长约 4 mm，具喙，外果皮褐色，干膜质或近革质，具纵纹；种子暗褐色，具清晰的纵肋	分布于我国辽宁、河北、山东的沿海地区。太平洋和北大西洋地区的欧洲、亚洲、北非、北美洲沿海地区等也有分布	全草	大叶藻	②⑥⑦	种子 [90]	顽拗性
倒吊笔 Wrightia pubescens R. Br.	种子线状纺锤形，黄褐色，先端具淡黄色绢质种毛；种毛长 2～3.5 cm	分布于我国广东、广西、贵州、云南南等。印度、泰国、越南、柬埔寨、菲律宾、马来西亚、印度尼西亚也有分布，澳大利亚也有分布	根、根皮、茎、枝、叶	倒吊笔、倒吊蜡烛、倒吊笔叶	②③④⑤⑥⑦	种子 [0]	顽拗性

续表

药用植物名	果实/种子特点	分布情况	药用部位/来源	药材名	药用出处	超低温保存类型	备注
地涌金莲 Musella lasiocarpa (Franchet) C. Y. Wu ex H. W. Li	种子大，扁球形，宽6~7 mm，黑褐色或褐色，光滑，腹面有大的白色种脐	分布于我国云南中部至西部，福建、海南等	根茎、茎叶、花	地涌金莲	②③④⑦	种子 [0]	顽拗性
鳄梨 Persea americana Mill.	果实大，通常梨形，黄绿色或红棕色，外果皮木栓质，中果皮肉质，可食；种子球形，种皮薄而光滑	分布于我国广东、海南、福建、台湾、云南、四川等。欧洲中部、美洲的热带地区及菲律宾、俄罗斯南部等也有分布	果实、种子、叶、枝条、树皮	鳄梨、樟梨	②⑤⑥⑦	茎尖 [107]	顽拗性
耳叶马兜铃 Aristolochia tagala Champ.	种子心形，扁平，周围有黄褐色的木质翅，管翅中间为心形	分布于我国台湾、广东、海南、广西（防城、澄迈、武鸣、云南（景洪、耿马、景东)	根、种子	耳叶马兜铃、黑面防己	②③⑤⑥⑦	种子 [0]	顽拗性
谷木 Memecylon ligustrifolium Champ.	浆果状核果球形，密布小瘤状突起，先端具环状宿存萼檐	分布于我国云南、广东、广西、福建、海南	枝叶	谷木	②⑤⑥⑦	无	顽拗性
桄榔 Arenga westerhoutii Griffith	种子3，黑色，卵状三棱形，悬胚乳均匀，胚背生	分布于我国海南、广西、云南西部至东南部。中南半岛及东南亚一带也有分布	树干髓部的淀粉，果实、种子	桄榔、桄榔子、桄榔面	②④⑦	种子 [0]	顽拗性
海莲 Bruguiera sexangula (Lour.) Poir.	种子胚轴长20~30 cm	分布于我国广东、海南。印度洋的热带海岸、东南亚沿海地区及大澳大利亚北部、新喀里多尼亚也有分布	果实、胚轴、叶	海莲、海莲叶、海莲果	②⑤⑦	种子 [0]	顽拗性
海南大风子 Hydnocarpus hainanensis (Merr.) Sleum.	浆果球形，密生棕褐色革毛；种子约20，长约1.5 cm	分布于我国海南、广西。越南也有分布	种子、种子油	海南大风子、大风子油、大风子	②⑤⑥⑦	种子 [0]	顽拗性
黑嘴蒲桃 Syzygium bullockii (Hance) Merr. et Perry	果实椭圆形，长约1 cm，宽8 mm	分布于我国广东西部、海南、广西西部	果实、叶、根	黑嘴蒲桃、水榕木根	②⑤⑥⑦	种子 [0]	顽拗性

续表

药用植物名	果实、种子特点	分布情况	药用部位、来源	药材名	药用出处	超低温保存类型	备注
红果仔 *Eugenia uniflora* L.	浆果球形，直径 1~2 cm，有 8 棱，成熟时深红色，有种子 1~2	分布于我国南部。巴西也有分布	果实、叶	扁樱桃	②⑦	无	顽拗性
红茄苳 *Rhizophora mucronata* Poir.	成熟的果实长卵形，先端收窄，基部粗糙，暗褐绿色，长 5~7 cm，直径 2.5~3.5 cm	分布于我国台湾（高雄）。非洲东海岸及印度、马来西亚、菲律宾，澳大利亚北部也有分布	树皮、根	红茄苳	②⑥⑦	无	顽拗性
黄皮 *Clausena lansium* (Lour.) Skeels	种子稍冤一端为浅黄色并稍缩小，表面具有网状脉纹；种脐位于较尖一端侧面稍弯曲处，呈灰白色，椭圆形，并被有灰色绒毛；种皮膜质	分布于我国台湾、福建、广东、海南、广西、贵州南部、云南，四川金沙江河谷地区。世界其他热带、亚热带地区也有分布	根、叶、果实、种子、果皮、树皮	黄皮、黄皮根、黄皮果核、黄皮叶、黄皮果	②④⑤⑥⑦	种子［0］，花粉［9］，胚轴［42］	顽拗性
灰毛豆 *Tephrosia purpurea* (L.) Pers.	种子灰褐色，具斑纹	分布于我国福建、台湾、广西、云南、海南。世界其他热带地区也有分布	全草或根	灰毛豆、灰叶根、灰叶	②④⑤⑦	种子［0］［84］	顽拗性
火素麻 *Helicteres isora* L.	种子细小，呈长多面体形，两头细、中间粗，成熟时褐黄色	分布于我国海南东南部、云南南部	根	火索麻	②③④⑤⑥⑦	无	顽拗性
藿香蓟 *Ageratum conyzoides* Linnaeus	种子窄楔形；种皮薄，胚直生，无胚乳	分布于我国广东、广西、云南、贵州、四川、江西、福建、浙江、河北等。中南美洲也有分布	全草或叶、嫩茎	藿香蓟、胜红蓟	②③④⑤⑥⑦	种子［0］	顽拗性
鸡蛋果 *Passiflora edulis* Sims	种子多数，卵形，长 5~6 mm	分布于我国广东、海南、福建、云南、台湾。世界其他热带、亚热带地区也有分布	果实、根、细枝	鸡蛋果	②③⑥⑦	种子［0］［102］	顽拗性
假剌藤 *Embelia scandens* (Lour.) Mez	果实球形，直径约 5 mm，红色	分布于我国云南、广西、广东	根、叶	瘤皮孔酸藤子	②③⑤⑥⑦	种子［0］	顽拗性

药用植物名	果实/种子特点	分布情况	药用部位/来源	药材名	药用出处	超低温保存类型	备注
假苹婆 Sterculia lanceolata Cav.	种子黑褐色或黑色，椭圆状卵形；外种皮黑色，有光泽	分布于我国广东、广西、云南、贵州、四川南部	根、叶	假苹婆、红郎伞	②⑥⑦	种子 [0]	顽拗性
假鹰爪 Desmos chinensis Lour.	果实念珠状，长 2～5 cm；种子球状	分布于我国广东、广西、云南、贵州。印度、老挝、柬埔寨、越南、马来西亚、新加坡、菲律宾、印度尼西亚也有分布	全株或根、叶、树皮、枝皮	假鹰爪、酒饼叶、假鹰爪根、鸡爪枝皮	②③④⑤⑥⑦	种子 [0]	顽拗性
见血封喉 Antiaris toxicaria Lesch.	外种皮白色，骨质，平滑；内种皮褐色，与外壁粘连	分布于我国广东（雷州半岛）、海南、广西、云南南部	树皮、树汁、树脂、种子	见血封喉	②⑥⑦	种子 [0]	顽拗性
姜花 Hedychium coronarium Koen.	种子红色，被撕裂状假种皮	分布于我国四川、云南、广西、广东、湖南、台湾	根茎、果实、花	姜花、路边姜、姜花果实	②③⑥⑦	种子 [0]	顽拗性
角果木 Ceriops tagal (Perr.) C. B. Rob.	果实圆锥状卵形，长 1～1.5 cm，基部直径 0.7～1 cm	分布于我国广东（徐闻）、海南、台湾东北部至南部海滩，台湾（高雄）。非洲东部及斯里兰卡、印度、缅甸、泰国、马来西亚、菲律宾、澳大利亚北部也有分布	全株或种子、叶、树皮	角果木油、角果木叶、角果木	②⑤⑥⑦	种子 [0]	顽拗性
羯布罗香 Dipterocarpus turbinatus Gaertn. f.	果实卵球形或长球形，密被绒毛；增大的 2 花萼裂片线状披针形，革质，长 12～15 cm，宽约 3 cm，无毛，具一多分枝的中脉	分布于我国云南西部和南部，西藏东南部。印度、巴基斯坦、缅甸、泰国、柬埔寨等也有分布	油树脂或其中析出的结晶性化合物	羯布罗香	②⑥	种子 [0] [81]	顽拗性
金柑 Citrus japonica Thunb.	种子卵形、端尖、子叶及胚均绿色、单胚、偶有多胚	分布于我国南部	果实、叶、根、种子	金柑、金橘核、金橘叶、金橘露、金橘根	②④⑥⑦	无	顽拗性

续表

药用植物名	果实、种子特点	分布情况	药用部位/来源	药材名	药用出处	超低温保存类型	备注
金钱豹 Codonopsis javanica (Blume) Hook. f.	种子不规则，常为短柱状，表面有网状纹饰	分布于东亚的热带、亚热带地区	根	土党参	②③④⑤⑥⑦	种子 [0]	顽拗性
岭南山竹子 Garcinia oblongifolia Champ. ex Benth.	浆果卵球形或圆球形，基部萼片宿存，先端承以隆起的柱头	分布于我国广东、广西、海南。越南北部也有分布	果实、果核、树皮、叶	岭南山竹子	②④⑤⑥⑦	种子 [0]	顽拗性
罗浮槭 Acer fabri Hance	小坚果凸起，直径约5 mm；翅与小坚果长3~3.4 cm，宽8~10 mm，张开成钝角	分布于我国广东、广西、江西、湖北、湖南、四川	果实	罗浮槭、蝴蝶果	②③⑤⑥⑦	种子 [0]	顽拗性
杧果 Mangifera indica L.	核果大，成熟时黄色，果皮肉质、肥厚、鲜黄色，果核坚硬	分布于我国云南、广西、广东、福建、台湾。印度、孟加拉国、马来西亚及中南半岛其他地区也有分布	叶、果实、果核、树皮、花	杧果、杧果核、杧果叶、杧果树皮	②③④⑥⑦	胚性培养物，愈伤组织 [35]，花粉 [80]	顽拗性
毛菍 Melastoma sanguineum Sims.	果实杯状球形，胎座肉质，为宿存萼所包；宿存萼被红色长硬毛，长1.5~2.2 cm，直径1.5~2 cm	分布于我国广西、广东。印度、马来西亚至印度尼西亚也有分布	全株或根、叶	毛菍、毛稔、红毛菍	②③④⑤⑥⑦	种子 [0]	顽拗性
木奶果 Baccaurea ramiflora Loureiro	浆果状蒴果卵状或近球状，长2~2.5 cm，直径1.5~2 cm，黄色，后变红色，不裂；种子1~3	分布于我国广东、海南、广西、云南	果实、树皮	木奶果、铁杙木	②⑤⑥⑦	种子 [0]	顽拗性
牛耳枫 Daphniphyllum calycinum Benth.	种皮淡褐色，膜质；胚乳丰富，油质	分布于我国广东、广西、福建、江西等	根、枝叶、果实	牛耳枫、牛耳枫枝叶、牛耳枫根、牛耳枫子	②③⑤⑥⑦	种子 [0]	顽拗性
牛角瓜 Calotropis gigantea (L.) W. T. Aiton	种子广卵形，长5 mm，宽3 mm，先端具白色绢质种毛；种毛长2.5 cm	分布于我国云南、四川、广西、广东等。印度、斯里兰卡、缅甸、越南、马来西亚等也有分布	全株或叶、茎皮	牛角瓜	②③⑤⑥⑦	种子 [0]	顽拗性

续表

药用植物名	果实种子特点	分布情况	药用部位/来源	药材名	药用出处	超低温保存类型	备注
牛毛毡 Eleocharis yokoscensis (Franchet et Savatier) Tang et F. T. Wang	小坚果矩长圆形或钝圆三棱状，无明显棱，微黄白色，具横矩形网纹	分布于我国各地	全草	牛毛毡	②③④⑥⑦	种子 [0]	顽拗性
牛眼马钱 Strychnos angustiflora Benth.	种子1~6，扁圆形	分布于我国福建、广东、海南、广西、云南。越南、泰国、菲律宾等也有分布	种子、根、皮、叶	牛眼珠	②③⑤⑥⑦	种子 [0]	顽拗性
萍蓬草 Nuphar pumila (Timm) de Candolle	浆果卵形，长约3 cm；种子矩圆形，长5 mm，褐色	分布于我国黑龙江、吉林、河北、江苏、浙江、江西、福建、广东	根茎、种子	萍蓬草、萍蓬草根	②③④⑥⑦	无	顽拗性
匍匐滨藜 Atriplex repens Roth	果实近扁圆形，缘具裂齿，直径约5 mm，种子红褐色至黑色	分布于我国海南。印度、阿富汗、伊朗也有分布	全株或根、叶	匍匐滨藜	②⑤⑦	种子 [0]	顽拗性
蒲桃 Syzygium jambos (L.) Alston	果实球形，直径3~5 cm，果皮肉质，成熟时黄色，有腺点；种子1~2，多胚	分布于我国台湾、福建、广东、广西、贵州、云南等	果皮、根皮、叶、种子	蒲桃、蒲桃叶、蒲桃根皮、蒲桃种子、蒲桃壳	②③④⑤⑥⑦	无	顽拗性
桤叶黄花稔 Sida alnifolia L.	果实近球形，分果6~8，长约3 mm，具2芒，被长柔毛	分布于我国云南、广东、广西、江西、福建、台湾等。印度、越南也有分布	全株或根、叶	桤叶黄花稔、脓见愁	②⑥⑦	种子 [0]	顽拗性
青冈 Quercus glauca Thunb.	壳斗碗状，疏被毛，具5~6环带；果实长卵圆形或椭圆形，近无毛	分布于我国陕西、甘肃、江苏、安徽、浙江、江西、福建、台湾、河南、湖北、广东、广西、四川、贵州、云南等。朝鲜、日本、印度也有分布	种仁、树皮、嫩叶	青冈、槠子、槠子皮叶	②④⑦	无	顽拗性
秋枫 Bischofia javanica Bl.	果实浆果状，球形或近球形，直径0.6~1.3 cm，淡褐色；种子长圆形，长约5 mm	分布于我国陕西、江苏、江西、福建、台湾、河南、湖北、湖南、广东、海南、广西、四川、贵州、云南等	根、树皮、叶	秋枫、秋枫木、秋枫木叶	②③④⑤⑥⑦	种子 [0]	顽拗性

续表

药用植物名	果实/种子特点	分布情况	药用部位/来源	药材名	药用出处	超低温保存类型	备注
榕树 *Ficus microcarpa* L. f.	果实腋生或生于枝叶腋，成熟时黄色或微红色，扁球形，直径6～8 mm，无总梗，基生苞片3，宽卵形，宿存	分布于我国台湾、浙江、福建、广东、广西、湖北、贵州、云南。斯里兰卡、印度、缅甸、泰国、越南、马来西亚、菲律宾、日本、巴布亚新几内亚、澳大利亚也有分布	叶、树皮、果实、树脂、气生根	榕树	②③④⑤⑥⑦	种子 [0]	顽拗性
散沫花 *Lawsonia inermis* L.	种子多数，肥厚，三角状尖塔形	分布于我国广东、广西、海南、云南、福建、江苏、浙江等。东非、东南亚也有分布	嫩枝、叶	散沫花、指甲花叶	②④⑥⑦	种子 [0]	顽拗性
散尾葵 *Dypsis lutescens* (H. Wendl.) Beentje et J. Dransf.	种子略呈倒卵形，胚乳均匀，中央有窄长空腔，胚侧生	分布于我国南部。马达加斯加等非洲热带地区也有分布	叶鞘	散尾葵	②⑥⑦	无	顽拗性
栓叶安息香 *Styrax suberifolius* Hook. et Arn.	种子褐色，无毛，宿存，花萼包围果实的基部至一半	分布于我国长江流域以南地区。越南也有分布	根、叶	栓皮安息香、红皮	②③④⑥⑦	种子 [0]	顽拗性
水翁蒲桃 *Syzygium nervosum* Candolle	浆果阔卵圆形，长10～12 mm，直径10～14 mm，成熟时紫黑色	分布于我国广东、海南、广西、云南等。大洋洲及印度、马来西亚、印度尼西亚、中南半岛等也有分布	花蕾、花序、根、根皮、树皮、叶	水翁、水翁花、水翁叶、水翁皮、水翁根	②③④⑤	种子 [0]	顽拗性
栗米草 *Trigastrotheca stricta* (L.) Thulin	种子多数，肾形，栗色，具多数颗粒状突起	分布于我国秦岭一淮河一线以南地区。亚洲其他热带、亚热带地区也有分布	全草	栗米草	②③⑤⑥⑦	种子 [0]	顽拗性
天名精 *Carpesium abrotanoides* L.	瘦果直径约3 mm	分布于我国华东、华中、西南地区及河北、陕西等。朝鲜、日本、越南、缅甸、伊朗和苏联高加索地区等也有分布	全草或果实、根、茎叶	天名精、鹤虱	②④⑤⑥⑦	种子 [0]	顽拗性

续表

药用植物名	果实/种子特点	分布情况	药用部位/来源	药材名	药用出处	超低温保存类型	备注
乌墨 Syzygium cumini (L.) Skeels	果实卵圆形或壶形；种子1	分布于我国台湾、福建、广东、广西、云南等。中南半岛、印度、印度尼西亚、澳大利亚等也有分布	果实、茎皮、叶、种子	乌墨、羊屎果、羊屎果树皮、董棕莲叶	②⑤⑦	种子[0]	顽拗性
西南木荷 Schima wallichii (DC.) Choisy	蒴果直径1.5～2 cm，果柄有皮孔	分布于我国云南、贵州西南部、广西西部	树皮、叶	西南木荷、毛木树、毛木树叶、毛木树皮	②③⑥⑦	无	顽拗性
砚壳花椒 Zanthoxylum dissitum Hemsl.	种子直径8～10 mm	分布于我国陕西及甘肃二省南部，东至长江三峡地区，南至五岭北坡	果实、种子、茎枝、叶	大叶花椒、大叶花椒茎叶	②④⑤⑥⑦	种子[0]	顽拗性
小酸浆 Physalis minima L.	果实球状，直径约6 mm	分布于我国云南、广东、广西、四川	全草或果实	小酸浆、天泡子	②④⑥⑦	种子[0]、茎尖[51]	顽拗性
椰子 Cocos nucifera L.	果实卵球状或近球形，先端微具3棱；外果皮薄，中果皮厚纤维质，内果皮木质，坚硬	分布于我国广东南部诸岛和雷州半岛、海南，台湾、云南南部热带地区	果肉汁、果壳、树皮、根皮、种子、胚乳	椰子、椰根、椰子壳、椰子浆、椰子油	②③④⑥⑦	合子胚[129][134]	顽拗性
疣果豆蔻 Amomum muricarpum Elm.	蒴果椭圆形或球形，红色，被黄色茸毛及分枝的柔刺，刺长3～6 mm	分布于我国广东、广西。菲律宾也有分布	果实	疣果豆蔻、大砂仁	②⑥⑦	种子[0]	顽拗性
鱼尾葵 Caryota maxima Blume ex Martius	种子1，罕为2，胚乳嚼烂状	分布于我国福建、广东、海南、广西、云南等。世界其他亚热带地区也有分布	叶鞘纤维、根	鱼尾葵、鱼尾葵叶、鱼尾葵根	②③⑥⑦	种子[0]	顽拗性
玉蕊 Barringtonia racemosa (L.) Spreng.	种子卵形，长约4 cm	分布于我国台湾（台北、台中、台东等地）、海南。非洲、亚洲和大洋洲的热带、亚热带地区也有分布	根、果实	玉蕊、水茄冬子	②⑦	种子[0]	顽拗性

续表

药用植物名	果实、种子特点	分布情况	药用部位/来源	药材名	药用出处	超低温保存类型	备注
猪屎豆 *Crotalaria pallida* Ait.	荚果长圆形，果瓣开裂后扭转；种子20～30	分布于我国福建、台湾、广东、广西、四川、云南、山东、浙江、湖南。美洲、非洲、亚洲的热带、亚热带地区均有分布	全草或根、茎、叶、种子	猪屎豆	②③⑤⑥⑦	种子[0][84]	顽拗性
竹柏 *Nageia nagi* (Thunberg) Kuntze	种子有紫褐色肉质假种皮，被白粉，外种皮骨质，内种皮膜质，淡褐色	分布于我国浙江、福建、江西、湖南、广东、广西、四川。日本也有分布	叶、树皮、根	竹柏、竹柏根	②⑤⑥⑦	无	顽拗性
柱果木榄 *Bruguiera cylindrica* (L.) Bl.	胚轴常弯曲，长8～15 cm	分布于马来西亚、印度尼西亚、澳大利亚	果实、胚轴、叶	柱果木榄、柱果木榄果、柱果木榄叶	②⑦	无	顽拗性
匙羹藤 *Gymnema sylvestre* (Retz.) Schult.	种子卵形，薄而凹陷，先端截形或钝，有薄边，先端轮生的种毛白色绢质	分布于我国云南、福建、浙江、台湾等。非洲的热带地区及印度、越南、印度尼西亚、澳大利亚也有分布	全株或根、嫩枝叶	匙羹藤	③⑥	种子[0]	顽拗性
粗糠柴 *Mallotus philippensis* (Lam.) Müell. Arg.	蒴果扁球形，直径6～8 mm，具2（～3）分果爿，密被红色颗粒状腺体和粉末状毛；种子卵形或球形，黑色，具光泽	分布于我国四川、云南、贵州、湖北、江西、安徽、江苏、浙江、福建、台湾、湖南、广东、广西、海南	根、果实的腺毛及毛茸、茎内皮、种子、叶	粗糠柴、吕宋楸毛、粗糠柴根、粗糠柴叶	③⑤⑥⑦	种子[0]	顽拗性
大管 *Micromelum falcatum* (Lour.) Tan.	浆果椭圆形或倒卵形，成熟过程中由绿色转橙黄色，最后为朱红色；果皮散生透明油点；种子1或2	分布于我国广东西部、海南、广西（合浦至兴一带），云南东南部。越南、老挝、柬埔寨、泰国也有分布	根、根皮、叶	大管	③⑤⑥⑦	种子[0]	顽拗性
大叶润楠 *Machilus japonica* Siebold & Zucc. ex Blume	果实球形，直径10～12 mm	分布于我国台湾、海南	根、木材	大叶楠、大叶楠根	③⑦	无	顽拗性

续表

药用植物名	果实/种子特点	分布情况	药用部位/来源	药材名	药用出处	超低温保存类型	备注
大猪屎豆 Crotalaria assamica Benth.	种子钩状肾形、黄绿色，棕色、黑绿色或黑色，表面光滑，有光泽，两侧略扁	分布于我国台湾、广东、海南、广西、贵州、云南。中南半岛，南亚等也有分布	茎、叶、根、种子	大猪屎豆、白消容	③⑤⑥⑦	种子 [0]	顽拗性
倒地铃 Cardiospermum halicacabum L.	种子基部有鸡心形污白色大斑，心形凹口上有1褐色点	分布于我国东部、南部、西南部	全株或根、果实	倒地铃、三角泡	③⑤⑥⑦	种子 [0]	顽拗性
过江藤 Phyla nodiflora (L.) Greene	果实淡黄色，内藏子膜质的花萼内	分布于我国江苏、江西、湖北、湖南、福建、台湾、广东、四川、贵州、云南、西藏。世界其他热带和亚热带地区也有分布	全草	过江藤、蓬莱草	③⑤⑥⑦	种子 [0] [85]	顽拗性
红楠 Machilus thunbergii Sieb. et Zucc.	果实扁球形，直径8~10 mm，初时绿色，后变黑紫色	分布于我国山东、江苏、浙江、安徽、福建、江西、湖南、广东、广西、台湾、日本、朝鲜也有分布	根皮、茎皮、树皮	红楠	③⑥⑦	无	顽拗性
火棘 Pyracantha fortuneana (Maxim.) Li	种子呈盔帽状，表面黑色，有黄褐色斑点散在	分布于我国陕西、河南、江苏、浙江、福建、湖北、湖南、广西、贵州、云南、四川、西藏	果实、根、叶	火棘	③⑥⑦	种子 [0]	顽拗性
假黄皮 Clausena excavata Burm. f.	果实椭圆形，成熟时由暗黄色转为淡红色至朱红色，有种子1~2	分布于我国台湾、福建、广东、广西、云南南部。越南、老挝、柬埔寨、缅甸、印度等也有分布	全株或叶、根、树皮	假黄皮、臭黄皮、山黄皮	③⑤⑥⑦	种子 [0]	顽拗性
金合欢 Vachellia farnesiana (L.) Wight & Arnott	种子多颗，褐色、卵形，长约6 mm	分布于我国海南（儋州及陵水、万宁、屯昌）。原产于美洲的热带地区	全株或树皮、根、茎枝干	鸭皂树、金合欢	③⑤⑦	种子 [0]	顽拗性

续表

药用植物名	果实 种子特点	分布情况	药用部位/来源	药材名	药用出处	超低温保存类型	备注
阔叶猕猴桃 Actinidia latifolia (Gardn. et Cham.) Merr.	果实暗绿色，圆柱形或卵状圆柱形，具斑点，无毛或仅在两端有少量残存革毛；种子纵径2～2.5 mm	分布于我国四川、云南、贵州、安徽、浙江、台湾、福建、江西、湖南、广西、广东等。越南、老挝、柬埔寨、马来西亚也有分布	茎、叶、果实	阔叶猕猴桃、红蒂蛇	③⑤⑥⑦	无	顽拗性
罗汉松 Podocarpus macrophyllus (Thunb.) Sweet	种子成熟时黑紫色，有白粉；肉种皮膜质，褐色	分布于我国江苏、浙江、福建、安徽、江西、湖南、四川、云南、贵州、广西、广东等。日本也有分布	根皮、叶、种子、果实、树皮、花托	罗汉松、罗汉松实	③⑤⑥⑦	无	顽拗性
麻栎 Quercus acutissima Carruth.	不育胚珠通常位在种子基部外侧，种被膜质，无胚乳	分布于我国辽宁、河北、山西、江苏、安徽、浙江、江西、福建、河南、湖北、湖南、广东、海南、广西、四川、贵州、云南等	果实、树皮、根皮、壳斗、叶	麻栎	③⑥⑦	无	顽拗性
三桠苦 Melicope pteleifolia (Champion ex Bentham) T. G. Hartley	种子蓝黑色，有光泽	分布于我国台湾、福建、江西、广东、海南、广西、贵州、云南南部	根、根皮、叶	三桠苦、三叉虎、三叉苦、三丫苦叶	③④⑤⑦	种子 [0]	顽拗性
山牡荆 Vitex quinata (Lour.) Will.	核果球形或倒卵形，幼时绿色，成熟后呈黑色，宿萼呈圆盘状，先端近截形	分布于我国浙江、江西、福建、台湾、湖南、广东、广西	全株或根、树干心材	山牡荆、布荆	④⑤⑥⑦	种子 [0]	顽拗性
锡兰肉桂 Cinnamomum verum J. Presl	果实卵球形，长10～15 mm，成熟时黑色；果托杯状，增大，具裂齿，齿先端截形或锐尖	分布于我国广东、台湾、海南。斯里兰卡等国家药有。斯里兰卡等亚洲热带亚洲有分布	树皮	锡兰肉桂、斯里兰卡肉桂	④⑤⑥⑦	无	顽拗性
白树 Suregada multiflora (Jussieu) Baillon	蒴果近球形，有3浅纵沟，直径约1 cm，成熟后完全开裂；具宿存萼片	分布于我国广东南部、海南、广西西南部、云南南部。东南亚及澳大利亚北部也有分布	茎皮	白树	⑤⑦	种子 [0]	顽拗性

续表

药用植物名	果实/种子特点	分布情况	药用部位/来源	药材名	药用出处	超低温保存类型	备注
滨木患 Arytera littoralis Bl.	种子枣红色，假种皮透明	分布于我国云南、广西、广东三省区的南部和海南。东南亚及新几内亚岛也有分布	种子	滨木患	⑤	种子 [0]	顽拗性
长柄杜英 Elaeocarpus petiolatus (Jack) Wall. ex Kurz	种子长约1 cm	分布于我国广东、广西、云南。马来西亚及中南半岛也有分布	根	长柄杜英	⑤	种子 [0]	顽拗性
大粒咖啡 Coffea liberica Bull ex Hiern	种子长圆形，平滑	分布于我国广东、海南、云南。非洲中部和西部，安达曼群岛、尼科巴群岛，西印度群岛及塞舌尔，美国中南端，委内瑞拉、哥伦比亚、巴西等的热带地区也有分布	种子	大粒咖啡，咖啡	⑤⑦	种子 [0]	顽拗性
大罗伞树 Ardisia hanceana Mez	果实球形，深红色，腺点不明显	分布于我国浙江、安徽、江西、福建、湖南、广东、广西	根	大罗伞树、凉伞盖珍珠	⑤⑥⑦	无	顽拗性
地旋花 Xenostegia tridentata (L.) D. F. Austin & Staples	种子4，卵圆形，黑色，长3～4 mm，无毛	分布于我国台湾、广东、广西、云南	全草或果实	过腰蛇	⑤⑥⑦	种子 [0]	顽拗性
方枝蒲桃 Syzygium tephrodes (Hance) Merr. et Perry	果实卵圆形，灰白色，上部有宿存萼，顶部较狭，弯曲	分布于我国海南，是海南的特有种	果实、茎皮、根	方枝蒲桃	⑤	种子 [0]	顽拗性
桂木 Artocarpus parvus Gagnep.	聚花果近球形，表面粗糙，被毛，直径约5 cm，成熟时红色，肉质，干时褐色，苞片宿存，小核果10～15	分布于我国广东、广西、海南	果实、根	桂木	⑤⑥⑦	种子 [0]	顽拗性
海滨木巴戟 Morinda citrifolia L.	聚花核果果浆果状，卵形，成熟时白色；种子小，扁，长圆形，下部有翅	分布于我国台湾、海南等	全株或叶、果实、根皮、根、树皮	海滨木巴戟、橘叶巴戟	⑤⑦	种子 [0]	顽拗性

续表

药用植物名	果实/种子特点	分布情况	药用部位/来源	药材名	药用出处	超低温保存类型	备注
海南红豆 Ormosia pinnata (Lour.) Merr.	种子椭圆形，长 15～20 mm；种皮红色，种脐长不足 1 mm，位于短轴一端	分布于我国广东西南部、海南、广西南部。越南、泰国也有分布	种子	海南红豆	⑤	种子 [0]	顽拗性
禾串树 Bridelia balansae Tutcher	核果长卵形，直径 1 cm，成熟时紫黑色	分布于我国福建、台湾、广东、海南、广西、四川、贵州、云南等	根、叶	禾串树	⑤⑥⑦	种子 [0]	顽拗性
红毛丹 Nephelium lappaceum L.	果实阔椭圆形，红黄色，连刺长约 5 cm，宽约 4.5 cm	分布于我国广东南部（湛江）、海南、台湾	果实、果皮、根	红毛丹	⑤⑥⑦	茎尖 [110]	顽拗性
猴耳环 Archidendron clypearia (Jack) I. C. Nielsen	种子 4～10，椭圆形或阔椭圆形，长约 1 cm，黑色，种皮皱缩	分布于我国浙江、福建、台湾、广东、广西、云南。亚洲其他热带地区也有分布	叶、果实、种子	猴耳环	⑤⑥⑦	种子 [0]	顽拗性
黄果厚壳桂 Cryptocarya concinna Hance	果实长椭圆形，长 1.5～2 cm，直径约 8 mm，幼时深绿色，有纵棱 12，成熟时黑色或蓝黑色，纵棱有时不明显	分布于我国广东、广西、江西、台湾。越南北部也有分布	树皮的提取物	黄果厚壳桂	⑤	种子 [0]	顽拗性
金凤花 Caesalpinia pulcherrima (L.) Sw.	荚果狭而薄，倒披针状长圆形，成熟时黑褐色；种子 6～9	分布于我国云南、广西、广东、台湾。西印度群岛也有分布	花、根	洋金凤、金凤花	⑤⑥⑦	种子 [0]	顽拗性
可可 Theobroma cacao L.	种子卵形，稍呈压扁状	分布于我国海南、云南南部。世界其他热带地区也有分布	种子	可可树、可可	⑤⑥⑦	种子 [0]，幼胚 [130]，体胚 [101]	顽拗性
蜡烛果 Aegiceras corniculatum (L.) Blanco	蒴果圆柱形，弯曲如新月形，先端渐尖	分布于我国广西、广东、福建及南海诸岛。印度、中南半岛至菲律宾及澳大利亚南部等也有分布	果实	桐花树、蜡烛果	⑤⑦	种子 [0]	顽拗性

续表

药用植物名	果实/种子特点	分布情况	药用部位/来源	药材名	药用出处	超低温保存类型	备注
亮叶猴耳环 Archidendron lucidum (Benth.) I. C. Nielsen	种子黑色, 长约 1.5 cm, 宽约 1 cm	分布于我国浙江、台湾、福建、广东、广西、云南、四川等	枝叶	亮叶猴耳环	⑤⑥⑦	无	顽拗性
毛柿 Diospyros strigosa Hemsl.	种子卵形或近三棱形, 干时黑色或黑褐色	分布于我国海南及雷州半岛	根、树皮、叶、花、果实、宿存花萼	毛柿	⑤⑦	种子 [0]	顽拗性
木榄 Bruguiera gymnorhiza (Linnaeus) Savigny	种子易在树上发芽, 胚轴伸长成棍棒状, 绿色, 干时有纵条纹	分布于我国广东、广西、海南、福建、台湾。非洲东南部及印度、斯里兰卡、马来西亚、泰国、越南、澳大利亚北部、波利尼西亚也有分布	树皮、叶、果实、根、根皮	木榄、红树皮、红树叶、红树果	⑤⑥⑦	无	顽拗性
牛眼睛 Capparis zeylanica L.	种子多数, 长 5~8 mm, 宽 4~6 mm; 种皮赤褐色	分布于我国广东(雷州半岛)、广西(合浦)、海南	根、藤茎、叶	牛眼睛	⑤⑥⑦	种子 [0]	顽拗性
坡垒 Hopea hainanensis Merr. et Chun	果实卵圆形, 具尖头, 被蜡质	分布于我国海南。越南北部也有分布	叶	坡垒	⑤	无	顽拗性
青梅 Vatica mangachapoi Blanco	果实球形; 增大的花萼裂片其中 2 枚较长, 先端圆形, 具纵脉 5	分布于我国海南。越南、泰国、菲律宾、印度尼西亚等也有分布	叶	青梅	⑤⑦	种子 [0]	顽拗性
鹊肾树 Streblus asper Lour.	核果近球形, 直径约 6 mm, 成熟时黄色, 不开裂, 基部一侧不为肉质, 宿存花被片包围核果	分布于我国广东、海南、广西、云南南部。斯里兰卡、印度、尼泊尔、不丹、越南、泰国、马来西亚、印度尼西亚、菲律宾也有分布	树皮、根	鹊肾树	⑤⑥⑦	无	顽拗性
伞序臭黄荆 Premna serratifolia L.	核果球形或倒卵形, 直径 2~4 mm, 疏被黄色腺点	分布于我国台湾、广西、广东。印度、斯里兰卡、马来西亚、菲律宾、澳大利亚、新西兰也有分布	全株	伞序臭黄荆	⑤⑦	种子 [0]	顽拗性

续表

药用植物名	果实/种子特点	分布情况	药用部位/来源	药材名	药用出处	超低温保存类型	备注
珊瑚藤 *Antigonon leptopus* Hook & Arn.	种子三棱状圆锥形，外壁坚硬，栗褐色，有不明显凹坑；内种皮膜质，紫红色	分布于我国台湾、海南、广东等。中美洲也有分布	根	珊瑚藤	⑤⑦	种子 [0]	顽拗性
水黄皮 *Pongamia pinnata* (L.) Pierre	荚果先端有短喙，不开裂；种子1，肾形	分布于我国福建、广东东南部沿海地区、海南	全株或种子、花、叶	水黄皮、水流豆	⑤⑥⑦	种子 [0]	顽拗性
水竹蒲桃 *Syzygium fluviatile* (Hemsl.) Merr. et Perry	果实球形，宽6～7 mm，成熟时黑色	分布于我国广东、广西等	果实、茎皮、根	水竹蒲桃	⑤	种子 [0]	顽拗性
楤木 *Aralia chinensis* L.	果实球形，黑色，直径约3 mm，有5棱	分布于我国各地	根、根皮、叶	鸟不企	⑤⑥⑦	种子 [0]	顽拗性
天香藤 *Albizia corniculata* (Lour.) Druce	种子7～11，长圆形，褐色	分布于我国广东、广西、福建。越南、老挝、柬埔寨也有分布	木质部	天香藤	⑤⑥⑦	种子 [0]	顽拗性
铜盆花 *Ardisia obtusa* Mez	果实球形，黑色，无腺点，具不明显的纵肋	分布于我国广东（徐闻）、海南	茎叶	铜盆花	⑤⑦	种子 [0]	顽拗性
细子龙 *Amesiodendron chinense* (Merr.) Hu	种子宽约2 cm	分布于我国广东、海南、云南南部	全株	细子龙	⑤	无	顽拗性
显脉假地豆 *Grona reticulata* (Champ. ex Benth.) H. Ohashi & K. Ohashi	荚果长圆形，背缝线波状，近无毛或被钩状短柔毛	分布于我国海南（三亚、儋州及乐东、东方、昌江、白沙、五指山、陵水、万宁、屯昌、琼海），云南及华南其他地区等。越南、泰国、缅甸也有分布	全株	显脉山绿豆	⑤⑦	种子 [0]	顽拗性
小果微花藤 *Iodes vitiginea* (Hance) Hemsl.	核果卵形或阔卵形，有多角形陷穴，密被黄色绒毛	分布于我国海南、广西、贵州、云南东南部。越南北部、老挝北部、泰国北部也有分布	全株或根皮、茎、果实	小果微花藤、吹风藤	⑤⑥⑦	种子 [0]	顽拗性

续表

药用植物名	果实/种子特点	分布情况	药用部位/来源	药材名	药用出处	超低温保存类型	备注
银柴 Aporosa dioica (Roxb.) Müll. Arg.	种子近卵圆形，长约9 mm，宽约5.5 mm	分布于我国广东、海南、广西、云南等	叶	大沙叶	⑤⑥⑦	种子[0]	顽拗性
越南牡荆 Vitex tripinnata (Lour.) Merr.	核果球形，直径约1 cm，嫩时绿色，干后变黑色	分布于我国广东、海南。缅甸、越南、柬埔寨、马来西亚也有分布	全株或茎木	越南牡荆	⑤⑦	种子[0]	顽拗性
中南无忧花 Saraca indica L.	荚果长约8 cm，宽约3 cm，扁平，成熟时为紫红色	分布于我国云南（西双版纳）。爪哇岛也有分布	树皮、叶	中南无忧花、四方木	⑤⑦	无	顽拗性
竹叶蒲桃 Syzygium myrsinifolium (Hance) Merr. et Perry	果实椭圆形，长1~1.4 cm，上部有浅杯状萼檐	分布于我国海南	叶	竹叶蒲桃	⑤	种子[0]	顽拗性
枹栎 Quercus serrata Murray	坚果卵形至卵圆形，直径0.8~1.2 cm，高1.7~2 cm；果脐平坦	分布于我国辽宁、山西、陕西、甘肃、山东、江苏、安徽、河南、湖北、湖南、广东、广西、四川、贵州、云南等。日本、朝鲜也有分布	果实	枹栎	⑥	无	顽拗性
长花龙血树 Dracaena angustifolia Roxb.	浆果直径8~12 mm，橘黄色，具1~2种子	分布于我国海南、台湾（高雄、台南）、云南（河口）。东南亚也有分布	根、叶	长花龙血树	⑥⑦	种子[0]	顽拗性
佛手瓜 Sechium edule (Jacq.) Sw.	种子大型，长达10 cm，宽7 cm，卵形，压扁状	分布于我国云南、广西、广东等。南美洲也有分布	叶、果实	佛手瓜	⑥⑦	合子胚、茎尖[100]	顽拗性
海榄雌 Avicennia marina (Forsk.) Vierh.	果实近球形，直径约1.5 cm，成熟时有毛	分布于我国福建、台湾、广东。非洲东部至印度、马来西亚、澳大利亚、新西兰也有分布	叶、果实	海榄雌	⑥⑦	无	顽拗性
浆果薹草 Carex baccans Nees	小坚果椭圆形，三棱状，成熟时褐色，基部具短柄，先端具短尖	分布于我国福建、台湾、广东、广西、海南、四川、贵州、云南	全草或根、果实	浆果薹草	⑥⑦	种子[0]	顽拗性

续表

药用植物名	果实 种子特点	分布情况	药用部位/来源	药材名	药用出处	超低温保存类型	备注
蒙古栎 *Quercus mongolica* Fisch. ex Ledeb.	坚果卵形至卵状椭圆形，直径1～1.3 cm，高1.5～1.8 cm，先端有短绒毛；果脐微凸起，直径约5 mm	分布于我国黑龙江、吉林、辽宁、内蒙古、河北、山西、陕西、宁夏、甘肃、青海、山东、河南、四川等	树皮、根皮、叶、果实	蒙古栎	⑥⑦	无	顽拗性
牛筋藤 *Malaisia scandens* (Lour.) Planch.	核果卵圆形，长6～8 mm，红色，无柄	分布于我国台湾、广东（徐闻）、海南、广西西南部、云南东南部。越南、马来西亚、菲律宾、澳大利亚也有分布	根、叶	牛筋藤	⑥⑦	种子［0］	顽拗性
清香木 *Pistacia weinmanniifolia* J. Poisson ex Franchet	核果球形，直径约5 mm，紫红色	分布于我国西南地区及广西	树皮、茎、叶、根	清香木	⑥⑦	无	顽拗性
疏花车前 *Plantago asiatica* L. subsp. *erosa* (Wall.) Z. Y. Li	种子6～15，长1.2～1.7（～2）mm	分布于我国陕西、青海、福建、湖南、湖北、云南、广东、广西、四川、贵州、西藏东南部。斯里兰卡、尼泊尔、孟加拉国、印度东北部等也有分布	全草或种子	疏花车前	⑥	种子［0］	
天竺桂 *Cinnamomum japonicum* Sieb.	果实长圆形，长7 mm；果托浅波状，直径达5 mm，全缘或具圆齿	分布于我国江苏、浙江、安徽、江西、福建、台湾。日本也有分布	根皮、树皮	天竺桂	⑥⑦	无	顽拗性
调料九里香 *Murraya koenigii* (L.) Spreng.	果实长椭圆形，稀球形，长1～1.5 cm；种子1～2，种皮薄膜质	分布于我国海南南部、云南南部。越南、老挝、缅甸、印度等也有分布	根、叶、种子	调料九里香	⑥⑦	无	顽拗性
瓦子草 *Puhuaea sequax* (Wall.) H. Ohashi & K. Ohashi	荚果两缝线缢缩成念珠状，长3～4.5 cm，宽3 mm，有6～10荚节，密被锈色或褐色小钩状毛	分布于我国华中地区、华南地区、西南地区东部及台湾。东南亚及印度、尼泊尔、巴布亚新几内亚等也有分布	全株或根、果实	波叶山蚂蝗	⑥⑦	种子［0］	顽拗性

续表

药用植物名	果实/种子特点	分布情况	药用部位/来源	药材名	药用出处	超低温保存类型	备注
象耳豆 Enterolobium cyclocarpum (Jacq.) Grieseb.	种子长椭圆形，长约1.5 cm，棕褐色，质硬，有光泽	我国广东、广西、海南、福建沿海、江西、浙江南部有栽培。原产于南美洲和中美洲，现世界热带地区多有引种栽培	果荚	象耳豆	⑥⑦	种子 [0]	顽拗性
小花山姜 Alpinia brevis T. L. Wu et S. J. Chen	种子多角形，宽4~5 mm	分布于我国广东、广西、云南	根茎	小花山姜	⑥⑦	种子 [0]	顽拗性
斜脉异萼花 Disepalum plagioneurum (Diels) D. M. Johnson	果实卵状椭圆形，初时绿色，成熟时暗红色，干后灰黑色，无毛，内有种子1	分布于我国广东、广西	茎皮	斜脉暗罗	⑥	无	顽拗性
巴拉那松 Araucaria angustifolia (Bertol.) O. Kuntze	种子成长子裸露花房里呈三角状矩形，浅棕色，具狭窄的翅	分布于巴西南部、巴拉圭、阿根廷	树节、树皮、树脂、叶	狭叶南洋杉	⑦	无	顽拗性
催吐鹧鸪花 Trichilia emetica Vahl.	果实近梨状，成熟后开裂，内含4~6瓣状红色种子	分布于非洲的热带地区	树皮、根、叶、种子油	催吐鹧鸪花	⑦	胚轴 [128]	顽拗性
大苞闭鞘姜 Costus dubius (Afzel.) K. Schum.	蒴果球形，直径约8 cm，种子黑褐色	分布于我国台湾、广东、广西、云南等	根茎	大苞闭鞘姜	⑦	种子 [0]	顽拗性
大裂五桠木 Pentaclethra macrophylla Benth.	长条荚果，长约20 cm；种子近圆饼状，直径约3 cm，黑褐色	主要分布于非洲西部，少见于中美洲	树皮	大裂五桠木	⑦	无	顽拗性
单雄蕊鹧鸪花 Trichilia monadelpha (Thonn.) J. J. de Wilde	果实近球形，直径约2 cm，种子豆状，直径约1 cm，被红色及黑色种皮	分布于非洲西部沿几内亚湾的内陆地区	茎皮	单雄蕊鹧鸪花	⑦	无	顽拗性
德雷鹧鸪花 Trichilia dregeana Sonder	果实近球形，包被种子处略拱突，内含3~6种子	主要分布于撒哈拉沙漠以南的非洲，少见于南美洲的热带地区	叶、茎皮、种子	德雷鹧鸪花	⑦	胚轴 [128]	顽拗性

续表

药用植物名	果实/种子特点	分布情况	药用部位/来源	药材名	药用出处	超低温保存类型	备注
滇南红厚壳 Calophyllum polyanthum Wall. ex Choisy	果序通常着果1~2，果实椭圆球形，先端具尖头；种子1	分布于我国云南南部（景洪、澜沧）。印度北部、缅甸至泰国也有分布	根、叶	滇南红厚壳	⑦	无	顽拗性
冬青栎 Quercus ilex L.	种子长12~18 mm，杯状物有贴状、柔软的鳞片	分布于地中海地区	树皮	圣栎	⑦	胚轴 [116]	顽拗性
番龙眼 Pometia pinnata J. R. et G. Frost.	果实椭圆形或近球形，长3 cm，宽2 cm，无毛，有光泽	分布于我国台湾（台东）。菲律宾至摩鹿加群岛也有分布	根、叶、树皮	番龙眼	⑦	无	顽拗性
哥伦比亚埃塔棕 Euterpe precatoria Mart.	果实球形，成熟为黑色，直径约8 mm	原产于哥伦比亚、委内瑞拉、巴西北部。我国云南有引种栽培	根	念珠埃塔棕	⑦	无	顽拗性
海人树 Suriana maritima L.	果实有毛，近球形，长约3.5 mm，具宿存花柱	分布于我国台湾及西沙群岛等	根、树皮	海人树	⑦	种子 [0]	顽拗性
红冠果 Alectryon excelsus Gaertn.	果实直径约1.5 cm，褐色，被绒毛，成熟后开裂，红色假种皮包裹黑色种子	分布于新西兰，澳大利亚东南部。荷兰、美国有引种栽培	种子、红果肉	高大鸡木	⑦	无	顽拗性
黄斑姜 Zingiber flavomaculosum S. Q. Tong	种子表面为棕褐色	分布于我国云南南部（勐腊、景洪）。泰国、缅甸也有分布	块茎	黄斑姜	⑦	种子 [0]	顽拗性
火焰树 Spathodea campanulata Beauv.	种子具周翅，近圆形，长和宽均为1.7~2.4 cm	分布于我国广东、福建、台湾、云南（西双版纳）。非洲及印度，斯里兰卡也有分布	根	火焰树	⑦	无	顽拗性
几内亚蒲桃 Syzygium guineense (Willd.) DC.	果实卵圆形，直径约10 mm，长约13 mm，成熟时为紫红色	分布于非洲中部和南部	叶、根	几内亚蒲桃	⑦	无	顽拗性
锯齿酒果 Aristotelia serrata (Forster & Forster f.) W. Oliver	果实球形，直径约5 mm，成熟时红黑色	分布于新西兰北岛、南岛、斯图尔特岛，澳大利亚东南部	茎皮、叶	锯齿酒果	⑦	无	顽拗性

续表

药用植物名	果实/种子特点	分布情况	药用部位/来源	药材名	药用出处	超低温保存类型	备注
柯克胶藤 Landolphia kirkii Dierb.	果实球状，直径约 7 cm，成熟时黄色，果皮粗糙，具白色斑点，果实剥开有白色乳汁，内含数粒瓣状种子，假种皮黄色	分布于刚果（金）、马拉维、莫桑比克、坦桑尼亚、赞比亚、津巴布韦，南非（夸祖鲁－纳塔尔省）	根	柯克胶藤	⑦	胚轴 [121]	顽拗性
科申南美肉豆蔻 Virola koschnyi Warb.	果实近卵状，直径约 1.5 cm，成熟后开裂，假种皮绯红色，内含 1 黑色种子	分布于拉丁美洲的尼加拉瓜等	树皮、叶	科申南美肉豆蔻	⑦	无	顽拗性
苦油楝 Carapa guianensis Aubl.	果实硕大，形如炮弹，直径约 15 cm，内含多粒棕褐色瓣状种子	原产于中美洲及亚马孙地区	树皮	圭亚那苦油树	⑦	无	顽拗性
榴莲 Durio zibethinus Murr.	假种皮白色或黄白色，有强烈的气味	分布于泰国、马来西亚、印度尼西亚等	全株或果实、果壳、根、叶	榴莲	⑦	无	顽拗性
榴莲蜜 Artocarpus integer (Thunb.) Merr.	每粒果实含 15～100 种子；种子卵形，稍扁平，表面光滑，呈浅棕色，周围有黄色或橙色的肉质假种皮	我国海南有种植。分布于东南亚，从印度尼西亚和马来半岛至新几内亚岛	茎皮	全缘桂木	⑦	无	顽拗性
龙骨南美肉豆蔻 Virola carinata (Spruce ex Benth) Warb.	果实近球形，直径约 2 cm，内含 1 种子	分布于巴西、哥伦比亚、秘鲁	树皮	龙骨南美肉豆蔻	⑦	无	顽拗性
罗伯氏娑罗双 Shorea roxburghii G. Don	翼状萼翅果，具 4 翅，长约 6 cm	分布于泰国、马来西亚、印度南部	树皮	罗氏娑罗双	⑦	无	顽拗性
莽吉柿 Garcinia mangostana Linn.	假种皮瓢状，多汁，白色	分布于我国台湾、福建、广东、云南。非洲和亚洲其他热带地区也有分布	果实、树皮、叶	莽吉柿	⑦	茎尖 [118]	顽拗性
美国白栎 Quercus alba L.	坚果长椭圆形或卵状长椭圆形	分布于北美国	树皮	白色栎	⑦	无	顽拗性

续表

药用植物名	果实/种子特点	分布情况	药用部位/来源	药材名	药用出处	超低温保存类型	备注
美国绒毛栎 Quercus velutina Lam.	壳斗直径约 2 cm，基部被白色绒毛	分布于美洲、西欧	树皮	黑栎	⑦	无	顽拗性
蜜莓 Melicoccus bijugatus Jacq.	果实球形，直径约 2 cm，内含淡黄色种子、种子近核状	分布于美国南部、特立尼达和多巴哥、海地、波多黎各岛、多米尼加、古巴、牙买加及其他加勒比地区	叶、种子	两对蜜果	⑦	无	顽拗性
面包树 Artocarpus altilis (Park.) Fosberg	聚花果倒卵圆形或近球形，绿色至黄色，表面具圆形瘤状突起，成熟时褐色至黑色；核果椭圆形至圆锥形	分布于大洋洲及其他南太平洋地区	叶、果皮、茎皮、根、树汁	肥厚波罗蜜	⑦	无	顽拗性
木果楝 Xylocarpus granatum Koenig	蒴果球形，具柄，直径 10~12 cm，有种子 2~6；种子有棱	分布于我国海南。东南亚沿海地区、大洋洲赤道区域、非洲东海岸及马达加斯加也有分布	树皮、种子	木果楝	⑦	无	顽拗性
木麒麟 Pereskia aculeata Mill.	种子 2~5，双凸透镜状，黑色，平滑；种脐略凹陷	分布于我国云南、广西、广东、海南、福建、台湾、浙江、江苏南部	果实	木麒麟	⑦	无	顽拗性
欧亚槭 Acer pseudoplatanus L.	翅果长 4~5 cm，翅以锐角或更宽角展开；小坚果球形	分布于我国黑龙江东部至东南部、吉林东南部、辽宁东部。俄罗斯、朝鲜北部也有分布	树皮	桐叶槭	⑦	无	顽拗性
欧洲栗 Castanea sativa Mill.	果实球形或圆锥形，顶部有伏毛	分布于欧洲和小亚细亚半岛及世界其他温带地区	树皮	欧洲栗	⑦	合子胚、体胚 [140]	顽拗性
欧洲栓皮栎 Quercus suber L.	壳斗钟状，倒圆锥形，包围至少一半的坚果，基部被灰色绒毛鳞片覆盖；坚果卵圆形、圆柱形或椭圆形，长 1.5~4.5 cm，光滑，先端有绒毛	分布于欧洲、北美洲、非洲南部及澳大利亚南部	树皮	欧洲栓皮栎	⑦	胚轴 [116]	顽拗性

续表

药用植物名	果实/种子特点	分布情况	药用部位/来源	药材名	药用出处	超低温保存类型	备注
蔷薇管花樟 *Aniba rosaeodora* Ducke	果实基部膨大如覆碗；种子卵圆形，直径约 1 cm	分布于哥伦比亚、厄瓜多尔、圭亚那、秘鲁、苏里南、委内瑞拉、巴西	挥发油	玫瑰蔷薇木	⑦	无	顽拗性
麝香楝 *Guarea guidonia* (L.) Sleumer	果实球状，直径约 1.5 cm，成熟时为红黑色，具白色斑点，内含 4 肾状红色种子	分布于拉丁美洲	茎皮	圭亚驼峰楝	⑦	无	顽拗性
神秘果 *Synsepalum dulcificum* Daniell	种子 1 至数枚，通常具胚油质胚乳或无；种皮褐色，硬而光亮	分布于我国海南、云南。西非热带地区也有分布	果实	神秘果	⑦	种子 [0]	顽拗性
绶带木 *Hoheria populnea* A. Cunn.	种子翅状，浅棕色	分布于新西兰	茎皮	白杨绶带木	⑦	无	顽拗性
水栎 *Quercus nigra* L.	钵状壳斗，种子球形略扁，直径约 1.5 cm	集中分布于美国东部、中南部，少量分布于葡萄牙、西班牙、法国	树皮	水栎	⑦	无	顽拗性
四季橘 *Citrus* × *microcarpa* Bunge	种子约 10，阔卵形，黏滑，无棱	原产于中国、老挝和越南，热带地区和有轻微霜冻的地区有引种栽培	液汁	四季橘	⑦	无	顽拗性
娑罗双 *Shorea robusta* C. F. Gaertner	果实具增大的 3 长 2 短的翅或近等长的翅，长翅为线状长圆形，具纵脉 10~14，短翅为线状披针形，均被短绒毛	分布于我国黄河流域地区、华东地区及海南。喜马拉雅山脉以南的地带，缅甸至印度、孟加拉国、尼泊尔也有分布	树皮、果实	娑罗双树	⑦	种子 [0]	顽拗性
塔瓦琼楠 *Beilschmiedia tawa* (A. Cunn.) Kirk	果实深红色，长 2~3.5 cm	分布于新西兰	根	新西兰琼楠	⑦	无	顽拗性

续表

药用植物名	果实/种子特点	分布情况	药用部位/来源	药材名	药用出处	超低温保存类型	备注
西班牙鼠尾草 Salvia hispanica Ettling. ex Willk. & Lange	种子椭圆形，微扁平，褐色，光滑，表面有斑纹	分布于欧洲南部及地中海沿岸其他地区	种子	西班牙鼠尾草	⑦	种子 [0]	顽拗性
西非壮蚚瓜 Telfairia occidentalis Hook. f.	种子压扁卵球形，长可达 4.5 cm，黑色或棕红色	我国海南（琼海）有种植。原产于尼日利亚南部，西非许多国家均有分布，但主要分布在尼日利亚	叶	西方特费瓜	⑦	无	顽拗性
锡兰榄 Elaeocarpus serratus Benth.	核果卵形，外形似橄榄	我国海南、广东、广西、云南、福建等有种植。原产于印度、斯里兰卡	根	锡兰杜英	⑦	种子 [0]	顽拗性
细叶黄皮 Clausena anisum-olens (Blanco) Merr.	种皮膜质，基部褐色	分布于我国广东（新会、鹤山）、广西（百色及龙州）、云南（蒙自、河口）等	果实、枝叶	小叶黄皮	⑦	种子 [0]	顽拗性
夏栎 Quercus robur Linnaeus	坚果卵形或椭圆形，直径 1~1.5 cm，高 2~3.5 cm，无毛；果脐内陷	分布于我国新疆、北京、山东等。欧洲的法国、意大利等也有分布	果实及壳斗、树皮	夏栎	⑦	无	顽拗性
新西兰陆均松 Dacrydium cupressinum Sol. ex G. Forst.	种子卵圆形，长 4~5 mm，先端钝尖，成熟时褐色	分布于新西兰北岛、南岛和斯图尔特岛	叶、茎皮、树枝	柏木陆均松	⑦	无	顽拗性
洋苏木 Haematoxylum campechianum L.	种子黄褐色，肾形，极扁	分布于我国广东、云南、海南。中美洲、南美洲和西印度群岛等热带地区也有分布	木材	洋苏木	⑦	种子 [0]	顽拗性
医胶树 Symphonia globulifera L. f.	果实球形，直径约 4 cm，内含 2 半球状种子	原产于北美洲南部，南美洲中部、非洲中部和几内亚湾	树皮、茎	小球合声木	⑦	无	顽拗性
鱼篓藤 Ripogonum scandens J. R. Forst. & G. Forst.	果实球形，直径约 8 mm，底部喙状尖突，成熟时为红色	分布于新西兰	根、嫩枝	攀援菝葜藤	⑦	无	顽拗性

续表

药用植物名	果实/种子特点	分布情况	药用部位/来源	药材名	药用出处	超低温保存类型	备注
藏榄 *Diploknema butyracea* (Roxb.) Lam	种子1~3(~5), 长圆状倒卵形, 长1.3cm, 宽1cm, 厚0.6cm, 光滑, 亮褐色	分布于我国西藏东南部。印度、不丹、尼泊尔也有分布	树皮、种子油	藏榄	⑦	无	顽拗性
枝花桃榄 *Pouteria ramiflora* (Mart.) Radlk.	橄榄状果实, 直径约4cm, 成熟时为青色	分布于亚马孙地区	根	枝花桃榄	⑦	无	顽拗性
暗紫贝母 *Fritillaria unibracteata* Hsiao et K. C. Hsia	蒴果长1~1.5cm, 宽1~1.2cm, 棱上的翅很狭, 宽约1mm	分布于我国四川西北部和青海东南部	鳞茎	暗紫贝母、川贝母	①②④⑥⑦	无	顽拗性?
巴豆 *Croton tiglium* L.	种子表面黄棕色至暗棕色, 种皮薄而坚脆	分布于我国浙江南部、福建、江西、湖南、广东、海南、广西、贵州、四川、云南等	种子、种子油、种皮、果实、叶、根	巴豆、巴豆油、巴豆壳、巴豆叶、巴豆树根	①②④⑤⑥⑦	无	顽拗性?
巴戟天 *Morinda officinalis* How	种子成熟时黑色, 略呈三棱形, 硬实	分布于我国福建、广东、海南、广西等的热带和亚热带地区。中南半岛也有分布	根、茎	巴戟、巴戟天	①②④⑤⑥⑦	茎尖[75]	顽拗性?
白豆蔻 *Amomum kravanh* Pierre ex Gagnep.	蒴果近球形, 直径约16mm, 白色或淡黄色, 具7~9浅槽及若干略隆起的纵线条; 种子为不规则的多面体, 直径3~4mm, 暗棕色, 有芳香味	分布于我国云南、广东。柬埔寨、泰国也有分布	果实、果壳、花	白豆蔻、豆蔻壳、豆蔻花	①③④⑥⑦	无	顽拗性?
白蜡树 *Fraxinus chinensis* Roxb.	种子棒形, 棕褐色, 具纵棱和多数疣状突起	分布于我国南北各地。越南、朝鲜也有分布	树皮、干皮、叶、花、果实	白蜡树、秦皮	①⑥⑦	无	顽拗性?
白木通 *Akebia trifoliata* (Thunb.) Koidz. subsp. *australis* (Diels) T. Shimizu	果实长圆形, 长6~8cm, 直径3~5cm, 成熟时黄褐色、黑褐色; 种子卵形, 种皮黄褐色、黑褐色	分布于我国长江流域地区及河南、山西、陕西	藤茎、根、果实	白木通、预知子、木通、八月炸根	①②③④⑥⑦	种子[7]	顽拗性?

续表

药用植物名	果实/种子特点	分布情况	药用部位/来源	药材名	药用出处	超低温保存类型	备注
百部 Stemona japonica (Bl.) Miq.	种子长椭圆形，深紫褐色，表面有多数纵槽纹，一端有簇生的毛茸状附生物，黄白色	分布于我国浙江、江苏、安徽、江西等	块根	百部、蔓生百部	①④⑥⑦	无	顽拗性？
暴马丁香 Syringa reticulata subsp. amurensis (Rupr.) P. S. Green & M. C. Chang	种子两端钝尖，基部一端中突微凹陷，两侧有半膜质窄翅；种皮褐色，膜质，有小疙疭状突起	分布于我国黑龙江、吉林、辽宁。俄罗斯远东地区和朝鲜也有分布	树皮，树干及茎枝	暴马丁香、暴马子皮、暴马子	①②③④⑥⑦	无	顽拗性？
北马兜铃 Aristolochia contorta Bunge	种子呈钝三角形，薄片状，四周延伸成翅	分布于我国辽宁、吉林、黑龙江、内蒙古、河北、山东、山西、陕西、甘肃、湖北	果实、地上部分	北马兜铃、马兜铃、天仙藤	①②③④⑥⑦	无	顽拗性？
蝙蝠葛 Menispermum dauricum DC.	果核扁平，倒"U"形，近边缘有2层三角形短刺，中央有1纵棱，下部凹下；内果皮木质，种皮膜质	分布于我国东北北部。日本、朝鲜和俄罗斯西伯利亚地区南部也有分布	根茎、叶、藤茎	蝙蝠葛、北豆根、蝙蝠葛叶、蝙蝠藤	①②⑥⑦	无	顽拗性？
播娘蒿 Descurainia sophia (L.) Webb. ex Prantl	种子表面黄棕色，具凹槽，有颗粒状小突起	分布于我国各地。欧洲、非洲、北美洲及亚洲其他地区也有分布	全草或种子、果实、地上部分	播娘蒿、葶苈子	①⑥⑦	无	顽拗性？
川贝母 Fritillaria cirrhosa D. Don	种子小长卵形，扁平，具细网纹，边缘有膜质翅	分布于我国西藏、云南、四川、甘肃、青海、宁夏、陕西和山西。尼泊尔也有分布	鳞茎	川贝母	①②④⑥⑦	种子[4]，愈伤组织、鳞茎、芽[62]	顽拗性？
川赤芍 Paeonia veitchii Lynch	种子表面具未成熟时为红色，成熟后为蓝黑色的假种皮；外种皮壳质，内种皮膜质	分布于我国西南部、四川西藏东部、青海东部，甘肃及陕西西南部	根	赤芍、赤芍药	①②④⑥	无	顽拗性？

续表

药用植物名	果实/种子特点	分布情况	药用部位/来源	药材名	药用出处	超低温保存类型	备注
穿龙薯蓣 Dioscorea nipponica Makino	种子扁，四周延伸成窄翅，翼菲薄，膜质，先端无色透明	分布于我国东北、华北地区及山东、河南、安徽、浙江北部、江西（庐山）、陕西（秦岭以北）、甘肃、宁夏、青海南部、四川西北部。日本本州岛以北、朝鲜、俄罗斯也有分布	根茎	穿龙薯蓣、穿山龙	①②③④⑥⑦	无	顽拗性?
刺五加 Eleutherococcus senticosus (Rupecht & Maximowicz) Maximowicz	种子扁平，倒卵状椭圆形，两端圆；种皮淡褐色，膜质	分布于我国黑龙江、吉林、辽宁、河北、山西。朝鲜、日本、苏联也有分布	根、根茎、茎	刺五加	①②⑥⑦	无	顽拗性?
大戟 Euphorbia pekinensis Rupr.	种子表面具细微颗粒，外被灰白蜡质薄层；种阜白色，盆状，位于种子基部；种皮坚硬	分布于我国除台湾、云南、西藏、新疆以外的其他地区。朝鲜、日本也有分布	根	大戟、京大戟	①④⑥⑦	无	顽拗性?
大三叶升麻 Actaea heracleifolia (Kom.) J. Compton	种子通常2，长约3 mm，四周生膜质的鳞翅	分布于我国辽宁、吉林、黑龙江。朝鲜、俄罗斯远东地区也有分布	根茎	大三叶升麻、升麻	①④⑥⑦	无	顽拗性?
大血藤 Sargentodoxa cuneata (Oliv.) Rehd. et Wils.	种子卵球形，基部截形，平滑；种皮黑色，光亮；种脐明显	分布于我国陕西、四川、湖北、湖南、云南、广西、广东、海南、江西、浙江、安徽、中南半岛北部（老挝、越南、中南半岛北部）也有分布	藤茎	大血藤	①②③④⑤⑥⑦	无	顽拗性?
大叶紫珠 Callicarpa macrophylla Vahl	果实球形，有腺点和微毛	分布于我国广东、广西、贵州、云南。尼泊尔、不丹、孟加拉国、印度、马来西亚、缅甸、泰国、越南、马来西亚、印度尼西亚也有分布	全株或根、叶	大叶紫珠、叶、紫珠	①②④⑤⑥⑦	无	顽拗性?
当归 Angelica sinensis (Oliv.) Diels	种子横切面呈长椭圆状肾形或椭圆形	分布于我国甘肃东南部、云南、四川、陕西、湖北	根	当归	①②④⑥⑦	悬浮培养细胞 [16]	顽拗性?

续表

药用植物名	果实/种子特点	分布情况	药用部位/来源	药材名	药用出处	超低温保存类型	备注
刀豆 Canavalia gladiata (Jacq.) DC.	种脐灰蓝色，线形，其上有白色膜状珠柄残余，质硬，有豆腥气	分布于我国长江以南地区。非洲及世界其他热带、亚热带地区也有分布	种子、豆荚、果实、果壳、根	刀豆	①②③④⑤⑥⑦	无	顽拗性?
灯笼草 Clinopodium polycephalum (Vaniot) C. Y. Wu et Hsuan ex P. S. Hsu	小坚果卵形，长约1 mm，褐色，光滑	分布于我国陕西、甘肃、山西、河北、河南、山东、浙江、江苏、安徽、福建、江西、湖南、湖北、广西、贵州、四川、云南、西藏东部	全草或地上部分	断血流	①②⑥⑦	无	顽拗性?
地枫皮 Illicium difengpi B. N. Chang et al.	种子长6~7 mm，宽4.5 mm，厚1.5~2.5 mm	分布于我国广西西南部（都安、马山、德保至龙州等），云南部分地区	树皮	地枫皮	①②⑥⑦	无	顽拗性?
吊石苣苔 Lysionotus pauciflorus Maxim.	种子纺锤形，两端各有1芒尖，无胚乳	分布于我国云南东南部、广西、广东、福建、台湾、浙江、江西、江苏南部、安徽、湖南、湖北、贵州、四川、陕西南部。越南、日本也有分布	全株或地上部分	吊石苣苔 石吊兰	①②③④⑤⑥⑦	无	顽拗性?
东北南星 Arisaema amurense Maxim.	种子体型稍大，表面有皱纹，呈泡囊状，橘黄色，间有浅红色小斑点	分布于我国黑龙江、吉林、辽宁、内蒙古、河北、山西、山东、江苏、湖北、四川等。	块茎	东北南星 天南星	①②④⑥⑦	无	顽拗性?
冬葵 Malva verticillata var. crispa L.	种子表面有模糊的不规则波状细横纹，外被一薄层蜡质	分布于我国湖南、四川、贵州、云南、江西、甘肃等	果实、根、叶、茎	冬葵果	①③⑥	无	顽拗性?
独角莲 Sauromatum giganteum (Engler) Cusimano & Hetterscheid	种子表面橙黄色，半透明，粗糙，具白色附属物	分布于我国河北、山东、吉林、辽宁、河南、湖北、陕西、甘肃、四川、西藏南部、广东、广西，是我国特有种	全草或块茎	独角莲 白附子	①②⑥⑦	无	顽拗性?
独行菜 Lepidium apetalum Willd.	种子表面棕黄色至红褐色，近中央可见凹槽，密布网格纹理	分布于我国东北、华北、西北、西南地区及江苏、浙江、安徽等	种子、地上部分	葶苈子 独行菜	①②④⑥⑦	无	顽拗性?

药用植物名	果实/种子特点	分布情况	药用部位/来源	药材名	药用出处	超低温保存类型	备注
杜虹花 *Callicarpa pedunculata* R. Br.	种子椭圆形；种皮褐色，膜质	分布于我国江西南部、浙江东南部、台湾、福建、广东、广西、云南东南部	叶、根、茎	紫珠叶、杜虹花、紫珠	①⑤⑥⑦	无	顽拗性?
短葶山麦冬 *Liriope muscari* (Decaisne) L. H. Bailey	种子球形，直径6~7 mm，初期绿色，成熟时变黑紫色	分布于我国西南地区及江苏、安徽、浙江、福建、广西等	块根	山麦冬	①	无	顽拗性?
番泻叶 *Senna alexandrina* Mill.	种子黄色，扁平盾形，先端凹入，基部突出	分布于我国台湾、广西、云南。东非近海和岛屿、阿拉伯半岛南部及印度西北部和南部也有分布	小叶	番泻叶	①②④	无	顽拗性?
防风 *Saposhnikovia divaricata* (Turcz.) Schischk.	双悬果呈椭圆形、略扁，表面灰白色至灰棕色，稍粗糙，具疣状突起	分布于我国黑龙江、吉林、辽宁、内蒙古、河北、宁夏、甘肃、陕西、山西、山东等	根、花、叶	防风、防风叶、防风花	①②④⑥⑦	愈伤组织 [45]	顽拗性?
飞扬草 *Euphorbia hirta* L.	种子四棱状倒卵形，棱同有不明显的小穴，表面被稀薄的白色蜡粉质	分布于我国江西、湖南、福建、台湾、广东、广西、海南、四川、贵州、云南。世界其他热带、亚热带地区也有分布	全草或叶	飞扬草、大飞扬草	①③⑤⑥⑦	无	顽拗性?
风轮菜 *Clinopodium chinense* (Benth.) O. Ktze.	种皮膜质，无胚乳，胚直生	分布于我国山东、浙江、江苏、安徽、江西、福建、台湾、湖南、湖北、广东、广西、云南东北部也有分布	全草或地上部分	风轮菜	①②③④⑤⑥⑦	无	顽拗性?
风藤 *Piper kadsura* (Choisy) Ohwi	浆果球形，褐黄色，直径3~4 mm	分布于我国台湾沿海地区、福建、浙江、江苏等。日本、朝鲜也有分布	藤茎	风藤、海风藤	①②⑦	无	顽拗性?
枫香树 *Liquidambar formosana* Hance	种子周围有窄翅；种皮黄褐色或褐色，膜质	分布于我国秦岭—淮河一线以南各省区，北起河南、山东，东至台湾，西至四川、云南和西藏，南至海南。越南北部、老挝、朝鲜南部也有分布	果实、果序、树脂、根、叶、树皮	枫香树、枫香脂、路路通、枫树、枫香树根、枫香树叶、枫香树皮	①②③④⑥⑦	无	顽拗性?

续表

药用植物名	果实/种子特点	分布情况	药用部位/来源	药材名	药用出处	超低温保存类型	备注
佛手 *Citrus medica* 'Fingered'	果实呈手指状，果皮甚厚，通常无种子	分布于我国长江以南地区	果实、花、根	佛手柑、佛手柑根、佛手露、佛手花	①②④⑤⑥	茎尖[88]	顽拗性?
福州薯蓣 *Dioscorea futschauensis* Uline ex R. Knuth	种子扁圆形，直径4~5 mm，着生于每室中轴中部，成熟时四周有薄膜状翅	分布于我国浙江南部、福建、湖南、广东北部、广西（全州）	根茎	福州薯蓣、绵萆薢	①⑦	无	顽拗性?
甘肃贝母 *Fritillaria przewalskii* Maxim.	蒴果长约1.3 cm，宽1~1.2 cm，棱上的翅很狭，宽约1 mm	分布于我国甘肃南部（洮河流域）、青海东部和南部（湟中、民和、囊谦、治多）、四川西部（甘孜、宝兴、天全）	鳞茎	甘肃贝母、川贝母	①②④⑥⑦	无	顽拗性?
藁本 *Conioselinum anthriscoides* (H. Boissieu) Pimenov & Kljuykov	果实卵状长圆形，近两侧扁；背棱凸起，侧棱具窄翅	分布于我国湖北、四川、陕西、河南、湖南、江西、浙江等	根、根茎	藁本	①②④⑥⑦	无	顽拗性?
枸杞 *Lycium chinense* Mill.	种子扁肾形，先端圆钝，基部凹陷，种脐位于凹陷处	分布于我国东北、西南、华中、华东地区及河北、山西、陕西、甘肃南部。欧洲及朝鲜、日本也有分布	果实、根皮、嫩茎叶	枸杞、枸杞子、地骨皮、枸杞叶	①②④⑤⑥⑦	无	顽拗性?
构 *Broussonetia papyrifera* (L.) L'Hér. ex Vent.	种子具弯胚，胚儿弯曲成环形，白色	分布于我国各地。印度、缅甸、泰国、越南、马来西亚、日本、朝鲜也有分布	果实、种子、根、根皮、树皮、叶、皮汁、树汁、树枝	构树、楮实、楮实子、楮茎、楮根、楮皮间白汁、楮叶、楮树白皮	①②③④⑤⑦	无	顽拗性?
谷精草 *Eriocaulon buergerianum* Koern.	种子椭圆形，饱满，橘红色，种皮薄角质	分布于我国江苏、安徽、浙江、江西、福建、台湾、湖北、湖南、广东、广西、四川、贵州等	带花茎的头状花序	谷精草、小谷精草	①②④⑥⑦	无	顽拗性?

续表

药用植物名	果实/种子特点	分布情况	药用部位/来源	药材名	药用出处	超低温保存类型	备注
鼓槌石斛 *Dendrobium chrysotoxum* Lindl.	蒴果近核状，长约3 cm，直径约1.5 cm，具纵列条纹	分布于我国云南南部至西部。印度东北部、缅甸、泰国、老挝、越南也有分布	茎	鼓槌石斛、石斛	①⑥⑦	无	顽拗性？
广藿香 *Pogostemon cablin* (Blanco) Benth.	小坚果黑色、球形，直径约0.8 mm	分布于我国台湾、广东、海南、福建等。印度、斯里兰卡、马来西亚、印度尼西亚、菲律宾也有分布	全株或地上部分、叶	广藿香	①②④⑤⑥⑦	无	顽拗性？
广州相思子 *Abrus pulchellus* subsp. *cantoniensis* (Hance) Verdcourt	种子黑褐色，种阜蜡黄色，中间有孔，边具长圆状环	分布于我国湖南、广东、广西。泰国也有分布	全株	广州相思子、鸡骨草	①②④⑤⑥⑦	无	顽拗性？
孩儿参 *Pseudostellaria heterophylla* (Miq.) Pax	种子褐红色，表面密生瘤刺状突起，突起呈同心圆状排列；种皮薄	分布于我国辽宁、河北、陕西、山东、江苏、安徽、浙江、江西、河南、湖北、湖南、四川。日本、朝鲜也有分布	块根	太子参	①②④⑥⑦	无	顽拗性？
海南砂仁 *Amomum longiligulare* T. L. Wu	种子紫褐色，被淡棕色膜质假种皮	分布于我国云南、广东、海南	果实、果壳、花	海南砂仁、砂仁、砂壳、砂仁花	①③④⑥⑦	无	顽拗性？
杭白芷 *Angelica dahurica* 'Hangbaizhi' C. Q. Yuan et Shan	双悬果椭圆形片状，黄白色至浅棕色	分布于我国四川、浙江	根、叶	杭白芷、白芷、白芷叶	①②④⑥⑦	无	顽拗性？
红大戟 *Knoxia roxburghii* (Sprengel) M. A. Rau	蒴果细小、近球形	分布于我国福建、广东、海南、广西、云南等。柬埔寨也有分布	块根	红大戟	①②⑥⑦	无	顽拗性？

续表

药用植物名	果实/种子特点	分布情况	药用部位/来源	药材名	药用出处	超低温保存类型	备注
红豆蔻 Alpinia galanga (L.) Willd.	果实长圆形，长1～1.5 cm，宽约7 mm，中部稍收缩，成熟时棕色或枣红色，平滑或略有皱缩，质薄，不开裂，手捻易破碎，内有种子3～6	分布于我国台湾、广东、广西、海南、云南等。亚洲其他热带地区也有分布	根茎、果实	红豆蔻	①②⑥⑦	无	顽拗性？
厚皮香 Ternstroemia gymnanthera (Wight et Arn.) Beddome	种子有红色假种皮，先端、基部凹入；外种皮淡褐色，骨质；内种皮膜质，淡褐色	分布于我国安徽、浙江、江西、福建、湖北、湖南、广东、广西、云南、贵州、四川等	全株或果实、叶、花	厚皮香、厚皮香花	①②③④⑦	无	顽拗性？
胡黄连 Neopicrorhiza scrophulariiflora (Pennell) D. Y. Hong	蒴果长卵形，长8～10 mm	分布于我国西藏南部（聂拉木以东）、云南西北部、四川西部。尼泊尔一带也有分布。	地上部分、根茎	胡黄连	①②④⑥⑦	无	顽拗性？
胡芦巴 Trigonella foenum-graecum L.	种子近棱状斜方形，两端平截或斜截；种皮淡灰褐色或浅棕色，表面粗糙，具微小颗粒状突起，无光泽	分布于我国南北各地。地中海沿岸、中东、伊朗高原以至喜马拉雅山脉地区也有分布	种子、地上部分	葫芦巴、胡芦巴	①③④⑥⑦	无	顽拗性？
胡桃 Juglans regia L.	果实近球状，直径4～6 cm，无毛	分布于我国华北、西北、西南、华中、华南、华东地区。中亚、西亚、南亚、欧洲也有分布	种子、叶、外果皮、木质隔膜、未成熟果实、花、根、成熟果实的内果皮、种仁、枝	核桃仁、核桃叶、核桃青龙皮、分心木、青胡桃果、胡桃花、胡桃壳、根、胡桃	①②③④⑥⑦	无	顽拗性？
虎杖 Reynoutria japonica Houtt.	种皮薄，膜质，表面淡黄褐色；具种孔，基部具1短种柄	分布于我国华东、华中、华南地区及陕西南部、甘肃南部、四川、云南、贵州。日本、朝鲜也有分布	根茎、根、叶	虎杖、虎杖叶	①②④⑤⑥⑦	无	顽拗性？

续表

药用植物名	果实/种子特点	分布情况	药用部位/来源	药材名	药用出处	超低温保存类型	备注
华中五味子 Schisandra sphenanthera Rehd. et Wils.	种子椭圆状肾形	分布于我国山西、陕西、甘肃、山东、江苏、安徽、浙江、江西、福建、河南、湖北、湖南、四川、贵州、云南东北部	茎藤、根、果实	华中五味子、南五味子	①③④⑥⑦	无	顽拗性?
黄芩 Scutellaria baicalensis Georgi	小坚果表面黑褐色，具多数凸起的瘤状物	分布于我国黑龙江、辽宁、内蒙古、河北、河南、甘肃、陕西、山西、山东、四川、江苏。东西伯利亚地区、蒙古、朝鲜、日本也有分布	根、果实	黄芩、黄芩子	①⑤⑦	无	顽拗性?
鸡爪大黄 Rheum tanguticum Maxim. ex Regel	种子卵形，黑褐色	分布于我国甘肃、青海及西藏与青海交界一带	根、根茎	鸡爪大黄、大黄	①②③④⑥⑦	无	顽拗性?
蒺藜 Tribulus terrestris Linnaeus	种皮黄白色、薄、膜质、紧贴着胚	分布于我国各地。世界其他温带地区也有分布	茎叶、根、花、果实	蒺藜、蒺藜花、蒺藜根	①②④⑤⑥⑦	无	顽拗性?
姜 Zingiber officinale Rosc.	种子较大，基部具一膨大的种阜状结构，膜质假种皮2~5裂，裂片指状或瓣状；种皮黑褐色，平滑，由外种皮、中种皮与内种皮组成	分布于我国中部、东南部至西南部。亚洲其他热带地区也有分布	根茎、茎叶、根茎外皮、栓皮及附着的一部分表层	姜、生姜汁、根姜、姜叶、生姜皮、姜皮	①②③④⑥⑦	无	顽拗性?
金钱蒲 Acorus gramineus Soland.	果实黄绿色	分布于我国浙江、江西、湖北、湖南、广东、广西、甘肃、四川、贵州、云南、西藏	根茎、花	金钱蒲、石菖蒲、随手香、九节菖蒲	①②③④⑦	无	顽拗性?
荆芥 Nepeta cataria L.	种子扁卵形，腹面有1棕色线性种脊；种皮膜质，无胚乳	分布于我国新疆、甘肃、陕西、河南、山西、山东、湖北、贵州、四川、云南等。中南欧经阿富汗向东至日本，美洲、非洲南部也有分布	全草或地上部分、花穗、根	荆芥、荆芥穗、荆芥根	①②④⑦	无	顽拗性?

续表

药用植物名	果实/种子特点	分布情况	药用部位/来源	药材名	药用出处	超低温保存类型	备注
榼藤 *Entada phaseoloides* (Linn.) Merr.	种子近圆形，直径4~6 cm，扁平，暗褐色，有光泽，成熟后种皮木质，具网纹	分布于我国台湾、福建、广东、广西、云南、西藏等。东半球其他热带地区也有分布	根、藤茎、茎皮、种子、种仁	榼藤	①②④⑤⑥⑦	无	顽拗性？
苦木 *Picrasma quassioides* (D. Don) Benn.	种皮膜质，淡褐色，折皱不平	分布于我国黄河流域及其以南地区。印度北部，不丹，尼泊尔，朝鲜，日本也有分布	树皮、根皮、茎木、枝、叶、根	苦木、苦木根	①②④⑥⑦	无	顽拗性？
宽叶羌活 *Hansenia forbesii* (H. Boissieu) Pimenov & Kljuykov	果实近球形，分果长5 mm，背棱及侧棱均成宽翅，棱槽具3~4油管，合生面具4油管；种子横切面略似月牙形	分布于我国山西、陕西、湖北、四川、内蒙古、甘肃、青海等	根茎、根	宽叶羌活、羌活	①②④⑥⑦	无	顽拗性？
款冬 *Tussilago farfara* L.	瘦果先端有冠毛，冠毛丝状	分布于我国东北、华北、华东、西北地区及湖北、湖南、贵州、云南、西藏。北非、西欧、印度、伊朗、巴基斯坦、俄罗斯也有分布	花蕾、叶	款冬、款冬花	①②④⑥⑦	无	顽拗性？
阔叶十大功劳 *Mahonia bealei* (Fort.) Carr.	浆果卵形，长约1.5 cm，直径1~1.2 cm，深蓝色，被白粉	分布于我国浙江、安徽、江西、福建、湖南、湖北、陕西、河南、广东、广西、四川。欧洲及日本、墨西哥、美国温暖地区也有分布	根、茎、叶、果实	阔叶十大功劳、功劳木	①④⑥⑦	无	顽拗性？
辽藁本 *Conioselinum smithii* (H. Wolff) Pimenov & Kljuykov	果实长圆形，近背腹扁，背棱线形，侧棱窄翅状；每棱槽具油管1(~2)，合生面具油管2~4；胚乳腹面平直，种子肾形，横切面半圆形	分布于我国吉林、辽宁、河北、山西、山东	根、根茎	辽藁本、藁本	①②④⑥⑦	无	顽拗性？

续表

药用植物名	果实/种子特点	分布情况	药用部位/来源	药材名	药用出处	超低温保存类型	备注
流苏石斛 Dendrobium fimbriatum Hook.	每果实有种子几万至几十万；种子细小如粉尘，只含有未分化完全的胚，几乎不含营养物质	分布于我国广西南部至西北部，贵州南部至西南部，云南东南部至西南部。印度，尼泊尔，不丹，缅甸，泰国，越南也有分布	茎	流苏石斛、石斛、马鞭石斛	①④⑥⑦	原球茎 [79]	顽拗性?
龙胆 Gentiana scabra Bunge	种子褐色、有光泽、线形或纺锤形，表面具粗粗的网纹，两端具宽翅	分布于我国内蒙古、黑龙江、吉林、辽宁、陕西、湖北、湖南、安徽、江苏、浙江、福建、广东、广西	根、根茎	龙胆、龙胆草	①③⑦	腋芽 [137]	顽拗性?
龙脷叶 Sauropus spatulifolius Beille	蒴果扁球形或球形，具2（~3）分果爿	分布于我国广东、广西等	叶、花	龙脷叶	①③⑥⑦	无	顽拗性?
漏斗脬囊草 Physochlaina infundibularis Kuang	种子肾形，浅橘黄色	分布于我国陕西秦岭中部至东部、河南西部和湖南部、山西南部	根、叶	漏斗泡囊草、华山参	①②④⑥⑦	无	顽拗性?
芦荟 Aloe vera (L.) Burm. f.	种子倒卵形、扁，先端钝，基部楔形，边缘有近似半月形的白色翅	分布于我国南部	根、叶、花、汁液	芦荟、芦荟根、芦荟花、芦荟叶	①②③④⑥⑦	无	顽拗性?
裸花紫珠 Callicarpa nudiflora Hook. et Arn.	果实近球形，直径约2 mm，红色，干后变黑色	分布于我国广东、广西、海南	全株或嫩枝的叶	裸花紫珠、赶风柴	①②④⑤⑥⑦	无	顽拗性?
马鞭草 Verbena officinalis L.	种子膜质，内含少量油质胚乳	分布于我国山西、陕西、甘肃、江苏、安徽、浙江、福建、江西、湖北、湖南、广东、广西、四川、贵州、云南、新疆、西藏	全草或带根全草	马鞭草	①②③④⑤⑥⑦	无	顽拗性?
马兜铃 Aristolochia debilis Sieb. et Zucc.	种子四周延伸成白色膜质的窄翅，背面褐色、粗糙，窄翅中间为心形，色较深	分布于我国长江流域以南地区及山东（蒙山）、河南（伏牛山）。日本也有分布	根、地上部分、果实	马兜铃	①②③④⑥⑦	无	顽拗性?

续表

药用植物名	果实/种子特点	分布情况	药用部位/来源	药材名	药用出处	超低温保存类型	备注
马尾松 Pinus massoniana Lamb.	种翅膜质，种脐顶生，小尖突状	分布于我国南部。越南北部也有分布	根、皮、叶、节、果实、种子、花粉、枝干结节、油树脂、去油树脂、幼枝尖端	马尾松、松粉、松球、松花粉、松节、松叶、松油、松香、松笔头、松根、松木皮	①②③④⑤⑥⑦	种子[91][92]，花粉[17]，胚性愈伤组织[47]	顽拗性?
麦蓝菜 Gypsophila vaccaria (L.) Sm.	种子幼嫩时白色，继而变橘红色，成熟后表面黑色或棕黑色，有光泽；种皮坚硬	分布于我国除华南地区以外的其他地区。亚洲其他地区、欧洲也有分布	种子	王不留行	①②③④⑦	无	顽拗性?
玫瑰 Rosa rugosa Thunb.	种子长卵形，种皮1层，栗紫色，薄膜质	分布于我国各地。日本、朝鲜也有分布	花蕾、根	玫瑰、玫瑰花、玫瑰露	①②④⑥⑦	无	顽拗性?
蒙自獐牙菜 Swertia leducii Franch.	蒴果椭圆状卵形或长椭圆形，长达1cm；种子棕褐色，卵球形，直径约0.6mm	分布于我国云南	全草	青叶胆	①②④	无	顽拗性?
密花豆 Spatholobus suberectus Dunn	种子扁长圆形，种皮紫褐色，薄而脆，光亮	分布于我国云南、广西、广东、福建等	藤茎	密花豆、鸡血藤	①②④⑥⑦	无	顽拗性?
密蒙花 Buddleja officinalis Maxim.	种子多枚，狭椭圆形，两端具翅	分布于我国山西、江苏、安徽、福建、河南、湖北、湖南、广东、广西、四川、贵州、云南、西藏等。不丹、缅甸、越南等也有分布	花蕾、花序、叶、根	密蒙花	①④⑥⑦	无	顽拗性?
绵萆薢 Dioscorea spongiosa J. Q. Xi, M. Mizuno & W. L. Zhao	种子通常2，着生于每室中轴中部，成熟后四周有薄膜状翅，上下较宽，两侧较狭	分布于我国浙江、江西、福建、湖北西南部、湖南、广东北部、广西东部	根茎	绵萆薢	①⑥⑦	无	顽拗性?

续表

药用植物名	果实/种子特点	分布情况	药用部位/来源	药材名	药用出处	超低温保存类型	备注
棉团铁线莲 Clematis hexapetala Pall.	种子胚乳丰富，油质，内有1小型胚	分布于我国甘肃东部，陕西，山西，河北，内蒙古，辽宁，吉林，黑龙江。朝鲜，蒙古，西伯利亚地区东部也有分布	根，根茎	棉团铁线莲，威灵仙	①④⑥⑦	无	顽拗性?
明党参 Changium smyrnioides Wolff	种子横切面弧形，胚乳白色，胚细小，接近种子先端	分布于我国江苏，安徽，浙江	根	明党参	①②④⑥⑦	茎尖 [41]	顽拗性?
木棉 Bombax ceiba Linnaeus	种子宽倒卵形或近球形，种皮革质，淡褐色或黑色，略粗糙	分布于我国云南，四川，贵州，广西，江西，广东，海南，福建，台湾等的亚热带地区。印度，斯里兰卡，中南半岛，马来西亚，印度尼西亚至菲律宾及澳大利亚北部也有分布	根，树皮，茎皮，花	木棉，木棉花，木棉皮，木棉根	①②③④⑤⑥⑦	无	顽拗性?
七叶树 Aesculus chinensis Bunge	种子表面有网脉状细纹；外种皮淡褐色，膜质，无毛；内种皮淡褐色，膜质	分布于我国河北南部，山西南部，河南北部，陕西南部	种子	娑罗子	①②④⑥⑦	离体胚 [52]	顽拗性?
千里光 Senecio scandens Buch.-Ham. ex D. Don	种皮褐色，种子无胚乳，子叶大而扁平	分布于我国西藏，陕西，湖北，四川，江西，云南，安徽，浙江，贵州，广西，湖南，广东，福建，台湾等。尼泊尔，不丹，中南半岛，菲律宾，日本也有分布	全草	千里光	①②③④⑤⑥⑦	无	顽拗性?
青荚叶 Helwingia japonica (Thunb.) Dietr.	浆果幼时绿色，成熟后黑色，分核3~5	分布于我国黄河流域以南地区。日本，缅甸北部，印度北部也有分布	全株或根，茎髓，叶，果实	青荚叶，小通草，叶上花，青荚叶茎髓	①②③⑥⑦	无	顽拗性?
青皮竹 Bambusa textilis McClure	基本型颖果	分布于我国西南，华中，华东地区及广东，广西	竿分泌液	青皮竹，天竺兰，天竺黄	①③⑥⑦	无	顽拗性?

续表

药用植物名	果实种子特点	分布情况	药用部位/来源	药材名	药用出处	超低温保存类型	备注
拳参 Bistorta officinalis L.	瘦果呈椭圆形，具3棱，表面褐色，先端色较深，表面光滑，有光泽	分布于我国东北、华北地区及陕西、宁夏、甘肃、山东、河南、江苏、浙江、江西、湖北、安徽	根茎、根	拳参	①②④⑥⑦	无	顽拗性?
三花龙胆 Gentiana triflora Pall.	种子褐色，有光泽，线形或纺锤形，长2～2.5 mm，表面具增粗的网脉，两端有翅	分布于我国内蒙古、黑龙江、辽宁、吉林、河北。俄罗斯、朝鲜、日本也有分布	根、根茎	龙胆、龙胆草	①③⑦	无	顽拗性?
三角叶黄连 Coptis deltoidea C. Y. Cheng et Hsiao	蓇葖果长圆状卵形，长6～7 mm，心皮柄长7～8 mm，被微柔毛	分布于我国四川峨眉山及洪雅一带	根茎	三角叶黄连、黄连	①⑥⑦	无	顽拗性?
砂仁 Amomum villosum Lour.	种子多角形，有浓郁的香气	分布于我国福建、广东、广西、云南	果实、果壳、花	砂仁、砂仁壳、砂仁花	①③④⑥⑦	无	顽拗性?
山桃 Prunus davidiana (Carrière) Franch.	种子表面黄棕色，密布颗粒状突起，尖端侧有短线形种脐，圆端有色略深，不基明显的合点，自合点处发出多数纵向维管束	分布于我国山东、河北、河南、山西、陕西、甘肃、四川、云南等	种子、种仁、果实、嫩枝、根、根皮、树脂、花	山桃、桃根、桃仁、桃、桃仁、桃枝、桃胶、桃花、桃叶	①②③④⑥⑦	无	
山杏 Prunus sibirica L. Lam.	果实扁球形，黄色或橘红色，有时具红晕，被短柔毛；种仁味苦	分布于我国黑龙江、吉林、辽宁、内蒙古、甘肃、河北、山西等	种子、根、树皮、花、果实	山杏、苦杏仁、杏树根、杏树皮、杏枝、杏花、杏子	①②④⑥⑦	无	顽拗性?
升麻 Actaea cimicifuga L.	种子椭圆形或卵圆形，扁，表面金黄色或棕褐色，上有多数鳞片	分布于我国西藏、云南、四川、青海、甘肃、陕西、河南西部、山西。蒙古、俄罗斯西伯利亚地区也有分布	根茎	升麻	①②④⑥⑦	无	顽拗性?

续表

药用植物名	果实/种子特点	分布情况	药用部位/来源	药材名	药用出处	超低温保存类型	备注
十大功劳 Mahonia fortunei (Lindl.) Fedde	浆果球形，直径4~6 mm，紫黑色，被白粉	分布于我国广西、四川、贵州、湖北、江西、浙江	全株或茎、根、果实、叶	功劳木、十大功劳、十大功劳根	①②③⑥⑦	无	顽拗性?
石斛 Dendrobium nobile Lindl.	种子细小	分布于我国安徽西南部、浙江东部、福建西部、广西西北部、四川、云南东南部	茎	石斛	①②③④⑥⑦	原球茎[99]	顽拗性?
使君子 Combretum indicum (L.) Jongkind	种子呈纺锤形，灰白色带有黑色斑块，种皮薄	分布于我国福建、台湾、江西南部、湖南、广东、广西、海南、四川、云南、贵州。印度、缅甸至菲律宾也有分布	果实、叶、根	使君子、使君子叶、使君子根	①②④⑤⑥⑦	无	顽拗性?
薯蓣 Dioscorea polystachya Turczaninow	种子着生于每室中轴中部，四周有膜质翅	分布于我国东北地区及河北、山东、河南、安徽淮河以南，江苏、浙江、江西、福建、台湾、湖北、湖南、广西北部、贵州、云南北部、四川、甘肃东部、陕西南部等	根茎、珠芽	薯蓣、山药	①⑥⑦	无	顽拗性?
宿柱梣 Fraxinus stylosa Lingelsh.	翅果倒披针状，上中部最宽，先端急尖、钝圆或微凹，具小尖（宿存花柱），翅下延至坚果中部以上，坚果隆起	分布于我国甘肃、陕西、四川、河南等	树皮、干皮	宿柱梣、秦皮	①②④⑥⑦	无	顽拗性?
酸橙 Citrus × aurantium Linnaeus	种子长椭圆形或卵状三角形，表面有纵皱纹，先端圆，基部狭尖	分布于我国长江流域以南地区	未成熟果实、幼果	酸橙、枳实、枳壳	①②④⑤⑥⑦	无	顽拗性?
酸枣 Ziziphus jujuba Mill. var. spinosa (Bunge) Hu ex H. F. Chow	种子表面红褐色或紫褐色，平滑，有光泽	分布于我国吉林、辽宁、河北、山东、山西、河南、陕西、甘肃、新疆、安徽、江苏、浙江、江西、福建、广东、广西、湖南、湖北、四川、云南、贵州	种子、根、根皮、果肉、叶、花、嫩刺	酸枣、酸枣仁、酸枣根、酸枣肉、嫩刺花	①②④⑥⑦	无	顽拗性?

续表

药用植物名	果实/种子特点	分布情况	药用部位/来源	药材名	药用出处	超低温保存类型	备注
梭砂贝母 *Fritillaria delavayi* Franch.	蒴果长 3 cm，宽约 2 cm，棱上翅很狭，宽约 1 mm，宿存花花被常多少包住蒴果	分布于我国云南西北部、四川西部、青海南部（杂多、囊谦）、西藏（拉萨至东）	鳞茎	梭砂贝母、川贝母	①②④⑥⑦	无	顽拗性？
缩砂密 *Amomum villosum* Lour. var. *xanthioides* (Wall. ex Bak.) T. L. Wu et Senjen	蒴果成熟时绿色，果皮上的柔刺则较扁	分布于我国云南南部（勐腊、沧源等）。老挝、越南、柬埔寨、泰国、印度也有分布	果实、果壳、花	缩砂密、砂仁、砂仁壳、砂仁花	①③④⑥⑦	无	顽拗性？
太白贝母 *Fritillaria taipaiensis* P. Y. Li	蒴果长 1.8 ~ 2.5 cm，棱上只有宽 0.5 ~ 2 mm 的狭翅	分布于我国陕西（秦岭及其以南地区）、甘肃东南部、四川北部、湖北西北部	鳞茎	川贝母、太白贝母	①④⑥⑦	无	顽拗性？
天葵 *Semiaquilegia adoxoides* (DC.) Makino	种子卵形，黄褐色，表面具网状纹，无光泽	分布于我国四川、贵州、湖北、湖南、广西北部、江西、福建、浙江、江苏、安徽、陕西南部。日本也有分布	全草或块根	天葵、天葵子、天葵草	①②⑥⑦	无	顽拗性？
天目贝母 *Fritillaria monantha* Migo	蒴果长、宽约 3 cm，棱上的翅宽 6 ~ 8 mm	分布于我国湖北西南部、四川东南部、湖南西北部	鳞茎	天目贝母、湖北贝母	①②④⑥⑦	无	顽拗性？
天南星 *Arisaema heterophyllum* Bl.	种子黄色，具红色斑点	分布于我国除西北地区及西藏以外的大部分地区。日本、朝鲜也有分布	块茎	天南星	①②④⑥⑦	种子 [6]	顽拗性？
天师栗 *Aesculus chinensis* var. *wilsonii* (Rehder) Turland & N. H. Xia	种子表面具不规则坑凹；外种皮栗褐色，有网脉状细纹；内种皮淡褐色	分布于我国河南西南部、湖北西南部、湖南、江西西部、广东北部、四川、贵州、云南东北部	种子	娑罗子	①②④⑥⑦	无	顽拗性？
天仙藤 *Fibraurea recisa* Pierre	核果长圆状椭圆形，很少近倒卵形，外果皮黄色；干时皱缩	分布于我国广东东南部、香港、海南、广西西南部、云南（西双版纳）	根、藤茎、叶	天仙藤、黄藤	①②④⑥⑦	无	顽拗性？

续表

药用植物名	果实 种子特点	分布情况	药用部位/来源	药材名	药用出处	超低温保存类型	备注
条叶龙胆 Gentiana manshurica Kitag.	种皮膜质，向两端延伸成翅状	分布于我国内蒙古、黑龙江、吉林、辽宁、河南、湖北、湖南、江西、安徽、江苏、浙江、广东、广西	根、根茎	条叶龙胆、龙胆	①②④⑥⑦	无	顽拗性?
贴梗海棠 Chaenomeles speciosa (Sweet) Nakai	果实球形或卵球形，黄色或带黄绿色，有稀疏不明显的斑点	分布于我国陕西、甘肃、四川、贵州、云南、广东。缅甸也有分布	果实、果核、枝叶、根	木瓜、木瓜核、木瓜枝、木瓜根	①②④⑥	无	顽拗性?
铁皮石斛 Dendrobium officinale Kimura et Migo	种子极细小，浅黄色	分布于我国安徽西南部、浙江东部、福建西部、广西西北部、四川、云南东南部	茎	铁皮石斛	①④⑥⑦	原生质体 [13]，种子、原球茎、类圆球茎 [36] [61]	顽拗性?
通脱木 Tetrapanax papyrifer (Hook.) K. Koch	种子瓜子形，缝面平，正面外凸，黄棕色，具细密疣点	分布于我国大部分地区，北自陕西，南至广西、广东、西起云南西北部和四川西南部，东至福建和台湾	茎髓、花粉	通脱木、通草、通脱木花上粉	①②④⑥⑦	无	顽拗性?
土茯苓 Smilax glabra Roxb.	种子球形或半球形，红褐色，有光泽	分布于我国甘肃南部和长江流域以南地区。越南、泰国、印度也有分布	根茎	土茯苓	①②③④⑥⑦	无	顽拗性?
土木香 Inula helenium L.	种子柱状，表面褐色，具纵肋及纵沟，具有污白色种脐和污白色线形种脊	分布于我国新疆、河北、浙江、江苏。欧洲中部、北部和南部、亚洲西部、中部、北美洲及苏联西伯利亚地区西部至蒙古北部也有分布	根	土木香	①②③④⑥⑦	无	顽拗性?
瓦布贝母 Fritillaria unibracteata Hsiao et K. C. Hsia var. wabuensis (S. Y. Tang et S. C. Yue) Z. D. Liu, S. Wang et S. C. Chen	蒴果棱具窄翅，长 3 ~ 10 mm，棱上翅宽 2 mm	分布于我国四川（阿坝州、甘孜州）及其与青海、甘肃、西藏的交界地区	鳞茎	川贝母	①	无	顽拗性?

续表

药用植物名	果实/种子特点	分布情况	药用部位/来源	药材名	药用出处	超低温保存类型	备注
乌药 Lindera aggregata (Sims) Kosterm.	种皮膜质，褐色，子叶肥厚，油质	分布于我国浙江、江西、福建、安徽、湖南、广东、广西、台湾等。越南、菲律宾也有分布	块根、树皮、叶、果实	乌药、乌药子、乌药叶	①②④⑤⑥⑦	无	顽拗性?
巫山淫羊藿 Epimedium wushanense Ying	蒴果长约1.5 cm，宿存花柱喙状	分布于我国四川、贵州、湖北、广西	全草或地上部分、叶	巫山淫羊藿	①②④⑥⑦	无	顽拗性?
五味子 Schisandra chinensis (Turcz.) Baill.	种子表面黄褐色、平滑，有光泽，背面弓曲，腹面内凹	分布于我国黑龙江、吉林、辽宁、内蒙古、河北、山西、宁夏、甘肃、山东	果实	五味子	①⑥⑦	无	顽拗性?
西洋参 Panax quinquefolius L.	种皮菲薄，贴生于种仁；胚乳丰富，具油性	分布于我国福建、江西等。美国北部（威斯康星州）、加拿大南部也有分布	根	西洋参	①②④⑥⑦	愈伤组织 [56]	顽拗性?
细辛 Asarum sieboldii Miq.	果实近球状，直径约1.5 cm，棕黄色	分布于我国山东、安徽、浙江、江西、河南、湖北、陕西、四川。日本、朝鲜也有分布	全草或根、根茎	汉城细辛、细辛、华细辛	①④⑦	无	顽拗性?
细柱五加 Eleutherococcus nodiflorus (Dunn) S. Y. Hu	种子具龙骨状突起和泡状小突起	分布于我国安徽（舒城）、浙江（杭州）等	根皮	五加皮	①④	无	顽拗性?
夏天无 Corydalis decumbens (Thunb.) Pers.	种子长椭圆形、扁平，黄褐色	分布于我国江苏、安徽、浙江、福建、江西、湖南、湖北、山西、台湾。日本南部也有分布	全草或块茎	夏天无	①②④⑥⑦	无	顽拗性?
仙茅 Curculigo orchioides Gaertn.	种子表面具纵凸纹	分布于我国浙江、江西、福建、台湾、湖南、广东、广西、四川南部、云南、贵州。东南亚各国至日本也有分布	根茎	仙茅	①②③④⑥⑦	无	顽拗性?

续表

药用植物名	果实种子特点	分布情况	药用部位/来源	药材名	药用出处	超低温保存类型	备注
香附子 Cyperus rotundus L.	小坚果长圆状倒卵形或三棱形，长为鳞片的1/3~2/5，具细点	分布于我国陕西、甘肃、山西、河南、河北、山东、江苏、浙江、江西、安徽、云南、贵州、四川、福建、广东、广西、台湾等。世界其他地区也有分布	根茎、茎叶	香附子、香附、莎草	①②④⑥⑦	无	顽拗性?
兴安升麻 Actaea dahurica Turcz. ex Fisch. et C. A. Mey.	种子倒卵形，褐色，皱缩，背部宽缩，横生大型膜质鳞片，两端延伸至两侧面；种皮膜质	分布于我国山西、河北、内蒙古、辽宁、吉林、黑龙江。俄罗斯远东地区及蒙古也有分布	根茎	兴安升麻、升麻	①④⑥⑦	无	顽拗性?
杏 Prunus armeniaca L.	种子扁宽卵形；种皮棕色，膜质，一侧有深褐色，两面具褐色脐维管束，两面具褐色脉纹和小球形突起	分布于我国各地	种子、根、树皮、花、果实、树枝	杏、苦杏仁、杏树根、杏树皮、杏枝、杏花、杏子	①②④⑥⑦	离体胚[38]，愈伤组织[78]	顽拗性?
延胡索 Corydalis yanhusuo W. T. Wang ex Z. Y. Su et C. Y. Wu	蒴果线形，长2~2.8 cm，具1列种子	分布于我国河南、安徽、江苏、浙江、湖南、湖北、北京、陕西、甘肃、四川、云南等	块茎	延胡索	①②④⑥⑦	无	顽拗性?
野菊 Chrysanthemum indicum Linnaeus	瘦果长倒卵形，略扁，褐色，表面具黄色纵纹理，略有光泽	分布于我国东北、华北、华中、华南、西南地区	全草或花序、根	野菊、野菊花	①②④⑤⑥⑦	无	顽拗性?
伊贝母 Fritillaria pallidiflora Schrenk	种子卵圆形，薄片状，褐色，周围有翅	分布于我国新疆西北部（伊宁、霍城）	鳞茎	伊贝母	①②④⑥⑦	无	顽拗性?
阴行草 Siphonostegia chinensis Benth.	种子多数，黑色，长卵圆形，具微高的纵横突起	分布于我国东北、华北、华中、西南等地区。日本、朝鲜等也有分布	全草	阴行草、北刘寄奴	①⑥⑦	无	顽拗性?
淫羊藿 Epimedium brevicornu Maxim.	蒴果长约1 cm，宿存花柱喙状，长2~3 mm	分布于我国陕西、甘肃、山西、河南、青海、湖北、四川	全草或叶、地上部分、根、根茎	淫羊藿、淫羊藿根	①②④⑥⑦	无	顽拗性?

续表

药用植物名	果实、种子特点	分布情况	药用部位/来源	药材名	药用出处	超低温保存类型	备注
罂粟 Papaver somniferum L.	种子表面灰白色，具显著粗网纹，网壁清晰，网眼深，多为四角形或五角形	分布于我国各地。南欧及印度、缅甸、老挝、泰国北部也有分布	果实、果壳、种子	罂粟、罂粟嫩苗	①②④⑥⑦	无	顽拗性？
油松 Pinus tabuliformis Carr.	种子黄褐色，有黑色不规则条状斑纹，翅灰白色	分布于我国吉林南部、辽宁、河北、河南、山西、内蒙古、陕西、甘肃、宁夏、青海、四川等，是我国特有树种	松脂、松节油、花粉、叶、根、幼枝、瘤状节、分枝节	油松、松花粉、油松节	①④⑦	种子 [58]	顽拗性？
芫花 Daphne genkwa Sieb. et Zucc.	果实肉质，白色，椭圆形，包藏于宿存花萼筒的下部，具1种子	分布于我国河北、山西、陕西、甘肃、山东、江苏、安徽、浙江、江西、福建、台湾、河南、湖北、湖南、四川、贵州等	花蕾、根	芫花、芫花根	①②④⑥	无	顽拗性？
圆叶牵牛 Ipomoea purpurea (L.) Roth	种皮黑褐色，表面粗糙，呈糠秕状，革质	分布于我国大部地区。世界其他地区也有分布	种子	圆叶牵牛、牵牛子	①②④⑦	无	顽拗性？
越南槐 Sophora tonkinensis Gagnep.	种子卵形，黑色	分布于我国广西、贵州、云南。越南北部也有分布	根、根茎	越南槐、山豆根	①③④⑥⑦	无	顽拗性？
云南黄连 Coptis teeta Wall.	蓇葖果长7~9 mm，宽3~4 mm	分布于我国云南西北部、西藏南部。缅甸北部也有分布	根茎	云南黄连、黄连	①②④⑥⑦	无	顽拗性？
皂荚 Gleditsia sinensis Lam.	种皮革质，坚硬，表面有细小的横裂纹	分布于我国河北、山东、河南、山西、陕西、甘肃、江苏、安徽、浙江、江西、湖南、湖北、福建、广东、广西、四川、贵州、云南等	棘刺、不育果实、果实、叶、种子	皂荚、皂角刺、猪牙皂、大皂角、皂角	①②③④⑥⑦	无	顽拗性？
掌叶大黄 Rheum palmatum L.	种子卵状三棱形，红褐色，凸；种脐紫褐色，不光滑种皮薄，膜质，不光滑	分布于我国甘肃、四川、青海、云南西北部、西藏东部等	根、根茎、嫩苗	掌叶大黄、大黄	①②④⑥⑦	无	顽拗性？

续表

药用植物名	果实、种子特点	分布情况	药用部位/来源	药材名	药用出处	超低温保存类型	备注
爪哇白豆蔻 *Amomum compactum* Soland ex Maton	种质坚实，断面白色	我国海南有引种，广西、云南、福建南部均有栽培。原产于印度尼西亚爪哇岛热带林低地	果实、果壳、花	爪哇白豆蔻、豆蔻、豆蔻壳、豆蔻花	①③④⑥⑦	无	顽拗性?
直立百部 *Stemona sessilifolia* (Miq.) Miq.	蒴果有种子数枚	分布于我国浙江、江苏、安徽、江西、山东、河南等	块根	直立百部、百部	①②④⑥⑦	无	顽拗性?
竹节参 *Panax japonicus* (T. Nees) C. A. Meyer	种子2~5，白色，卵球形，直径3~5 mm，长2~4 mm	分布于我国陕西、甘肃、安徽、浙江、江西、福建、河南、湖南、湖北、广西、国以南，东起日本、西至尼泊尔，南到印度等也有分布	叶、根茎	竹节参、竹节人参叶、狭叶竹节参	①②⑥	无	顽拗性?
紫花地丁 *Viola philippica* Cav.	种子表面较光滑，淡黄棕色，可见白色斑纹	分布于我国黑龙江、吉林、辽宁、内蒙古、河北、山西、陕西、甘肃、山东、江苏、安徽、浙江、江西、福建、河南、湖北、湖南、广西、四川、贵州、云南。日本等也有分布	全草	紫花地丁	①⑥⑦	无	顽拗性?
紫金牛 *Ardisia japonica* (Thunberg) Blume	果实球形，直径5~6 mm，鲜红色转黑色，多具腺点	分布于我国陕西及长江流域以南地区。朝鲜、日本也有分布	全株	矮地茶	①④⑥⑦	无	顽拗性
白兰 *Michelia* × *alba* DC.	果实成熟时形成蓇葖果疏生的聚合果；蓇葖果成熟时鲜红色	分布于我国福建、广东、广西、云南等。东南亚也有分布	叶、花、根、根皮	白兰（白玉兰）、白兰花、白兰花叶	②⑤⑥⑦	无	顽拗性?
白桐树 *Claoxylon indicum* (Reinw. ex Bl.) Hassk.	种子近球形，外种皮红色	分布于我国广东、海南、广西西南部、云南南部。东南亚及印度也有分布	全株或根、叶	白桐树、丢了棒	②③④⑤⑥⑦	无	顽拗性?

续表

药用植物名	果实/种子特点	分布情况	药用部位/来源	药材名	药用出处	超低温保存类型	备注
北美鹅掌楸 *Liriodendron tulipifera* L.	种皮红褐色，胚乳丰富	分布于我国青岛、南京、广州、昆明及庐山等。北美洲东南部也有分布	树皮，叶	北美鹅掌楸，凹朴皮	②⑥⑦	无	顽拗性？
菜豆树 *Radermachera sinica* (Hance) Hemsl.	种子椭圆形，连翅长约 2 cm	分布于我国台湾、广东、广西、贵州、云南（富宁、河口、金平及石羊）。不丹也有分布	根，叶，果实	菜豆树	②③④⑤⑥⑦	无	顽拗性？
长毛香科科 *Teucrium pampaninii* C. Du	小坚果近椭圆形，棕色，长约 1 mm	分布于我国浙江、湖南、湖北、江西西部、四川、贵州、广西	全草或根茎	长毛香科科，长毛香科科	②⑥⑦	无	顽拗性？
车桑子 *Dodonaea viscosa* (L.) Jacq.	种子表面黑褐色，略显环纹，被丝状疏毛；外种皮骨质；内种皮膜质，绿色	分布于我国西南部、南部至东南部。世界其他热带和亚热带地区也有分布	全株或根，叶，花，果实	车桑子、车桑仔	②③⑤⑥⑦	无	顽拗性？
匙叶伽蓝菜 *Kalanchoe integra* (Medikus) Kuntze	果实形似水滴，顶部略尖，直径约 8 mm	分布于我国西藏、云南南部、广东、福建、台湾。亚洲其他热带地区也有分布	全草	匙叶伽蓝菜	②④⑥	无	顽拗性？
大花马齿苋 *Portulaca grandiflora* Hook.	种子细小，多数，圆肾形	分布于我国黑龙江、吉林、辽宁、河北、河南、山东、安徽、江苏、浙江、湖南、湖北、江西、重庆、四川、贵州、云南、山西、陕西、甘肃、青海、内蒙古、广东、广西等	全草或地上部分	午时花	②③⑤⑥⑦	无	顽拗性？
大叶桂 *Cinnamomum iners* Reinw. ex Bl.	果实卵球形，先端具小突尖	分布于我国云南南部、广西西南部（龙州）、西藏东南部（墨脱）。大洋洲的热带和亚热带地区、亚洲其他热带和亚热带地区及澳大利亚、美国（北部、中部、南部）也有分布	树皮，茎皮，根皮	土桂皮、大叶桂	②⑥⑦	无	顽拗性？

续表

药用植物名	果实/种子特点	分布情况	药用部位/来源	药材名	药用出处	超低温保存类型	备注
单花芥 *Eutrema scapiflorum* (Hook. f. & Thomson) Al-Shehbaz, G. Q. Hao & J. Quan Liu	种子扁圆形，褐色，长 1.5~2 mm	分布于我国青海、四川西南部、云南西北部、西藏	全草或根	单花荠、单花芥	②⑦	无	顽拗性？
单花山竹子 *Garcinia oligantha* Merr.	果实纺锤形或狭椭圆形，长 1.5~1.8 cm，基部具宿存萼片和残留的退化雄蕊	分布于我国广东、海南	树内皮、根内皮、根、叶、果实	单花山竹子	②⑤⑦	无	顽拗性？
调羹树 *Heliciopsis lobata* (Merr.) Sleum.	果实椭圆状，两侧稍扁，长 7~9 cm；外果皮革质，黄绿色；中果皮肉质，干后残留密生的软纤维，紧附于果皮；内果皮木质	分布于我国广东及海南岛中部和南部	根皮、树皮、叶	调羹树	②③⑤⑥⑦	无	顽拗性？
梵天花 *Urena procumbens* L.	果实球形，具刺和长硬毛，刺端有倒钩；种子平滑，无毛	分布于我国广东、台湾、福建、广西、江西、湖南、浙江等	全株或根、叶	梵天花、梵天花根、狗脚迹	②③④⑤⑥⑦	无	顽拗性？
粉背南蛇藤 *Celastrus hypoleucus* (Oliver) Warburg ex Loesener	种子平凸至稍呈新月状，长 4~5 mm，直径 1.4~2 mm，两端较尖，黑色至黑褐色	分布于我国河南、陕西、甘肃东部、湖北、四川、贵州	叶、根	麻妹条叶、绵藤	②④⑥⑦	无	顽拗性？
凤眼莲 *Eichhornia crassipes* (Mart.) Solms	蒴果卵形	分布于我国长江流域、黄河流域及华南地区。亚洲其他热带地区及巴西的热带地区也有分布	全草或根	凤眼兰、水葫芦	②③④⑥⑦	无	顽拗性？
海南苹婆 *Sterculia hainanensis* Merr. et Chun	种子椭圆形，直径约 1 cm，黑褐色	分布于我国海南、广西南部	叶	海南苹婆、红郎树	②⑤⑥⑦	无	顽拗性？

续表

药用植物名	果实/种子特点	分布情况	药用部位/来源	药材名	药用出处	超低温保存类型	备注
蔊菜 Rorippa indica (Linn.) Hiem	种子具白色黏液层，湿水后消失，基部有1暗色斑，种皮薄	分布于我国山东、河南、江苏、浙江、福建、台湾、湖南、江西、广东、陕西、甘肃、四川、云南	全草或花	蔊菜	②③④⑤⑥⑦	无	顽拗性?
红花木莲 Manglietia insignis (Wall.) Blume	种子三角状卵形或心形，外被紫红色假种皮；外种皮黑色，骨质	分布于我国湖南西南部、广西、四川西南部、贵州（安龙及雷公山、梵净山）、云南（景东、红河、文山及无量山）、西藏东南部。尼泊尔、印度东北部、缅甸北部也有分布	树皮、枝皮	红花木莲	②⑥⑦	无	顽拗性?
红花酢浆草 Oxalis corymbosa DC.	蒴果长圆柱形，具5棱；种子细小，成熟时为褐色	分布于我国华东、华中、华南地区及河北、陕西、四川、云南等。南美洲的热带地区也有分布	全草或根	红花酢浆草、铜锤草	②③④⑤⑥⑦	无	顽拗性?
厚皮树 Lannea coromandelica (Houtt.) Merr.	核果卵形，略压扁，成熟时紫红色	分布于我国云南南部、广西西南部、广东西南部。印度、中南半岛至印度尼西亚（爪哇岛）也有分布	树皮	厚皮树	②④⑤⑥⑦	无	顽拗性?
黄槿 Talipariti tiliaceum (L.) Fryxell	蒴果卵圆形，长约2 cm，被绒毛，果爿5，木质；种子光滑，肾形	分布于我国台湾、广东、福建等。越南、柬埔寨、老挝、缅甸、印度、印度尼西亚、马来西亚、菲律宾等也有分布	叶、树皮、花	黄槿	②③⑤⑥⑦	无	顽拗性?
黄缅桂 Michelia champaca L.	聚合果长7~15 cm；菁葖果倒卵状长圆形，长1~1.5 cm，有疣状突起；种子2~4，有皱纹	分布于我国福建南部、台湾、广东、香港、海南	根、果实	黄缅桂	②③④⑥	无	顽拗性?
黄桐 Endospermum chinense Benth.	种子椭圆形，长约7 mm	分布于我国福建南部、广东、海南、广西、云南南部。印度东北部、缅甸、泰国、越南也有分布	树皮、叶	大树跌打	②④⑤⑥	无	顽拗性?

续表

药用植物名	果实/种子特点	分布情况	药用部位/来源	药材名	药用出处	超低温保存类型	备注
假蒟 Piper sarmentosum Roxb.	浆果近球形，具4角棱，无毛	分布于我国福建、广东、广西、云南、贵州、海南、西藏（墨脱）。印度、越南、马来西亚、菲律宾、印度尼西亚、巴布亚新几内亚也有分布	全草或根、茎、叶、果实、果穗	蛤蒌、假蒟根、假蒟子、假蒟	②③⑤⑥⑦	无	顽拗性?
箭叶秋葵 Abelmoschus sagittifolius (Kurz) Merr.	种子表面有灰褐色波纹，在种脐处有一三角形的盖	分布于我国广东、海南、广西、贵州、云南等	全草或果实、根、种子	五指山参叶、箭叶秋葵、五指山参、火炮草果	②③④⑤⑥⑦	无	顽拗性?
金丝李 Garcinia paucinervis Chun et How	果实成熟时椭圆形或卵球状椭圆形，长约3 cm，直径约2 cm，基部萼片宿存，先端宿存柱头半球形，果柄长5~8 mm；种子1	分布于我国广西西部和西南部，云南东南部（麻栗坡）	根、枝叶、树皮	金丝李	②⑥⑦	无	顽拗性?
金鱼藻 Ceratophyllum demersum L.	坚果宽椭圆形，长4~5 mm，宽约2 mm，黑色，平滑	分布于我国各地	全草	金鱼藻	②③⑥⑦	无	顽拗性?
京梨猕猴桃 Actinidia callosa Lindl. var. henryi Maxim.	果实小，褐绿色，球状卵珠形，长约1 cm	分布于我国长江以南地区及甘肃、陕西	茎、叶、根皮、果实	京梨猕猴桃	②④⑥⑦	无	顽拗性?
苦草 Vallisneria natans (Lour.) H. Hara	种子倒长卵形，有腺毛状突起	分布于我国吉林、河北、陕西、山东、江苏、安徽、浙江、江西、福建、台湾、湖北、湖南、广东、广西、四川、贵州、云南等	全草	苦草	②④⑥⑦	无	顽拗性?
苦荬菜 Ixeris polycephala Cass.	瘦果压扁，褐色，长椭圆形，纤细	分布于我国陕西、江苏、浙江、福建、安徽、台湾、江西、湖南、广东、广西、贵州、四川、云南	全草	苦荬菜	②④⑥⑦	无	顽拗性?

续表

药用植物名	果实/种子特点	分布情况	药用部位/来源	药材名	药用出处	超低温保存类型	备注
榄李 *Lumnitzera racemosa* Willd.	种子1，圆柱状，种皮棕色	分布于我国广东（徐闻）、海南、广西（合浦、防城）、台湾海岸边	叶、树汁	榄李、榄李树汁	②⑤⑥⑦	无	顽拗性？
雷公橘 *Capparis membranifolia* Kurz	种子1~5，种皮平滑，褐色	分布于我国广东西部（封开），广西西北部、西部和南部、海南、贵州南部、云南东南部	根、叶、果实	雷公橘	②⑤⑦	无	顽拗性？
鹿藿 *Rhynchosia volubilis* Lour.	种脐上覆盖有2白色脐褥、晕环与种皮同色	分布于我国长江以南各省区。朝鲜、日本、越南也有分布	全株或根、茎、叶、果实	鹿藿	②③④⑤⑥⑦	无	顽拗性？
落地生根 *Bryophyllum pinnatum* (L. f.) Oken	蓇葖果包在花萼及花冠筒内，显著空腔；种子小，有条纹	分布于我国云南、广西、广东、福建、台湾。非洲也有分布	全草或根	落地生根	②③④⑤⑥⑦	无	顽拗性？
落葵 *Basella alba* L.	种皮污绿色或褐色，先端略尖，基部有1五角形黄褐色种脐，合点和种脐间有5~6纵棱线	分布于我国南北各地。亚洲其他热带地区也有分布	全草或根、茎、花、叶、果实	落葵	②③④⑤⑥⑦	无	顽拗性？
落葵薯 *Anredera cordifolia* (Tenore) Steenis	果序轴红绿色，胞果卵球形至球形	分布于我国江苏、浙江、福建、广东、四川、云南、北京等。南美洲的热带地区也有分布	藤上块茎	落葵薯、藤三七	②⑤⑥⑦	无	顽拗性？
驴蹄草 *Caltha palustris* L.	种子狭卵形，表面光滑，具不明显网纹，一侧边棱狭翅状	分布于我国西藏东北部、四川、浙江西北部、甘肃南部、陕西、河南西部、山西、河北、内蒙古、新疆	全草或根、叶	驴蹄草	②③⑥⑦	无	顽拗性？
马甲子 *Paliurus ramosissimus* (Lour.) Poir.	种皮紫褐色，近基部黄褐色，平滑而有光泽	分布于我国江苏、浙江、安徽、江西、湖南、湖北、福建、台湾、广东、广西、云南、贵州、四川	刺、花、叶、根、果实	铁篱笆果、马甲子根、铁篱笆	②③④⑤⑥⑦	无	顽拗性？

续表

药用植物名	果实/种子特点	分布情况	药用部位/来源	药材名	药用出处	超低温保存类型	备注
马六甲蒲桃 *Syzygium malaccense* (L.) Merr. & Perry	果实卵圆形或壶形，长约 4 cm；种子 1	分布于马来西亚、印度尼西亚（苏门答腊岛和爪哇岛），越南、泰国、巴布亚新几内亚、澳大利亚、加勒比国家等的热带地区	树皮、叶、根	马六甲蒲桃	②⑤⑦	无	顽拗性？
马银花 *Rhododendron ovatum* (Lindl.) Planch. ex Maxim.	蒴果阔卵球形，密被灰褐色短柔毛和疏腺体，且为增大而宿存的花萼所包围	分布于我国江苏、安徽、浙江、江西、福建、台湾、湖北、湖南、广东、广西、四川、贵州	根	马银花	②③⑥⑦	无	顽拗性？
毛蕊铁线莲 *Clematis lasiandra* Maxim.	瘦果卵形或纺锤形，棕红色，被疏短柔毛	分布于我国云南、四川、甘肃、陕西、贵州、湖南、广西、广东、浙江、江西、安徽	全株或具茎、根、藤	毛蕊铁线莲，小木通	②③④⑥⑦	无	顽拗性？
米仔兰 *Aglaia odorata* Lour.	种子有肉质假种皮	分布于我国广东、广西、福建、四川、贵州、云南等	枝、叶、花	米仔兰	②③④⑤⑥⑦	无	顽拗性？
木薯 *Manihot esculenta* Crantz	种子长约 1 cm，多少具 3 棱，种皮硬壳质，具斑纹，光滑	我国福建、台湾、广东、海南、广西、贵州、云南等有栽培，偶有逸为野生。原产于巴西，现全世界热带地区广泛栽培	叶、树皮、块根	木薯	②⑤⑥⑦	无	顽拗性？
木竹子 *Garcinia multiflora* Champ. ex Benth.	种子 1~2，椭圆形，长 2~2.5 cm	分布于我国台湾、福建、江西、湖南、广东南部、广西、海南、贵州南部、云南等	树内皮、种子油、果实	木竹子皮、木竹子油、木竹子	②⑤⑥⑦	无	顽拗性？
南蛇藤 *Celastrus orbiculatus* Thunb.	种子有肉质红色假种皮；外种皮革质，薄；内果皮膜质	分布于我国黑龙江、吉林、辽宁、内蒙古、河北、山西、山东、河南、陕西、甘肃、江苏、安徽、浙江、江西、湖北、四川	根、藤、果实、叶	南蛇藤、南蛇藤果	②⑥⑦	无	顽拗性？
欧菱 *Trapa natans* L.	果实三角状菱形，具 4 刺角	分布于我国黑龙江、吉林、辽宁、河北、河南、山东、江苏、浙江、安徽、湖北、湖南、江西、福建、广东、广西等	果肉、果壳、果柄、茎、叶柄	漂浮菱、菱	②③④⑦	无	顽拗性？

续表

药用植物名	果实/种子特点	分布情况	药用部位/来源	药材名	药用出处	超低温保存类型	备注
枇杷叶紫珠 Callicarpa kochiana Makino	果实圆球形，直径约1.5 mm，几全部包藏于宿存的花萼内	分布于我国台湾、福建、广东、浙江、江西、湖南、河南南部	茎、叶、根、果实	枇杷叶紫珠，牛舌癀	②⑦	无	顽拗性?
千斤拔 Flemingia prostrata Roxb.	种子2，近圆球形，黑色	分布于我国福建、台湾、广西、广东、湖北、贵州、江西等	全株或根	千斤拔	②③④⑤⑥	无	顽拗性?
荞麦 Fagopyrum esculentum Moench	种子卵状三棱形，充满果实，棕褐色；种皮薄膜状，具细密纹并略有光泽	分布于我国各地。亚洲其他地区，欧洲也有分布	全草或种子、茎、叶	荞麦，荞麦秸	②③④⑤⑥⑦	无	顽拗性?
伽蓝菜 Kalanchoe ceratophylla Haworth	蓇葖果有种子多数；种子圆柱形	分布于我国云南、广西、广东、台湾、福建。亚洲其他热带、亚热带地区及非洲北部也有分布	全草	伽蓝菜	②③④⑥⑦	无	顽拗性?
赛葵 Malvastrum coromandelianum (L.) Gurcke	种子肾形，边沿浅褐色，中部浅灰色，表面有短柔毛	分布于我国台湾、福建、广东、广西、云南等。美洲也有分布	全株或叶	赛葵	②③④⑤⑥⑦	无	顽拗性?
山菅兰 Dianella ensifolia (L.) Redouté	浆果近球形，深蓝色，直径约6 mm，具5～6种子	分布于我国云南（漾濞、泸水以南）、四川、重庆、贵州东南部、广西、广东南部、江西南部、浙江沿海地区（杭州及乐清）、福建、台湾、海南	全草或根茎、根	山猫儿，山菅兰	②③④⑥⑦	无	顽拗性?
韶子 Nephelium chryseum Bl.	果实椭圆形，红色，连刺长4～5 cm，宽3～4 cm	分布于我国云南南部、广西南部和广东西部，约以北回归线为北界。菲律宾和越南也有分布	果实、果皮	韶子	②④⑥⑦	无	顽拗性?
水东哥 Saurauia tristyla DC.	果实球形，白色、绿色或淡黄色，直径6～10 mm	分布于我国广东、广西、云南、贵州	根、叶	水东哥，水枇杷	②③④⑤⑥⑦	无	顽拗性?

续表

药用植物名	果实/种子特点	分布情况	药用部位/来源	药材名	药用出处	超低温保存类型	备注
水蓼 Persicaria hydropiper (L.) Spach	瘦果卵形，双凸透镜状或具3棱	分布于我国南北各地。欧洲、北美洲及朝鲜、日本、印度尼西亚、印度也有分布	全草或根、地上部分、果实	水蓼根、水蓼	②④⑤⑥⑦	无	顽拗性?
四方麻 Veronicastrum caulopterum (Hance) T. Yamazaki	蒴果卵状或卵圆状，长2~3.5 mm	分布于我国云南东南部、贵州南部（兴仁）、广西、广东、湖南、湖北西南部、江西（萍乡及井岗山）	全草	四方麻	②③④⑥⑦	无	顽拗性?
通城虎 Aristolochia fordiana Hemsl.	种子卵状三角形，褐色，背面平凸状，具小疣点，腹面凹入	分布于我国广西（陆川），苍梧、昭平），广东（博罗、德庆、阳春等），江西（德兴），浙江，福建	全株或根	通城虎	②③⑥⑦	无	顽拗性?
桐棉 Thespesia populnea (L.) Soland. ex Corr.	种子三角状卵形，被褐褐色纤毛，间有脉纹	分布于我国台湾、广东、海南。非洲的热带地区及越南、柬埔寨、斯里兰卡、印度、菲律宾也有分布	叶、果实	桐棉、伞杨	②⑤⑥⑦	无	顽拗性?
土荆芥 Dysphania ambrosioides (Linnaeus) Mosyakin & Clemants	种子横生或斜生，黑色或暗红色，平滑、有光泽、边缘钝	分布于我国广西、广东、福建、台湾、江苏、浙江、江西、湖南、四川等	带果穗德全草或种子、根	土荆芥	②③④⑤⑥⑦	无	顽拗性?
喜树 Camptotheca acuminata Decne.	种子棍棒形，两端尖锐；种皮淡褐色，有糠秕状膜片	分布于我国江苏南部、浙江、福建、江西、湖北、湖南、四川、贵州、广西、广东、云南等	根、果实、树皮、树枝、叶	喜树	②③④⑤⑥⑦	茎尖 [74]	顽拗性?
细齿叶柃 Eurya nitida Korthals	种子肾形或圆肾形，亮褐色，表面具细蜂窝状网纹	分布于我国台湾、屏东及阿里山）等	全株或茎、叶、花、果实	细齿叶柃	②⑤⑦	无	顽拗性?
小果山龙眼 Helicia cochinchinensis Lour.	果实椭圆状，果皮干后薄革质，厚不及0.5 mm，蓝黑色或黑色	分布于我国云南、四川、广西、广东、湖南、湖北、江西、福建、浙江、台湾。越南北部、日本也有分布	根、叶、种子	红叶树、小果山龙眼、红叶树子	②③⑤⑥⑦	无	顽拗性?

续表

药用植物名	果实/种子特点	分布情况	药用部位/来源	药材名	药用出处	超低温保存类型	备注
羊角拗 *Strophanthus divaricatus* (Lour.) Hook. et Arn.	种子纺锤形，扁平，白色绢质种毛，种毛具光泽	分布于我国贵州、云南、广西、广东、福建等	根、茎、叶、种子、种毛	羊角拗、羊角拗子、羊角拗花	②④⑤⑥⑦	无	顽拗性?
洋蒲桃 *Syzygium samarangense* (Blume) Merr. & Perr.	果实梨形或圆锥形，肉质，洋红色，内含种子1	分布于我国广东、台湾、广西。马来西亚、印度也有分布	树皮、叶、根	莲雾	②⑤⑦	无	顽拗性?
野线麻 *Boehmeria japonica* (Linnaeus f.) Miquel	瘦果倒卵球形，长约1 mm，光滑	分布于我国贵州、湖南西北部、浙江、江西、福建（漳平）、安徽、湖北、四川东部、陕西南部、河南西部、山西东南部、山东东部、河北西部和北部、辽宁南部、吉林东南部	全草或根	水禾麻、大叶苎麻	②⑥	无	顽拗性?
异形南五味子 *Kadsura heteroclita* (Roxb.) Craib	种子长圆形或肾形	分布于我国云南西南部（保山、临沧）	根、藤茎、果实	异形南五味子、地血香、地血香果、大叶风沙藤	②③④⑤⑥⑦	无	顽拗性?
银叶树 *Heritiera littoralis* Dryand.	种子卵形，长约2 cm	分布于我国广东（台山及其沿海岛屿）、海南（三亚及其沿海岛屿）、广西（防城）、台湾	树皮、种子	银叶树	②⑤⑥⑦	无	顽拗性?
油桐 *Vernicia fordii* (Hemsl.) Airy Shaw	外种皮褐色，条状及球状凸起成断续条纹	分布于我国陕西、河南、江西、安徽、浙江、江西、福建、湖南、湖北、广东、广西、四川、贵州、云南等。越南也有分布	根、叶、花、果壳、种子、种子油、未成熟果实	油桐、气桐子、桐子花、油桐叶、油桐根、油桐子、桐油	②③④⑤⑥⑦	无	顽拗性?
鹧鸪花 *Heynea trijuga* Roxb.	种子1，具假种皮，干后黑色	分布于我国广西、云南。印度、中南半岛、印度尼西亚也有分布	根	海木、鹧鸪花	②③④⑤⑥⑦	无	顽拗性?
中国石蒜 *Lycoris chinensis* Traub	蒴果每室有种子数枚	分布于我国河南、江苏、浙江	鳞茎	中国石蒜、石蒜	②③④⑦	无	顽拗性?

药用植物名	果实/种子特点	分布情况	药用部位/来源	药材名	药用出处	超低温保存类型	备注
猪笼草 Nepenthes mirabilis (Lour.) Merr.	蒴果栗色，长 0.5~3 cm，果爿 4，狭披针形；种子丝状，长约 1.2 cm	分布于我国广东西部和南部	全草或茎叶	猪笼草	②③④⑤⑥⑦	无	顽拗性?
竹节树 Carallia brachiata (Lour.) Druce	果实近球形，直径 4~5 mm，先端冠以短三角形萼齿	分布于我国广东，广西。马达加斯加，印度，斯里兰卡，缅甸，泰国，越南，马来西亚至澳大利亚北部也有分布	果实、树皮	竹节树	②⑥⑦	无	顽拗性?
紫茉莉 Mirabilis jalapa L.	种子一侧有 1 浅纵沟，基部具 1 种脐，围以 1 白色毛圈；种皮薄，膜质	分布于我国南北各地。美洲的热带地区也有分布	全草、根、果实、叶	紫茉莉子、紫茉莉叶、紫茉莉	②③④⑤⑥⑦	无	顽拗性?
刺槐 Robinia pseudoacacia L.	种子呈卵状肾形，表面棕黑色、光滑，有些许浅凹坑	分布于我国各地。欧洲、非洲及美国东部也有分布	花、茎皮、根、枝叶、果实	刺槐	③⑥⑦	种子[87]	顽拗性?
刺苋 Amaranthus spinosus L.	种子近球形，黑色或带棕黑色	分布于我国陕西、江苏、浙江、江西、湖南、湖北、四川、云南、贵州、广西、广东、福建、台湾	全草或根、茎、叶	刺苋菜、刺苋、簕苋菜	③⑤⑥⑦	无	顽拗性?
佛肚树 Jatropha podagrica Hook.	蒴果椭圆状，具 3 纵沟，平滑；种子长约 1.1 cm	分布于我国各地。中美洲、南美洲的热带地区也有分布	全株或茎、根	佛肚树	③⑦	无	顽拗性?
海杧果 Cerbera manghas L.	核果双生或单个，阔卵形或球形，外果皮纤维质或木质，未成熟时绿色，成熟时橙黄色；种子通常 1	分布于我国广东南部、广西南部、海南、台湾	树汁、种子、种仁	海杧果	③⑤⑥⑦	无	顽拗性?
华萝藦 Cynanchum hemsleyanum (Oliv.) Liede & Khanum	种子宽长圆形，有膜质边缘，先端具白色绢质种毛	分布于我国陕西、四川、云南、贵州、广西、湖北、江西等	全株	华萝藦	③⑥⑦	无	顽拗性?

续表

药用植物名	果实/种子特点	分布情况	药用部位/来源	药材名	药用出处	超低温保存类型	备注
黄荆 *Vitex negundo* L.	种子黄白色，种皮薄，无胚乳	分布于我国秦岭—淮河一线以南地区	果实、根、茎、叶、枝条、花	黄荆、黄荆子、黄荆叶、黄荆枝、黄荆沥、黄荆根	③⑤⑥⑦	无	顽拗性？
榉树 *Zelkova serrata* (Thunb.) Makino	核果淡绿色，斜卵状圆锥形，上面偏斜，凹陷，具背腹脊，网肋明显，表面被柔毛，具宿存的花被	分布于我国辽宁（大连），陕西（秦岭一带），甘肃（秦岭一带），山东，江苏，安徽，浙江，江西，福建，台湾，河南，湖北，湖南，广东	树皮，叶	榉树	③⑥⑦	无	顽拗性？
苦郎树 *Volkameria inermis* L.	核果倒卵形，略有纵沟，多汁液，内有4分核，外果皮黄灰色，花萼宿存	分布于我国福建，台湾，广东，广西	根、茎、叶、枝	苦郎树，水胡满，水胡满根	③⑤⑥⑦	无	顽拗性？
蓝花参 *Wahlenbergia marginata* (Thunberg) A. Candolle	种子背面凸，腹面凹，具种阜；种皮薄，表面具细小网纹	分布于我国长江流域以南地区。亚洲其他热带，亚热带地区也有分布	全草或根	蓝花参	③⑥⑦	无	顽拗性？
栗 *Castanea mollissima* Bl.	坚果高1.5~3 cm，宽1.8~3.5 cm	分布于我国除青海，宁夏，新疆，海南等以外的南北各地	种仁、根、根皮、树皮、叶、花、花序、外果皮、总苞、内果皮、果实、壳斗、树皮	板栗，栗	③⑥⑦	胚轴 [25] [54]，离体胚、种子、离体胚 [10]	顽拗性？
乱草 *Eragrostis japonica* (Thunberg) Trinius	颖果棕红色并透明，卵圆形，长约0.5 mm	分布于我国安徽，浙江，台湾，湖北，江西，广东，云南等	全草	乱草	③⑥⑦	无	顽拗性？
栓皮栎 *Quercus variabilis* Bl.	种皮膜质，栗褐色，有紫色纵纹，无胚乳	分布于我国辽宁，河北，山西，陕西，甘肃，山东，江苏，安徽，浙江，江西，福建，台湾，河南，湖北，湖南，广东，广西，四川，贵州，云南等	果壳，果实	栓皮栎	③⑥⑦	胚性组织 [29]	顽拗性？

续表

药用植物名	果实/种子特点	分布情况	药用部位/来源	药材名	药用出处	超低温保存类型	备注
藤黄檀 Dalbergia hancei Benth.	种子肾形，极扁平	分布于我国安徽、浙江、福建、江西、广东、广西、四川、贵州等	藤茎、根、树脂	藤檀	③⑤⑥⑦	无	顽拗性?
土人参 Talinum paniculatum (Jacquin) Gaertner	种子表面密生小瘤状突起，呈同心圆状排列，种皮硬	分布于我国华中、华南地区。美洲的热带地区也有分布	根、叶	土人参	③⑤⑥⑦	无	顽拗性?
下田菊 Adenostemma lavenia (L.) O. Kuntze	瘦果倒披针形，先端钝，基部收窄，被腺点，成熟时黑褐色	分布于我国江苏、浙江、安徽、福建、台湾、广东、广西、江西、湖南、贵州、四川、云南等。印度、中南半岛、菲律宾、琉球群岛、朝鲜、澳大利亚也有分布	全草	下田菊、风气草	③⑤⑥⑦	无	顽拗性?
油茶 Camellia oleifera Abel	蒴果球形或卵圆形，直径2～4 cm，1室3室，2或3片裂开，每室有种子1或2，果爿厚3～5 mm，木质，中轴粗厚	分布于我国长江流域至华南地区	根、种子、根皮、花	油茶	③⑤⑥⑦	花粉 [8] [94]	顽拗?
紫红獐牙菜 Swertia punicea Hemsley	蒴果无柄、卵状矩圆形，先端渐狭；种子矩圆形，黄褐色，表面具小疣状突起	分布于我国云南、四川、贵州、湖北西部、湖南	全草	紫红獐牙菜	③⑥⑦	无	顽拗性?
光叶兔儿风 Ainsliaea glabra Hemsley	瘦果纺锤形，干时黄褐色，长约4 mm，无毛或先端疏被毛；冠毛黄白色	分布于我国四川中南部、云南东北部	全草	兔儿风	④⑥⑦	无	顽拗性?
香蒲 Typha orientalis Presl	小坚果椭圆形至长椭圆形；果皮具长褐色斑点；种子褐色，微弯	分布于我国黑龙江、吉林、辽宁、内蒙古、河北、山西、河南、陕西、安徽、江苏、浙江、江西、广东、云南、台湾等	全草	香蒲	④	无	顽拗性?

续表

药用植物名	果实/种子特点	分布情况	药用部位/来源	药材名	药用出处	超低温保存类型	备注
回头苋 Amaranthus blitum Linnaeus	种子环形，黑色至黑褐色，边缘具环状边	分布于我国除内蒙古、宁夏、青海、西藏以外的其他地区。欧洲、非洲北部、南美洲及日本也有分布	全草或种子、根	凹头苋、野苋菜	⑤⑦	无	顽拗性?
白背黄花稔 Sida rhombifolia Linn.	果实半球形，被星状柔毛，先端具2短芒	分布于我国台湾、福建、广东、广西、贵州、云南、四川、湖北等。越南、老挝、柬埔寨、印度等也有分布	全草或根	白背黄花稔、黄花母、黄花母根	⑤⑦	无	顽拗性?
白脚桐棉 Thespesia lampas (Cav.) Dalz. et Gibs.	种子卵形，黑色，光滑，仅种脐旁具1环短柔毛	分布于我国云南、广西、广东、海南等。东非及越南、老挝、印度、菲律宾、印度尼西亚等的热带地区也有分布	果实、根皮	白脚桐棉	⑤⑦	无	顽拗性?
刺芙蓉 Hibiscus surattensis L.	种子肾形，疏被白色细糙毛	分布于我国广东、海南、云南南部。大洋洲、非洲及越南、老挝、柬埔寨、缅甸、斯里兰卡、印度、菲律宾等的热带地区也有分布	根、叶	刺芙蓉	⑤⑦	无	顽拗性?
粗柄铁线莲 Clematis crassipes Chun et How	瘦果扁平、纺锤形、被柔毛；宿存花柱长5 cm，被金黄色柔毛	分布于我国广东、广西南部	全株或茎	粗柄铁线莲、川木通	⑤⑥⑦	无	顽拗性?
粗毛玉叶金花 Mussaenda hirsutula Miq.	浆果椭圆状，有时近球形，干时褐色，有浅褐色小斑点，顶部宿存萼裂片紧贴，果柄被毛	分布于我国海南、广东、湖南、贵州、云南，是我国特有种	全株或根、叶、茎	粗毛玉叶金花、玉叶金花	⑤⑥⑦	无	顽拗性?
酢浆草 Oxalis corniculata L.	种子呈卵形，较扁平，表面红棕色，凹凸不平，具多条横向平行凸起的横脊	分布于我国各地。亚洲其他温带和亚热带地区、欧洲、北美洲也有分布	全草	酢浆草	⑤⑥⑦	无	顽拗性?

续表

药用植物名	果实/种子特点	分布情况	药用部位/来源	药材名	药用出处	超低温保存类型	备注
大叶藤黄 Garcinia xanthochymus Hook. f. ex T. Anders.	种子具多汁的瓢状假种皮;种皮光滑,棕褐色	分布于我国云南南部和西南部至西部,广西西南部、广东	茎、叶、乳汁	大叶藤黄	⑤⑥⑦	无	顽拗性?
倒卵叶山龙眼 Helicia obovatifolia Merr. et Chun	果实倒卵球形,长3~4 cm,先端具短尖;果皮革质,紫黑色	分布于我国广西西南部、广东西部和海南。越南也有分布	叶	倒卵叶山龙眼	⑤⑥⑦	无	顽拗性?
东方古柯 Erythroxylum sinense Y. C. Wu	核果长圆形,有3纵棱,稍弯,先端钝	分布于我国浙江、福建、江西、湖南、广东、广西、云南、贵州。印度、缅甸东北部也有分布	叶、根	东方古柯	⑤⑥⑦	无	顽拗性?
观光木 Michelia odora (Chun) Noteboom & B. L. Chen	种子有红色假种皮;外种皮黄褐色,骨质;内种皮膜质,淡褐色	分布于我国江西南部、云南、贵州、广西、湖南、福建、广东、海南等的热带、亚热带地区	树皮、根皮	观光木	⑤⑦	无	顽拗性?
海南菜豆树 Radermachera hainanensis Merr.	种子卵圆形,薄膜质	分布于我国广东(阳江)、海南、云南(景洪)	根、叶、花、果实	海南菜豆树	⑤⑦	无	顽拗性?
含笑花 Michelia figo (Lour.) Spreng.	聚合果长2~3.5 cm,蓇葖果卵圆形或球形,先端有短尖的喙	分布于我国各地	花、叶	含笑花	⑤⑥⑦	无	顽拗性?
葫芦树 Crescentia cujete L.	果实卵圆球形,浆果,无毛,黄色至黑色,果壳坚硬	分布于我国广东(广州)、福建、台湾(竹头角)等。美洲的热带地区也有分布	种子、叶、果实	葫芦树	⑤⑥⑦	无	顽拗性?
假柿木姜子 Litsea monopetala (Roxb.) Pers.	果实长卵形	分布于我国广东、广西、贵州西南部、云南南部。东南亚及印度、巴基斯坦也有分布	叶、枝叶	假柿木姜子	⑤⑥⑦	无	顽拗性?
金莲木 Ochna integerrima (Lour.) Merr.	核果长10~12 mm,宽6~7 mm	分布于我国广东西南部、广西西南部	树皮、根	金莲木	⑤⑦	无	顽拗性?

续表

药用植物名	果实/种子特点	分布情况	药用部位/来源	药材名	药用出处	超低温保存类型	备注
柳叶润楠 *Machilus salicina* Hance	果实球形，直径 7～10 mm，嫩时绿色，成熟时紫黑色	分布于我国广东、广西，贵州南部，云南南部、海南。中南半岛也有分布	叶	柳叶润楠	⑤⑥⑦	无	顽拗性？
毛柱铁线莲 *Clematis meyeniana* Walp.	瘦果镰状狭卵形或狭倒卵形，长约 4 mm，有柔毛	分布于我国云南、四川，贵州南部，福建、广西、广东、湖南南部，台湾、江西、浙江（龙泉）。老挝、越南、日本也有分布	根、根茎、藤叶	毛柱铁线莲、威灵仙	⑤⑥⑦	无	顽拗性？
美丽猕猴桃 *Actinidia melliana* Hand.-Mazz.	果实成熟时秃净，圆柱形，有显著的疣状斑点，宿存萼片反折	分布于我国广西、广东、海南、湖南、江西	根	美丽猕猴桃	⑤⑥⑦	无	顽拗性？
木油桐 *Vernicia montana* Lour.	种子扁球形，种皮厚，有疣突	分布于我国浙江、江西、福建、台湾、湖南、广东、海南、广西、贵州、云南等。越南、泰国、缅甸也有分布	根、叶、果实	木油桐	⑤⑦	无	顽拗性？
牛蹄豆 *Pithecellobium dulce* (Roxb.) Benth.	种子黑色，包于白色或粉红色的肉质假种皮内	我国台湾、广东、广西、云南有栽培。原产于中美洲，现广布于热带干旱地区	叶、树皮、白色果实、假种皮	牛蹄豆	⑤⑥⑦	无	顽拗性？
人心果 *Manilkara zapota* (Linn.) van Royen	浆果纺锤形、卵形或球形，褐色，果肉黄褐色，种子扁	分布于我国广东、广西、云南（西双版纳）。美洲的热带地区也有分布	树皮、果实	人心果	⑤⑥⑦	胚 [106]	顽拗性？
山杜英 *Elaeocarpus sylvestris* (Lour.) Poir.	核果细小，椭圆形，长 1～1.2 cm，内果皮薄骨质，有腹缝沟 3	分布于我国广东、海南、广西、贵州、福建、浙江、江西、湖南、四川、云南。越南、老挝、泰国也有分布	根、叶、花、根皮	山杜英	⑤⑦	无	顽拗性？
湿地松 *Pinus elliottii* Engelmann	种子三角状倒卵形，种翅膜质，种脐顶生、小突尖状；种皮深灰黑色，表面有略凸起的黑斑	分布于我国湖北（武汉）、江西（吉安）、浙江（余杭）、江苏（南京）、安徽（泾县）、福建（闽侯）、广东（广州及台山）、广西（柳州、桂林）、台湾等。美国东南部也有分布	树脂	湿地松、松脂	⑤⑦	胚性愈伤组织 [48] [76]	顽拗性？

续表

药用植物名	果实/种子特点	分布情况	药用部位/来源	药材名	药用出处	超低温保存类型	备注
首冠藤 Cheniella corymbosa (Roxb.) R. Clark & Mackinder	种子 10 余枚，长圆形，褐色	分布于我国广东（阳春）、海南	根、叶、皮、花	首冠藤	⑤⑦	无	顽拗性?
桃花心木 Swietenia mahagoni (L.) Jacq.	种子多数，连翅长 7 cm	分布于我国福建（厦门）、台湾、广东、广西（南宁）、海南（尖峰岭）、云南等。世界其他热带地区也有分布	种子、树皮	桃花心木	⑤⑦	种子 [114]	顽拗性?
甜麻 Corchorus aestuans L.	蒴果圆筒形，种子较小，黑褐色	分布于我国长江以南地区。亚洲其他热带地区、中美洲、非洲也有分布	全草	甜麻、野黄麻	⑤⑥⑦	无	顽拗性?
仙都果 Sandoricum koetjape (Burm. f.) Merr.	浆果球形或扁球形，有毛，果实成熟时淡棕色或金黄色，果肉白色	分布于马来半岛、加里曼丹岛、斯里兰卡、印度、印度尼西亚、毛里求斯、塞舌尔、菲律宾	叶、根、树皮	凯杰山道楝，仙都果	⑤⑦	无	顽拗性?
显脉杜英 Elaeocarpus dubius A. DC.	核果椭圆形，长 1~1.3 cm，无毛，内果皮坚骨质，厚约 1 mm	分布于我国广东、海南、广西、云南。越南也有分布	根	显脉杜英	⑤	无	顽拗性?
夜香木兰 Lirianthe coco (Loureiro) N. H. Xia & C. Y. Wu	种子卵圆形	分布于我国浙江、福建、台湾、广东、广西、云南。东南亚也有分布	花、根皮	夜香木兰，夜合花	⑤⑦	无	顽拗性?
印度锥 Castanopsis indica (Roxburgh ex Lindley) A. DC.	坚果阔圆锥形，密被毛，果脐约占坚果面积的 1/4	分布于我国台湾东部（浸水营、恒春牡丹湾、高雄大武山）等	果实、茎皮	印度锥	⑤⑥⑦	无	顽拗性?
榛叶黄花稔 Sida subcordata Span.	种子卵形，先端密被褐色短柔毛	分布于我国广东、广西、云南等。越南、老挝、缅甸、印度、印度尼西亚等的热带地区也有分布	全株	榛叶黄花稔，榛叶黄花稔	⑤⑥⑦	无	顽拗性?

续表

药用植物名	果实/种子特点	分布情况	药用部位/来源	药材名	药用出处	超低温保存类型	备注
菖蒲 *Acorus calamus* L.	浆果长圆形，红色	分布于我国各地	根茎	菖蒲	⑥⑦	无	顽拗性?
齿叶赤飑 *Thladiantha dentata* Cogn.	种子长卵形，黄白色，长约6 mm，宽约3.5 mm，基部圆形，先端稍狭，两面平滑，有不明显的小疣状突起	分布于我国甘肃南部、陕西南部、湖北西北部、四川东部和南部、贵州	块根、果实	齿叶赤飑	⑥⑦	无	顽拗性?
川东獐牙菜 *Swertia davidii* Franch.	果实为蒴果，椭圆状卵形或长椭圆形，长约1 cm；种子细小，直径约0.5 mm，棕褐色，椭圆形或圆形，种皮上有网纹	分布于我国云南（景东）、四川东部、湖北西部、湖南西部	全草	川东獐牙菜	⑥⑦	无	顽拗性?
风吹楠 *Horsfieldia amygdalina* (Wallich ex Hook. f. & Thomson) Warburg	种子卵形，干时淡红褐色，平滑；种皮脆壳质，具纤细脉纹，有光泽	分布于我国云南南部、东南部、西南部至南部，广西西南部、南部，海南	树皮	风吹楠	⑥⑦	无	顽拗性?
海金子 *Pittosporum illicioides* Makino	种子8~15，长约3 mm，种柄短而扁平，长1.5 mm	分布于我国福建、台湾、浙江、江苏、安徽、江西、湖北、湖南、贵州等。日本也有分布	根、叶、种子、茎	海金子	⑥⑦	无	顽拗性?
海南风吹楠 *Horsfieldia hainanensis* Merr.	种皮淡黄褐色，疏生脉纹，珠孔周围下陷	分布于我国海南，广西南部	树皮、叶	海南风吹楠	⑥⑦	无	顽拗性?
海南关木通 *Isotrema hainanense* (Merr.) X. X. Zhu, S. Liao & J. S. Ma	种子卵圆形，长约6 mm	分布于我国广西（上思）、海南	根、叶	海南马兜铃	⑥⑦	无	顽拗性?

续表

药用植物名	果实/种子特点	分布情况	药用部位/来源	药材名	药用出处	超低温保存类型	备注
花蔺 Butomus umbellatus L.	蓇葖果成熟时沿腹缝线开裂，先端具长喙；种子多数，细小	分布于我国东北地区及内蒙古其他地区、河北、山西、陕西、新疆、山东、江苏、河南、湖北等	茎叶	花蔺	⑥⑦	无	顽拗性?
花曲柳 Fraxinus chinensis subsp. rhynchophylla (Hance) E. Murray	翅果线形，长约3.5 cm，宽约5 mm，先端钝圆，急尖或微凹，翅下延至坚果中部，坚果长约1 cm，略隆起；具宿存萼	分布于我国东北地区和黄河流域各省区。苏联、朝鲜也有分布	树皮、根皮	花曲柳	⑥⑦	无	顽拗性?
假槟榔 Archontophoenix alexandrae (F. Müell.) H. Wendl. et Drude	核果卵形至近球形，先端具短尖，基部具短柄，外壁包以纤维，中果皮革质，果核坚硬	分布于我国福建、台湾、广东、海南、广西、云南等热带、亚热带地区。澳大利亚东部也有分布	全株或叶鞘纤维	假槟榔	⑥⑦	离体胚 [57]	顽拗性?
宽药青藤 Illigera celebica Miq.	果实具4翅	分布于我国云南、广西、广东	根、茎藤	宽药青藤	⑥⑦	无	顽拗性?
龙爪茅 Dactyloctenium aegyptium (L.) Beauv.	囊果球状，长约1 mm	分布于我国华东、华南、华中地区等。世界其他热带、亚热带地区也有分布	全草	龙爪茅	⑥⑦	无	顽拗性?
绿穗苋 Amaranthus hybridus L.	种子近球形，直径约1 mm，黑色	分布于我国陕西南部、河南（汝阳）、安徽、江苏、浙江、江西、湖南、湖北、四川、贵州	全草或花	绿穗苋	⑥⑦	无	顽拗性?
美国山核桃 Carya illinoinensis (Wangenheim) K. Koch	果实长圆形或椭圆形，具4纵棱，果皮4瓣裂	分布于我国河北、河南、江苏、福建、江西、湖南、四川等。北美洲也有分布	种仁	美国山核桃	⑥⑦	无	顽拗性?
牛皮消 Cynanchum auriculatum Royle ex Wight	种子倒卵形，腹凹背拱，表面具不连续、放射状线纹，四周具狭翅，基部具白色绢质丛毛	分布于我国山东、河北、河南、陕西、甘肃、西藏、江苏、浙江、福建、台湾、江西、湖南、湖北、广西、贵州、四川、云南等	带根全株或块根	牛皮消	⑥⑦	无	顽拗性?

续表

药用植物名	果实/种子特点	分布情况	药用部位/来源	药材名	药用出处	超低温保存类型	备注
欧洲七叶树 Aesculus hippocastanum L.	种子栗褐色，通常1~3，稀4~6，种脐淡褐色	分布于我国山东、上海等。阿尔巴尼亚、希腊也有分布	花、果实、叶、种子、树皮	欧洲七叶树	⑥⑦	胚性愈伤组织[123]	顽拗性？
肉托竹柏 Nageia wallichiana (C. Presl) Kuntze	种子近球形，成熟时假种皮蓝紫色或紫红色，着生于肥厚肉质种托之上	分布于我国云南（西双版纳）。原产于南非南部和东部	根、枝叶	肉托竹柏	⑥⑦	无	顽拗性？
水蜡树 Ligustrum obtusifolium Sieb. et Zucc.	果实近球形或宽椭圆形，长5~8 mm，直径4~6 mm	分布于我国黑龙江、辽宁、山东及江苏沿海地区至浙江舟山群岛	叶、树皮	水蜡树	⑥⑦	无	顽拗性？
梭果玉蕊 Barringtonia fusicarpa Hu	果实梭形，两端收缩，褐色，无棱角，内果皮色较淡，多纤维；种子1	分布于我国云南南部和东南部，是我国特有植物	根、果实	梭果玉蕊、疏果玉蕊	⑥⑦	无	顽拗性？
西藏珊瑚苣苔 Corallodiscus lanuginosus (Wallich ex R. Brown) B. L. Burtt	蒴果长约1.6 cm	分布于我国云南、四川、西藏东南部	全草	珊瑚苣苔	⑥⑦	无	顽拗性？
香港木兰 Lirianthe championii (Bentham) N. H. Xia & C. Y. Wu	聚合果褐色，椭圆体形，蓇葖果具短而先端平截的喙，成熟蓇葖果背缝线开裂并反卷	分布于我国贵州南部、海南、广西北部、中部和南部	树皮、叶、果实	长叶木兰	⑥	无	顽拗性？
早熟禾 Poa annua Linnaeus	种子三棱状纺锤形，黄棕色，与颖果等大；种皮与果皮愈合，不易分离，膜质	分布于我国江苏、四川、贵州、云南、广西、广东、海南、台湾、福建、江西、湖南、湖北、安徽、河南、山东、新疆、甘肃、青海、内蒙古、山西、河北、辽宁、吉林、黑龙江。欧洲、亚洲其他地区及北美洲也有分布	全草	早熟禾	⑥⑦	无	顽拗性？

续表

药用植物名	果实/种子特点	分布情况	药用部位/来源	药材名	药用出处	超低温保存类型	备注
矮慈姑 Sagittaria pygmaea Miq.	瘦果两侧侧压扁，具翅，近倒卵形	分布于我国陕西、山东、江苏、安徽、浙江、江西、福建、台湾、河南、湖北、湖南、广东、海南、广西、贵州、云南等。越南、泰国、朝鲜、日本等也有分布	全草	矮慈姑	⑦	无	顽拗性?
矮栗 Castanea pumila (L.) Mill.	壳斗被长短不一的锐刺，连刺直径1.5～3 cm	分布于美国	树皮	矮栗	⑦	无	顽拗性?
澳洲坚果 Macadamia ternifolia F. Müell.	种子通常球形，种皮骨质，光滑，厚2～4（～5）mm	分布于我国云南（西双版纳）、广东、台湾。世界其他热带地区也有分布	种子油	澳洲坚果	⑦	无	顽拗性?
巴西红厚壳 Calophyllum brasiliense Cambess.	果实圆球形，底部尖突，直径约2 cm	分布于美洲的热带地区	叶	巴西红厚壳	⑦	无	顽拗性?
白檫木 Sassafras albidum (Nutt.) Nees	果实卵球形，亮黄色	分布于北美洲东部	根、根皮、木材	美洲檫木	⑦	无	顽拗性?
白莲蒿 Artemisia gmelinii Weber ex Stechm.	瘦果狭椭圆状卵形或狭圆锥形	分布于我国除高寒地区以外的其他地区	全草	白莲蒿（铁杆蒿）	⑦	无	顽拗性?
百日青 Podocarpus neriifolius D. Don	种子卵圆形，长8～16 mm，先端圆或钝，成熟时肉质假种皮紫红色	分布于我国浙江、福建、台湾、江西、湖南、贵州、四川、西藏、云南、广西、广东等	根、根皮、枝、叶、果实	百日青	⑦	无	顽拗性?
北美黑柳 Salix nigra Marshall	果实细小，淡褐色，密被绒毛	分布于北美洲东部	树皮	黑柳	⑦	无	顽拗性?

续表

药用植物名	果实/种子特点	分布情况	药用部位/来源	药材名	药用出处	超低温保存类型	备注
避霜花 Pisonia aculeata L.	果实棍棒形，长 7～14 mm，宽 4 mm，具 5 棱，具有柄的乳头状腺体和黑褐色短柔毛，具长果柄	分布于我国台湾东南部、海南。亚洲其他热带地区、非洲、美洲及澳大利亚也有分布	树皮、叶、枝条	腺果藤	⑦	无	顽拗性？
长叶马府油树 Madhuca longifolia (J. König ex L.) J. F. Macbr.	种子橄榄形，直径约 2 cm，底部尖喙，表面光滑	分布于印度	种子、花	长叶紫荆木	⑦	无	顽拗性？
齿叶杜英 Elaeocarpus dentatus (J. R. Forster & G. Forster) Vahl	种子表面凹凸不平，棕色	分布于新西兰南岛和北岛	茎皮	齿叶杜英	⑦	无	顽拗性？
川黄檗 Phellodendron chinense Schneid.	种子 5～8，很少 10，长 6～7 mm，厚 4～5 mm，一端微尖，有细网纹	分布于我国四川、云南、湖北	树皮	川黄檗	⑦	无	顽拗性？
粗厚沉香 Aquilaria crassna Pierre ex Lecomte	种子褐色、卵球形，疏被毛，基部附属体长约 1.5 cm，先端具短尖头	分布于东南亚及新几内亚岛	心材	粗厚沉香	⑦	无	顽拗性？
粗皮山核桃 Carya ovata (Miller) K. Koch	坚果褐色、倒卵球形至球形或椭圆形，具 4 角，微皱；壳厚	分布于我国辽宁以南地区。欧洲、北美洲也有分布	树皮	粗皮山核桃	⑦	无	顽拗性？
粗壮雁果 Coprosma robusta Raoul	果实卵圆形，直径约 3 mm，底部具黑点，成熟时为红黑色	分布于新西兰、澳大利亚	叶、茎皮	粗壮嗅花	⑦	无	顽拗性？
滇龙胆草 Gentiana rigescens Franch. ex Hemsl.	种子黄褐色，有光泽、短圆形，长 0.8～1 mm，表面有蜂窝状网隙	分布于我国云南、四川、贵州、湖南、广西	全草或根	滇龙胆草	⑦	无	顽拗性？

续表

药用植物名	果实/种子特点	分布情况	药用部位/来源	药材名	药用出处	超低温保存类型	备注
吊瓜树 Kigelia africana (Lam.) Benth.	种子多数，无翅，镶于木质的果肉内	分布于我国广东（广州）、海南、福建（厦门）、台湾、云南（西双版纳）等也有分布。非洲的热带地区	树皮、地上部分、果实、茎皮	吊灯树	⑦	无	顽拗性？
高榕黑柿 Diospyros malabarica (Desr.) Kostel.	浆果肉质，成熟时为红色；种子较大，通常常侧压扁	我国台湾有栽培。原产于印度半岛和东南亚	果实、种子、根	马拉巴柿	⑦	无	顽拗性？
高山栎 Quercus semecarpifolia Smith	坚果近球形，无毛或近顶部微有毛，有时带紫褐色；果脐平坦或微凸起	分布于我国西藏与阿富汗、印度、尼泊尔、巴基斯坦附近的山脉	叶、种子	高山栎	⑦	无	顽拗性？
谷栎 Quercus lobata Née	种子长卵形，直径约2.5 cm，成熟时为棕色，黑色，包裹种子约1/3	分布于美国	树皮	谷栎	⑦	无	顽拗性？
黑杨 Populus nigra L.	蒴果卵圆形，有柄，长5~7 mm，宽3~4 mm，2瓣裂	分布于我国新疆（额尔齐斯河和乌伦古河流域）。我国北方地区也有少量引种。欧洲、中亚、高加索地区及阿富汗、伊朗等也有分布	叶芽	黑杨	⑦	种子[127][136]	顽拗性？
红榄李 Lumnitzera littorea (Jack) Voigt	果实纺锤形，长1.6~2 cm，直径4~5 mm，黑褐色，先端具宿存的萼肢，具纵纹	分布于我国海南（陵水）海岸边。亚洲其他热带地区、大洋洲北部及法属波利尼西亚也有分布	树皮、根	红榄李	⑦	无	顽拗性？
互花米草 Spartina alterniflora Lois.	颖果长0.8~1.5 cm，胚呈浅绿色或蜡黄色	分布于美洲大西洋海岸（加拿大南部至阿根廷北部）	根	平滑网茅	⑦	无	顽拗性？
火焰网球花 Scadoxus puniceus (L.) Friis & Nordal	果实球形，直径约6 mm，成熟时为红色	分布于非洲南部和东部的埃塞俄比亚、苏丹、坦桑尼亚、马拉维、莫桑比克、赞比亚、津巴布韦、博茨瓦纳、斯威士兰、南非	叶、根	红网球花	⑦	无	顽拗性？

续表

药用植物名	果实、种子特点	分布情况	药用部位/来源	药材名	药用出处	超低温保存类型	备注
裘藜锥 Castanopsis tribuloides (Sm.) A. DC.	坚果圆锥形，无毛，果脐位于坚果底部	分布于我国云南西南部（龙陵至腾冲），西藏东南部（墨脱）。缅甸、印度东北部、不丹、尼泊尔也有分布	叶	裘藜锥	⑦	无	顽拗性？
假桂乌口树 Tarenna attenuata (Voigt) Hutchins.	浆果近球形，成熟时紫黑色，顶部有宿存花萼；种子 2	分布于我国广东、香港、广西、海南、云南	全株或叶	假桂乌口树	⑦	无	顽拗性？
金灯藤 Cuscuta japonica Choisy	种子 1～2，光滑，长 2～2.5 mm，褐色	分布于我国南北各地。越南、朝鲜、日本也有分布	种子	金灯藤	⑦	无	顽拗性？
榄形风车子 Combretum sundaicum Miquel	果实纺锤形，具 4 翅，两端短尖，翅被无色薄膜或黄色或红色鳞片	分布于我国海南、云南	叶、茎	榄形风车子	⑦	无	顽拗性？
棱轴土人参 Talinum fruticosum (L.) Juss.	种子扁圆形，黑褐色或黑色，有光泽	分布于美洲的热带地区	根	棱轴土人参	⑦	无	顽拗性？
绿豆蔻 Elettaria cardamomum (L.) Maton	种子表面橙褐色至黑棕色，背面微凸起，腹面有沟纹，外被无色薄膜状假种皮，香气浓烈	分布于印度南部	全草或种子、果壳、花	小豆蔻	⑦	无	顽拗性？
马拉巴橙木 Dysoxylum malabaricum Bedd. ex C. DC.	果实倒卵形，直径约 5 cm，表面粗糙，成熟时为橙红色，内含多枚近半圆形绿色种子	分布于印度	木材	马拉巴橙木	⑦	无	顽拗性？
马米杏 Mammea americana L.	果实形如炮弹，直径约 10 cm，表皮粗糙，成熟后为灰棕色，果肉金黄色，内含数枚瓣状种子	分布于我国广东。原产于南美洲的热带地区	树皮、果实、花、树脂、种子	曼密苹果	⑦	无	顽拗性？

续表

药用植物名	果实、种子特点	分布情况	药用部位/来源	药材名	药用出处	超低温保存类型	备注
毛叶天女花 Oyama globosa (J. D. Hooker & Thomson) N. H. Xia & C. Y. Wu	种子黑色，心形，顶孔在顶端，末端稍尖	分布于我国四川西南部、云南（贡山、德钦、维西），西藏（墨脱、定结）。印度东部、缅甸北部也有分布	树皮	毛叶木兰	⑦	无	顽拗性?
美国红豆杉 Taxus brevifolia Nutt.	种子基部有红色肉托，种子卵圆形，直径约3 mm	分布于北美洲西北部的太平洋沿岸	叶	短叶红豆杉	⑦	无	顽拗性?
美国红树 Rhizophora mangle L.	果实狭长，长约20 cm，吊笔状，果实内具1种子	分布于美国	树皮	美国红树	⑦	无	顽拗性?
美国栗 Castanea dentata (Marshall) Borkh.	种皮红棕色至暗褐色，被伏贴的丝光质毛	分布于北美洲东部	叶	美洲栗	⑦	茎尖[126]	顽拗性?
美国榆 Ulmus americana L.	翅果椭圆形或宽椭圆形，两面无毛而边缘具睫毛，先端缺口不封闭或微封闭，缺口内缘柱头面有毛	分布于北美洲东部	红色茎皮	美洲榆	⑦	芽尖[138]	顽拗性?
美加甜桦 Betula lenta L.	果序圆柱形，长约4 cm，直径约1 cm	分布于北美洲东部、西欧（法国、德国）等	树皮	美加甜桦	⑦	无	顽拗性?
美桃榄 Pouteria sapota (Jacq.) H. E. Moore & Stearn	果实椭圆形，直径约10 cm，表皮粗糙，果肉红色，内含1种子	分布于我国广东。原产于中美洲（墨西哥南部至哥斯达黎加、古巴）	树皮、叶	山榄桃榄	⑦	无	顽拗性?
美洲柿 Diospyros virginiana L.	果实扁平，深红色至酱色；种子大而扁平	分布于美洲	树皮	美洲柿	⑦	无	顽拗性?
拟香桃木 Myrciaria cauliflora (Mart.) O. Berg	果实球形，直径约2 cm，成熟时为黑色，表皮光亮	分布于巴西、阿根廷、巴拉圭、秘鲁、玻利维亚	茎皮	拟香桃木	⑦	无	顽拗性?
牛油果 Vitellaria paradoxa C. F. Gaertn.	种子1~4，通常仅1成熟，卵圆形	分布于热带非洲（几内亚等）	树皮	牛油果	⑦	无	顽拗性?

续表

药用植物名	果实/种子特点	分布情况	药用部位/来源	药材名	药用出处	超低温保存类型	备注
欧洲红豆杉 *Taxus baccata* Thunb.	种子坚果状，暗褐色，生于杯状肉质的假种皮中，种脐明显，成熟时肉质假种皮红色	分布于我国云南。欧洲西部、中部和南部，非洲西北部、亚洲西南部也有分布	枝叶	欧洲红豆杉	⑦	无	顽拗性?
日本栗 *Castanea crenata* Sieb. & Zucc.	果实球形，壳斗被细锐尖刺，连刺直径约5 cm，坚果顶有疏伏毛	分布于我国辽宁（丹东、大连）、山东（青岛）、江西（庐山）、台湾。日本、韩国也有分布	叶	日本栗	⑦	无	顽拗性?
柔毛栎 *Quercus pubescens* Willd.	种子浅棕色至黄色，长8~20 mm	分布于欧洲南部和亚洲西部（西班牙北部比利牛斯山至克里米亚半岛和高加索地区）	茎枝皮	柔毛栎	⑦	无	顽拗性?
塞内加尔沙巴藤 *Saba senegalensis* (A. DC.) Pichon	果实近球形，直径约7 cm，表面粗糙，成熟时为绿黄色，果肉金黄色	分布于撒哈拉沙漠以南的非洲（几内亚、加纳、科特迪瓦）	叶、根皮、果实、种子	塞内加尔沙巴藤	⑦	无	顽拗性?
三叶无患子 *Sapindus trifoliatus* L.	种子球形，直径约5 mm，光滑，黑色	分布于南亚	果实、根皮、种子	三叶无患子	⑦	无	顽拗性?
山毛榉栎 *Quercus faginea* Lam.	果实球形，直径约4 cm	分布于地中海中西部（伊比利亚半岛和巴利阿里群岛）	虫瘿	山毛榉栎	⑦	无	顽拗性?
食用槟榔青 *Spondias dulcis* G. Forst.	肉质核果，内果皮木质，具坚硬的角状或刺状突起或无	分布于我国广东、云南。印度尼西亚、新加坡、特立尼达和多巴哥、多米尼加、瓜德罗普岛、马提尼克、百慕大群岛、牙买加、巴拿马、哥斯达黎加、巴巴多斯、圭亚那、伯利兹、萨尔瓦多、多美和普林西比、巴西、圣多美和普林西比、越南、喀麦隆、马尔代夫也有分布	叶	甜槟榔青	⑦	无	顽拗性?
水生菰 *Zizania aquatica* L.	颖果长圆柱形，长约10 mm，宽1.2~1.4 mm	分布于我国江苏、安徽、广东。北美洲也有分布	茎	水生茭白	⑦	无	顽拗性?

续表

药用植物名	果实/种子特点	分布情况	药用部位/来源	药材名	药用出处	超低温保存类型	备注
水椰 Nypa fruticans Wurmb	种子卵球形或宽卵球形，长3~4 cm，直径约4 cm	分布于我国海南东南部沿海港湾泥沼地带。亚洲东部（琉球群岛），南部（斯里兰卡，印度的恒河三角洲，马来西亚）至澳大利亚，所罗门群岛等的热带地区也有分布	花序，果实	水椰	⑦	无	顽拗性?
四数木 Tetrameles nudiflora R. Br.	种子细小，多数，微扁，长不及0.5 mm	分布于我国云南南部（景洪，勐腊，金平）。印度，斯里兰卡，缅甸，越南，马来半岛至印度尼西亚等也有分布	根	四数木	⑦	无	顽拗性?
杪椤槟榔青 Spondias cytherea Sonn.	果实卵形，直径约2 cm，成熟时为黄色	分布于印度尼西亚、新加坡、特立尼达和多巴哥、多米尼加、瓜德罗普岛、马提尼克、百慕大群岛、牙买加、巴拿马、哥斯达黎加、巴巴多斯、圭亚那、伯利兹、委内瑞拉、巴西、圣多美和普林西比、越南、喀麦隆、马尔代夫	叶	杪椤槟榔青	⑦	无	顽拗性?
天竺香 Vateria indica L.	果实球形，直径约3 cm，具纵裂纹，表面较粗糙，成熟时为黄色	分布于印度西南部，斯里兰卡	树脂	印度瓦特香	⑦	无	顽拗性?
铁线子 Manilkara hexandra (Roxb.) Dubard	种子1~2，长0.8~1 cm	分布于我国海南西南部，广西南部。印度，斯里兰卡及中南半岛也有分布	种子	铁线子	⑦	无	顽拗性?
土耳其栎 Quercus cerris L.	坚果表面有纵纹，果脐凸出	分布于欧洲和小亚细亚半岛东南部	叶	土耳其栎	⑦	无	顽拗性?
乌桑巴樟桂 Ocotea usambarensis Engl.	果实近南瓜状，直径约4 cm，多不规则凸起，成熟时为棕色	分布于非洲东部的肯尼亚、坦桑尼亚、乌干达	树皮	乌桑巴樟桂	⑦	无	顽拗性?

续表

药用植物名	果实/种子特点	分布情况	药用部位/来源	药材名	药用出处	超低温保存类型	备注
无梗花栎 *Quercus petraea* (Matt.) LieBlume	种子长 2～3 cm，宽 1～2 cm	分布于欧洲的大部分地区及小亚细亚半岛和伊朗	树皮	岩生栎	⑦	无	顽拗性?
无叶柽柳 *Tamarix aphylla* (L.) Karst.	蒴果、卵形、褐色，先端具毛簇，内含多数种子	分布于我国台湾。北非、西亚至巴基斯坦也有分布	茎皮、地上部分	无叶柽柳	⑦	无	顽拗性?
西非荔枝果 *Blighia sapida* K. D. Koenig	种子具黄色肉质假种皮	原产于热带西非、巴西，现全世界热带、亚热带地区广泛栽培	果实	阿开木	⑦	无	顽拗性?
细圆齿火棘 *Pyracantha crenulata* (D. Don) Roem.	梨果几球形，直径 3～8 mm，成熟时橘黄色至橘红色	分布于我国陕西、江苏、湖北、湖南、广东、广西、贵州、四川、云南	根、叶	细圆齿火棘	⑦	无	顽拗性?
狭叶咖啡 *Coffea stenophylla* G. Don	种子椭圆形，长 8～9 mm，种皮薄	分布于我国海南（澄迈）。非洲西部也有分布	种子	狭叶咖啡	⑦	无	顽拗性?
腺毛阴行草 *Siphonostegia laeta* S. Moore	种子多数、黄褐色，长卵圆形，种皮疏松透明	分布于我国湖南、安徽、广东（阴那山），福建等	全草	腺毛阴行草	⑦	无	顽拗性?
香榄 *Mimusops elengi* L.	种子有一基生的小而圆的种脐	分布于南亚、东南亚及澳大利亚北部	花、真菌感染的木材	埃郎氏枪弹木	⑦	种子、胚 [106]	顽拗性?
新西兰檀木 *Dysoxylum spectabile* (G. Forst.) Hook. f.	果实球形，直径约 1.5 cm，成熟后开裂	分布于新西兰北岛和南岛	叶	美丽樫木	⑦	无	顽拗性?
新西兰牡荆 *Vitex lucens* Kirk	果实球形，直径约 1 cm，底部略平，成熟时为红色	分布于新西兰北岛和南岛北部	叶	新西兰牡荆	⑦	无	顽拗性?
新西兰木姜子 *Litsea calicaris* Kirk	果实卵形，直径约 8 mm，成熟时为黑色	分布于新西兰北岛	叶	新西兰木姜子	⑦	无	顽拗性?

续表

药用植物名	果实 种子特点	分布情况	药用部位/来源	药材名	药用出处	超低温保存类型	备注
野波罗蜜 *Artocarpus lakoocha* Roxb.	聚花果近球形, 直径约 7 cm, 干后红褐色, 表面被硬化的平伏刚毛	分布于我国云南 (西双版纳及河口、金平)。越南、老挝、尼泊尔、不丹、印度 (东北部及安达曼群岛、尼科巴群岛)、缅甸、印度尼西亚 (北加里曼丹) 也有分布	根、种子	野波罗蜜	⑦	无	顽拗性?
野慈姑 *Sagittaria trifolia* Linn.	瘦果两侧压扁, 倒卵形, 具翅、背翅多少不整齐, 果喙短, 自腹侧斜上; 种子褐色	分布于我国东北、华北、西北、华东、华南地区及四川、贵州、云南等	全草	野慈姑	⑦	无	顽拗性?
印度红木 *Soymida febrifuga* (Roxb.) A. Juss.	果实倒卵形, 分 5 瓣凸起, 直径约 4 cm, 成熟后开裂	分布于印度、马来西亚	根、茎皮	印度红木	⑦	无	顽拗性?
印度紫荆木 *Madhuca indica* J. F. Gmel.	果实卵形, 直径约 2 cm	分布于印度	果实	印度紫荆木	⑦	无	顽拗性?
硬毛波罗蜜 *Artocarpus hirsuta* L.	聚花果近球形, 直径约 10 cm, 果肉橙黄色	分布于印度	果实、种子	硬毛波罗蜜	⑦	无	顽拗性?
云南肉豆蔻 *Myristica yunnanensis* Y. H. Li	种子卵状椭圆形, 先端浑圆, 基部稍平截, 干时暗褐色, 具粗浅的沟槽; 种皮薄壳质, 易裂	分布于我国云南南部	种仁	云南肉豆蔻	⑦	无	顽拗性?
云山青冈 *Quercus sessilifolia* Blume Schott.	坚果壳斗碗装, 外壁具同心环带, 果皮厚而坚硬; 种皮薄	分布于欧洲大部分地区及小亚细亚半岛和伊朗	树皮	云山青冈	⑦	无	顽拗性?
纸桦 *Betula papyrifera* Marsh.	种子单生, 具膜质种皮	分布于我国云南、四川东部、湖北西部、河南、河北、山西、陕西、甘肃、青海	树汁	纸桦	⑦	无	顽拗性?

续表

药用植物名	果实/种子特点	分布情况	药用部位/来源	药材名	药用出处	超低温保存类型	备注
白芷 *Angelica dahurica* (Fisch. ex Hoffm.) Benth. et Hook. f. ex Franch. et Sav.	双悬果椭圆形片状，分果 具 5 果棱，侧棱延成 翅状	分布于我国东北、华北地区及重 庆、贵州等	根	白芷、白芷叶	①②④⑥⑦	种子 [0] [67]	中间性
苍耳 *Xanthium strumarium* L.	成熟的具瘦果的总苞较 小，基部缩小，上端常 具一较长的喙	分布于我国吉林、内蒙古、河 北、山西、陕西、四川、云 南、新疆、西藏等	全草或带总苞的 果实、茎叶、 根、花、花蕾	苍耳、苍耳子、苍 耳根、苍 耳花	①②④⑤⑥⑦	无	中间性
草果 *Amomum tsaoko* Crevost et Lemarie	种子多角形，直径 4～ 6 mm，有浓郁香味	分布于我国云南、广西、贵州等	果实	草果	①②④⑥⑦	种子 [0]	中间性
草珊瑚 *Sarcandra glabra* (Thunb.) Nakai	核果球形，直径 3～4 mm， 成熟时亮红色	分布于我国安徽、浙江、江西、 福建、台湾、广东、广西、湖 南、四川、贵州、云南。朝 鲜、日本、马来西亚、菲律 宾、越南、柬埔寨、印度、斯 里兰卡也有分布	全株	肿节风	①②④⑤⑥⑦	种子 [0]	中间性
臭椿 *Ailanthus altissima* (Mill.) Swingle	翅果长椭圆形；种子位于 翅的中间，扁圆形	分布于我国除黑龙江、吉林、新 疆、青海、宁夏、甘肃、海南 以外的其他地区。世界各地广 为栽培	根皮、干皮、果实	椿皮、凤眼草	①②③④⑥⑦	无	中间性
单叶蔓荆 *Vitex rotundifolia* Linnaeus f.	核果球形，具宿萼	分布于我国辽宁、河北、山东、 江苏、安徽、浙江、江西、福 建、台湾、广东。日本、印 度、缅甸、泰国、越南、马来 西亚、澳大利亚、新西兰也有 分布	果实、叶、枝叶	蔓荆子、蔓荆 子叶	①④⑤⑦	种子 [0]	中间性

续表

药用植物名	果实/种子特点	分布情况	药用部位	来源	药材名	药用出处	超低温保存类型	备注
柑橘 *Citrus reticulata* Blanco	种子多或少数, 稀无籽, 通常卵形, 顶部狭尖, 基部浑圆	分布于我国秦岭南坡以南、伏牛山南坡诺水系及大别山区南部、东南至台湾、南至海南、西南至西藏东南部海拔较低地区	种子、成熟果皮、幼果或未成熟果实的果皮、外层果皮、根、果皮的白色内层部分、果皮内层筋络		橘核、陈皮、青橘、橘红皮、橘白、橘皮、根、橘叶、橘络、柑橘	①②③④⑤⑥⑦	种子[0]、原生质体[63]、合子胚[119]	中间性
杠板归 *Polygonum perfoliata* (L.) H. Gross	瘦果球形, 直径3~4 mm, 黑色, 有光泽, 包于宿存花被内	分布于我国黑龙江、吉林、辽宁、河北、山东、河南、陕西、甘肃、江苏、浙江、安徽、江西、湖南、湖北、四川、贵州、广西、广东、海南、日本、朝鲜、印度尼西亚、菲律宾、印度及俄罗斯西伯利亚地区也有分布	全草或地上部分、根		杠板归	①③④⑤⑥⑦	种子[0]	中间性
红蓼 *Persicaria orientalis* (L.) Spach	瘦果近圆形, 双凹, 黑褐色, 有光泽, 包于宿存花被内	分布于我国除西藏以外的其他地区。欧洲、大洋洲及朝鲜、日本、菲律宾、印度也有分布	全草或果实、茎、叶、根茎、花序		水红花子、荭草	①⑤⑥⑦	无	中间性
花椒 *Zanthoxylum bungeanum* Maxim.	果实紫红色; 种子长3.5~4.5 mm	分布于我国除东北地区外的其他地区	果皮、种子、根、叶		花椒、椒目、花椒根、花椒叶	①②④⑥⑦	种子[0]	中间性
化州柚 *Citrus maxima* 'Tomentosa'	果实被柔毛, 果皮比柚其他品种厚	分布于我国湖南、广东、广西、四川	未成熟或近成熟果实的干燥外果皮、花、未成熟幼果和落果		化橘红、柚花、化州柚	①④⑥⑦	种子[0]	中间性
鸡冠花 *Celosia cristata* L.	种子肾形, 黑色, 具光泽	我国南北各地均有栽培, 温暖地区广布	全草或花序、花、种子、茎叶、花萼		鸡冠花	①②④⑤⑥⑦	无	中间性

续表

药用植物名	果实、种子特点	分布情况	药用部位/来源	药材名	药用出处	超低温保存类型	备注
金樱子 Rosa laevigata Michx.	果实梨形、倒卵形，稀近球形，紫褐色，外面密被刺毛	分布于我国陕西、安徽、江西、江苏、浙江、湖北、湖南、广东、广西、台湾、福建、四川、云南、贵州等	果实、根、叶、花	金樱子	①②④⑤⑥⑦	种子 [0]	中间性
楝 Melia azedarach L.	核果球形至椭圆形，内果皮木质，4～5室，每室有种子1；种子椭圆形	分布于我国黄河以南地区。亚洲其他热带、亚热带地区也有分布，世界温带地区均有栽培	树皮、根皮、花、叶、果实	苦楝皮、苦楝花、苦楝叶、苦楝子、楝	①②③④⑤⑥⑦	种子 [0]、胚轴 [120]	中间性
两面针 Zanthoxylum nitidum (Roxb.) DC.	种子圆珠状，腹面稍平坦	分布于我国台湾、福建、广东、海南、广西、贵州、云南	根、枝叶	两面针、入地金牛	①⑤⑥⑦	种子 [0]	中间性
木通 Akebia quinata (Houtt.) Decne.	种子扁平斜卵形，表面皱缩不平	分布于我国长江流域地区。日本、朝鲜也有分布	果实、茎藤、根	预知子、木通、木通根	①②④⑥⑦	种子 [0]	中间性
牛蒡 Arctium lappa L.	瘦果倒长卵形或偏斜倒长卵形，两侧压扁，浅褐色，有多数细脉纹，有深褐色的色斑或无	分布于我国各地	果实、根、茎叶	牛蒡子、牛蒡茎叶、牛蒡	①②③④⑥⑦	种子 [0]	中间性
破布叶 Microcos paniculata L.	核果近球形或倒卵形，长约1 cm；果柄短	分布于我国广东、广西、云南。中南半岛、印度、印度尼西亚也有分布	叶	布渣叶、破布叶	①②③④⑤⑥⑦	无	中间性
蒲公英 Taraxacum mongolicum Hand.-Mazz.	瘦果倒卵状披针形，暗褐色	分布于我国黑龙江、吉林、辽宁、内蒙古、河北、山西、陕西、甘肃、青海、山东、江苏、安徽、浙江、福建北部、台湾、河南、湖北、湖南、广东北部、四川、贵州、云南等。朝鲜、蒙古、俄罗斯也有分布	全草	蒲公英	①②④⑤⑥⑦	种子 [0]	中间性

续表

药用植物名	果实、种子特点	分布情况	药用部位/来源	药材名	药用出处	超低温保存类型	备注
七叶一枝花 Paris polyphylla Smith	种子多数，具鲜红色、多浆汁的外种皮	分布于我国西藏东南部、云南、四川和贵州。不丹、尼泊尔、越南等也有分布	根茎	重楼、七叶一枝花	①③④⑥⑦	种子[0][27]	中间性
羌活 Hansenia weberbaueriana (Fedde ex H. Wolff) Pimenov & Kljuykov	分果长圆形，背部稍扁，长5 mm，主棱5，均成宽约1 mm的翅	分布于我国西南、西北地区及内蒙古	根茎、根	羌活	①⑥⑦	种子[5]	中间性
人参 Panax ginseng C. A. Meyer	果实扁球形，鲜红色；种子肾形，乳白色	分布于我国辽宁东部、吉林东部和黑龙江东部。现吉林、辽宁栽培甚多，河北、山西也有分布引种。苏联、朝鲜也有分布	根茎、根、叶、侧根	人参、人参叶、红参、参条	①③⑥⑦	种子[0][55][103]，不定根[124]，丛生芽[95]，愈伤组织细胞[3]	中间性
三叶木通 Akebia trifoliata (Thunb.) Koidz.	种子形状不规则，近三角形略扁，种阜，种脐外有黄白色环	分布于我国河北、山西、山东、河南、陕西南部、甘肃东南部至长江流域地区。日本也有分布	果实、茎藤、根	三叶木通、预知子、木通根、八月炸	①②④⑥⑦	种子[0]	中间性
商陆 Phytolacca acinosa Roxb.	种子肾形，黑色，长约3 mm，具3棱	分布于我国除东北地区及内蒙古、青海、新疆以外的其他地区。朝鲜、日本、印度也有分布	根、叶、花	商陆、商陆叶、商陆花	①②④⑤⑥⑦	无	中间性
石榴 Punica granatum L.	种子多数，钝角形、红色至乳白色，肉质的外皮供食用	世界温带和热带地区均有种植。原产于巴尔干半岛至伊朗及其邻近地区	果皮、茎皮、叶、花、根、种子	石榴	①②③④⑥⑦	种子[0]	中间性
柿 Diospyros kaki Thunb.	种子褐色，椭圆状，长约2 cm，宽约1 cm，侧扁	原产于我国长江流域，现辽宁西部至长城经甘肃南部折入四川、云南一线以南地区多有栽培。日本、阿尔及利亚、法国、苏联、大洋洲、东南亚及朝鲜、美国等有栽培	宿萼、果实、根、叶、外果皮、树皮	柿蒂、柿子、柿饼、柿霜、柿漆、柿叶、柿花、柿皮、柿根、柿木皮	①②③④⑤⑥⑦	种子[0]，茎尖[1]，花粉[2]	中间性

续表

药用植物名	果实/种子特点	分布情况	药用部位/来源	药材名	药用出处	超低温保存类型	备注
丝瓜 Luffa aegyptiaca Miller	种子多数，黑色，卵形，扁，平滑，边缘狭翼状	我国南北各地普遍栽培。世界其他温带、热带地区也有栽培	成熟果实的维管束、花、根、果皮、瓜蒂、藤、种子、叶、果柄	丝瓜络、丝瓜花、丝瓜根、丝瓜皮、丝瓜蒂、丝瓜子、丝瓜藤、丝瓜叶	①②③④⑥⑦	无	中间性
甜橙 Citrus sinensis (L.) Osbeck	种子少或无，种皮略有肋纹	分布于我国秦岭南坡以南，西北至陕西西南部（城固、洋县一带），甘肃东南部，西南至西藏东南部（墨脱一带）	幼果、叶、果皮、成熟果实、花	枳实、橙叶、橙皮	①②④⑥⑦	胚性愈伤组织[113]	中间性
翼齿六棱菊 Laggera crispata (Vahl) Hepper & J. R. I. Wood	瘦果圆柱形，有棱，长约1 mm，疏被白色柔毛	分布于我国广西西南部，中南半岛及印度也有分布	全草或地上部分	翼齿六棱菊、臭灵丹草	①⑥⑦	无	中间性
银杏 Ginkgo biloba L.	种子常为椭圆形，长倒卵形，卵圆形或近圆球形，成熟时黄色或橙黄色，外被白粉，外种皮肉质，中种皮白色，有臭味，具2~3纵棱；内种皮膜质，淡红褐色	分布于我国各地	叶、种子、根、根皮、树皮	银杏叶、白果、白果根	①②④⑥⑦	种子[0]，愈伤组织[71]，胚组织[72]	中间性
棕榈 Trachycarpus fortunei (Hook.) H. Wendl.	种子胚乳均匀，角质，胚侧生	分布于我国长江以南地区。日本也有分布	叶柄、根、茎髓、叶鞘纤维、叶、花、果实	棕榈	①⑥⑦	种子[0]	中间性
八角枫 Alangium chinense (Lour.) Harms	核果卵圆形，先端有宿存的萼齿和花盘；种子1	分布于我国河南，陕西，甘肃，江苏，浙江，安徽，福建，台湾，江西，湖北，湖南，四川，贵州，云南，广东，广西和西藏南部。东南亚及非洲东部也有分布	根、根须、根皮、叶、花	八角枫	②③④⑤⑥⑦	种子[0]	中间性

续表

药用植物名	果实、种子特点	分布情况	药用部位/来源	药材名	药用出处	超低温保存类型	备注
白饭树 Flueggea virosa (Roxb. ex Willd.) Voigt	种子栗褐色, 具光泽, 有小疣状突起及网纹; 种皮厚, 种脐略圆形, 腹部内陷	分布于我国华东、华南、西南地区。非洲、大洋洲、东南亚及东亚其他国家也有分布	全株或枝叶、根	白饭树、白饭树根	②③④⑤⑥⑦	种子 [0]	中间性
白花酸藤果 Embelia ribes Burm. f.	果实球形或卵形, 红色或深紫色, 无毛, 干时具皱纹或略隆起的腺点	分布于我国贵州、云南、广西、广东、福建。印度以东至印度尼西亚也有分布	根、叶	白花酸藤子、咸酸蔃	②④⑥⑦	种子 [0]	中间性
刺壳花椒 Zanthoxylum echinocarpum Hemsl.	种子直径6~8 mm	分布于我国湖北、湖南、广东、广西、贵州、四川、云南	根、根皮、茎、叶	刺壳花椒、单面针	②③⑥⑦	种子 [0]	中间性
番木瓜 Carica papaya L.	种子多数, 卵球形, 成熟时黑色; 外种皮肉质, 内种皮木质, 具皱纹	我国福建南部、台湾、广东、广西、云南南部等有广泛栽培。原产于美洲的热带地区	果实、根、叶、花	番木瓜	②③④⑤⑥⑦	种子 [0] [111], 茎尖、侧芽 [43]	中间性
风车子 Combretum alfredii Hance	种子1, 纺锤形, 有纵沟8	分布于我国江西、湖南、广东、广西	根、叶	华风车子	②③④⑤⑥⑦	无	中间性
海芋 Alocasia odora (Roxburgh) K. Koch	浆果红色, 卵状, 长8~10 mm, 直径5~8 mm; 种子1~2	分布于我国江西、福建、台湾、湖南、广东、广西、四川、贵州、云南等的热带和亚热带地区。印度东北部至马来半岛, 中南半岛以及菲律宾、印度尼西亚也有分布	根茎、茎、果实	海芋、野芋实、香花海芋	②③④⑥⑦	种子 [0]	中间性
黑壳楠 Lindera megaphylla Hemsl.	果实椭圆形至卵形, 成熟时紫黑色, 无毛	分布于我国陕西、甘肃、四川、云南、贵州、湖北、湖南、安徽、江西、福建、广东、广西等	根、枝、树皮	黑壳楠	②③⑥⑦	无	中间性
厚藤 Ipomoea pes-caprae (L.) R. Brown	种子三棱状圆形, 密被褐色茸毛	分布于我国浙江、福建、台湾、广东、广西、海南	全草或叶、根	厚藤、马鞍藤	②③④⑤⑦	种子 [0]	中间性

续表

药用植物名	果实/种子特点	分布情况	药用部位/来源	药材名	药用出处	超低温保存类型	备注
黄麻 *Corchorus capsularis* L.	蒴果球形，直径1 cm或稍大，先端钝无角，表面有直行钝棱及小瘤状突起，5只裂开	热带地区广为栽培。原产于亚洲热带地区	叶、根、种子、茎皮纤维	黄麻、黄麻灰、黄麻叶、黄麻根、黄麻子	②③④⑤⑥⑦	无	中间性
黄牛木 *Cratoxylum cochinchinense* (Lour.) Bl.	种子每室（5～）6～8，倒卵形，基部具爪，不对称，一侧具翅	分布于我国广东、广西、云南南部。缅甸、泰国、越南、马来西亚、印度尼西亚至菲律宾也有分布	根、树皮、嫩叶、茎皮	黄牛茶	②③④⑤⑥⑦	种子 [0]	中间性
火筒树 *Leea indica* (Burm. f.) Merr.	果实扁球形，高0.8～1 mm；有种子4～6	分布于我国广东、广西、海南、贵州、云南。南亚至大洋洲北部也有分布	全株或叶、块根、茎髓、果实	红吹风、马骨节	②⑤⑥⑦	无	中间性
交让木 *Daphniphyllum macropodum* Miq.	果实椭圆形，先端具宿存柱头，基部圆形，暗褐色，有时被白粉，具疣状折皱	分布于我国云南、四川、贵州、广西、广东、台湾、湖南、湖北、江西、浙江、安徽等。日本、朝鲜也有分布	种子、叶	交让木	②③⑥⑦	种子 [0]	中间性
君迁子 *Diospyros lotus* L.	种子长圆形，长约1 cm，宽约6 mm，褐色、侧扁，背面较厚	分布于我国山东、辽宁、河南、河北、山西、陕西、甘肃、江苏、浙江、安徽、江西、湖南、湖北、贵州、四川、云南、西藏等。西亚、南欧也有分布，地中海沿岸各国已经驯化	果实、叶	君迁子	②③④⑥⑦	茎尖 [1] [50]	中间性
咖啡黄葵 *Abelmoschus esculentus* (L.) Moench	种子球形，多数，直径4～5 mm，具毛脉纹	我国河北、山东、江苏、浙江、湖南、湖北、云南、广东等有引种栽培。原产于印度	全草或根、树皮、茎皮、叶、花、果实、种子	咖啡黄葵、秋葵	②⑤⑥⑦	种子 [0]	中间性
藜 *Chenopodium album* Linnaeus	种子横生，双凸透镜状，边缘钝，黑色，有光泽，表面具浅沟纹	分布于我国各地。世界其他温带、热带地区也有分布	地上部分、幼嫩全草、茎、果实、种子	藜、藜实	②③⑤⑥⑦	种子 [0]	中间性

续表

药用植物名	果实、种子特点	分布情况	药用部位/来源	药材名	药用出处	超低温保存类型	备注
量天尺 *Hylocereus undatus* (Haw.) Britt. et Rose	种子倒卵形，黑色，种脐小	分布于我国海南、广西、广东	茎、花	量天尺	②③⑤⑥⑦	种子 [0]	中间性
买麻藤 *Gnetum montanum* Markgr.	种子矩圆状卵圆形或矩圆形，成熟时黄褐色或红褐色，光滑，有时被亮银色鳞斑	分布于我国云南南部、广西、广东。印度、缅甸、泰国、老挝、越南等也有分布	根、茎、叶	买麻藤	②⑥⑦	无	中间性
木樨 *Osmanthus fragrans* (Thunb.) Lour.	果实歪斜，椭圆形，长1~1.5 cm，呈紫黑色	原产于我国西南部。现世界各地广泛栽培	花、枝叶、果实、根、根皮	桂花、桂花枝、桂花根、桂花露、桂花子	②③④⑤⑥⑦	种子 [0]	中间性
蒲葵 *Livistona chinensis* (Jacq.) R. Br.	种子椭圆形，长1.5 cm，直径0.9 cm	分布于我国南部。中南半岛也有分布	叶、种子、根	蒲葵	②③④⑥⑦	种子 [0]，胚 [105]	中间性
山橙 *Melodinus cochinchinensis* (Loureiro) Merrill	种子扁，长圆形或卵圆形	分布于我国云南南部。泰国、缅甸也有分布	果实、叶	山橙	②③④⑥⑦	种子 [0]	中间性
山油柑 *Acronychia pedunculata* (L.) Miq.	种子倒卵形，种皮褐黑色，骨质，胚乳小	分布于我国台湾、福建、广东、海南、广西、云南六省区的南部。菲律宾、越南、老挝、泰国、柬埔寨、缅甸、印度、斯里兰卡、马来西亚、印度尼西亚、巴布亚新几内亚也有分布	根、心材、叶、果实	降真香、山油柑	②③④⑤⑥⑦	无	中间性
鼠尾粟 *Sporobolus fertilis* (Steud.) W. D. Glayt.	囊果成熟后红褐色，明显短于外稃和内稃	分布于我国华东、华中、西南地区及陕西、甘肃等	全草或根	鼠尾粟	②③④⑥⑦	种子 [0]	中间性

续表

药用植物名	果实/种子特点	分布情况	药用部位来源	药材名	药用出处	超低温保存类型	备注
碎米莎草 Cyperus iria Linnaeus	小坚果倒卵形，椭圆形或三棱形，与鳞片等长，褐色，具密的微凸起细点	分布于我国辽宁、黑龙江、吉林、河北、河南、山东、陕西、甘肃、新疆、江苏、浙江、安徽、江西、湖南、湖北、云南、四川、贵州、福建、广东、广西、台湾	全草或根	三棱草、野席草	②③④⑦	种子 [0]	中间性
泰国大风子 Hydnocarpus anthelminthicus Pierre	浆果球形，外果皮木质，性脆；种子多数	我国华南地区及云南、福建有栽培。原产于泰国、印度	种子、种子油	泰国大风子、大风子	②⑤⑥⑦	种子 [0]	中间性
无根藤 Cassytha filiformis L.	果实小，卵球形	分布于我国云南、贵州、广西、广东、湖南、江西、浙江、福建、台湾等。亚洲其他热带地区、非洲及澳大利亚也有分布	全草	无爷藤	②③④⑤⑥⑦	无	中间性
虾脊兰 Calanthe discolor Lindl.	成熟种子呈纺锤形，由球形胚和内、外双层种皮构成，双层种皮分别由内、外珠被发育而来	分布于我国浙江、江苏、湖北东南部和西南部、广东、贵州南部。日本也有分布	全草或根茎、根	硬九子连环草、九子连环草、虾脊兰	②③④⑥⑦	无	中间性
苋 Amaranthus tricolor L.	种子近圆形或倒卵形，黑色或黑棕色	分布于我国各地。南亚、中亚及日本等也有分布	全草或种子、根	苋实、苋菜、苋	②④⑤⑥⑦	种子 [0]	中间性
香橙 Citrus × junos Siebold ex Tanaka	果实扁球形或近梨形，顶部具环状突起及放射状浅沟；果皮粗糙，油胞大	分布于我国长江流域以南地区	种子、果实、果皮、果核	橙子核、香橙	②④⑥⑦	种子 [0]	中间性
香椿 Toona sinensis (A. Juss.) Roem.	种子基部通常钝，上端有膜质的长翅，下端无翅	分布于我国华北、华东、华中、华南、西南地区，各地也有广泛栽培。朝鲜也有分布	树皮或根皮的韧皮部、树干流出的液汁、花、根皮、叶、嫩枝、果实	香椿	②③④⑥⑦	无	中间性

续表

药用植物名	果实/种子特点	分布情况	药用部位/来源	药材名	药用出处	超低温保存类型	备注
香蓼 Persicaria viscosa Buch.-Ham. ex D. Don	瘦果宽卵形，具 3 棱，长约 2.5 mm，包于宿存花被内	分布于我国东北、华东、中南、西南地区	全草或根茎、茎、叶	香蓼	②⑥⑦	无	中间性
须叶藤 Flagellaria indica L.	核果球形，直径 4~6 mm，幼时绿色，光亮，成熟时带黄红色，内含 1 种子	分布于我国台湾、广东、海南。印度、中南半岛、菲律宾、印度尼西亚、澳大利亚等也有分布	叶、根、根茎、花	须叶藤	②⑦	种子 [0]	中间性
烟管头草 Carpesium cernuum L.	瘦果长 4~4.5 mm	分布于我国东北、华北、华中、华东，西南地区及陕西、甘肃等。欧洲至朝鲜、日本也有分布	全草或根	杓儿菜、烟管头草	②⑥⑦	种子 [0]	中间性
艳山姜 Alpinia zerumbet (Pers.) Burtt. et Smith	种子有棱角	分布于我国东南至西南地区。亚洲其他热带地区也有分布	根茎、果实、种子	艳山姜	②⑥⑦	无	中间性
阳桃 Averrhoa carambola L.	种子扁平菱形；种皮亮褐色，平滑，革质	分布于我国广东、广西、福建、台湾、云南、马来西亚、印度尼西亚等世界其他热带地区也有分布	根、枝、叶、花、果实	阳桃	②③④⑤⑥⑦	无	中间性
药用大黄 Rheum officinale Baill.	种子宽卵形	分布于我国陕西、四川、湖北、贵州、云南及河南西南部与湖北的交界处等	根、根茎、地上茎或嫩苗	药用大黄	②④⑥⑦	无	中间性
野草香 Elsholtzia cyprianii (Pavolini) S. Chow ex P. S. Hsu	小坚果黑色，长圆状椭圆形，稍被毛	分布于我国陕西、河南、安徽、湖北、湖南、贵州、四川、广西、云南	全草或叶、花穗	野草香	②⑥⑦	种子 [0]	中间性
野大豆 Glycine soja Siebold et Zuccarini	种子 2~3，椭圆形，稍扁，褐色至黑色	分布于我国除新疆、青海、海南以外的其他地区。俄罗斯远东地区、日本、朝鲜也有分布	种子、茎叶、根	野大豆、野大豆藤	②③⑥	种子 [0]	中间性

续表

药用植物名	果实、种子特点	分布情况	药用部位来源	药材名	药用出处	超低温保存类型	备注
中粒咖啡 Coffea canephora Pierre ex Froehn.	种子背面隆起，腹面平坦，长 9～11 mm，宽 7～9 mm	我国广东、海南、云南等地有引种。原产于非洲	种子	中粒咖啡、咖啡	②⑤⑥⑦	种子 [0]	中间性
朱蕉 Cordyline fruticosa (L.) A. Chevalier	种子黑色，具 1 棕色种脐	我国广东、广西、福建、台湾等有栽培。原产地不详，今广泛栽种于亚洲温暖地区	叶、根、花	朱蕉、铁树	②③⑥⑦	种子 [0]	中间性
苎麻 Boehmeria nivea (L.) Gaudich.	瘦果近球形，长约 0.6 mm，光滑，基部突缩成细柄	分布于我国云南、贵州、广西、广东、福建、江西、台湾、浙江、湖北、四川、甘肃南部、陕西南部、河南南部。越南、老挝等也有分布	根、叶、花、茎或带叶嫩茎、茎皮	苎麻、苎麻根、苎麻皮、苎麻叶、苎麻	②③④⑤⑥⑦	种子 [0]	中间性
醉鱼草 Buddleja lindleyana Fort.	种子柱状梭形，两端均为截形，边缘肋状，半透明；种皮膜质，褐色	分布于我国江苏、安徽、浙江、江西、福建、湖北、湖南、广东、广西、四川、贵州、云南等	全株或根、花、叶	醉鱼草	②③⑥⑦	种子 [0]	中间性
扁担杆 Grewia biloba G. Don	种子卵形，种皮灰黄色	分布于我国江西、湖南、浙江、广东、台湾、安徽、四川等	根、枝、叶	扁担杆	③⑥⑦	种子 [0]	中间性
潺槁木姜子 Litsea glutinosa (Lour.) C. B. Rob.	果实球形，直径约 7 mm，果柄长 5～6 mm，先端略增大	分布于我国广东、广西、福建、云南南部。越南、菲律宾、印度也有分布	根、茎皮、树皮、叶	潺槁树、残槁蕈	③⑤⑥⑦	种子 [0]	中间性
催吐萝芙木 Rauvolfia vomitoria Afzel.	核果离生，圆球形	分布于我国广东、广西。原产于非洲的热带地区，现美洲各地均有栽培	根、茎皮、乳汁	催吐萝芙木	③⑤⑥⑦	种子 [0]	中间性
大叶胡枝子 Lespedeza davidii Franchet	种脐具白色环状脐冠，种子中部凸起，种皮薄	分布于我国江苏、江西、福建、河南、浙江、安徽、广东、广西、四川、湖南、贵州等	全株或根、叶	大叶胡枝子	③⑦	种子 [0]	中间性
飞蛾藤 Dinetus racemosus (Wallich) Sweet	蒴果 2 瓣裂或不裂	分布于我国四川西南部	全株或根	飞蛾藤	③⑥⑦	种子 [0]	中间性

续表

药用植物名	果实、种子特点	分布情况	药用部位/来源	药材名	药用出处	超低温保存类型	备注
风毛菊 Saussurea japonica (Thunb.) DC.	瘦果深褐色，圆柱形，长4～5 mm；冠毛白色，2层，外层短，糙毛状，长2 mm，内层长，羽毛状，长8 mm	分布于我国北京、辽宁、河北、山西、内蒙古、陕西、甘肃、青海、河南、江西、湖北、湖南、安徽、山东、浙江、福建、广东、四川、云南、贵州、西藏	全草	风毛菊	③⑥⑦	种子 [0]	中间性
广防风 Anisomeles indica (Linnaeus) Kuntze	小坚果黑色，具光泽，近圆球形，直径约1.5 mm	分布于我国广东、广西、贵州、云南、西藏东南部、四川、湖南南部、江西南部、浙江南部、福建、台湾。印度经马来西亚至菲律宾也有分布	全草	广防风	③⑤⑥⑦	种子 [0]	中间性
蔓草虫豆 Cajanus scarabaeoides (Linn.) Thouars	种皮黑褐色，有凸起的种阜	分布于我国云南、四川、贵州、广西、广东、海南、福建、台湾。大洋洲、非洲和太平洋上部分岛屿及越南、泰国、缅甸、不丹、尼泊尔、孟加拉国、印度、斯里兰卡、巴基斯坦、马来西亚、印度尼西亚也有分布	全株或叶	蔓草木豆、蔓草虫豆	③⑤⑥⑦	种子 [0]	中间性
响铃豆 Crotalaria albida Heyne ex Roth	果实内有种子6～12	分布于我国安徽、江西、福建、湖南、贵州、广东、海南、广西、四川、云南。南亚及中南半岛、太平洋诸岛也有分布	全草或根	响铃豆	③⑤⑥⑦	种子 [0]	中间性
小果蔷薇 Rosa cymosa Tratt.	果实球形，直径4～7 mm，红色至黑褐色，萼片脱落	分布于我国江苏、浙江、安徽、湖南、四川、云南、贵州、福建、广东、广西、台湾等	根、叶、花、果实、种子	小果蔷薇	③④⑥⑦	种子 [0]	中间性
小叶女贞 Ligustrum quihoui Carr.	果实倒卵形、宽椭圆形或近球形，呈紫黑色	分布于我国陕西南部、山东、江苏、安徽、浙江、江西、河南、湖北、四川、贵州西北部、云南、西藏（察隅）	根皮、叶、果实、树皮	小白蜡条	③⑥⑦	种子 [0]	中间性

续表

药用植物名	果实/种子特点	分布情况	药用部位/来源	药材名	药用出处	超低温保存类型	备注
野豇豆 Vigna vexillata (L.) Rich.	种子10~18，浅黄色至黑色，无斑点或褐色至深红色而有黑色斑点，长圆形或长圆状肾形	分布于我国华东、华南至西南地区。世界其他热带、亚热带地区也有分布	根、叶	野豇豆	③⑥⑦	种子 [0]	中间性
夜来香 Telosma cordata (Burm. f.) Merr.	种子宽卵形，长约8 mm，先端具白色绢质种毛	原产于我国华南地区，现南部均有栽培。亚洲其他热带、亚热带地区及欧洲、美洲也有栽培	叶、花、果实	夜来香、夜香花	③⑤⑥⑦	种子 [0]	中间性
云木香 Aucklandia costus Falc.	瘦果浅褐色，三棱状，长8 mm，有黑色色斑，先端具锯齿的小冠	我国四川、云南、广西、贵州有栽培。原产于克什米尔地区	根	云木香	③⑥⑦	无	中间性
闭花木 Cleistanthus sumatranus (Miq.) Müell. Arg.	种子近球形，直径约6 mm	分布于我国广东、海南、广西、云南。泰国、越南、柬埔寨、马来西亚、新加坡、菲律宾、印度尼西亚等也有分布	枝、叶	闭花木（苏岛闭花木）	⑤⑥⑦	种子 [0]	中间性
滨豇豆 Vigna marina (Burm.) Merr.	种子2~6，黄褐色至红褐色，长圆形、种脐长圆形，一端稍窄、种脐周围的种皮稍隆起	分布于我国台湾的热带地区及西沙群岛	全草或叶、花、种子	滨豇豆	⑤⑦	种子 [0]	中间性
大花紫薇 Lagerstroemia speciosa (L.) Pers.	蒴果球形至倒卵状矩圆形，褐灰色，6裂；种子多数，长10~15 mm	分布于我国广东、广西、福建。斯里兰卡、印度、马来西亚、越南、菲律宾也有分布	根、树皮、叶、种子、果实	大花紫薇	⑤⑥⑦	种子 [0]	中间性
单叶豆 Ellipanthus glabrifolius Merr.	种子1，长1.5 mm，深褐色，稍有光泽，基部为2裂的假种皮所包围	分布于我国海南，是海南的特有种	树皮	单叶豆	⑤	无	中间性
毒瓜 Diplocyclos palmatus (L.) C. Jeffrey	种子少数，卵形，褐色，凸起部分分厚1~2 mm，环以隆起的环带。两面凸起，凸起部分环以隆起的环带	分布于我国台湾、广东、广西。非洲及越南、印度、马来西亚、澳大利亚也有分布	全草或块茎	毒瓜	⑤⑥	种子 [0]	中间性

续表

药用植物名	果实/种子特点	分布情况	药用部位/来源	药材名	药用出处	超低温保存类型	备注
凤瓜 Trichosanthes scabra Loureiro	果实近球形，两端稍钝圆，无纵肋	分布于我国广东、广西、云南、贵州。越南至印度尼西亚、印度也有分布	茎、叶、果实	凤瓜	⑤⑦	种子 [0]	中间性
格木 Erythrophleum fordii Oliv.	种子长圆形，稍扁平，种皮黑褐色	分布于我国广西、广东、福建、台湾、浙江等。越南也有分布	种子、树皮	格木	⑤⑦	种子 [0]	中间性
光萼猪屎豆 Crotalaria trichotoma Bojer	种子20~30，肾形，成熟时呈红色	分布于我国福建、台湾、湖南、广东、海南、广西、四川、云南等。非洲、美洲、大洋洲、亚洲其他热带、亚热带地区也有分布	全草	光萼猪屎豆	⑤⑦	种子 [0]	中间性
海刀豆 Canavalia rosea (Sw.) DC.	种子椭圆形，种皮褐色，种脐长约1 cm	分布于我国东南部至南部	根	海刀豆	⑤⑦	种子 [0]	中间性
红瓜 Coccinia grandis (L.) Voigt	种子黄色，长圆形，两面密布小疣点，先端圆	分布于我国广东、广西（澍洲岛），云南。非洲的热带地区、亚洲其他热带地区也有分布	果实、果胶	红瓜	⑤⑦	无	中间性
美叶菜豆树 Radermachera frondosa Chun et How	种子连翅长7~12 mm	分布于我国广东（徐闻、增城）、海南、广西	根、叶、果实	美叶菜豆树	⑤	无	中间性
山刺番荔枝 Annona montana Macf.	聚合浆果黄棕色，卵球形，稍偏斜，具浓密柔软的刺和黄褐色毛	我国海南、广东、台湾有栽培。原产于美洲的热带地区	果实	牛心果	⑤	种子 [0]	中间性
守宫木 Sauropus androgynus (L.) Merr.	种子三棱状，长约7 mm，宽约5 mm，黑色	我国海南、广东、云南均有栽培。印度、斯里兰卡、老挝、柬埔寨、越南、菲律宾、印度尼西亚、马来西亚等也有分布	根、叶	守宫木	⑤⑦	无	中间性

续表

药用植物名	果实/种子特点	分布情况	药用部位/来源	药材名	药用出处	超低温保存类型	备注
头花蓼 Persicaria capitata Buch.-Ham. ex D. Don	瘦果长卵形，具3棱，黑褐色	分布于我国中南、西南地区及江西	全草	头花蓼	⑤⑥⑦	无	中间性
橡胶树 Hevea brasiliensis (Willd. ex A. Juss.) Muell. Arg.	种子椭圆状、淡灰褐色，有斑纹	我国台湾、福建南部、广东、广西、海南、云南南部有栽培，以海南、云南种植较多。原产于巴西，现广泛栽培于亚洲的热带地区	叶、树皮、种子、乳汁	橡胶树	⑤⑦	种子 [0]、愈伤组织 [93]、花药愈伤组织 [96]、合子胚 [122]	中间性
樟叶素馨 Jasminum cinnamomifolium Kobuski	果实近球形或椭圆形，呈黑色	分布于我国海南、云南（镇康）	根、叶	樟叶素馨、金丝藤	⑤⑦	无	中间性
白花龙 Styrax faberi Perk.	果实倒卵形或近球形，外面密被灰色星状短柔毛，果皮厚约0.5 mm，平滑	分布于我国安徽、湖北、江苏、浙江、湖南、江西、福建、台湾、广东、广西、贵州、四川等	全株或根、叶、果实	白花龙	⑥⑦	无	中间性
灯台树 Cornus controversa Hemsl.	种皮白色，膜质，胚乳丰富	分布于我国辽宁、河北、陕西、甘肃、山东、安徽、河南及长江以南地区。日本、朝鲜、印度北部、尼泊尔、不丹等也有分布	果实、果皮、树皮、心材	灯台树	⑥⑦	种子 [0]	中间性
灰毛鸡血藤 Callerya cinerea (Bentham) Schot	种子圆形，直径1.4～1.8 cm	分布于我国四川、云南、西藏、尼泊尔、不丹、孟加拉国、印度、缅甸也有分布	茎藤	皱果鸡血藤	⑥	无	中间性
假益智 Alpinia maclurei Merr.	果实球形，无毛，直径约1 cm；果皮易碎	分布于我国广东、广西、云南	根茎	假益智	⑥⑦	种子 [0]	中间性
姜状三七 Panax zingiberensis C. Y. Wu et K. M. Feng	果实卵圆形，红色，成熟时变黑色，种子白色，微皱	分布于我国云南（马关、蒙自）	根茎	姜状三七	⑥⑦	无	中间性

续表

药用植物名	果实/种子特点	分布情况	药用部位/来源	药材名	药用出处	超低温保存类型	备注
苦蘵 Physalis angulata L.	种子圆盘状，长约 2 mm	分布于我国华东、华中、华南、西南地区	全草或根，果实、叶	苦蘵	⑥⑦	种子[0]	中间性
葎草 Humulus scandens (Loureiro) Merrill	瘦果呈扁圆球形，双凸状，表面有红褐色至黑褐色波状断续横纹或云锦	分布于我国除新疆、青海以外的南北各地	全草或根	葎草	⑥⑦	种子[0]	中间性
珊瑚姜 Zingiber corallinum Hance	种子黑色，光亮，假种皮白色，撕裂状	分布于我国广东、广西	根茎	珊瑚姜	⑥⑦	种子[0]	中间性
少蕊败酱 Patrinia monandra C. B. Clarke	瘦果表面黄色至棕褐色，背面平，贴生增大的膜质苞片；苞片米白色，近圆形，具棕色的网状脉，主脉 2	分布于我国辽宁东南部、河北、山东、河南、陕西、甘肃南部、江苏、台湾、湖南、广西、云南、贵州、四川	全草	少蕊败酱	⑥⑦	种子[0]	中间性
小粒咖啡 Coffea arabica L.	种子背面凸起，腹面平坦，有纵槽	我国福建、台湾、广东、海南、广西、四川、贵州、云南均有栽培。原产于埃塞俄比亚或阿拉伯半岛	种子	小粒咖啡	⑥⑦	合子胚[108]，种子[115]	中间性
草莓番石榴 Psidium cattleianum Afzel. ex Sabine	浆果成熟时紫红色	原产于巴西	叶，叶汁	草莓番石榴	⑦	种子[0]	中间性
大王椰 Roystonea regia (Kunth.) O. F. Cook	种子歪卵形，一侧压扁，胚乳均匀，胚近基生	我国南部热带地区常见栽培	根	王棕	⑦	无	中间性
大叶桃花心木 Swietenia macrophylla King	蒴果卵形，木质，长 11~16 cm，直径 7~8 cm，5 裂	我国台湾有引种栽培，华南地区有少量栽培。原产于中美洲	树皮	大叶桃花心木	⑦	无	中间性

续表

药用植物名	果实/种子特点	分布情况	药用部位/来源	药材名	药用出处	超低温保存类型	备注
粉团蔷薇 Rosa multiflora Thunb. var. cathayensis Rehd. et Wils.	果实较小，少种子或无种子	分布于我国河北、河南、山东、安徽、浙江、甘肃、陕西、江西、湖北、广东、福建	根、果实、花	粉团蔷薇	⑦	无	中间性
刚果咖啡 Coffea congensis Froehn.	浆果卵状长圆形；外果皮薄，成熟时红色	我国海南有少量栽培。原产于非洲刚果，现已广植于热带地区	种子	刚果咖啡	⑦	无	中间性
黄花柳 Salix caprea L.	蒴果长可达9 mm	分布于我国新疆（阿勒泰地区）。欧洲也有分布	花、枝、叶	黄花柳	⑦	种子 [131]	中间性
来檬 Citrus × aurantiifolia (Christmann) Swingle	种子小且少、卵形、种皮平滑	分布于我国云南（芒市）。缅甸也有分布	果实、根、叶、果汁	来檬	⑦	胚轴、种子 [112]	中间性
旅人蕉 Ravenala madagascariensis Adans.	种子肾形，被碧蓝色、撕裂状假种皮	我国广东、台湾有少量栽培。原产于马达加斯加	地上部分	旅人蕉	⑦	无	中间性
欧洲山杨 Populus tremula L.	蒴果细圆锥形、近无柄、无毛，2瓣裂	分布于我国新疆（阿勒泰地区、塔城地区、天山东部至西部伊犁山区）。苏联西伯利亚地区、高加索地区及欧洲其他地区也有分布	树皮	欧洲山杨	⑦	腋芽 [139]	中间性
琼榄 Gonocaryum lobbianum (Miers) Kurz	核果椭圆形至长椭圆形，由绿色转紫黑色，干时有纵肋，先端具短喙	分布于我国广东、海南、云南。缅甸、泰国、越南、柬埔寨、老挝、印度尼西亚及马来半岛也有分布	根	琼榄	⑦	种子 [0]	中间性
疏花铁青树 Olax austrosinensis Y. R. Ling	核果长椭圆状倒卵形或长圆形，成熟时红色，半埋在增大成钟状的花萼筒内	分布于我国广西、海南	根、叶	疏花铁青树	⑦	种子 [0]	中间性

续表

药用植物名	果实/种子特点	分布情况	药用部位/来源	药材名	药用出处	超低温保存类型	备注
桃榄 *Pouteria annamensis* (Pierre) Baehni	种子 2～5，卵圆形，侧向压扁；种皮坚硬，淡黄色，具光泽，疤痕侧生，狭长圆形，几与种子等长	分布于我国海南、广西。越南北部也有分布	果实	桃榄	⑦	种子 [0]	中间性
小果野蕉 *Musa acuminata* Colla	种子褐色，不规则多棱形，直径 5～6 mm，高 3 mm	分布于我国云南东南部至西部、广西西部。印度西部、缅甸、泰国，越南经马来西亚至菲律宾也有分布	根、叶	小果野蕉	⑦	无	中间性
星苹果 *Chrysophyllum cainito* L.	种子 4～8，倒卵形，种皮坚纸质，紫黑色	分布于我国广东、海南、云南。加勒比海地区也有分布	果实	星苹果	⑦	无	中间性
油樟 *Camphora longepaniculata* (Gamble) Y. Yang, B. Liu & Z. Yang	幼果球形，绿色，直径约 8 mm	分布于我国四川	树皮、茎、根、枝叶	油樟	⑦	无	中间性
独蒜兰 *Pleione bulbocodioides* (Franch.) Rolfe	蒴果近长圆形，长 2.7～3.5 cm	分布于我国陕西南部、甘肃南部、安徽、湖北、湖南、广东北部、广西北部、四川、贵州、云南西北部、西藏东南部	假鳞茎、叶、花	山慈菇、山慈菇叶	①②③⑥⑦	原球茎状体 [141]	中间性？
茶 *Camellia sinensis* (L.) O. Kize.	外种皮褐色，平滑，内壁具毛；内种皮膜质	分布于我国各地	芽、叶、根、实、花	茶树根、茶子、茶花、茶	②③④⑤⑥⑦	种子 [22]、胚轴 [120]	中间性？
尖尾枫 *Callicarpa dolichophylla* Merr.	果实球形	分布于我国江西、福建、台湾、广东	全株或茎、叶、根	尖尾风、尖尾枫、尖尾枫根	②④⑤⑥⑦	无	中间性？
山茶 *Camellia japonica* L.	种皮深褐色，表面粗糙，略有光泽，有黑色斑纹，解剖镜下观察有细致纹理，种皮薄，质脆	分布于我国南北各地	根、种子、叶、花	山茶根、山茶子、山茶叶、山茶	②⑤⑥⑦	花粉 [32]	中间性？

续表

药用植物名	果实/种子特点	分布情况	药用部位/来源	药材名	药用出处	超低温保存类型	备注
野蕉 *Musa balbisiana* Colla	种子扁球形，褐色，具疣	分布于我国云南西南部、广西、广东。南亚、东南亚也有分布	种子	山芭蕉子	②④⑥⑦	合子胚 [135]	中间性?
油棕 *Elaeis guineensis* Jacq.	种子近球形或卵球形	我国台湾、海南、云南的热带地区有栽培。原产于非洲的热带地区	根、茎、髓	油棕根	②⑥⑦	无	中间性?
三敛 *Averrhoa bilimbi* L.	果实长圆形，具钝棱	我国广东、广西偶有栽培，台湾有较多栽培。原产地可能为印度至马来西亚一带	果实、叶	三敛	⑤⑦	无	中间性?
翅茎西番莲 *Passiflora alata* [Dryand.]	果实球形，直径约6 cm，成熟时为橙红色，内含多枚种子	分布于巴西	叶	翅茎西番莲	⑦	无	中间性?
大果西番莲 *Passiflora quadrangularis* L.	种子多数，近圆形，直径7~9 mm，扁平	我国广东、海南、广西有栽培。原产于美洲的热带地区，现世界热带地区均有栽培	全株或叶、果实、种子	大西番莲	⑦	无	中间性?
大叶槭 *Acer macrophyllum* Pursh	翅果长4~5 cm	分布于美国、加拿大	茎皮	大叶槭	⑦	无	中间性?
非洲楝 *Khaya senegalensis* (Desr.) A. Juss.	种子宽，横生，椭圆形至近圆形，边缘具膜质翅	我国福建（厦门）、台湾中南部、广东（广州）、广西（南宁及合浦）、海南等有栽培。原产于非洲的热带地区	树皮、花	非洲楝	⑦	无	中间性?
美洲榛 *Corylus americana* Walter	果实近球形，直径约1.25 cm	分布于美洲	坚果	美洲榛	⑦	无	中间性?
欧榛 *Corylus avellana* L.	坚果形状多样	分布于欧洲	果实、果油、种子	欧洲榛	⑦	无	中间性?
肉色西番莲 *Passiflora incarnata* L.	果实卵状，直径约3 cm	分布于西欧及美国	全株或地上部分、种子、根	粉色西番莲	⑦	无	中间性?
甜百香果 *Passiflora ligularis* Juss.	果实球形，直径约4 cm，表面多白色斑点	分布于美洲的热带地区	叶	甜果西番莲	⑦	胚 [132]	中间性?

续表

药用植物名	果实/种子特点	分布情况	药用部位/来源	药材名	药用出处	超低温保存类型	备注
网脉大黄 *Rheum reticulatum* A. Los.	种子卵形	分布于我国新疆、青海。哈萨克斯坦也有分布	根、根茎	网脉大黄	⑦	无	中间性?
香蕉西番莲 *Passiflora mollissima* (Kunth) L. H. Bailey	果实卵形，长约 5 cm，直径约 3 cm	分布于玻利维亚、秘鲁、巴西	花	毛叶西番莲	⑦	无	中间性?
蝎尾西番莲 *Passiflora cincinnata* Mast.	果实球形，直径约 2 cm	分布于巴西、巴拉圭、玻利维亚	花、叶、茎	卷西番莲	⑦	无	中间性?
樟叶西番莲 *Passiflora laurifolia* L.	种子多数，倒心形，长 5～7 mm	我国广东（广州）有栽培。原产于美洲南部，热带地区常见栽培	叶、果实、种子	樟叶西番莲	⑦	无	中间性?

注：1. 表中药用植物名信息来源于中国数字植物标本馆（CVH，https://www.cvh.ac.cn），中国植物图像库（PPBC，https://ppbc.iplant.cn），《中国植物志》（FOC，https://www.iplant.cn/frps），GBIF（Global Biodiversity Information Facility，https://www.gbif.org）。

2. 表中药用出处代码含义如下：①《中华人民共和国药典》（2020 年版）；②《中华本草》（1999 年版）；③《全国中草药汇编》（2017 年版）；④《中药大辞典》（2006 年版）；⑤《中国中药资源大典·海南卷》（2019 年版）；⑥《中国中药资源志要》（1994 年版）；⑦《世界药用植物速查辞典》（2015 年版）。

3. 超低温保存类型"[0]"表示国家南药基因资源库成功建立超低温保存方法；"无"表示目前尚未实现超低温保存；余为参考文献条目。

4. 备注中"?"表示为推断结果，尚未经过特性实验验证。

附录 Ⅲ

参考文献

[1] 艾鹏飞, 罗正荣. 柿和君迁子试管苗茎尖玻璃化法超低温保存及再生植株遗传稳定性研究 [J]. 中国农业科学, 2004 (12): 2023 - 2027.

[2] 艾鹏飞, 罗正荣. 柿品种"禅寺丸"花粉超低温保存研究 [J]. 华中农业大学学报, 2004 (5): 563 - 565.

[3] 长春生物制品研究所. 人参愈伤组织细胞冻干及超低温保存方法: CN03120982.3 [P]. 2004 - 09 - 29.

[4] 长沙爱扬医药科技有限公司. 一种川贝母种子超低温保存方法: CN201711305652.6 [P]. 2018 - 03 - 27.

[5] 长沙爱扬医药科技有限公司. 一种羌活种子超低温保存方法: CN201711312941.9 [P]. 2018 - 05 - 08.

[6] 长沙湘资生物科技有限公司. 一种天南星种子超低温保存方法: CN201711185049.9 [P]. 2018 - 04 - 03.

[7] 常青, 杨志平, 汪金小. 白木通种子贮藏研究 [J]. 农业与技术, 2016, 36 (23): 21 - 22.

[8] 常维霞, 姚小华, 龙伟. 普通油茶花粉的超低温保存研究 [J]. 中南林业科技大学学报, 2018, 38 (6): 66 - 70.

[9] 陈佳瑛, 张秀梅, 李伟才, 等. 黄皮花粉的超低温 (LN$_2$, - 196 ℃) 保存研究初报 [J]. 热带作物学报, 2007 (2): 19 - 21.

[10] 陈礼光, 陈羡德, 林国新, 等. LN$_2$处理板栗种子和离体胚保存的效果分析 [J]. 江西农业大学学报, 2005 (6): 890 - 894.

[11] 陈晓玲, 张金梅, 辛霞, 等. 植物种质资源超低温保存现状及其研究进展 [J]. 植物遗传资源学报, 2013, 14 (3): 414 - 427.

[12] 陈瑛. 实用中药种子技术手册 [M]. 北京: 人民卫生出版社, 1999.

[13] 陈勇. 铁皮石斛原生质体的玻璃化法超低温保存 [J]. 温州师范学院学报 (自然科学版), 2000 (3): 40 - 41.

[14] 杜燕, 杨湘云. 青藏高原特色植物种子 [M]. 昆明: 云南科技出版社, 2015.

[15] 傅家瑞, 宋松泉. 顽拗性种子生物学 [M]. 北京: 中国科学文化出版社, 2004.

[16] 甘肃中医学院. 一种当归细胞超低温保存及植株再生的方法: CN201410369174.5 [P]. 2014 - 11 - 05.

[17] 广西壮族自治区林业科学研究院. 一种马尾松花粉的超低温保存方法: CN201810817700.8 [P]. 2018 - 11 - 02.

[18] 郭华仁. 种子学 [M]. 北京: 北京联合出版公司, 2019.

[19] 郭巧生, 王庆亚, 刘丽. 中国药用植物种子原色图鉴 [M]. 北京: 中国农业出版社, 2009.

[20] 周良云, 杨光, 纪瑞锋. 中药材种子原色图谱: 北京卷 [M]. 北京: 中国医药科技出版社, 2021.

[21] 郭玉琼. 龙眼、荔枝胚性培养物超低温保存研究 [D]. 福州: 福建农林大学, 2007.

［22］郭长根，石思信. 超低温（-196℃）贮藏茶籽和樟籽发芽成苗［J］. 作物品种资源，1990（2）：16.

［23］国家药典委员会. 中华人民共和国药典［M］. 北京：中国医药科技出版社，2020.

［24］国家中医药管理局《中华本草》编委会. 中华本草［M］. 上海：上海科学技术出版社，1999.

［25］韩彪，李文清，郭素娟，等. 基于差示扫描量热技术的板栗胚轴低温保存技术及临界含水量［J］. 林业科学，2020，56（3）：21-27.

［26］黄璐琦，陈敏，李先恩. 中药材种子种苗标准研究［M］. 北京：中国医药科技出版社，2019.

［27］湖南农业大学. 七叶一枝花种子超低温保存方法：CN201711204410.8［P］. 2018-03-30.

［28］湖南省蔬菜研究所. 辣椒花粉超低温保存：CN201110237274.9［P］. 2012-04-18.

［29］冀智清，张存旭，张昌胜，等. 栓皮栎胚性组织低温保存技术研究［J］. 西北林学院学报，2012，27（6）：88-92.

［30］江纪武. 世界药用植物速查辞典［M］. 北京：中国医药科技出版社，2015.

［31］李翠，陈东亮，陈晓英，等. 药用植物种质资源的超低温保存［J］. 中国现代中药，2020，22（6）：966-970.

［32］李广清. 山茶花粉超低温保存研究［D］. 北京：北京林业大学，2005.

［33］李磊，孟珍贵，龙光强，等. 植物顽拗性种子研究进展［J］. 热带亚热带植物学报，2016，24（1）：106-118.

［34］李玉荣，苏红田，毛培胜，等. 植物种子超干贮藏研究进展［J］. 种子，2011，30（12）：53-57.

［35］李运合，李玉生，张金梅，等. 芒果细胞超低温保存存活机理［J］. 植物生理学报，2016，52（10）：1474-1480.

［36］林伟强，边红武，王君晖，等. 铁皮石斛类原球茎空气干燥法超低温保存中的脱水蛋白分析［J］. 园艺学报，2004（1）：64-68.

［37］刘红星，黄初升，李敏，等. 竹叶蒲桃果的主要挥发性化学成分及抑菌活性［C］//中国化学质谱分析专业委员会. 第三届全国质谱分析学术报告会摘要集. ［出版地不详］：［出版者不详］，2017：1-1.

［38］刘姣. 杏离体胚培养与超低温保存的研究［J］. 北京农业，2014（36）：15.

［39］刘军民，徐梓勤，徐鸿华，等. 白木香种子的超低温保存研究［J］. 广州中医药大学学报，2007，24（5）：414-415.

［40］刘明航，陈萍，李盼畔，等. 基于邱园种子库的顽拗性种子名录［J］. 绿色科技，2019（10）：29-32.

［41］刘晓宁. 珍稀药用植物明党参种质资源保护及快速繁殖研究［D］. 南京：南京中医药大学，2009.

［42］陆旺金，金剑平，向旭，等. 黄皮种子的保湿贮藏及胚轴的超低温保存［J］. 华南农业大学学报，

1998（1）：10－14.

［43］罗富英. 番木瓜种质的超低温保存与植株再生初探［J］. 中国种业，2007（2）：32－34.

［44］马炜梁. 中国植物精细解剖［M］. 北京：高等教育出版社，2019.

［45］马晓菲. 防风愈伤组织超低温保存及其玻璃化现象研究［D］. 泰安：山东农业大学，2014.

［46］马欣堂，李敏，刘永刚，等. 国家植物标本馆种子图谱：上册［M］. 郑州：河南科学技术出版社，2022.

［47］南京林业大学. 抗松材线虫病马尾松胚性愈伤组织超低温保存方法：CN201910437126.8［P］. 2019－07－26.

［48］南京林业大学. 抗松针褐斑病湿地松胚性愈伤组织的超低温保存方法：CN201910428135.0［P］. 2019－07－09.

［49］南京中医药大学. 中药大辞典［M］. 2版. 上海：上海科学技术出版社，2006.

［50］牛艳丽，罗正荣，张艳芳. 应用改良滴冻法超低温保存两种柿属植物的研究［J］. 武汉植物学研究，2009，27（4）：451－454.

［51］曲先，王子成，梁晨. 小酸浆（*Physalis minima* L.）茎尖的玻璃化法超低温保存［J］. 植物生理学通讯，2008（5）：981－984.

［52］任淑娟，王航，刘洁，等. 七叶树种子离体胚的超低温保存［J］. 南京林业大学学报（自然科学版），2010，34（2）：19－23.

［53］任宪威，朱伟成. 中国林木种实解剖图谱［M］. 北京：中国林业出版社，2007.

［54］山东省林木种质资源中心. 一种板栗胚轴超低温保存和恢复培养方法：CN202010622769.2［P］. 2020－09－22.

［55］商丽煌，雷秀娟，宋娟，等. 人参裂口种子超低温保存技术研究［J］. 种子，2018，37（7）：68－70.

［56］商丽煌. 人参、西洋参、三七超低温保存研究［D］. 长春：吉林农业大学，2018.

［57］邵玉涛. 假槟榔种子发育过程中脱水耐性的变化及超低温保存的研究［D］. 北京：中国科学院研究生院（西双版纳热带植物园），2006.

［58］史锋厚，喻方圆，沈永宝，等. 超低温贮藏对油松种子的影响［J］. 南京林业大学学报（自然科学版），2005（6）：119－122.

［59］田新民，李洪立，何云，等. 热带作物顽拗型种子保存研究进展［J］. 热带农业科学，2014，34（8）：52－58.

［60］王国强. 全国中草药汇编［M］. 3版. 北京：人民卫生出版社，2014.

［61］王君晖，张毅翔，刘峰，等. 铁皮石斛种子、原球茎和类原球茎体的超低温保存研究［J］. 园艺学报，1999（1）：61－63.

［62］王跃华，林抗雪，刘益丽，等. 玻璃化法优化保存川贝母组织培养物研究［J］. 成都大学学报（自然

科学版），2012，31（1）：11-13.

［63］王子成，邓秀新. 柑橘原生质体的超低温保存［J］. 河南大学学报（自然科学版），2002（3）：38-40.

［64］魏建和，李榕涛，郑希龙. 中国中药资源大典：海南卷［M］. 北京：北京科学技术出版社，2019.

［65］文彬. 试论种子顽拗性的复合数量性状特征［J］. 云南植物研究，2008，30（1）：76-88.

［66］文彬. 植物种质资源超低温保存概述［J］. 植物分类与资源学报，2011，33（3）：311-329.

［67］吴萍，李青苗，夏燕莉，等. 甘油对超低温保存白芷种子活力的影响［J］. 广东农业科学，2017，44（3）：47-51.

［68］吴怡，顾雅坤，符丽，等. 肉豆蔻种子超低温保存技术及生理生化活性研究［J］. 中国农学通报，2019，35（19）：78-82.

［69］谢玉明，曾继吾，张秋明，等. 玻璃化法超低温保存荔枝胚性悬浮细胞［J］. 热带作物学报，2008，29（5）：622-625.

［70］谢玉明. 荔枝体细胞胚胎发生及种质超低温保存研究［D］. 长沙：湖南农业大学，2003.

［71］徐刚标，李美娥，郑从义，等. 银杏愈伤组织超低温保存的研究［J］. 林业科学，2001（3）：30-34.

［72］徐刚标，易文，何方，等. 银杏种质离体保存的研究Ⅱ. 银杏胚超低温保存［J］. 中南林学院学报，2000（2）：7-10.

［73］徐红霞，裴瑾，彭成，等. 低温库保存药用植物种质资源所面临问题探讨［J］. 中药与临床，2018，9（3）：6-9，18.

［74］徐颖莹. 喜树的组织培养和超低温保存研究［D］. 长沙：湖南农业大学，2014.

［75］颜航，李春燕，李志英，等. 巴戟天离体保存与茎尖小滴玻璃化法超低温保存体系的构建［J］. 分子植物育种，2024，22（19）：6477-6484. DOI：10.13271/j. mpb. 022.006477.

［76］杨帆，夏馨蕊，沈李元，等. 抗松针褐斑病湿地松胚性愈伤组织的超低温保存［J］. 分子植物育种，2020，18（15）：5097-5105.

［77］杨海平，咸洋，韩彪，等. 林木顽拗性种子研究进展［J］. 山东林业科技，2021，51（5）：88-94.

［78］杨宇，李东，段丽曼，等. 杏愈伤组织超低温保存技术研究［J］. 中国果树，2011（3）：17-20.

［79］余乐. 流苏、金钗、报春石斛种子非共生萌发以及流苏石斛离体保存的研究［D］. 重庆：西南大学，2009.

［80］云南省热带作物科学研究所. 一种芒果花粉非接触式网袋超低温保存方法：CN201711036819.3［P］. 2018-04-20.

［81］曾琳，顾雅坤，吴怡，等. 超低温冷冻对羯布罗香种子结构和生理生化特性的影响［J］. 热带亚热带植物学报，2018，26（3）：249-254.

［82］曾琳，何明军，陈葵，等. 高良姜种子超低温保存研究［J］. 中国农学通报，2014，30（28）：164-168.

［83］曾琳，何明军，陈葵，等. 降香黄檀种子和离体胚超低温保存研究［J］. 中国中药杂志，2014，39（12）：2263 - 2266.

［84］曾琳，何明军，顾雅坤，等. 五种豆科药用植物种子超低温保存技术研究［J］. 生物资源，2017，39（1）：42 - 47.

［85］曾琳，何明军，吴怡，等. 6 种草本药用植物种子超低温保存技术研究［J］. 热带作物学报，2017，38（6）：1149 - 1154.

［86］曾琳，吴怡，何明军，等. 超低温冷冻对益智种子生理生化特性的影响［J］. 广西植物，2018，38（4）：529 - 535.

［87］翟晓巧，程斐. 刺槐种子超低温保存研究［J］. 安徽农业科学，2008，36（2）：524 - 525.

［88］张桂芳，徐鸿华，贺红. 佛手茎尖玻璃化超低温保存和植株再生［J］. 中草药，2009，40（11）：1806 - 1810.

［89］张红生，胡晋. 种子学［M］. 2 版. 北京：科学出版社，2015.

［90］张凌宇，张沛东，田璐，等. 玻璃化法超低温保存对大叶藻种子活力的影响［J］. 生态学杂志，2013，32（2）：501 - 506.

［91］张晓宁，黄宁，覃子海，等. 无菌马尾松种子超低温保存技术研究［J］. 广西植物，2020，40（7）：935 - 943.

［92］张晓宁，张烨，肖玉菲，等. 含水量对超低温保存后马尾松种子生理生化特性的影响［J］. 种子，2020，39（8）：48 - 51.

［93］赵平娟，崔百明，孙海彦，等. 橡胶愈伤组织超低温保存的研究［J］. 中国农学通报，2009，25（18），413 - 416.

［94］中国林业科学研究院亚热带林业研究所. 一种油茶花粉超低温保存方法：CN201510383674.9［P］. 2015 - 12 - 02.

［95］中国农业科学院特产研究所. 人参丛生芽超低温保存及植株再生培养方法：CN201610330227.1［P］. 2016 - 07 - 20.

［96］中国热带农业科学院橡胶研究所. 一种橡胶树花药愈伤组织玻璃化超低温保存方法：CN200810119863.5［P］. 2009 - 01 - 28.

［97］中国药材公司. 中国中药资源志要［M］. 北京：科学出版社，1994.

［98］中国医学科学院药用植物研究所海南分所. 一种降香种子超低温保存方法：CN201810259846.5［P］. 2018 - 10 - 23.

［99］朱涵毅. 石斛兰组培植株再生体系和超低温保存技术研究［D］. 杭州：杭州师范大学，2013.

［100］ABDELNOUR-ESQUIVEL A, ENGELMANN F. Cryopreservation of chayote (*Sechium edule* JACQ. SW.) zygotic embryos and shoot-tips from in vitro plantlets［J］. Cryo Letters, 2002, 23 (5)：299 - 308.

［101］ADU-GYAMFI R, WETTEN A. Cryopreservation of cocoa (*Theobroma cacao* L.) somatic embryos by vitrification [J]. Cryo Letters, 2012, 33 (6): 494 – 505.

［102］GENEROSO A L, CARVALHO V S, WALTER R, et al. Mature-embryo culture in the cryopreservation of passion fruit (*Passiflora edulis* Sims) seeds [J]. Scientia Horticulturae, 2019, 256.

［103］BAEK H, LEE Y, YOON M, et al. Effect of cryopreservation of ginseng (*Panax ginseng* C. A. Meyer) seeds on redox ratio of ascorbate and glutathione [J]. 한국자원식물학회학술심포지엄, 2019.

［104］REED B M. Plant Cryopreservation: A Practical Guide[M]. Corvallis: Springer, 2008.

［105］WEN B, CAI C T, WANG R L, et al. Cytological and physiological changes in recalcitrant Chinese fan palm (*Livistona chinensis*) embryos during cryopreservation [J]. Protoplasma, 2012, 249 (2): 323 – 335.

［106］WEN B, WANG X F, TAN Y H, et al. Differential responses of *Mimusops elengi* and *Manilkara zapota* seeds and embryos to cryopreservation [J]. In Vitro Cellular & Developmental Biology Plant, 2013, 49 (6): 717 – 723.

［107］O'BRIEN C, HITI-BANDARALAGE J, FOLGADO R, et al. A method to increase regrowth of vitrified shoot tips of avocado (*Persea americana* Mill.): First critical step in developing a cryopreservation protocol [J]. Scientia Horticulturae, 2020, 266 (2): 109305.

［108］VALDÉS Y C, SHUKLA M R, VEGA M E G, et al. Improved conservation of coffee (*Coffea arabica* L.) germplasm via micropropagation and cryopreservation [J]. Agronomy, 2021, 11 (9): 1 – 14.

［109］WALTERS C, WHEELER L, STANWOOD P C. Longevity of cryogenically stored seeds [J]. Cryobiology, 2004, 48 (3): 229 – 244.

［110］CHUA S P, NORMAH M N. Effect of preculture, pvs2 and vitamin C on survival of recalcitrant Nephelium ramboutan-ake shoot tips after cryopreservation by vitrification [J]. Cryo Letters, 2011, 32 (6): 506 – 515.

［111］EFENDI D, SUHARTANTO M R, PURWOKO B S, et al. Effect of immersion time in PVS2 and mesotesta removing on cryopreservation of papaya (*Carica papaya* L. 'Sukma') seeds [J]. Acta Horticulturae, 2019 (1234): 167 – 174.

［112］CAMELLIA N A N, MUHAIMIN A K A, SHUKRI M A M. Desiccation and cryopreservation of key lime (*Citrus × aurantiifolia*) seed and zygotic embryonic axes [J]. Research on Crops, 2020, 21 (2): 268 – 275.

［113］SOUZA F V D, KAYA E, VIEIRA L D J, et al. Cryopreservation of Hamilin sweet orange [*Citrus sinensis* (L.) Osbeck] embryogenic calli using a modified aluminum cryo-plate technique [J]. Scientia Horticulturae, 2017, 63 (3): 224302 – 224305.

［114］ENTENSA Y, GONZALEZMORALES A, LINARES C, et al. Cryopreservation of seeds of the highly valued tropical timber species *Swietenia mahagoni* [J]. Cryo Letters, 2022, 43 (6): 341 – 348.

［115］FIGUEIREDO D A M, COELHO B V S, ROSA D F V D S, et al. Exploratory studies for cryopreservation of

Coffea arabica L. seeds [J]. Journal of Seed Science, 2019, 39 (2): 150 – 158.

[116] ELENA M G, ROBERTO-MORENO P, ESTHER H, et al. Cryopreservation of *Quercus suber* and *Quercus ilex* embryonic axes: in vitro culture, desiccation and cooling factors [J]. Cryo Letters, 2002, 23 (5): 283 – 290.

[117] HONG T D, ELLIS R H. A protocol to determine seed storage behaviour[M]. Bioversity International: Rome, Italy, 1996: 1 – 62.

[118] IBRAHIM S, NORMAH N M. The survival of in vitro shoot tips of *Garcinia mangostana* L. after cryopreservation by vitrification [J]. Plant Growth Regulation, 2013, 70 (3): 237 – 246.

[119] NADARAJAN J, AKTER A. Optimization of cryopreservation protocols for zygotic embryos of *Citrus reticulata* [J]. Acta Horticulturae, 2019 (1234): 137 – 144.

[120] KAVIANI B. Cryopreservation of embryonic axes of *Melia azedarach* L. and *Camellia sinensis* L. by encapsulation-dehydration [J]. Acta Horticulturae, 2011 (908): 247 – 251.

[121] KISTNASAMY P, BERJAK P, PAMMENTER N W. The effects of desiccation and exposure to cryogenic temperatures on embryonic axes of *Landolphia kirkii* [J]. Cryo Letters, 2011, 32 (1): 28 – 39.

[122] KORAKOT N, CHARASSRI N. Cryopreservation of *Hevea brasiliensis* zygotic embryos by vitrification and encapsulation-dehydration [J]. Journal of Plant Biotechnology, 2018, 45 (4): 333 – 339.

[123] LAMBARDI M, DE CARLO A, CAPUANA M. Cryopreservation of embryogenic callus of *Aesculus hippocastanum* L. by vitrification or one-step freezing [J]. Cryo Letters, 2005, 26 (3): 185 – 192.

[124] LE K, KIM H, PARK S. Modification of the droplet-vitrification method of cryopreservation to enhance survival rates of adventitious roots of *Panax ginseng* [J]. Horticulture, Environment and Biotechnology, 2019, 60 (4): 501 – 510.

[125] ZENG L, TAN H Q, GU Y K, et al. Optimal seed water content and freezing method for cryopreservation of *Areca catechu* L. seeds [J]. Journal of Agricultural and Crop Research, 2020, 8 (8): 169 – 175.

[126] LIU Z Y, BI W L, SHUKLA M R, et al. In vitro technologies for American Chestnut [*Castanea dentata* (Marshall) Borkh] conservation [J]. Plants, 2022, 11 (3): 464.

[127] MICHALAK M, PLITTA P B, TYLKOWSKI T, et al. Desiccation tolerance and cryopreservation of seeds of black poplar (*Populus nigra* L.), a disappearing tree species in Europe [J]. European Journal of Forest Research, 2015, 134 (1): 53 – 60.

[128] NAIDOO C, BENSON E, BERJAK P, et al. Exploring the use of DMSO and ascorbic acid to promote shoot development by excised embryonic axes of recalcitrant seeds [J]. Cryo Letters, 2011, 32 (2): 166 – 174.

[129] N'NAN O, BORGES M, KANAN K J, et al. A simple protocol for cryopreservation of zygotic embryos of ten accessions of coconut (*Cocos nucifera* L.) [J]. In Vitro Cellular and Development Biology Plant, 2012, 48

（2）：160 – 166.

［130］PENCE V C. Cryopreservation of immature embryos of *Theobroma cacao* [J]. Plant Cell Reports, 1991, 10 （3）：144 – 147.

［131］POPOVA E V, KIM D H, HAN S H, et al. Narrowing of the critical hydration window for cryopreservation of *Salix caprea* seeds following ageing and a reduction in vigour [J]. Cryo Letters, 2012, 33 （3）：220 – 231.

［132］PRUDENTE O D D, PAIVA R, DOMICIANO D, et al. The cryoprotectant PVS2 plays a crucial role in germinating *Passiflora ligularis* embryos after cryopreservation by influencing the mobilization of lipids and the antioxidant metabolism [J]. Journal of Plant Physiology, 2019, 239：71 – 82.

［133］ROBERTS E H. Predicting the storage life of seeds [J]. Seed Sci Technol, 1973, 1 （3）：499 – 514.

［134］SAJINI K K, KARUN A, AMAMATH C H, et al. Cryopreservation of coconut （*Cocos nucifera* L.） zygotic embryos by vitrification [J]. Cryo Letters, 2011, 32 （4）：317 – 328.

［135］SHIVANI S, ANURADHA A, RAJEEV K, et al. Seed storage behavior of *Musa balbisiana* Colla, a wild progenitor of bananas and plantains-Implications for ex situ germplasm conservation [J]. Scientia Horticulturae, 2021, 280 （6）：109926.

［136］SUSZKA J, PLITTA P B, MICHALAK M, et al. Optimal seed water content and storage temperature for preservation of *Populus nigra* L. germplasm [J]. Annals of Forest Science, 2014, 71 （5）：543 – 549.

［137］SUZUKI M, TANDON P, ISHIKAWA M, et al. Development of a new vitrification solution, VSL, and its application to the cryopreservation of gentian axillary buds [J]. Plant Biotechnology Reports, 2008, 2 （2）：123 – 131.

［138］UCHENDU E E, SHUKLA M R, REED B M, et al. Melatonin enhances the recovery of cryopreserved shoot tips of American elm （*Ulmus americana* L.） [J]. Journal of Pineal Research, 2013, 55 （4）：435 – 442.

［139］VIDYAGINA ELENA O, KHARCHENKO NIKOLAY N, SHESTIBRATOV KONSTANTIN A. Efficient cryopreservation of *Populus tremula* by in vitro-grown axillary buds and genetic stability of recovered plants [J]. Plants, 2021, 10 （1）：77.

［140］ELENA C, CARMEN M S, ANTONIO B, et al. Cryopreservation of zygotic embryonic axes and somatic embryos of European chestnut [J]. Methods in Molecular Biology （Clifton, N. J.）, 2011：710201 – 710213.

［141］CHENG W, LI H Y, ZHU B Q, et al. Cryopreservation of *Pleione bulbocodioides* （Franch.） Rolfe protocorm-like bodies by vitrification [J]. Acta Physiologiae Plantarum, 2020, 42 （5）：1 – 11.